最新
# Excel VBA
## 基礎必修課（適用Excel 2021~2013）

### 程式設計、專題與數據應用的最佳訓練教材

Preface 序

　　筆者從事教育工作二十幾年，微軟公司的 Excel 試算表應用程式一直擔任得力助手的角色。從學生成績的計算、成績的篩選分析、學期成績的統計、成績單的合併列印到統計圖表的繪製，Excel 都可以順利達成任務。如果再使用 Excel 所提供另一個強大的工具-VBA，就能夠結合程式來延伸 Excel 的功能。Excel 結合 VBA 後就會從得力助手，成為擁有三頭六臂的超級祕書。

　　市面上有各種關於 Excel 操作的書籍林林總總，對 VBA 甚少著墨。有感於 Excel VBA 的專門書籍大多只列出程式碼，但是對程式的語法常常說明不夠清楚。筆者為了推廣 Excel VBA，於是經過多年的規劃後著手編著此書，希望能對想跨足 Excel VBA 的讀者有所助益。

　　本書前面第 1～7 章是介紹 Excel VBA 的程式語法，由資料型別、變數、運算式、流程控制、陣列、函數到副程式，由淺入深有系統地說明，希望能夠為讀者打下良好的基礎。第 8～10 章逐一介紹 Application、Workbook、Worksheet、Sheet、Window、Range 等常用物件的屬性、方法和事件，學習後能熟悉 Excel VBA 常用物件的操作。第 11～13 章介紹如何在工作表和自訂表單中，使用各種 ActiveX 控制項來建立親切的操作介面。第 14 章詳細介紹圖表 Chart 物件，以及如何使用程式碼來操作圖表。第 15 章使用三個專題製作實例，來說明如何進行專題製作和撰寫報告，以及如何綜合運用前面各章節所學，達到學以致用的目標。在第 16 章介紹樞紐分析表物件。

　　本書具備下列特色：

1. **內容由淺入深**：本書是針對 Excel 已有基本認識，但沒有程式設計基礎的讀者，逐步介紹各種 VBA 程式的基本知識。

2. **簡例解說清楚**：介紹各種語法和物件時，會附上精心設計的簡例。簡例內容融合 VBA 基本程式語法介紹，和 Excel 介面的呈現，讀者可以透過簡例來了解語法的意義和運用。

3. **提供範例程式**：每一小節都有精心設計的範例程式，教師可以用來作為教學的演示教具；讀者可以透過範例程式的操作，來深入認識程式語法和物件成員特性。

4. **提供實作範例**：每小節都有一個甚至多個實作範例，詳細分析問題，來綜合運用本節課程所學，使讀者可以從中學習編寫程式的技巧。實作後面附有隨堂測驗題目，提供類似題目給讀者再次練習以確實了解課程內容。

5. **學習專題製作**：本書提供多個專題製作範例，訓練讀者學習系統規劃、分析、實作、除錯的能力。

6. **方便查詢參考**：本書提供索引附錄，依照英文字母順序列出重要的關鍵字所在頁碼，方便撰寫程式時查詢。

7. 範例適用 Excel 2021~2013：版本操作不同處會用附註加以說明。

　　**為方便教學，本書另提供教學投影片與課後習題，採用本書授課教師可向碁峰業務索取**，若有關本書的問題可來信至 itPCBook@gmail.com 詢問。由於本書主要是針對學習 VBA 程式設計初學者而編寫的，較偏重程式設計能力，限於篇幅難免有遺珠之憾。衷心期望能獲得老師及讀者的迴響。本書雖經多次精心校對，難免百密一疏，感謝熱心的讀者先進不吝指正，使本書內容更趨紮實和正確。感謝廖美昭與周家旬細心排版與校稿，以及碁峰同仁的鼓勵與協助，使得本書得以順利出書。

　　在此聲明，本書中所提及相關產品名稱皆各所屬該公司之註冊商標。

吳明哲　策劃

微軟最有價值專家(MVP)、僑光科大多遊系 助理教授　蔡文龍
張志成
編著
2022.1 於台中

# 目錄

# Chapter 3　敘述組成要素

# Chapter 6　陣列的運用

# Chapter 7　副程式

# Chapter 8　物件簡介與 Application 物件

# Chapter 9　Excel VBA 常用物件介紹

# Chapter 10 Range 物件介紹

# Chapter 11 自訂表單與控制項(一)

# Chapter 12　自訂表單與控制項(二)

# Chapter 13　工作表與 ActiveX 控制項

# Chapter 14　圖表 Chart 物件介紹

# Chapter 15　專題製作

# Chapter 16　樞紐分析表物件

▶線上下載

本書範例、附錄電子書請至碁峰網站
http://books.gotop.com.tw/download/AEI007300 下載，其內容僅
供合法持有本書的讀者使用，未經授權不得抄襲、轉載或任意散佈。

# Excel VBA 基本概念

- 認識 Excel VBA 的使用時機機和優點
- 學習錄製巨集的步驟、儲存含巨集的檔案
- 如何設定巨集的安全性、開啟含巨集的檔案
- 使用快速鍵執行巨集、使用「巨集」對話方塊執行巨集
- 使用功能區按鈕執行巨集、使用快速存取工具列執行巨集
- 使用表單控制項執行巨集

## 1.1 Excel VBA 簡介

### 1.1.1 Excel 簡介

微軟公司早在 1982 年就發表了 MultiPlan 試算表軟體，但是因為學習難度高無法普及，1987 年微軟又發表 Windows 版的 Excel 2.0。最後由於微軟的視窗作業系統的逐漸普，使得 Excel 就成為電子試算表軟體的霸主。Excel 經過多年不斷地改良、直覺式的操作介面、出色的計算功能和強大的圖表工具，可進行各種數據處理、統計分析和輔助決策操作，因此廣泛應用在金融、統計、管理、教育...等各種領域。

微軟公司為了辦公室的需求，打造 Microsoft Office 套裝軟體，因為功能強大和操作介面親切，成為最受歡迎的辦公應用軟體。1993 年 Excel 被納入 Office 軟體中，並與 Word、PowerPoint...等軟體進行整合。Excel 經過 97、XP、2000、2003、2007、2010、2013...2021 等多次改版，本書雖以 Excel 2021 為主要的操作環境，但會盡量向下相容至 2013 版本，其他版本如果操作有明顯不同時，將以提示的方式補充。

## 1.1.2 Excel VBA 簡介

Excel 從 1993 年開始支援 VBA，VBA 是 **V**isual **B**asic for **A**pplication 的縮寫，它是附屬於 Office 各應用軟體的巨集程式。VBA 的語法大致上與 Visual Basic 類似，透過程式就可以操控 Office 軟體。除了 Excel 之外，Word、PowerPoint...等 Office 內的軟體都支援 VBA。但是因為 VBA 的強大功能，也導致 Excel 成為巨集型病毒的攻擊對象之一。雖然 Excel 本身功能已經非常強大，但是如果能再配合 VBA 將會如虎添翼，把 Excel 的功能發揮到極致有效提升工作效率。VBA 的使用時機如下：

1. **自定函數**：Excel 雖然本身提供許多函數，但是不能滿足使用者特定的需求。此時，就可以透過 VBA 來撰寫自己定義的函數(User Defined Function，簡稱自定函數)的程式碼，來供 Excel 呼叫使用。

2. **避免人為操作錯誤**：固定的操作步驟，如果能夠使用 VBA 寫成程式碼，就可以避免因為使用者操作錯誤所造成的錯誤。

3. **處理反覆性的操作**：Excel 雖然功能強大，但是例如每月固定的報表、重複的複製、搬移...等動作，都需要逐一手動操作。如果能將這些重複性的操作，使用 VBA 寫成程式碼後，只要一個按鍵就可以快速完成煩人的重複動作！

4. **開發簡易應用程式**：企業都需要各種管理程式，這些程式常常無法完全符合公司的需求，此時 Excel VBA 可以協助解決套裝軟體無法因地制宜的問題。

5. **檢核大量的資料**：Excel 中，若沒對輸入的資料做檢查，隨即處理當然會得到錯誤的結果。少量資料使用者還可以透過人工來檢查，資料量大時就變成一項不可能的任務，若能使用 VBA 編寫程式來對輸入的資料逐一檢核和修改資料，將可以提高工作效率。

6. **設計使用者介面**：如果能善用 VBA 提供的清單方塊、捲軸...等控制項物件，不但可以設計出美觀、友善的操作介面，並且可以避免操作者輸入錯誤的資料，將介面和資料分開處理。

7. **結合其他的軟體**：使用 VBA 可以和其他 Office 軟體無縫連接，因為他們都是系出同門的軟體。Excel VBA 甚至可以讀取其他的資料庫資料，再結合 Excel 功能來進行資料的統計分析。

如果只精通 Excel 操作卻不會善用 Excel VBA，就好像擁有功能強大的坦克車，但是只把它當作代步工具一樣，實在是暴殄天物。VBA 具備以下的優點：

1. **免費使用**：Office 軟體包含 VBA 編輯器和函式庫，不需再購買或安裝。

2. **語法簡單學習門檻低**：VBA 的語法大致和 Visual Basic 高階語言類似，只要學會 VBA 的語法就可以操控所有的 Office 軟體，投資報酬率非常高。

3. **靈活運用 Excel 功能**：在 VBA 中可以直接使用 Excel 軟體的功能，所以有關資料的輸入、編輯、列印、排序...等動作，可以由 Excel 軟體的功能來處理，程式設計者可以更專注於程式邏輯的思考。

4. **巨集錄製功能**：Excel 軟體提供巨集錄製的功能，如果不會撰寫程式，也可以透過該功能自動產生巨集的程式碼。

5. **連結資料庫**：Excel VBA 可以與資料庫軟體搭配(如 MySQL、SQL、Access...等)，使處理的範圍更加擴大。

6. **提供多種物件**：Excel VBA 部分符合物件導向程式設計理念，Excel VBA 提供多種物件，只要透過屬性、方法和事件，就可以操作這些物件。另外，也提供許多控制項，可以自行設計使用者操作介面。

本書是針對 Excel 應用軟體的基本操作已經了解的讀者，想進一步靈活運用這些功能使工作更有效率。本書將會循序漸進介紹 Excel VBA 的語法，以及 Excel VBA 的物件，利用深入淺出的範例來活用程式，使得 Excel 成為工作上最佳的得力幫手。

## 1.2 錄製巨集

操作 Excel 時，每一個步驟就相當於一個指令，若處理資料時需十個步驟才完成，下次再處理該資料時又得重覆操作十個步驟一次，不但費時且易操作錯誤。若能將這些操作步驟像使用錄影機一樣，將操作步驟完整錄製下來，由 Excel 本身自動產生程式碼，下次再做這些例行性重複動作時，只要再呼叫便可重複操作一次，這就是 Excel 所提供的「巨集錄製功能」。由於巨集是紀錄流程，無法自動產生迴圈、條件式或特殊程式碼是其缺點，所以 Excel 又加入 VBA 來解決此問題。

## 1.2.1 開啟「開發人員」索引標籤

錄製巨集需要使用功能區上的「開發人員」索引標籤頁，如果你的 Excel 在功能標籤頁沒有顯示「開發人員」索引標籤頁，可以透過下列步驟來開啟：

1. 在功能區上點選「檔案」索引標籤頁，然後執行「其他.../選項」指令開啟下圖「Excel 選項」對話方塊。先點選左窗格中的「自訂功能區」指令。接著在「主索引標籤」中，勾選「開發人員」項目。

2. 最後在上圖按 　確定　 鈕後，如下圖在功能區標籤頁便顯示「開發人員」索引標籤頁。

## 1.2.2 錄製巨集的步驟

本節將透過實作一步一步來學習如何錄製巨集、儲存巨集檔，以及如何使用快速鍵來執行巨集。雖然錄製巨集的步驟不難，但是因為每個操作都會被錄製下來，當然也包含錯誤的步驟。所以在錄製巨集前，建議先將操作步驟多演練幾遍後才進行巨集的錄製。

**實作** FileName：bccMacro.xlsm

錄製一個會根據左下圖計算機概論(BCC)成績由大而小做遞減排序的巨集，並執行巨集來觀察執行情形其結果如右下圖所示。

| | A | B |
|---|---|---|
| 1 | 座號 | 成績 |
| 2 | 1 | 75 |
| 3 | 2 | 56 |
| 4 | 3 | 92 |
| 5 | 4 | 38 |
| 6 | 5 | 64 |
| 7 | 6 | 83 |

巨集未執行時

| | A | B |
|---|---|---|
| 1 | 座號 | 成績 |
| 2 | 3 | 92 |
| 3 | 6 | 83 |
| 4 | 1 | 75 |
| 5 | 5 | 64 |
| 6 | 2 | 56 |
| 7 | 4 | 38 |

執行巨集後

▶ **操作步驟**

一. **建立成績表**

新增一個空白活頁簿，並在該活頁簿名稱為「工作表1」的工作表上，分別在 A1:B7 儲存格建立下面資料內容或是直接由本書範例 ch01\bcc.xlsx 複製：

| | A | B |
|---|---|---|
| 1 | 座號 | 成績 |
| 2 | 1 | 75 |
| 3 | 2 | 56 |
| 4 | 3 | 92 |
| 5 | 4 | 38 |
| 6 | 5 | 64 |
| 7 | 6 | 83 |

二. **模擬操作**

因為開始錄製巨集後，會將操作者所有的動作一五一十地記錄下來。所以在錄製前要先熟悉遞減排序的操作步驟，以避免錄製到錯誤的操作步驟。

三. **巨集錄製**

1. 在功能區標籤頁上點選「開發人員」索引標籤頁，然後按 錄製巨集 鈕，出現下圖「錄製巨集」對話方塊。

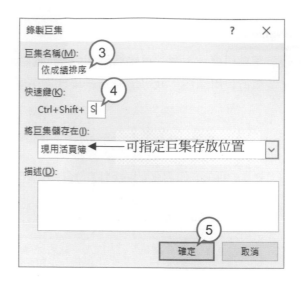

2. 在上圖可以設定巨集的相關條件：

① 預設巨集名稱為「巨集 1」，改為「依成績排序」。

② 快速鍵(K)：預設 <Ctrl + □ >，當在文字方塊內輸入小寫字母 s，表示按 <Ctrl> + <小寫 S>鍵就可執行此巨集。若按 <Shift>+<小寫字母 s>，自動變成 < Ctrl + Shift + S >，表示按 <Ctrl> + <大寫字母 S>鍵就可執行巨集。

③ 將巨集儲存在(I)：使用預設的「現用活頁簿」。

預設儲存位置在 C:\Documents and Settings\username\Application Data\Microsoft\ Excel\XLStart 資料夾。Excel 啟動時會將儲存在 XLStart 資料夾內的活頁簿自動開啟。如果您想要讓個人巨集活頁簿中的巨集在另一個活頁簿中自動執行，也必須將那一個活頁簿儲存到 XLStart 資料夾，這樣才會在 Excel 啟動時同時開啟這兩個活頁簿。

④ 按 確定 鈕，此時就開始錄製巨集，接下來我們的每一個操作動作錄製下來。

 便利貼

巨集快速鍵的指定並沒有規定，以容易記憶(本例巨集功能為排序 Sort 所以用<S>鍵)，但不要和 Excel 功能表項目的快速鍵相混淆。另外，如果同一個 Excel 檔案中有多個巨集，快速鍵的設定也應該不相同。

3. 點選 B1 儲存格，表示排序的資料位置。

4. 在功能區標籤頁上點選「資料」索引標籤，然後按其中的 排序鈕。

5. 在「排序」對話方塊上：

   ① 勾選「我的資料有標題」。

   ② 「欄」清單排序方式點選「成績」項目。

   ③ 「順序」清單中點選「最大到最小」項目。

   ④ 按 確定 鈕，工作表上的成績欄的資料已經自動完成依成績做遞減排序的動作。

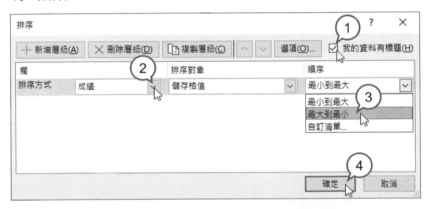

6. 在功能區切回「開發人員」索引標籤頁，然後按 ■ 停止錄製 鈕，就完成巨集的錄製動作。下圖即是巨集依成績由大而小排序的結果：

| | A | B |
|---|---|---|
| 1 | 座號 | 成績 |
| 2 | 3 | 92 |
| 3 | 6 | 83 |
| 4 | 1 | 75 |
| 5 | 5 | 64 |
| 6 | 2 | 56 |
| 7 | 4 | 38 |

## 四. 執行巨集

1. 將「工作表 1」工作表上成績重新輸入，或是按 復原鈕恢復未排序前的狀況，以便用來測試建立的巨集執行是否正確。

2. 按<Ctrl> + <Shift> + <s>快速鍵來執行「依成績排序」巨集，如果剛才操作正確，應該會依成績做遞減排序。如果不正確可以依照後面編輯巨集的步驟，來修改巨集程序的程式碼，否則就乾脆重新錄製。

## 五. 檢視巨集程式碼

1. 在功能區上點選「開發人員」索引標籤，然後按其中的 巨集鈕，此時會出現「巨集」對話方塊。

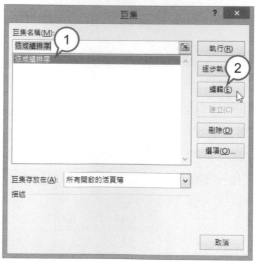

2. 在上圖「巨集」對話方塊中，由「巨集名稱」清單中選取「依成績排序」項目後，按 編輯(E) 鈕就會開啟 VBA 程式編輯器(Visual Basic Editor：VBA)。會看到錄製的「依成績排序」巨集程序，會存放在 Module1 模組中。

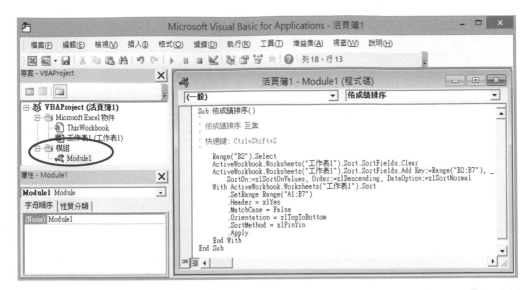

3. 在上圖 VBA 程式編輯器的「程式碼」視窗中，可以看到所錄製的「依成績排序」巨集程序，其程式碼如下：

**FileName: bccMacro.xlsm (Module1 模組)**

| | |
|---|---|
| 01 Sub 依成績排序() | |
| 02 ' | |
| 03 ' 依成績排序 巨集 | |
| 04 ' | |
| 05 ' 快速鍵: Ctrl+Shift+S | |
| 06 ' | |
| 07 | Range("B2").Select |
| 08 | ActiveWorkbook.Worksheets("工作表 1").Sort.SortFields.Clear |
| 09 | ActiveWorkbook.Worksheets("工作表 1").Sort.SortFields.Add Key:=Range("B2:B7"), _ |
| 10 | SortOn:=xlSortOnValues, Order:=xlDescending, DataOption:=xlSortNormal |
| 11 | With ActiveWorkbook.Worksheets("工作表 1").Sort |
| 12 | .SetRange Range("A1:B7") |
| 13 | .Header = xlYes |
| 14 | .MatchCase = False |
| 15 | .Orientation = xlTopToBottom |
| 16 | .SortMethod = xlPinYin |
| 17 | .Apply |
| 18 | End With |
| 19 End Sub | |

▶ **隨堂測驗**

在上面實作中增加一個巨集，可以依照座號做遞增排序，並設定快速鍵
(<Ctrl> + <Shift> + <n>)來執行該巨集。

## 1.2.3 儲存含巨集的檔案

在上面實作中已經完成巨集的錄製，以及執行巨集測試其正確性，就完成錄製
巨集的動作。在本小節將繼續介紹如何儲存含有巨集的 Excel 檔案，操作步驟如下：

1. 在功能區點選「檔案」索引標籤，然後按「另存新檔」，接著按 [瀏覽] 瀏覽
   鈕，此時出現下圖「另存新檔」對話方塊。本書實作檔預設存在 C 磁碟的
   ExcelVBA 下的各章資料夾下，例如：C:\ExcelVBA\ch01 為第一章的資料夾。

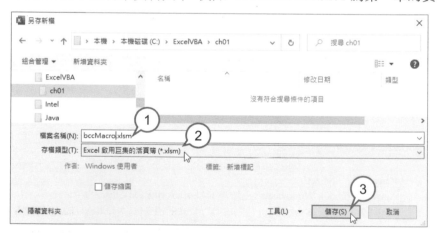

2. 在上圖「另存新檔」對話方塊中：

   ① 在「檔案名稱(N)」輸入方塊內，將預設名稱「活頁簿 1」改以「bccMacro」
      為檔案名稱。

   ② 按「存檔類型(T)」的下拉鈕，由清單中選取「Excel 啟用巨集的活頁簿」
      項目。

   ③ 按 [儲存(S)] 鈕就完成存檔的動作。存檔的副檔名為 .xlsm 表示該檔含
      有巨集，以和一般預設的 Excel 檔案格式 .xlsx 有所區隔。

## 1.3 執行巨集

在前一節中我們練習錄製一個巨集，並指定一組快速鍵來執行該巨集。在本節將再介紹一些常用執行巨集的方法。

### 1.3.1 巨集安全性設定

前面我們提到巨集型病毒是針對含 VBA 檔案的病毒，所以在開啟含巨集的檔案應該要多加小心。下面是設定巨集安全性的步驟和注意事項：

1. 在功能區上點選「開發人員」索引標籤，然後按其中的 ⚠ 巨集安全性 鈕，會開啟「信任中心」對話方塊。

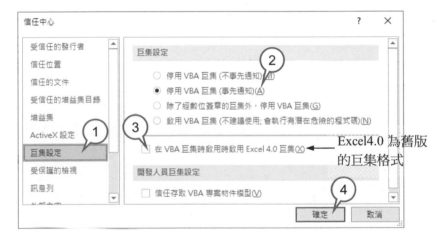

2. 在「信任中心」對話方塊中點選「巨集設定」項目，可以設定開啟含巨集檔案的處理方式。有下列四種方式：

① **停用 VBA 巨集 (不事先通知)**
會停用文件中的所有巨集，是屬於安全性最高。必須將包含信任但未經簽章巨集的文件，存放在「信任位置」才可以執行巨集。

② **停用 VBA 巨集 (事先通知)**
開啟含巨集的文件時會出現安全性警訊，此時可以視情況選擇是否啟用巨集，這是系統的預設值。

③ **除了經數位簽章的巨集外，停用 VBA 巨集**

　　所有未經簽章的巨集都會停用，如果巨集是由信任的發行者進行數位簽章，則可以選擇啟用這些已簽章的巨集，或信任這個發行者。

④ **啟用 VBA 巨集 (不建議使用, 會執行有潛在危險的程式碼)**

　　允許執行所有巨集，但是不建議使用因為容易受到惡意程式碼的攻擊。

3. 巨集設定建議採用第 2 項停用 VBA 巨集(事先通知)，和取消勾選 Excel4.0 巨集，以避免不小心開啟含惡意巨集的檔案。

　　我們也可以將儲存 Excel 檔案的資料夾，設定為「信任位置」。設定完成後，開啟信任位置內含巨集的檔案時，巨集就不會被停用。

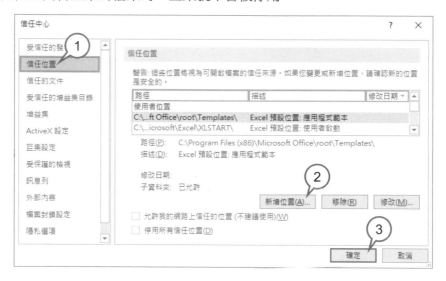

## 1.3.2 開啟含巨集的檔案

　　因為 bccMacro.xlsm 檔案含有巨集，其檔案圖示為 　 來提醒使用者。我們設定巨集安全性為「停用 VBA 巨集 (事先通知)」，所以開啟含有巨集的 Excel 檔案時，巨集會先被停止使用。此時在功能區會出現如下圖的安全性警告對話方塊，提醒此文件含有巨集。若確定該巨集沒有問題，就按「啟用內容」鈕來啟用巨集。

### 1.3.3 使用「巨集」對話方塊

　　使用「巨集」對話方塊是執行巨集的最簡單方式，操作方式如下：

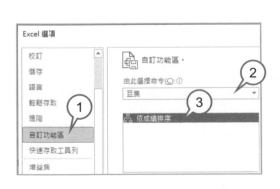

1. 在功能區上點選「開發人員」索引標籤，然後按其中的 ⬚巨集 巨集鈕，此時會出現右圖「巨集」對話方塊。

2. 在「巨集」對話方塊中，由「巨集名稱」清單中選取要執行巨集項目後，按下 執行(R) 鈕，就會執行選取的巨集。

### 1.3.4 使用功能區自訂按鈕

　　可以將巨集指定給 Excel 功能區的自訂按鈕，該按鈕可以安置在現有的索引標籤頁內，或在新增的自訂索引標籤頁中。使用功能區的按鈕來執行巨集，因為只會出現在所設定電腦的 Excel 環境當中，所以適合用在個人常用的巨集。下面我們將「依成績排序」巨集，指定到「開發人員」索引標籤頁中。

1. 在功能區上點選「檔案」索引標籤頁，然後執行「其他/選項」指令，此時會開啟下圖「Excel 選項」對話方塊。

2. 在上圖「Excel 選項」對話方塊中：

　① 點選其中的「自訂功能區」指令。

　② 在「由此選擇命令：」清單中選取「巨集」，此時會列出可用的項目清單。

　③ 在右上圖 「主要索引標籤」清單中選取「開發人員」項目，然後按 新增群組(N) 鈕，在「開發人員」索引標籤頁中新增一個群組。

3. 在上圖左邊點選「依成績排序」巨集，然後按 新增(A) >> 鈕 ，會如下圖新增一個 依成績排序 按鈕到「新增群組」中。

4. 最後按 確定 鈕，完成將巨集指定給功能區自訂按鈕的操作。

5. 如下圖點選「新增群組(自訂)」項目後，按 重新命名(M) 鈕會開啟「重新命名」對話方塊，在「顯示名稱：」文字方塊輸入「自訂巨集」，然後按 確定 鈕，完成新增群組重新命名的操作。

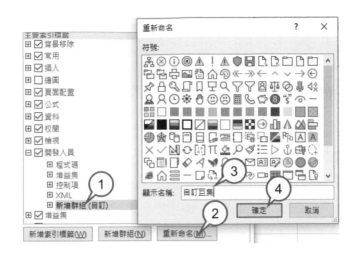

6. 點選「依成績排序」項目後,按 <u>重新命名(M)...</u> 鈕會開啟「重新命名」對話方塊,在「符號:」清單選擇適合的圖示,然後按 <u>確定</u> 鈕,完成變更按鈕圖示的操作。

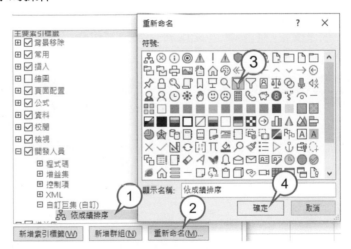

7. 完成將「依成績排序」巨集指定給功能區自訂按鈕的操作後,會在「開發人員」索引標籤上新增一個「依成績排序」按鈕。只要按「依成績排序」按鈕,就會開啟 bccMacro.xlsm 檔案,並執行「依成績排序」巨集。

### 1.3.5 使用快速存取工具列

　　功能區自訂按鈕只會固定出現在該電腦的 Excel 功能區中，如果只想隨著指定的 Excel 檔案出現，就可以使用快速存取工具列。

1. 在功能區點選「檔案」索引標籤頁，執行「其他/選項」指令，此時會開啟「Excel 選項」對話方塊。在對話方塊中，點選的「快速存取工具列」指令。

2. 在「由此選擇命令：」清單中選取「巨集」項目，會列出可用的巨集清單。

3. 在「自訂快速存取工具列：」清單中，選取指定的 Excel 檔案。

4. 選取巨集名稱後，然後按 `新增(A) >>` 鈕新增一個按鈕到自訂快速存取工具列中。最後按 `確定` 鈕，完成將巨集指定給特定 Excel 檔案的自訂快速存取工具列的操作。

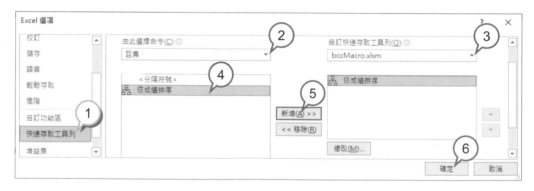

5. 完成後在 **bccMacro** 檔案的自訂快速存取工具列上，會出現可以執行「依成績排序」巨集的工具按鈕。

6. 如果想要變更工具按鈕的圖示，可以在「Excel 選項」對話方塊中按 `修改(M)...` 鈕，來重新設定圖示。

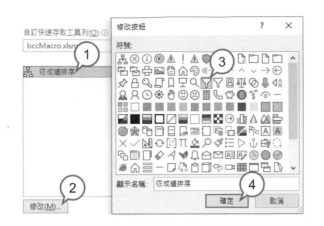

## 1.3.6 使用表單控制項

上面介紹的方法雖然都可以執行巨集,但是都不如將巨集指定給工作表上的物件來得直覺。下面介紹將巨集指定給物件的操作步驟:

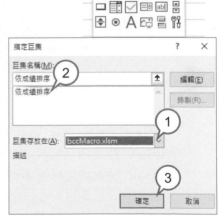

1. 在功能區上點選「開發人員」索引標籤頁,然後按 鈕,由清單中選取適當的表單控制項,本例是選按鈕控制項。

2. 選擇按鈕表單控制項後,滑鼠游標會變成＋狀。然後在要安置按鈕的位置上按一下,或拖曳出按鈕的大小。此時會出現「指定巨集」對話方塊,我們先由清單中選取「bccMacro.xlsm」巨集來源,然後點選「依成績排序」巨集名稱,按下 確定 鈕就會在工作表上出現一個按鈕控制項。

3. 此時按鈕四周有控制點,表示控制項是在編輯模式,此時可以改變控制項的大小和位置。按鈕上文字預設為「按鈕 1」,若要修改內容可以按右鍵,在快顯功能表上執行「編輯文字」指令。本例我們將內容改為「排序」。

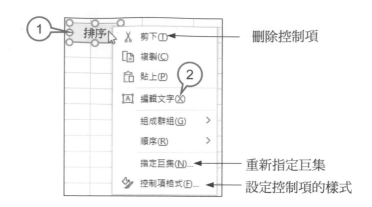

4. 修改按鈕控制項的文字內容後，在工作表
上點一下，此時控制項四周的控制點會消
失，表示控制項是在工作模式。此時在按
鈕控制項上按一下，就會執行一次巨集。

| | A | B | C | D |
|---|---|---|---|---|
| 1 | 座號 | 成績 | | |
| 2 | 3 | 92 | | 排序 |
| 3 | 6 | 83 | | |
| 4 | 1 | 75 | | |
| 5 | 5 | 64 | | |
| 6 | 2 | 56 | | |
| 7 | 4 | 38 | | |

5. 如果想要修改按鈕控制項時，可以在控制
項上按右鍵，此時控制項會出現八個控制點進入編輯模式。按鈕控制項在
編輯模式下，才可以進行移動、調整大小 ... 等的編輯動作。

便利貼

表單控制項是與 Excel 97 以後版本相容的原始控制項，可用於工作表，但
不可以用於自訂表單(UserForm)。

ActiveX 控制項功能比表單控制項強大，除工作表外也可用於自訂表單。

ActiveX 控制項設計上更有彈性，可利用事件做各種的反應。

▶ **隨堂測驗**

繼續上面的隨堂測驗，將依照座號做遞增
排序的巨集指定給按鈕控制項，並設定按
鈕控制項的文字內容為「還原」。

| | A | B | C | D |
|---|---|---|---|---|
| 1 | 座號 | 成績 | | |
| 2 | 1 | 75 | | 排序 |
| 3 | 2 | 56 | | |
| 4 | 3 | 92 | | 還原 |
| 5 | 4 | 38 | | |
| 6 | 5 | 64 | | |
| 7 | 6 | 83 | | |
| 8 | | | | |

# 1.4 巨集結合 VBA

錄製的巨集只能重複執行固定的操作步驟，我們可以將巨集自動產生的程式碼，透過 VBA 程式編輯器插入或修改相關程式碼，來增加巨集所無法做到的事情，除可縮短程式碼編寫的時間外，還可增加巨集的彈性和功能。

**實作** FileName：sumMacro.xlsm

延續上面巨集實作，按 排序 鈕除了做排序外，還會計算出總分以及平均分數。先在工作表的 A8 和 A9 儲存格上，輸入「總分」、「平均」文字。再將上例巨集所產生的程式碼，透過 VBA 程式編輯器在 B8 和 B9 儲存格分別插入 SUM 和 AVERAGE 工作表函數，就可以顯示總分和總平均。

▶ **輸出要求**

| | A | B | C |
|---|---|---|---|
| 1 | 座號 | 成績 | |
| 2 | 1 | 75 | 排序 |
| 3 | 2 | 56 | |
| 4 | 3 | 92 | |
| 5 | 4 | 38 | |
| 6 | 5 | 64 | |
| 7 | 6 | 83 | |
| 8 | 總分 | | |
| 9 | 平均 | | |

| | A | B | C |
|---|---|---|---|
| 1 | 座號 | 成績 | |
| 2 | 3 | 92 | 排序 |
| 3 | 6 | 83 | |
| 4 | 1 | 75 | |
| 5 | 5 | 64 | |
| 6 | 2 | 56 | |
| 7 | 4 | 38 | |
| 8 | 總分 | 408 | |
| 9 | 平均 | 68 | |

▶ **解題技巧**

Step 1 建立輸出入介面

1. 將 bccMacro.xlsm 檔案另存新檔為「sumMacro.xlsm」，並修改工作表 1 如右所示：

| | A | B | C |
|---|---|---|---|
| 1 | 座號 | 成績 | |
| 2 | 1 | 75 | 排序 |
| 3 | 2 | 56 | |
| 4 | 3 | 92 | |
| 5 | 4 | 38 | |
| 6 | 5 | 64 | |
| 7 | 6 | 83 | |
| 8 | 總分 | | |
| 9 | 平均 | | |

Step 2 問題分析

1. 在 Module1 模組中的「依成績排序」巨集中，使用 VBA 的程式敘述來擴充巨集的功能。

2. 第 1~18 行程式碼為錄製的巨集程式，除非了解程式的意義不然不要更動。
   本例在下列巨集所產生的程式最後面 即 End Sub 敘述前面的灰底程式碼：

   ① 插入 SUM 函數

   　將 B2:B7 儲存格範圍的值相加，相加結果置入 B8 儲存格，其寫法為：

   ```
   Range("B8").Value = "=sum(B2:B7)"
   ```

   ② 插入 AVERAGE 函數

   　將 B2:B7 儲存格範圍的值平均，將平均結果置入 B9 儲存格，其寫法為：

   ```
   Range("B9").Value = "=average(B2:B7)"
   ```

3. 以上程式碼的用法，會在本書後面章節中詳細說明。本例完整程式碼如下：

**Step 3** 編寫程式碼

| FileName: bccMacro.xlsm　　(Module1 模組) |
|---|
| 01 Sub　依成績排序() |
| 02 ' |
| 03 ' 依成績排序 巨集 |
| 04 ' |
| 05 ' 快速鍵: Ctrl+Shift+S |
| 06 ' |
| 07　　　Range("B2").Select |
| 08　　　ActiveWorkbook.Worksheets("工作表 1").Sort.SortFields.Clear |
| 09　　　ActiveWorkbook.Worksheets("工作表 1").Sort.SortFields.Add Key:=Range("B2:B7"), _ |
| 10　　　　　SortOn:=xlSortOnValues, Order:=xlDescending, DataOption:=xlSortNormal |
| 11　　　With ActiveWorkbook.Worksheets("工作表 1").Sort |
| 12　　　　　.SetRange Range("A1:B7") |
| 13　　　　　.Header = xlYes |
| 14　　　　　.MatchCase = False |
| 15　　　　　.Orientation = xlTopToBottom |
| 16　　　　　.SortMethod = xlPinYin |
| 17　　　　　.Apply |
| 18　　　End With |
| 19　　　**Range("B8").Value = "=sum(B2:B7)"** |
| 20　　　**Range("B9").Value = "=average(B2:B7)"** |
| 21 End Sub |

# 第一個 Excel VBA 程式

- 認識 Excel VBA 的物件架構
- 學習物件的屬性、方法和事件
- 指定儲存格、自行撰寫程序
- 認識 Excel VBA 編輯環境
- 學習 VBA 程式如何編輯和除錯
- 設定 Excel VBA 專案的保護

## 2.1 Excel VBA 物件架構

物件導向程式就是模擬真實世界所發展出來的概念，適合用來發展大型的程式。基本上 Excel VBA 是符合物件導向程式設計理念，所以想要學習 Excel VBA 就要對物件(Object)有所了解。

### 2.1.1 類別與物件

在真實世界中每個人或事物都是物件，例如：<u>戴資穎</u>、<u>林昀儒</u>、貴賓狗、籃球...都是物件。物件具有其可識別的特性或稱屬性(Attribute)，具有相同屬性而屬性值不同的物件可歸成同一個類別(Class)，例如：<u>戴資穎</u>和<u>林昀儒</u>都同屬「人」這個類別；貴賓狗、博美狗都同屬「犬」這個類別。至於<u>戴資穎</u>和<u>林昀儒</u>雖同屬人類，但由於屬性值不同視為不同的物件。在物件導向程式中，物件是由類別所建立的實體。

物件在「物件模型」階層結構中被有系統地相關聯，Excel 基本物件模型包含：Application(Excel 應用程式)、Workbooks(活頁簿集合)、Worksheets(工作表集合)、Charts(圖表集合)、Range(儲存格範圍)、Cells(儲存格)等多種物件。其物件架構如下：

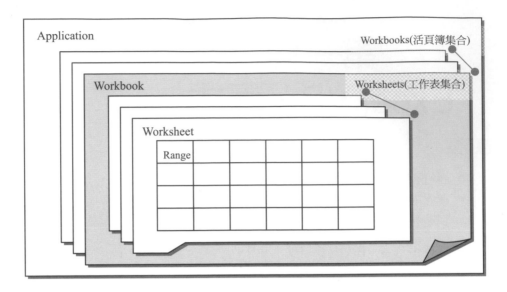

1. **Application**：Excel 應用程式本身就是一個 Application 物件，它就像是個大容器其中可以包含多個活頁簿。

2. **Workbooks**：在 Excel 應用程式中的每一個活頁簿檔案，就是一個 Workbook 物件，多個 Workbook 物件就存在 Workbooks 活頁簿集合(Collection)中。

3. **Worksheets**：在 Workbook 活頁簿檔案中的每一個工作表，就是一個 Worksheet 物件，多個 Worksheet 物件就存在 Worksheets 工作表集合中。

4. **Range**：在 Worksheet 工作表中包含眾多的儲存格，而 Range 就是儲存格的範圍，可以是一個儲存格，也可以是包含多個儲存格的範圍。

5. **其他**：活頁簿中除了 Worksheets 工作表集合外，還有 Cells 儲存格集合、Charts 圖表集合、Windows 集合...等多種物件。

## 2.1.2 屬性與方法

物件都有所屬的屬性(Attribute)和方法(Method)。譬如戴資穎和林昀儒都同屬人類，每個人都有姓名、身份證號、性別、身高、體重...等特質稱為物件的「屬性」。另外每個人也有進食、移動、發聲、拿東西...等動作，這些具有特定功能的動作，稱為物件的「方法」。由於每個人屬性值和動作方式不同，所以能夠區分出不同的物件。物件和屬性、方法中間用「.」連接。例如 Value 是儲存格(Cell)物件的屬性，屬性值用來記錄儲存格的內容，譬如指定 A1 儲存格的內容為「戴資穎」寫法為：

> Range("A1").Value = "戴資穎"　　'可解讀為 A1 儲存格物件的 Value 屬性值為 "戴資穎"

Select 是儲存格的方法,用來將儲存格設為被選取成為作用儲存格,即能對該儲存格下達命令。譬如將 A1 儲存格設成作用儲存格,其寫法為:

> Range("A1").Select　　'可解讀為執行 A1 儲存格物件的 Select 方法

## 2.1.3 事件(Event)

物件彼此間會有互動關係,譬如老師和學生都是屬於「學校成員」類別的物件,學生有問題時可以「問」老師、老師為了解學生程度可以「考」學生,這些互動會觸動「事件」(Event)。事件由發起者來觸發事件,事件接受者會執行該事件的程式碼來作「回應」。VBA 針對各種物件會定義一些事件,這些事件在該物件發生特定狀況時會被觸動,該狀況要處理的程式碼可寫在該事件程序中。例如開啟活頁簿物件時會觸動 Open 事件,所以開啟活頁簿要處理的程式碼可寫在 Open 事件程序中。

## 2.1.4 瀏覽物件

在 Visual Basic 編輯器中執行功能表【檢視/瀏覽物件】,或點按工具列的 瀏覽物件圖示鈕,會開啟「瀏覽物件」視窗,可以查詢 VBA 所屬的物件,以及其屬性、方法和事件。在左邊的物件類別清單中選取物件項目,會在右邊出現該物件的成員清單,點選成員項目後會在下方顯示相關說明。

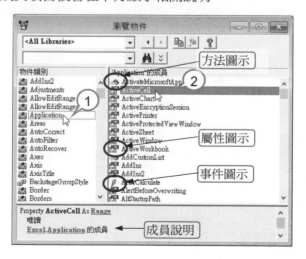

若只要查詢 Excel 所屬的物件，可以由下拉式清單中點選 Excel 項目。

## 2.1.5 指定儲存格

在撰寫 Excel VBA 程式時，常常要對儲存格做存取的動作，所以先介紹一些指定儲存格常用的方式。

### 一. 使用 Range

Range 是一個儲存格的範圍，指定時儲存格是使用[A1]表示法，欄是以字母標示，而列是以數字標示，欄和列組合成字串。其指定的語法為：

> **語法：**
>
>     Range ("儲存格")　　　　　　　⇦ 單一儲存格
>     Range ("起始儲存格：終止儲存格")　⇦ 儲存格範圍

### ▶ 説明

1. Range 是隸屬於 Worksheet 物件，而 Worksheet 工作表是隸屬於 Workbook 物件，Workbook 又隸屬於 Application 物件。隸屬關係是使用「．」點號來連結，所以要指定 Excel 應用程式之 Book1.xlsm 活頁簿檔案中，名稱為「工作表 1」的工作表中 A1 儲存格範圍，其寫法為：

   > Application**.**Workbooks("Book1.xlsm")**.**Worksheets("工作表 1")**.**Range("A1")

   以上是最完整的表示方法，如果不需要特別指定是哪個工作表，只是在目前作用中工作表時，則前面的物件都可以省略。例如：要指定目前工作表中 A1 到 B3 儲存格範圍，其寫法為：

   > Range("A1:B3")

### 二. 使用 Cells

Cells 也是一個儲存格的範圍，只是指定時儲存格是使用 [R1C1] 欄名列號表示法，列和欄都是以數字標示，其指定的語法為：

語法：

Cells (水平列編號， 垂直欄編號)

因為列和欄都是以數字標示，所以特別適合於用變數指定儲存格時。例如：要指定 B4 儲存格時，列編號為 4、欄編號則為 2(A 是 1、B 是 2...)，所以其寫法為：

Cells(4, 2)　　' 相當於 Range("B4")

【注意】 存取某一範圍資料時，若使用 For Next 迴圈時使用 Cells 較方便；
　　　　 若使用 For Each Next 迴圈時，使用 Range 較有效率。

## 2.2 自行撰寫巨集程序

在第一章中介紹錄製巨集和執行巨集的方法時，雖然錄製巨集可自動產生程式碼，但是功能有限而且使用上綁手綁腳。若能了解 Excel VBA 物件的基本架構，以及指定儲存格的語法後，便可自行撰寫巨集程序的程式碼。本節將透過一個簡單的實作，來介紹自行撰寫巨集程序的基本步驟。

**實作** FileName：First.xlsm

設計一個在 顯示時間 按鈕控制項上按一下，會將目前時間顯示在 B1 儲存格的巨集程序。

| | A | B | C | D |
|---|---|---|---|---|
| 1 | 目前時間： | 2021/11/13 15:57 | 顯示時間 | |

▶ **操作步驟**

一. 建立工作表內容

1. 新增一個空白活頁簿，並在工作表名稱為「工作表 1」的工作表上建立如右內容。

| | A | B |
|---|---|---|
| 1 | 目前時間： | |

2. 以 First 為檔名，存檔類型選取「Excel 啟用巨集的活頁簿」存檔，儲存後
   該 Excel 應用程式的檔名設為 First.xlsm。

## 二. 新增巨集程序

1. 在功能區上點選「開發人員」索引標籤頁，然後按其中的 巨集鈕圖示，
   此時會出現下圖「巨集」對話方塊。

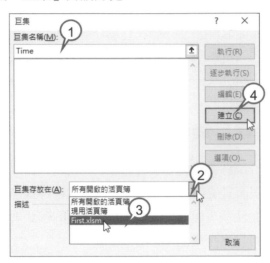

2. 上圖「巨集」對話方塊中：
   ① 在「巨集名稱(M)」文字方塊內輸入巨集名稱「Time」。
   ② 在「巨集存放在(A)」清單中選取「First.xlsm」，指定巨集存放的位置。
   ③ 按 建立(C) 鈕，自動開啟 VBA 編輯器，並且在 Module1 模組中新增一
      個巨集名稱為「Time」的巨集。

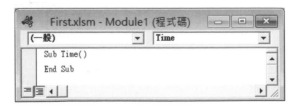

## 三. 撰寫程式碼

1. 先在上圖「Sub Time()」的下一行敘述按 <Tab> 鍵採向右縮排方式編寫程
   式碼以方便閱讀。由鍵盤鍵入「range(」後，如下圖馬上出現 Range 語法提

示訊息提醒寫法。注意「range」是用小寫字母，當輸入完畢後系統會自動
轉成大寫，如果沒有轉換表示拼寫錯誤。

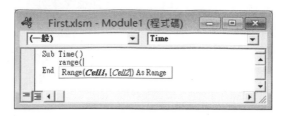

2. 輸入「range("B1").」後清單會列出適用的屬性或方法，而且輸入字母越多
   清單項目就會越接近。若需要的屬性或方法成第一個項目時，只要按 <Tab>
   鍵或用滑鼠點選就自動完成，這就是編輯器的智慧感知(IntelliSense)功能。

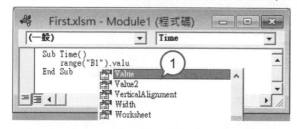

3. 輸入「range("B1").Value=now()」後，輸入游標移到下一行時，系統會自動
   調整程式碼，該變大寫、加空白...等都會自動完成。

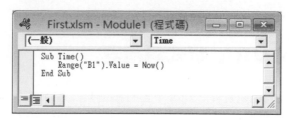

4. 上面 "Range("B1").Value = Now()" 敘述的意義，是將執行 Now()函數所取
   得目前的時間設為 B1 儲存格的值，即將時間資料顯示到 B1 儲存格上。

5. 完成程式碼

| FileName: First.xlsm　　（Module1 程式碼） |
| --- |
| **01 Sub Time()** |
| 02　　　Range("B1").Value = Now() |
| 03 End Sub |

#### 四. 建立按鈕控制項並指定巨集

1. 在功能區上點選「開發人員」索引標籤頁，然後按 插入圖示鈕，由清單中選取表單按鈕控制項。

2. 移動滑鼠到要安置按鈕的位置上按一下，此時會出現「指定巨集」對話方塊，點選「Time」巨集名稱後，按 確定 鈕會在工作表上出現一個按鈕。

3. 將按鈕上面預設的「Command1」文字修改為「顯示時間」，變成 顯示時間 按鈕並調整按鈕控制項的大小。

#### 五. 測試巨集

1. 按 顯示時間 鈕測試執行結果是否正確？

▶ **隨堂測驗**

上面實作增加 Clear 巨集，使用 Cells 格式將 B1 儲存格的內容清空，並將巨集指定給 清空時間 按鈕。[提示]將儲存格的 Value 屬性值設為""(空字串)。

# 2.3 Excel VBA 程式編輯器

在上一節我們透過實作，認識了自行撰寫巨集程序的基本方法。本節將介紹 Excel VBA 程式編輯器的環境，以及撰寫程式的基本概念。

## 2.3.1 開啟 Excel VBA 程式編輯器

要進入 Excel VBA 程式編輯器(Visual Basic Editor)，除了第一章所介紹由開啟巨集進入外，也可以在「開發人員」索引標籤，按其中的 鈕，來開啟 VBA 編輯視窗。利用 <Alt> + <F11> 快速鍵，也可以直接開啟 Excel VBA 程式編輯器。

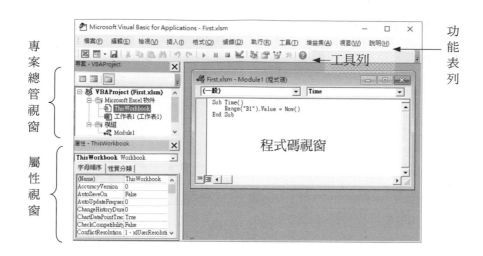

## 2.3.2 功能表與工具列

一. 功能表列

VBA 編輯視窗的功能都分門別類，集中在功能表列內供使用者選用。

二. 工具列

VBA 編輯視窗的主要功能以圖示鈕的形式，集中在工具列供使用者快速選用。

▶ 功能說明

1. ⬚：檢視 Excel 視窗，按此圖示鈕會切換到 Excel 視窗。

2. ⬚ ▾：共有四種選項
   ⬚(插入自訂表單)、⬚ (插入模組)、⬚ (插入物件類別模組)、
   ⬚ (插入程序)。

3. ▶ ⅠⅠ ■：分別是執行、暫停、停止程序或自訂表單(UserForm)。

4. ⬚：開啟或關閉設計模式，可用來編輯控制項屬性。

5. ⬚⬚⬚：分別開啟專案總管、屬性、瀏覽物件視窗。

### 2.3.3 專案總管視窗

專案總管視窗將每個 Excel 活頁簿檔案視為一個專案(Project)，視窗內用階層方式來顯示專案中的所有項目。

可折疊資料夾 →

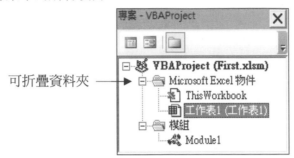

▶ **說明**

1. 專案的最上層為 Excel 活頁簿檔案，目前下面有 Microsoft Excel 物件、模組兩個資料夾，以樹狀圖形式呈現。

   ① Microsoft Excel 物件資料夾內包含 ThisWorkbook(代表整個活頁簿)和工作表物件(WorkSheet)等物件。

   ② 模組資料夾內包含模組(Module)，模組內含各種巨集程序。預設第一個模組名稱為 Module1，第二個模組名稱為 Module2 依此類推。

   ③ 如果有插入其他物件，則會有表單(內含自訂表單 UserForm)和物件類別模組資料夾。

2. 專案總管視窗內除列出物件名稱外，還會在()括弧內顯示物件的 Name 屬性值，例如：工作表 1(工作表 1)。

3. 專案總管的工具列有三個工具視窗：

   ① ▤(檢視程式碼)：先點選工作表、模組...等物件，然後按 ▤ 就可以開啟該物件的程式碼視窗。

   ② ▦(檢視物件)：先點選工作表、自訂表單...等物件，然後按 ▦ 就可以切換到該物件的視窗。例如點選工作表 2 然後按該鈕，就會切換到 Excel 的工作表 2。

③ 　□(切換資料夾)：顯示或隱藏物件資料夾。

　　若同時開啟多個 Excel 活頁簿檔案，這些 Excel 檔案會共用 VBA 程式編輯器。在專案總管視窗會以樹狀圖呈現階層關係，編輯和儲存巨集程序時要特別注意。

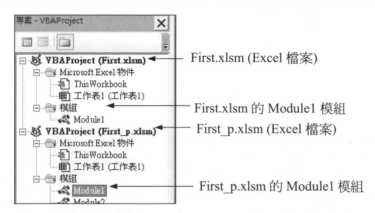

## 2.3.4　屬性視窗

　　在屬性視窗中可以設定物件的各種屬性值，屬性視窗會隨點選不同的物件，而顯示不同的屬性清單。下圖為工作表 1 物件的屬性內容：

▶ 說明

1. 屬性清單有依字母順序和性質分類兩種排列方式，可以視需求選用。

2. 點選屬性名稱後，可以在右邊設定屬性值。例如將 Name 屬性值改為「時間」，則工作表 1 的標籤名稱會改為 時間 。

## 2.3.5 程式碼視窗

若在專案總管視窗內的物件上快按兩下，會開啟該物件的程式碼視窗。在程式碼視窗中，可以撰寫相關的程式碼。

物件清單 ——
程式碼 ——
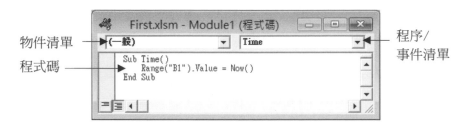
程序/
事件清單

▶ 說明

1. 按物件清單的 ▼ 下拉鈕，清單中有(一般)和所屬物件等項目。

2. 如果物件清單是選(一般)項目就是要編寫一般的程序，此時右邊的清單會列出程序的項目。

3. 程序清單中有(宣告)和所屬程序等項目，點選(宣告)項目會進入宣告區，可以宣告共用的變數等程式碼。

4. 如果物件清單是選物件項目
   時，此時右邊的清單會列出該
   物件的事件項目，此時可以編
   輯物件的事件程序。右圖為
   ThisWorkbook 的事件程序：

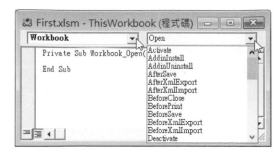

# 2.4 VBA 程式的編輯和除錯

本節再透過簡單的實作來介紹撰寫巨集程序的編輯要點，以及程式除錯的方法。

 實作　FileName：Second. xlsm

設計一個兩個儲存格數值相加的巨集程序，
將 B1 和 B2 儲存格內的數值相加，將相加結
果顯示在 B3 儲存格。

| ▲ | A | B |
|---|---|---|
| 1 | | 5 |
| 2 | + | 10 |
| 3 | | 15 |

▶ 操作步驟

一. 建立工作表內容

1. 新增一個空白活頁簿，並在名稱為「工作表 1」
   工作表上建立如右的內容。

| ▲ | A | B |
|---|---|---|
| 1 | | 5 |
| 2 | + | 10 |
| 3 | | |

2. 以 Second 檔名，「Excel 啟用巨集的活頁簿」
   的存檔類型來存檔，儲存後檔名為 Second.xlsm。

二. 新增程序

1. 在功能區上點選「開發人員」索引標籤，然後按其中的  鈕，此時會
   開啟 VBA 程式編輯器。

2. 新增模組
   點按工具列 下拉鈕，再點 插入模組圖示鈕就會新增模組。專案總管
   視窗會新增模組資料夾其中有 Module1 模組，並開啟 Module1 程式碼視窗。

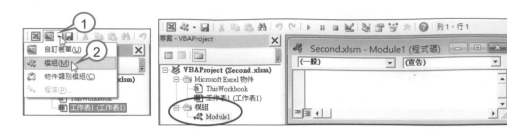

3. 新增程序

先在 Module1 程式碼視窗內點一下，在點按工具列上 的下拉鈕，然
後點選 插入程序圖示鈕，就會開啟「新增程序」對話方塊。在「名稱」
文字方塊中輸入程序名稱 Add，然後按下 確定 鈕，就建立好一個空白的
Add 程序。新增程序如果不用以上的方式，也可以自己輸入程式碼。

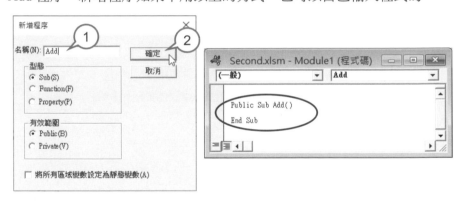

## 三. 撰寫程式

1. 先在「Public Sub Add()」的下一行輸入「a = rang("B1").value」後，然後按
   下 <Enter> 鍵完成第一行程式。但是因為程式碼輸入錯誤，所以系統會將
   整行程式改成紅色，並出現對話方塊提醒錯誤。

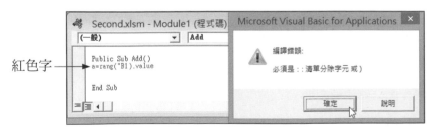

紅色字

2. 在「("B1」後面補上「"）」改為「a = rang("B1").value」後，字體恢復成黑色完成第一行程式。此處為了示範程式除錯，程式碼故意將 range 誤植為 rang。

黑色字 ———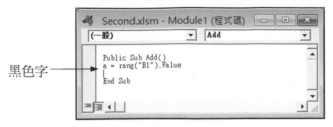

3. 繼續輸入下列兩行的程式碼，就完成 Add 程序的輸入。

4. Add 程序內程式的作用說明如下：

① 第 1 行：將 B1 儲存格的值指定給變數 a。

② 第 2 行：將 B2 儲存格的值指定給變數 b。此處為了示範程式除錯，程式碼故意誤植為"B1"。

③ 第 3 行：將 B3 儲存格的值設為變數 a + 變數 b。

## 四. 測試程序

1. 在 VBA 編輯視窗中先點按 Add 程序，使插入點在程序內。然後點按工具列中的 ▶ 或直接按 <F5> 鍵，就可以執行 Add 程序。

2. 因為程式碼有錯誤，所以會反白「rang」中斷程式執行，並出現對話方塊提醒錯誤。此時，按 確定 鈕重回程式編輯環境。

3. 此時 Add 程序會加上黃色網底，並在前面出現黃色箭頭 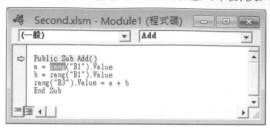，表示該程序在執行階段發生錯誤，無法繼續執行目前進入中斷模式。

4. 按工具列的 ■ 停止圖示鈕，停止程式執行回到編輯模式。檢查程式碼時發現「rang」沒有變成大寫，是因為輸入錯誤。將三行程式修正如下：

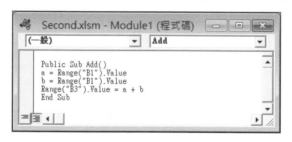

5. 程式碼應該要縮排，程式才容易閱讀。先選取程序內三行程式，然後執行執行功能表【編輯/縮排】指令或按 <Tab> 鍵設定縮排。

6. 程式碼修正完畢後，在重新執行 Add 程序，這一次程式可以執行完畢沒有發生錯誤。在「工作表 1」可以看到執行結果：

|  | A | B | C |
|---|---|---|---|
| 1 |  | 5 |  |
| 2 | + | 10 |  |
| 3 |  | 10 |  |

便利貼

VBA 中物件、函數...等非常眾多,要記住所有名稱非常困難,而且也容易打錯字。可以利用 <Alt> + <向右鍵> 的快速完成快速鍵,例如輸入 ra 後按<Alt> + <向右鍵>,會列出以 ra 開頭的清單,只要直接點選即可。

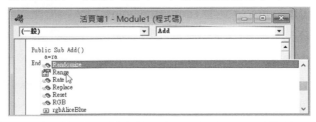

## 五. 程序除錯

雖然上面的 Add 程序可以執行,但是執行結果卻是錯誤(5 + 10 = 10?)!此時就需要使用一些除錯(Debug)方法,來捉出程序中的臭蟲(Bug)。關於除錯方法大都放置在功能表的【偵錯】主功能項目中,現將除錯的常用方法說明如下:

### 1. 新增監看式

新增監看式是很重要的除錯工具,我們可以透過監看式來了解執行時的變數值,以便進行除錯工作。

① 先框選要監看的變數,本例為變數 a。

② 執行功能表【偵錯/新增監看式】指令開啟「新增監看式」對話方塊。

③ 在「新增監看式」對話方塊的「運算式(E):」文字方塊中,可以輸入要監看的變數,例如 a(變數 a)、a + 5 (變數 a + 5)、a + b(變數 a + 變數 b)...。在「程序(P):」和「模組(M):」清單中,選取變數的所在位置,最後按下 確定 鈕。在此我們設運算式為 a、模組為 Module1、程序為 Add,就是要監看 Module1 模組的 Add 程序中的變數 a。

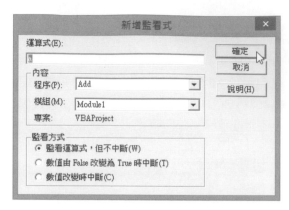

④ 新增監看式後,在程式碼視窗下方會出現監看式視窗,其中會列出所設定的監看運算式。我們依照上面方法,繼續新增變數 b 監看式。

2. 逐行執行程式

設定好監看式後,就可以在執行程式時觀察變數值的變化,來找出程式碼的錯誤。因為程式的執行速度快,所以可以用逐行執行程式的方式,來進行除錯工作。

① 執行功能表【偵錯/逐行】指令,或直接按 <F8> 快速鍵。

② 此時程式會停在第 1 行,可以由監看式視窗中,觀察兩個監看式的變化。

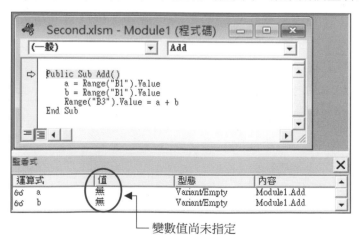

└─ 變數值尚未指定

③ 請繼續按 <F8> 快速鍵，程式會繼續向下執行。

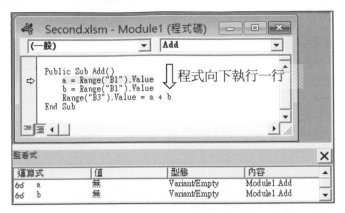

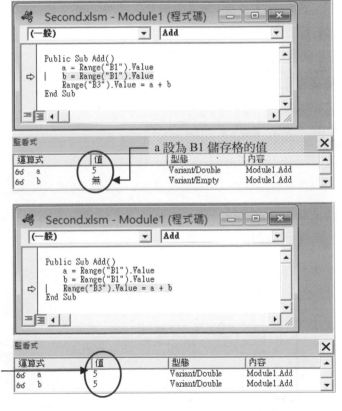

④ 接著觀察到變數 b 值不等於 B2 儲存格的值，檢查第 2 行程式發現 B2 誤植為 B1，程式修正後再執行結果就正確。完成的程式碼如下：

| FileName: Second.xlsm （Module1 程式碼） |
|---|
| 01 Public Sub Add() |
| 02      a = Range("B1").Value |
| 03      b = Range("B2").Value |
| 04      Range("B3").Value = a + b |
| 05 End Sub |

3. 設定中斷點

   上面介紹逐行執行程式的方式來除錯，但如果程式碼很長將花費許多時間。此時可以設定中斷點來中止程式執行，快速通過沒問題的程式，然後再逐行執行程式除錯。

   ① 將插入點移入 Add 程序的第二行程式。

   ② 執行功能表【偵錯/切換中斷點】指令，或直接按 <F9> 快速鍵，在第二行程式設立中斷點。

也可以直接在此按一下來建立中斷點 →

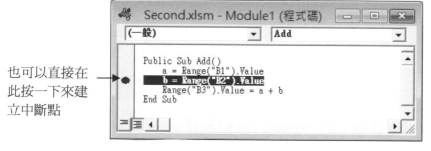

   ③ 設立好中斷點後執行程序，程式就會停在中斷點上，並進入中斷模式，此時就可以觀察各變數值。

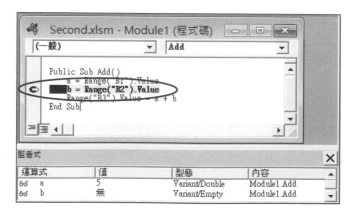

④ 一個程序可以設立多個中斷點,來觀察變數的變化。如果要移除中斷點,再執行功能表【偵錯/切換中斷點】指令(或按 <F9>)一次即可。或是執行【偵錯/清除所有中斷點】指令,可一次移除所有的中斷點。

4. 區域變數視窗

在程式中斷模式下,透過區域變數視窗可以直接觀察,模組內變數的資料。

① 將第二行程式設立中斷點。

② 執行 Add 程序,程式會停在第二行中斷點上,進入中斷模式。

③ 執行功能表【檢視/區域變數視窗】指令,來開啟區域變數視窗。

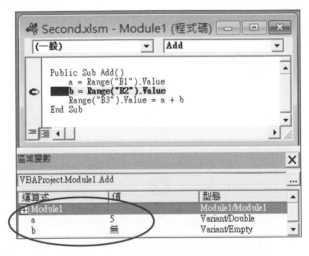

5. MsgBox 函數

MsgBox 函數可以用對話方塊顯示引數值,所以可以在程式適當地方用 MsgBox 函數顯示要觀察的變數值。例如程式碼修改如下:

```
a = Range("B1").Value
MsgBox(a)
```

由執行結果可以知道執行第一行程式後,變數 a 的值為 5。使用 MsgBox 函數,也是很方便的除錯方法!

語法：

MsgBox *Prompt* [, *Buttons*] [, *Title*]　　　　　⇦ 沒有傳回值
Result = MsgBox( *Prompt* [, *Buttons*] [, *Title*])　⇦ 有傳回值

▶ **說明**

1. Prompt 引數是指定對話方塊內顯示的文字

2. Buttons 引數是指定對話方塊的格式

3. Title 引數是指定標題文字。

4. 常用的 Buttons 引數值如下表所示：

| 代碼 | 顯示按鈕和圖示 | 常數 |
|------|----------------|------|
| 0 | 確定 | vbOKOnly(預設) |
| 1 | 確定　取消 | vbOKCancel |
| 2 | 中止(A)　重試(R)　略過(I) | vbAbortRetryIgnore |
| 3 | 是(Y)　否(N)　取消 | vbYesNoCancel |
| 4 | 是(Y)　否(N) | vbYesNo |
| 5 | 重試(R)　取消 | vbRetryCancel |
| 17 | 確定　取消 ❌ | vbOKCancel + vbCritical(代碼為 16) |
| 52 | 是(Y)　否(N) ⚠ | vbYesNo + vbExclamation(代碼為 48) |

[例] 詢問是否要結束，程式寫法為：

```
MsgBox "要結束程式嗎?", 4, "結束程式"                '使用代碼
MsgBox "要結束程式嗎?", vbYesNo, "結束程式"          '使用常數
MsgBox "要結束程式嗎?", vbYesNo + vbExclamation, "結束程式" '顯示警示圖示
```

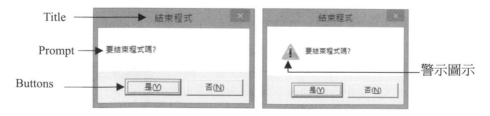

5. 如果希望得知使用者按下哪一個按鈕，以便程式做不同的的反應時，應該使用第二個語法。傳回值為整數資料型態，傳回值如下表所示：

| 代碼 | 按鈕 | 常數 | 代碼 | 按鈕 | 常數 | 代碼 | 按鈕 | 常數 |
|------|------|------|------|------|------|------|------|------|
| 1 | 確定 | vbOK (預設值) | 4 | 重試(R) | vbRetry | 6 | 是(Y) | vbYes |
| 2 | 取消 | vbCancel | 5 | 略過(I) | vbIgnore | 7 | 否(N) | vbNo |
| 3 | 中止(A) | vbAbort | | | | | | |

[例] 按 是(Y) 鈕時，用 Quit 方法關閉 Excel 應用程式，程式寫法為：

```
Dim rst As Integer
rst = MsgBox("要結束程式嗎?", vbYesNo, "結束程式")
If rst = vbYes Then Application.Quit
```

▶ 隨堂測驗

在上面實作中增加使用 MsgBox 函數，來顯示變數 b 的值。在編輯器中再新增一個 a+b 的監看式，用逐行方式觀察變數值的變化情形。

## 2.5 設定 Excel VBA 專案的保護

Excel VBA 程式編寫完畢後，要保護專案不被更動，以及程式碼保密，就要設定專案的密碼。設定步驟如下：

1. 在 VBA 編輯視窗的功能表列中，執行【工具/VBA Project 屬性】指令，此時會開啟下圖「VBAProject - 專案屬性」對話方塊：

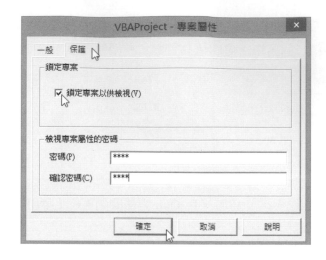

2. 在「VBAProject -專案屬性」對話方塊中，選取「保護」標籤頁。然後勾選「鎖定專案以供檢視」核取方塊。分別在「 密碼」和「確認密碼」文字方塊中，輸入相同的密碼，最後按 ▭確定▭ 鈕完成專案保護的設定。

3. 設定專案保護密碼時應該謹慎，萬一忘記密碼將會很麻煩。

# 敘述組成要素

**學習目標**

- 認識敘述的組成要素、常值和常值的資料型別
- 變數的使用時機、變數的宣告方法
- 學習如何指定變數值、變數的使用範圍
- 常數的使用時機和宣告方法
- 認識算術運算式、字串運算式
- 建立 ActiveX 控制項按鈕物件
- 建立 ActiveX 按鈕物件的 Click 事件程序

## 3.1 敘述的組成要素

程式(Program)是由一行行的「敘述」所組成的集合，而敘述(Statement)就是程式中可執行的最小單元。敘述基本上是由識別字、保留字(或稱關鍵字)、特殊符號、資料、變數、常數、運算式 … 等所組合而成的。

### 3.1.1 識別字

我們會對生活中的人、事、物加以命名，以方便識別和說明。在設計程式時亦是如此，同樣會為變數、常數、模組、函數(或稱函式)、程序、類別、物件…等，在使用之前先命名，所命名的名稱就稱之為「識別字」(identifier)。在程式中「識別字」是不可以任意命名，必須遵照一定的規則，關於識別字的命名規則建議如下：

1. 識別字第一個字元必須是大小寫英文字母，第二字元以後就可用字母、數字及底線（_），但不可有句點"."、運算子（例如：＋、－、＊、／、＾ 等）或空白等字元。中文雖然可以當識別字，但為方便共同開發程式，仍建議減少使用。

2. 雖然識別字長度可達 1023 字，但為方便記憶和減少輸入時間，識別字不宜太長。

3. 識別字命名要使用有意義的單字，但不能使用程式語言有特定功能的保留字。

4. 如果識別字是由多個單字組成，最好加上底線(_)或每個單字開頭使用大寫字母來作區隔，以增加識別字的可讀性。但是，要特別注意識別字是不分大小寫字母，所以 love、Love、LOVE 都是同一個變數名稱，不可以同時使用。

5. 合法的識別字：id、total、StartTime、stu_no、Num_1、分數

6. 下面是不合法的識別字：

    ① 3M       ⇦    不能由數字開頭

    ② _money   ⇦    不能由_底線開頭

    ③ id  no     ⇦    不能有空白

    ④ stu-no    ⇦    不能用減號

    ⑤ B&Q      ⇦    不能含&字號

    ⑥ And      ⇦    And 為保留字

## 3.1.2 保留字

保留字(Reserve Word)或稱關鍵字(Keyword)是程式語言中特定的識別字，在程式中有一定的使用規範，程式設計者不可以將保留字做不同的用途。例如 VBA 程式語言已經將 And 作為邏輯運算子，所以不可將 And 拿來當作變數的識別字。保留字包含所有程序、宣告、函數、物件、事件、 方法、屬性、敘述、VBA 常數...等等。在撰寫程式時，保留字都是用小寫字母來輸入，完成後字首會自動轉成大寫並變成深藍色(預設值)，若沒有轉變可能是拼字錯誤。下表是 VBA 常用的保留字：

| Abs | AddressOf | And | Array | As |
|---|---|---|---|---|
| Boolean | ByRef | Byte | ByVal | Call |
| Case | CBool | CByte | CDate | CDbl |
| CInt | CLng | Close | Const | CSng |
| CStr | CVErr | Decimal | Declare | Dim |
| Do | Double | Each | Else | End |
| Enum | Erase | Event | Exit | False |
| Fix | For | Friend | Function | Get |
| GoSub | GoTo | If | Implements | In |
| Int | Integer | Is | LBound | Len |
| Let | Like | Long | Loop | Me |
| Mod | New | Next | Not | Nothing |

| On | Open | Option | Optional | Or |
|---|---|---|---|---|
| ParamArray | Preserve | Private | Public | RaiseEvent |
| ReDim | Rem | Resume | Return | Select |
| Set | Sgn | Shared | Single | Stop |
| String | Sub | Then | To | True |
| UBound | Until | Variant | Wend | When |
| While | With | WithEvents | Xor | |

## 3.1.3 特殊符號

在撰寫 VBA 程式時，有些字元符號例如( )、_、：、'、"、& …等，在敘述中有特定的用途，這些特殊的字元符號如下：

### 1. 小括號 ( )

在函數、方法或事件處理程序名稱的後面，會使用小括號 ( ) 來放置引數。

```
num = Range("A1").Value     'num 等於 A1 儲存格的值
```

### 2. 字串符號 "

文字資料會使用兩個雙引號 " "頭尾括起來，作為字串資料型別的識別。

```
"我愛 Excel" 、 "fly" 、 "168"  '以上都是字串
```

### 3. 日期時間符號 #

日期或時間資料前後要加「#」符號，作為日期時間資料型別的識別。

```
Range("B3").Value = #1/1/2000#     '設 B3 儲存格的值為 2000 年 1 月 1 日
```

### 4. 算術運算子

算術運算子有 + (加)、- (減)、* (乘)、/ (除)、\ (整數除法)、^ (指數)、MOD (餘數)…等。

### 5. 比較運算子

比較運算子有 = (等於)、<> (不等於)、< (小於)、> (大於)、<= (小於等於)、>= (大於等於)。

### 6. 字串連接符號 **&**

若要將兩個字串或數值合併成一個字串，只要在兩個字串或數值中間插入一個字串連接符號『&』，如下所示：

```
① 1 & 6          ⇨ "16"
② 3 & "月"       ⇨ "3 月"
③ "我愛" & "Excel"  ⇨ "我愛 Excel"
```

### 7. 從屬符號 **.**

程式中物件有其特定的屬性和方法，欲在程式中存取物件的屬性或方法，必須在物件名稱和屬性(方法)名稱之間使用從屬符號「.」。

```
Range("B7").Value = 123     ⇦ 設 B7 儲存格的值為 123
```

### 8. 行接續符號 **_**

當一行敘述太長不易閱讀需要分成兩行時，可在第一行的最後一個字元後面空一格再加上底線「_」，便可以將一個敘述分成兩行。程式執行時，會將這兩行敘述視為一行敘述來處理。

### 9. 合併敘述符號 **：**

若程式中有多行敘述都很短又功能類似時，可以使用冒號「：」將兩行敘述合併成一行。此種寫法不但可以縮短程式的長度，而且可以提高可讀性。

```
num1 = 15
num2 = 24
```
兩行敘述可以合併成一行     num1 = 15  ：  num2 = 24

### 10. 註解符號 **'**

程式加上註解可以方便程式設計者日後閱讀，或幫助其他人了解程式，這是非常好的習慣。「'」單引符號會將其右邊文字設為註解，程式不會執行註解。較長的註解通常置於要說明敘述的前一行，較短的註解則置於該行敘述的後面。註解符號也可以使用 Rem。

```
' sum 變數記錄總計值
 sum = 0     ' 預設總計 sum 為 0
```

## 3.2 常值

常值可用來指定給變數當作「變數值」，或指定給物件的屬性當作「屬性值」。VBA 有數值、字串、日期、布林和物件等常值，我們將介紹各種資料型別的常值所占用記憶體大小，和最大值與最小值範圍，以便設計程式時可選用適當的型別。

### 3.2.1 數值常值

數值常值依照是否有小數，可分成整數常值(沒有小數)和浮點數常值(有小數)。

#### 一. 整數常值

整數常值是由+ (正)、- (負)號和數字所組成。整數常值的表示方式有二進制、八進制、十進制、十六進制等，日常生活以十進制為主。整數常值依照數值能表示的範圍大小，又分成 Byte、Integer、Long 等資料型別，如下表所示：

| 資料型別 | 記憶體 | 範圍 |
|---|---|---|
| Byte(位元組) | 1 Byte | 0～255 的整數 |
| Integer(整數) | 2 Bytes | -32,768～32,767 的整數(有效位數約為 5) |
| Long(長整數) | 4 Bytes | -2,147,483,648～2,147,483,647 的整數(有效位數約為 10) |

#### 二. 浮點數常值

浮點數常值是含有小數的數值。浮點數常值依照數值表示的範圍大小，可分為 Single、Double、Currency 等資料型別，如下表所示：

| 資料型別 | 記憶體 | 範圍 |
|---|---|---|
| Currency<br>(貨幣) | 8 Bytes | -922,337,203,685,477.5808～922,337,203,685,477.5807<br>(有效位數為 15 位，可以表達小數) |
| Double<br>(雙精確度) | 8 Bytes | 正數：$4.94065645841247 \times 10^{-324}$～$1.79769313486231 \times 10^{308}$<br>負數：$-1.79769313486231 \times 10^{308}$～$-4.94065645841247 \times 10^{-324}$<br>(有效位數為約 15 位，可以表達小數) |
| Single<br>(單精確度) | 4 Bytes | 正數：$1.401298 \times 10^{-45}$～$3.402823 \times 10^{38}$<br>負數：$-3.402823 \times 10^{38}$～$-1.401298 \times 10^{-45}$<br>(有效位數約為 7 位，可以表達小數） |

### 三. 科學記號表示法

當 Single 資料型別常值的整數位數超過 7 位數，或是 Double 資料型別常值的整數位數超過 15 位數時，會改以科學記號方式表示。在 VBA 程式碼敘述中的科學記號表示方式如下：

> **語法：**
>
> aE±c

▶ **説明**

1. a：表示含小數數值，其範圍為 $1 \leq a < 10$
2. E：代表底數 10
3. c：代表 10 的指數值。若指數為正值，則前面加上「＋」號；若指數為負值，則前面加上「-」號。

▶ **簡例**

1. 1680000000 ⇨ $1.68 \times 10^9$ ⇨ 1.68E+9
2. 0.00000000168 ⇨ $1.68 \times 10^{-9}$ ⇨ 1.68E-9
3. -1680000000 ⇨ $-1.68 \times 10^9$ ⇨ -1.68E+9
4. -0.00000000168 ⇨ $-1.68 \times 10^{-9}$ ⇨ -1.68E-9

## 3.2.2 字串常值

字串常值是由中文字、英文字母、空格、數字、特殊符號，所組合而成的一連串字元。字串常值前後必須使用「"」雙引號括起來。字串常值是 String 字串資料型別，其所占的記憶體空間和允許的範圍大小如下表所示：

| 資 料 型 別 | 記 憶 體 | 範　　　圍 |
|---|---|---|
| String (字串) | 隨字串長度變動大小 | 0～65,535 字元 |

▶ **簡例**

下面為合法的字串常值

"Y"、"taiwan"、"Windows10"、"123.4"、"珍愛地球"

### 3.2.3 布林常值

布林（Boolean）常值只有 True(真)和 False(假)兩個值，在程式中常用來表示有或無、是或否、男或女…等狀態。另外，布林常值也被用在關係運算式和邏輯運算式的條件式中，可以判斷條件式是否成立。布林常值所占的記憶體空間和範圍如下：

| 資 料 型 別 | 記憶體 | 範　　　　圍 |
|---|---|---|
| Boolean(布林) | 2 Bytes | True、False |

### 3.2.4 日期常值

日期常值用來表示日期和時間，使用時可同時指定日期和時間，或是僅指定日期或時間。日期和時間的前後必須用 #(井字號)括住。日期常值所占的記憶體空間和範圍如下：

| 資 料 型 別 | 記憶體 | 範　　　　圍 |
|---|---|---|
| Date(日期) | 8 Bytes | 1/1/0001 0:00:00 ~ 12/31/9999 11:59:59 PM |

#### ▶ 簡例

```
1. #12/25/2021 10:45:32 AM#      ' 同時指定日期及時間為
                                 ' 2021 年 12 月 25 日上午 10 點 45 分 32 秒
2. #9/28/2021#                   ' 只指定日期為 2021 年 9 月 28 日
3. #5:30:59 PM#                  ' 只指定時間為下午 5 點 30 分 59 秒
```

### 3.2.5 物件常值

物件常值可以包含儲存格範圍、工作表…等 Excel 中的物件，在程式設計中是非常好用的資料型別。

| 資 料 型 別 | 記憶體 | 範　　　　圍 |
|---|---|---|
| Object（物件） | 4 Bytes | 儲存格範圍、工作表…等 Excel 中的物件。 |

## 3.3 變數

變數(Variable)用來存放程式執行過程產生的資料，其值會隨著程式的執行而改變。程式執行過程中若值不能改變則稱為常數(Constant)，變數和常數都是存放常值。

設計 VBA 程式要使用變數前必須先經宣告，宣告時必須給予「變數名稱」，並指定適當的資料型別。變數宣告後，電腦會在記憶體中配置適當的空間來存放該變數的內容。變數名稱就像在箱子上標註物品名稱，以便日後存取物品。指定資料型別就像是選擇適當的箱子尺寸，若箱子太小物品放不進去；箱子太大反而浪費空間。

一個變數只能存放一個資料，被存放的資料就稱為「變數值」。當變數被宣告後，系統會立即給予預設的變數值給該變數。變數的變數值隨時可以重新被指定，或是根據程式執行的運算結果來修改變數值。

### 3.3.1 變數的資料型別

VBA 中的變數主要分成數值、字串、日期、物件等變數。數值變數又分為位元組(Byte)、整數(Integer)、長整數(Long)、單精確度(Single)、倍精確度(Double)、貨幣(Currency)等變數。當程式執行時，電腦會依變數所宣告的資料型別來配置所需要的記憶空間。另外，VBA 有一個比較特殊的變數資料型別-Variant(自由型態)，允許放置數值、文字、日期甚至物件型別的資料內容，Variant 變數至少會占用 16-Bytes 記憶體，如果 Variant 變數是存放文字資料則會依字串長度而增加空間。

### 3.3.2 變數的宣告方式

變數的命名必須遵循識別字的命名規則，再使用 Dim、Static、Private、Public 等關鍵字配合 As 來宣告變數的資料型別，在此先介紹如何使用 Dim 來宣告變數。若有多個變數同時在同一行宣告，變數間必須使用逗號來區隔。如果變數宣告時未指定資料型別，VBA 會預設為 Variant 自由型態。

> 語法：
>
> Dim[Static|Private|Public] 變數名稱 As 資料型別

► **簡例**

1. Dim b_1 As Byte       ' 宣告 b_1 為位元組整數變數

2. Dim n_1 As Integer, n_2 As Long    ' 宣告 n_1 為整數變數, n_2 為長整數變數

3. Dim n_3 As Single       ' 宣告 n_3 為單精確度變數

4. Dim n_4 As Double       ' 宣告 n_4 為倍精確度變數

5. Dim st As String       ' 宣告 st 為變動長度字串變數

6. Dim bool As Boolean      ' 宣告 bool 為布林變數

7. Dim dStart As Date, dEnd As Date     ' 宣告 dStart、dEnd 為日期變數

8. Dim ob As Object       ' 宣告 ob 為物件變數

9. Dim v_1 As Variant       ' 宣告 v_1 為自由型態變數

10. Dim s_2 As String * 20  ' 宣告 s_2 為固定長度字串變數長度為 20

11. Dim OK         ' 因為未指定型別,所以 OK 會宣告為自由型態變數

12. Dim x, y As Integer     ' 宣告 x 為自由型態變數, y 為整數變數

    VBA 另外提供一種不用 Dim 宣告,就直接使用變數的方法,就是在變數名稱後加上資料型別宣告字元,例如 num% 就是指定 num 為整數變數。如果未加上資料型別宣告字元的變數,VBA 會預設為 Variant 自由型態變數,雖然仍然可以使用但是會占用較多記憶體,所以應該要避免。常用資料型別宣告字元如下:

| 資料型別 | 宣告字元 | 資料型別 | 宣告字元 |
|---|---|---|---|
| Integer | % | Double | # |
| Long | & | Currency | @ |
| Single | ! | String | $ |

    VBA 中可以將字串宣告成固定長度字串變數,以及變動長度字串兩種型式。固定長度變數最大長度為 65,535 個字元,占用的記憶體是依字串長度而定。變動長度字串最大長度可達 20 億個字元,占用的記憶體是 10Bytes 再加上字串長度。如果事先知道字串的最大長度,可以將字串宣告成固定長度變數,如此可以減少占用記憶體,而且程式執行效率較佳。固定長度變數宣告語法如下:

語法：

Dim 變數名稱 As String * 字串長度

下面敘述宣告 user_name 為固定長度字串變數，其長度為 30 個字元。雖然 user_name 其值設為 "Jerry"，但 user_name 字串變數仍然占用 30 個字元的記憶體位置，未用的部份補空白字元。如果指定的字串常值長度超過 30 字元，則超出的部分會被刪除。

```
Dim user_name As String * 30
user_name = "Jerry"
```

### 3.3.3 強制宣告變數值

雖然 VBA 允許不經宣告就使用變數，但是為避免輸入不正確的變數名稱，以及避免變數有效範圍不明的情況。可以在程式視窗最上方的宣告區使用 Option Explicit 敘述，來強制要求所有變數都必須經過明確宣告才能使用。其語法如下：

語法：

Option Explicit

Sub 巨集名稱()

End Sub

另一種方式是執行 VBA 程式編輯器功能表【工具/選項】指令，會開啟下圖「選項」對話方塊，點選其中的「編輯器」標籤頁，然後勾選「要求變數宣告」項目。設定完畢之後，每次新增模組時系統就會自動加入 Option Explicit 敘述。

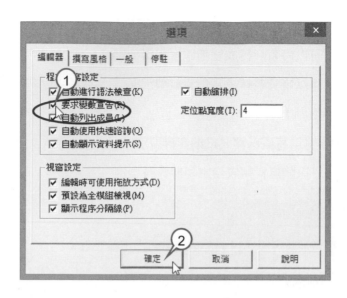

### 3.3.4 如何指定變數的值

若變數在宣告時未給予初值，系統會自動給予預設值。若是數值變數其預設值為 0；若是字串變數其預設值為空字串；布林變數預設為 False；日期變數日期預設為 1/1/0001，時間預設為「12:00:00AM」；物件變數預設值為「Nothing」。

宣告變數後，可以使用「＝」指定運算子來指定變數的值。要特別注意的是「＝」不是數學中的「等於」，其意義是將等號後面的結果指定給等號前面的變數，其值可能是常數、變數、函數傳回值、運算式的結果、屬性值。

▶ 簡例

宣告 money 為整數變數，並指定變數值為 10000：

```
Dim money As Integer
money = 10000              '將數值 10000 指定給變數 money，使變數值為 10000
```

### 3.3.5 如何轉換變數的資料型別

變數經宣告後資料型別就固定，但必要時可使用資料型別轉換函數來轉換成其它的資料型別。資料型別轉換函數常用的有：

1. CInt()：可以將資料轉成整數資料型別。

2. CDbl()：可以將資料轉成雙精確度資料型別。

3. CCur()：可以將資料轉成貨幣資料型別。

4. CStr()：可以將資料轉成字串資料型別。

5. CDate()：可以將資料轉成日期資料型別。

6. CVar()：可以將資料轉成自由型態資料型別。

▶ 簡例

宣告 x 為整數變數，將 3.14 轉型成整數再指定給變數 x：

```
Dim x As Integer
x = CInt(3.14)            ' x 變數值為 3
```

## 3.3.6 如何知道資料的資料型別

在撰寫程式時，有時必須檢查使用者輸入的資料型別，以避免程式執行產生錯誤。此時可以使用下列函數來檢查：

1. TypeName()：傳回該資料的資料型別名稱。若傳回 Integer 表示該資料是整數資料型別；若傳回是 Double 表示該資料是倍精確度資料型別…。

2. IsNumeric()：傳回該資料是否為數值資料型別，若傳回值為 True 表示為數值資料型別；若為 False 表示為非數值資料型別。

3. IsDate()：傳回該資料是否為日期資料型別，若傳回值為 True 表示為日期資料型別；若為 False 表示為非日期資料型別。

4. IsObject()：傳回該資料是否為物件資料型別，若傳回值為 True 表示為物件資料型別；若為 False 表示為非物件資料型別。

5. VarType()：傳回該資料的資料型別的代碼，若傳回值為 2，表示該資料的型別為整數。常用的傳回值如下表所示：

| 傳回值 | 資料型別 | 傳回值 | 資料型別 |
|---|---|---|---|
| 0 | 空白 | 6 | Currency(貨幣) |
| 1 | Null(空值) | 7 | Date(日期) |
| 2 | Integer(整數) | 8 | String(字串) |
| 3 | Long(長整數) | 9 | Object(物件) |
| 4 | Single(單精確度浮點數) | 10 | 錯誤值 |
| 5 | Double(倍精確度浮點數) | 11 | Boolean(布林) |

### ▶ 簡例

1. 在 A2 儲存格上顯示 A1 儲存格內資料的型別，寫法為：

```
Range("A2").Value = TypeName(Range("A1").Value)
```

2. 如果 A1 儲存格資料為數值，才執行某敘述的寫法為：

```
If IsNumeric (Range("A1").Value) Then    ...   'If 語法在後面章節中介紹
```

3. 如果 A1 儲存格資料為日期型別，才執行某敘述的寫法為：

```
If VarType (Range("A1").Value) = 7 Then   ...
```

## 3.4 常數

### 3.4.1 常數

在程式執行過程中，變數隨時會因為敘述指定而更改其變數值。但是，有些資料在程式執行過程中，其值必須保持不變，例如：圓周率、單位換算比率、稅率、公司名稱、生日...等。此時，可以使用「常數」（Constant）來宣告這些固定的數字或字串。常數經過宣告後，在程式執行過程中都維持宣告時所指定的常數值，不允許變更其值。常數使用 Const 來宣告，宣告時就必須指定其常數值，語法如下：

語法：

```
Const 常數名稱 As 資料型別 = 常數值
```

常數名稱必須符合識別字命名規則，習慣上常數名稱採用全部大寫字母來表示，以和一般的變數名稱做區隔。使用常數不但可增加程式的可讀性，而且容易維護程式。例如程式有多處的敘述要使用到稅率(5%)，就必須在這些敘述中輸入 0.05。當稅率若調整為 6%時，就必須將有稅率的部分逐一改成 0.06。若採用常數來宣告稅率，例如用 Const 宣告一個常數名稱為 RATE，並指定常數值為 0.05，在程式中用 RATE 來取代稅率 5%。當必須修改稅率時，只要更改 RATE 常數的常數值即可，其他含有稅率的敘述可以完全不用更動。

▶ **簡例**

1. Const PI As Single = 3.14  ' 宣告 PI 為單精確度常數，表圓周率
2. Const PASS As Integer = 60' 宣告 PASS 為整數常數，表及格分數
3. Const BOOK_NAME As String = "Excel VBA 基礎必修課"
   ' 宣告 BOOK_NAME 為字串常數，表書名

### 3.4.2 VBA 常數

在 VBA 中系統也宣告了許多的常數，為了方便識別其命名有一定的規則。適用於整個 VBA 環境的 VB 常數是以 vb 開頭，例如 vbBlue、vbLf ...。Excel VBA 常數則以 xl 開頭，例如 xlUp、xlPart...。另外，Office 的常數則以 mso 開頭；Word VBA 常數則以 wd 開頭。

## 3.5 運算式

運算式(Expression)是由運算元(Operand)和運算子(Operator)所組成，語法如下：

> 語法：
>
> 　變數 = 運算式

譬如下面算術運算式：

> pay ＝ total * 0.9

運算式中的 total 和 0.9 屬於運算元， * (乘號)是運算子，而 pay 是一個變數名稱。= (等號)是指定運算子，可以將等號右邊運算式的結果指定給等號左邊的變數。

撰寫運算式敘述時要注意，等號左邊不允許使用運算式、常值，只能使用變數。VBA
依照運算子的功能將運算式分成算術、字串、關係、邏輯等運算式，本章先介紹算
術運算式和字串運算式，其他運算式將在其他章節詳述。

### 3.5.1 算術運算式

　　算術運算式即為一般的數學計算式，其運算結果為數值資料。下表即為程式中
算術運算子的表示方式和優先運算順序：

| 優先次序 | 算術運算子 | 範例 | 運算結果 |
|:---:|:---:|:---|:---:|
| 1 | () 小括號 | 3 * (5 - 2) | 9 |
| 2 | ^ 次方(指數) | 2 ^ 3 | 8 |
| 3 | - 負數 | -6 | -6 |
| 4 | *、/ 乘、除 | 6 * 3 / 2 | 9 |
| 5 | \ 取整數 | 17 \ 3 | 5 |
| 6 | Mod 取餘數 | 19 Mod 5 | 4 |
| 7 | +、- 加、減 | 7 + 6 - 5 | 8 |

　　一個算術運算式中若有多個運算子時，其運算子有一定的優先順序進行運算，
各運算子執行的優先次序遵循上表第一欄數字小者其優先權較數字大者先執行，優
先次序相同時則由左向右運算。另外，利用()括號可以改變運算順序，也提高運算
式的可讀性。譬如下面算術運算式的執行次序如數字所示：

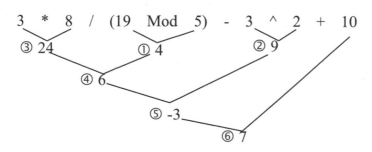

▶ 簡例

1. $x = \dfrac{a+b+c}{3}$    ⇨ x = (a + b + c) / 3

2. $c = \sqrt{a^2 + b^2}$    ⇨ c = (a ^ 2 + b ^ 2) ^ (1 / 2)

## 3.5.2 字串運算式

字串運算式可以將多個字串資料連接成一個字串資料，或是將字串與非字串資料連接成一個字串資料，字串運算式有「＋」和「＆」兩個運算子。

### 一. ＋運算子

「＋」運算子可將兩個字串合併成一個字串，若是兩個數值資料使用「＋」運算子則進行加法運算。數值資料和字串資料若是使用「＋」運算子，執行時則會產生型態不符合的錯誤。

▶ 簡例

1. "Excel" + "VBA"       ' 執行結果為"ExcelVBA"

2. "Excel" + "基礎必修課"   ' 執行結果為"Excel 基礎必修課"

3. 7 + 11              ' 執行結果為 18

4. 7 + "Eleven"        ' 執行時產生型態不符合的錯誤

### 二. ＆ 運算子

「＆」運算子可以將不同資料型別的資料合併成為一個字串。例如要合併座號(數值資料)和 "號" 字串，必須使用「＆」運算子來連接，合併的結果則為字串資料型別。

▶ 簡例

1. "Excel" & 2021        ' 執行結果為 "Excel2021"

2. "3 + 4 = " & 3 + 4     ' 執行結果為 "3 + 4 = 7"

3. 2 & "月" & 7 & "日"     ' 執行結果為 "2 月 7 日"

4. 3 & 4              ' 執行結果為 "34"

## 3.6 變數的有效範圍

VBA 程式架構如下圖所示主要分成宣告區和巨集程序區段,至於變數的宣告位置,以及宣告的關鍵字是使用 Dim、Static、Private(私有)或是 Public(共用)來決定變數的有效範圍。變數的有效範圍主要分為巨集程序範圍、模組(物件)範圍以及活頁簿範圍。

基本上變數應指定為巨集程序範圍變數,若模組內其他巨集會使用到該變數,才指定為模組變數。另外,若其他模組會使用到該變數,才會指定為活頁簿變數。良好的程式設計習慣是讓變數使用適當的有效範圍,以避免變數相互干擾造成除錯上的困難。

### 3.6.1 巨集範圍變數

如果使用 Dim 關鍵字將變數宣告在巨集程序區段內,就屬於巨集(程序)範圍變數,有效範圍只限在該宣告的巨集內,其他巨集無法使用該變數。宣告的語法如下:

語法:

Sub 巨集名稱()

    Dim [Static] 變數名稱 As 資料型別

    ⋮

End Sub

Dim 宣告的巨集範圍變數,其有效範圍只在該巨集內,而且巨集執行完畢後該變數就會從記憶體中移除。如果希望巨集執行後,變數能持續保留原變數值,就必須改用 Static 關鍵字來宣告變數為靜態變數。

實作　FileName：Static.xlsm

設計一個能由 B1 儲存格輸入收入，按 累加 鈕會不斷累計收入至 B3 儲存格的巨集程式。

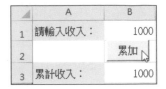 ⇨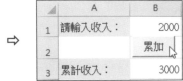

## ▶ 解題技巧

**Step 1** 建立輸出入介面

1. 新增一個名稱為 Static 的空白活頁簿，存檔類型採「Excel 啟用巨集的活頁簿」存檔。

2. 在「工作表 1」工作表上建立如右表格，以及按鈕表單控制項：

**Step 2** 問題分析

1. 執行【開發人員/Visual Basic】指令，來開啟 VBA 編輯程式。

2. 執行【插入/模組】指令建立一個新模組，預設名稱為 Moudle1。

3. 執行【插入/程序】指令建立一個程序名稱為 Add 的程序，其有效範圍為 Private(私有)。建立 Add 程序後操作環境如下：

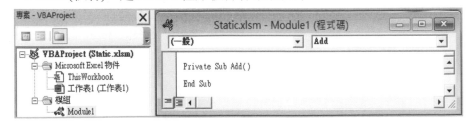

4. 在 Add 程序中用 Dim 宣告整數變數 income，來存放使用者在 B1 儲存格所輸入的收入，因為每次收入值要重新讀取不需保留，所以用 Dim 宣告。

5. 在 Add 程序中用 Static 宣告整數靜態變數 total，來存放使用者的收入總和，因為收入總和需要累加，所以該變數值要保留，因此必須用 Static 宣告。

6. 按鈕表單控制項 ⌷累加⌷ 指定巨集為 Add 程序。

7. 因為 total 用 Static 宣告成靜態變數，所以可以保留原變數值。例如第一次輸入 1000，按 ⌷累加⌷ 鈕執行 Add 程序後 total 等於 1000；第二次輸入 2000，執行程序後 total 等於 3000，就可以達成累計收入的效果。

**Step ③** 編寫程式碼

| FileName: Static.xlsm | |
|---|---|
| 01 Private Sub Add() | |
| 02 | Dim income As Integer | '宣告 income 為整數變數 |
| 03 | Static total As Integer | '宣告 total 為整數靜態變數 |
| 04 | income = Range("B1").Value | '將 B1 儲存格的內容指定給 income 變數 |
| 05 | total = total + income | '將 income 變數值加入 total 變數中 |
| 06 | Range("B3").Value = total | '指定 B3 儲存格的內容為 total 變數值 |
| 07 End Sub | |

▶ **隨堂測驗**

將實作的 total 變數改用 Dim 宣告，再執行程式體會和 Static 宣告的差異。

## 3.6.2 模組範圍變數

若使用 Dim 或 Private(私有)關鍵字，將變數宣告在程式視窗最上方的宣告區，就成為模組(物件)範圍變數。模組範圍變數的有效範圍在宣告的模組(物件)內有效，模組內的其他巨集程序也可以共用該變數。但是，活頁簿中的其他模組是無法參用該模組範圍變數。所以，模組範圍變數必須宣告在 Sub 程序的外面，宣告語法如下：

> 語法：
>
> Dim[Private] 變數名稱 As 資料型別
>
> Sub 巨集名稱()
>
> ...
>
> End Sub

使用 Dim 或 Private 關鍵字來宣告變數，其效果完全相同。Private 是將變數宣告為該模組私有，活頁簿的其他模組是無法參該變數。

FileName：Module.xlsm

設計一個使用者可以在 B1 儲存格輸入姓名，按 ▢確定▢ 鈕會讀取姓名，按 ▢完成▢ 鈕會在 B2 儲存格顯示輸入的姓名加上 "您好" 的問候語。

| | A | B | C | D | E |
|---|---|---|---|---|---|
| 1 | 請輸入姓名： | Jerry | 確定 | 完成 | |
| 2 | | Jerry您好 | | | |

## ▶ 解題技巧

**Step 1** 建立輸出入介面

1. 新增一個名稱為 Module 的空白活頁簿，存檔類型以「Excel 啟用巨集的活頁簿」存檔。

2. 在「工作表 1」的工作表上建立如下表格，和兩個 ActiveX 命令按鈕控制項：

| | A | B | C | D |
|---|---|---|---|---|
| 1 | 請輸入姓名： | | 確定 | 完成 |
| 2 | | | | |

3. 上例是使用表單控制項的按鈕來指定巨集，現在改用 ActiveX 命令按鈕控制項來執行程式。先在下圖「開發人員」標籤中按 ▢插入▢ 鈕，接著在清單中按 ActiveX 控制項中的 ▢ 命令按鈕，然後在表單中拖曳出一個命令按鈕控制項，預設名稱為 CommandButton1。

4. 在上圖「開發人員」標籤中按 [設計模式] 鈕，使該鈕呈 [設計模式] 進入設計模式。先點選 CommandButton1 命令按鈕控制項，按 [屬性] 鈕開啟該命令按鈕的屬性視窗。將「Caption」屬性的預設屬性值 CommandButton1 改為「確定」，此時按鈕上的文字就改為「確定」。拖曳控制項四周的○，可以改變控制項的大小。當游標出現四向箭頭 ✛ 時，拖曳控制項可以改變位置。

5. 依照上面操作方式，再新增一個 CommandButton2 命令按鈕控制項，並將「Caption」屬性值設為 "完成"。

Step 2 問題分析

1. 在設計模式下按 CommandButton1 按鈕的右鍵，執行【檢視程式碼】指令，會開啟 VBA 程式編輯器。在 VBA 程式編輯器中會開啟 [工作表 1] 程式碼視窗，並且建立 CommandButton1_Click 程序。CommandButton1_Click 程序是按鈕控制項物件的預設事件程序，當在該按鈕按一下時就會觸發(執行)該程序內的程式碼一次，我們可以將要處理的程式碼寫在該程序中。

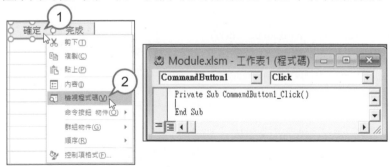

2. 繼續建立 CommandButton2 鈕控制項的 CommandButton2_Click 程序。

3. 在宣告區宣告 user_name 為模組範圍字串變數，完成後操作環境如下：

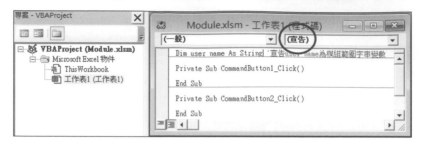

4. 撰寫 CommandButton1 和 CommandButton2 的 Click 事件程序。

5. 按 ⬚確定 鈕會執行 CommandButton1_Click 程序，讀取 B1 儲存格內容(姓名)到 user_name 模組範圍變數。按 ⬚完成 鈕會執行 CommandButton2_Click 程序，因為 user_name 為模組範圍變數，所以 user_name 變數值為姓名，加上問候語後存入 B2 儲存格中。

工作表 1：user_name 變數

CommandButton1_Click 程序　　　CommandButton2_Click 程序

**Step 3** 編寫程式碼

| FilcName: Module.xlsm　　(工作表 1 程式碼) |
|---|
| 01 Dim user_name As String　　　　　　　' 宣告 user_name 為模組範圍字串變數 |
| 02 |
| **03 Private Sub CommandButton1_Click()** |
| 04　　　user_name = Range("B1").Value　　' 指定 user_name 變數值等於 B1 儲存格內容 |
| 05 End Sub |
| 06 |
| **07 Private Sub CommandButton2_Click()** |
| 08　　　Range("B2").Value = user_name & "您好"　　'B2 儲存格內顯示姓名和問候語 |
| 09 End Sub |

 便利貼

巨集程序除了可寫在模組中，也可寫在工作表中。要開啟工作表的程式碼視窗，可在專案視窗的工作表項目上快按兩下，或是按右鍵執行 【檢視程式碼】 指定，來開啟工作表的程式碼視窗。

▶ **隨堂測驗**

將上面 Module.xlsm 實作增加一個稱謂。

| | A | B | C | D |
|---|---|---|---|---|
| 1 | 請輸入姓名： | Jerry | 確定 | 完成 |
| 2 | 請輸入稱謂： | 先生 | | |
| 3 | | Jerry先生您好 | | |

## 3.6.3 活頁簿範圍變數

　　如果在模組程式視窗最頂端的宣告區，用 Public 關鍵字來宣告變數，就成為活頁簿範圍變數。該變數的有效範圍在整個活頁簿，活頁簿中所有模組的其他巨集都可以使用該變數。要特別注意是必須在模組(Module)中宣告，若宣告在工作表物件中，則變數範圍僅在工作表內。宣告的語法如下：

> 語法：
>
> Public　變數名稱　As　資料型別
>
> Sub　巨集名稱()
>
> 　⋮
>
> End Sub

**實作**　FileName：WorkBook.xlsm

　　設計按「工作表 1」的 ⌜加總⌟ 鈕計算期中考三科成績總分，按「工作表 2」的 ⌜加總⌟ 鈕計算期末考三科成績總分，按 ⌜平均⌟ 鈕計算學期平均的程式。

| | A | B | C | D | E | F |
|---|---|---|---|---|---|---|
| 1 | | 計概 | 程式設計 | 電腦動畫 | 期中考總分 | |
| 2 | 分數 | 80 | 70 | 60 | 210 | 加總 |

工作表 1

| | A | B | C | D | E | F | G | H |
|---|---|---|---|---|---|---|---|---|
| 1 | | 計概 | 程式設計 | 電腦動畫 | 期末考總分 | 學期平均 | | |
| 2 | 分數 | 80 | 90 | 100 | 270 | | 加總 | 平均 |

工作表 2

工作表 2

## ▶ 解題技巧

**Step 1** 建立輸出入介面

1. 新增名為 WorkBook 的活頁簿，採「Excel 啟用巨集的活頁簿」類型存檔。

2. 在「工作表 1」工作表上建立如下表格，和 ActiveX 命令按鈕控制項：

3. 新增工作表，並在「工作表 2」工作表上建立如下表格，和兩個 ActiveX 命令按鈕控制項：

**Step 2** 問題分析

1. 執行 【開發人員/Visual Basic】指令，來開啟 VBA 編輯程式。

2. 執行 【插入/模組】指令，來建立一個新模組，名稱預設為 Module1。

3. 在 Module1 程式視窗的宣告區，用 Public 宣告 total1 和 total2 為全域的整數變數，變數範圍為整個活頁簿。

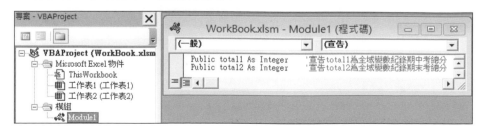

4. 在設計模式下，在工作表 1 的 CommandButton1 按右鍵，執行【檢視程式碼】指令，會開啟工作表 1 程式碼視窗，並且建立 CommandButton1_Click 程序。在該 Click 事件程序中讀取各科分數到 objA、objB、objC 變數中，然後計算出總分指定給 total1 全域變數。

5. 用相同方法為工作表 2 的 CommandButton1 建立 CommandButton1_Click 程序，雖然程序名稱和前面相同，但分屬不同的工作表所以不會相互影響。在程序中讀取各科分數到 objA、objB、objC 變數中，雖然變數名稱和前面程序相同，但是因為都是分屬各程序的區域變數所以不會相互干擾。最後，計算出總分指定給 total2 全域變數。

6. 在「工作表 2」建立 CommandButton2_Click 程序，在程序中讀取全域變數 total1、total2，計算出學期平均分數。

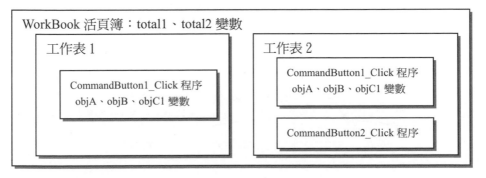

Step 3 編寫程式碼

| FileName: WorkBook.xlsm | (Module1 程式碼 ) |
|---|---|
| 01 Public total1 As Integer | '宣告 total1 為全域變數紀錄期中考總分 |
| 02 Public total2 As Integer | '宣告 total2 為全域變數紀錄期末考總分 |

| FileName: WorkBook.xlsm | (工作表 1 程式碼) |
|---|---|
| 01 Private Sub CommandButton1_Click() | |
| 02 | Dim objA As Integer, objB As Integer, objC As Integer |
| 03 | objA = Range("B2").Value  '讀取計概分數 |
| 04 | objB = Range("C2").Value  '讀取程式設計分數 |
| 05 | objC = Range("D2").Value  '讀取電腦動畫分數 |
| 06 | total1 = objA + objB + objC '計算期中考總分 |
| 07 | Range("E2").Value = total1 |
| 08 End Sub | |

| FileName: WorkBook.xlsm　　(工作表 2 程式碼) |
|---|
| **01 Private Sub CommandButton1_Click()** |
| 02　　　Dim objA As Integer, objB As Integer, objC As Integer |
| 03　　　objA = Range("B2").Value　'讀取計概分數 |
| 04　　　objB = Range("C2").Value　'讀取程式設計分數 |
| 05　　　objC = Range("D2").Value　'讀取電腦動畫分數 |
| 06　　　total2 = objA + objB + objC '計算期中考總分 |
| 07　　　Range("E2").Value = total2 |
| 08 End Sub |
| 09 |
| **10 Private Sub CommandButton2_Click()** |
| 11　　　Range("F2").Value = (total1 + total2) / 6 |
| 12 End Sub |

▶ **隨堂測驗**

在上面實作工作表 2 中增加各科平均的欄位，並將各工作表中的各科分數
宣告成全域變數。然後在 CommandButton2_Click 程序中，增加計算各科平
均的程式。

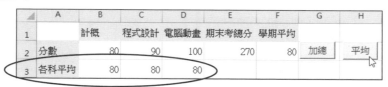

 FileName：HyperLink.xlsm

設計一個在 B1 儲存格輸入股票代碼後，按 建立超連結 鈕會在 C1 儲存格建
立該股票的超連結，點按超連結後會開啟奇摩股市中該股走勢圖的網頁。
重新輸入股票代碼按 建立超連結 鈕後，會再建立新的超連結網址。

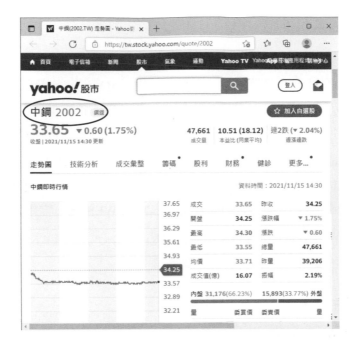

▶ 解題技巧

**Step 1** 建立輸出入介面

1. 新增一個名稱為 HyperLink 的空白活頁簿，存檔類型採「Excel 啟用巨集的活頁簿」存檔。

2. 在「工作表 1」工作表上建立如下表格，以及 ActiveX 命令按鈕控制項：

| ▲ | A | B | C | D | E |
|---|---|---|---|---|---|
| 1 | 股票代碼： | | | 建立超連結 | |
| 2 | | | | | |

**Step 2** 問題分析

1. 使用 Hyperlinks 物件的 Add 方法，可以在指定儲存格建立超連結，語法為：

> 語法：
>
> Hyperlinks.Add Anchor:=*儲存格*, Address:=*網址*, TextToDisplay:=*文字*

① Anchor 引數是指定建立超連結的儲存格。

② Address 引數是指定超連結的網址。

③ TextToDisplay 引數是指定儲存格內顯示的文字。

2. 觀察奇摩股市中個股走勢圖網頁的網址，會發現其前面部分固定為
"https://tw.stock.yahoo.com/q/bc?s="，後面接著會變動的個股代碼。前面部
份我們用 Const 宣告成字串常數 WEB，後面則宣告成字串變數 stock。

3. 在 CommandButton1_Click 事件程序中，宣告字串常數和變數，再使用
Hyperlinks 物件的 Add 方法在 C1 儲存格建立超連結，超連結的個股由 B1
儲存格的值來指定，而網址就是字串常數 WEB 加上字串變數 stock。

4. 雖然使用 Excel 的 HYPERLINK 函數也可以建立超連結，但是使用 VBA 語
法功能比較強大，而且彈性也比較高。

Step ③ 編寫程式碼

| FileName: HyperLink.xlsm |
|---|
| **01 Private Sub CommandButton1_Click()** |
| 02    Const WEB As String = "https://tw.stock.yahoo.com/q/bc?s=" |
| 03    Dim stock As String |
| 04    stock = Range("B1").Value |
| 05    Hyperlinks.Add Anchor:=Range("C1"), Address:=web & stock, TextToDisplay:=stock |
| 06 End Sub |

# 流程控制(一) 選擇結構

**4**

CHAPTER

學習目標

- 學習關係運算子、邏輯運算子的用法
- If…Then…Else 雙重選擇
- If…ElseIf…Else 多重選擇的使用
- Select Case 多重選擇的使用、巢狀選擇結構的使用
- IIf、Choose 與 Switch 函數的用法
- GoTo 與 On Error GoTo 的用法

## 4.1 前言

在日常生活中，常會根據條件來做不同的決定。例如錢包若有千元大鈔，就到餐廳吃大餐；否則就回家吃泡麵。以上的情況就是根據條件來做出不同的選擇，此種架構在程式設計就稱為「選擇結構」。例如在程式中檢查 A2 儲存格的成績，如果成績大於等於 60，就設 B2 儲存格值為「及格」；否則顯示「不及格」。流程圖如下：

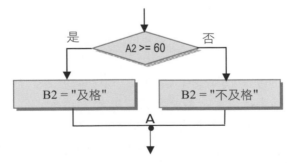

由上面流程圖可知，「選擇結構」會依照條件，分別執行不同流程的敘述區段，但是執行過後都會回到共同交點(如上圖的 A 點)，然後繼續執行接在選擇結構後面的程式碼。

# 4.2 關係運算子

## 4.2.1 關係運算子

關係運算子也稱比較運算子，用 > (大於)、< (小於)和 = (等於)三種運算子，可以組合成六種關係運算子(=、<>、<、>、<= 和>=)。簡單的關係運算式，是兩個運算元使用關係運算子來做比較，然後將運算後的結果傳回，其語法如下：

> **語法：**
>
> 結果 = 運算元 1　關係運算子　運算元 2

關係運算式的比較結果會以布林值(Boolean)傳回，如果關係運算式成立時會傳回 True；不成立時則會傳回 False。語法中的運算元可以為常值、變數或是運算式。

| 關係運算子 | 關係運算式 | 數學表示式 | 簡例 | 結果 |
|---|---|---|---|---|
| = (相等) | X = Y | $X = Y$ | 5 = 4 + 1 | True |
| <>(不等於) | X <> Y | $X \neq Y$ | "1" <> "一" | True |
| < (小於) | X < Y | $X < Y$ | "a" < "A" | False |
| > (大於) | X > Y | $X > Y$ | 1999/12/31 > 2000/1/1 | False |
| <= (小於等於) | X <= Y | $X \leqq Y$ | 4 + 2 <= 7 − 2 | False |
| >= (大於等於) | X >= Y | $X \geqq Y$ | "AC" >= "AB" | True |

▶ **說明**

1. 時間和日期可以視為數值資料，當兩個日期做比較時，較晚的日期會大於較前面的日期，所以 1999/12/31 小於 2000/1/1。

2. 算術運算子的優先次序較關係運算子高，所以 4 ＋ 2 <= 7 － 2，會先做加法和減法運算結果分別為 6 和 5，然後兩者再做比較 6 <= 5，所以結果為 False。

3. 關係運算子除了可以比較數值外也可做字串的比較，而字串是以 ASCII 碼的大小來比較。A 的 ASCII 碼為 65，而 a 的 ASCII 碼為 97，所以 A 不大於 a。

4. 若字串第一個字元的 ASCII 碼相同，則再比第二字元的 ASCII 碼大小，依此類推。ASCII 碼的數字字元 ASCII 碼最小，接著是大寫字母，然後是小寫字母，最後是中文字，順序依序是："0" < "1" < "2" < … < "9" < "A" < "B" < "C" < … < "Z" < "a" < "b" < "c" < … < "z" < …"中" … 。

## 4.2.2 Like 運算子

字串的比較除了使用關係運算子外，若要做到更有彈性的比對，在程式中就可以使用 Like 運算子來比較兩個字串，其語法如下：

> 語法：
>
> 　結果 = *string* 　Like 　*pattern*

### ▶ 說明

1. *string* 是字串型別的資料。

2. Like 運算子會將 *string* 和 *pattern*（模板字串）做比較，其結果為 Boolean 值。

3. *pattern* 是用來做比較的模板字串，其中可以使用字元、萬用字元或字串來組合成比對字串。

4. 下表是 *pattern* 中常使用的字元：

| 模板(pattern)中的字元 | string 中的符合字元 |
| --- | --- |
| * | 不限字元長度的字串（包含零個字元） |
| ? | 任意一個字元 |
| # | 任意一個數字字元(0~9) |
| [字串] | 字串中的任一個字元 |
| [!字串] | 字串外的任何字元 |

　模板內的 [] 中括號內的字串可以是逐一列舉，或用連接號（-）來表示一個範圍。例如 [A-Z] 代表 A~Z 廿六個字母。但是指定字元範圍時，必須由小而大才有效，例如 [Z-A] 是無效。

### ▶ 簡例

1. "a" Like "A" 　　　　　　⇨ False
2. "basic" Like "b*c" 　　　　⇨ True 　（"b*c"表由 b 開頭 c 結尾，中間可為任何字串）
3. "basic" Like "b???c" 　　　⇨ True 　（"b???c"表由 b 開頭 c 結尾，中間為三個任意字元）
4. "蕭敬騰" Like "蕭*" 　　　⇨ True 　（"蕭*"表由蕭開頭後接任何字串，即查是否姓蕭）

5.   "520" Like "###"            ⇨ True   （"###"表是否是 3 個數字的字串）

6.   "s" Like "[basic]"            ⇨ True   （s 是否是[basic]中的任一字元）

7.   "b" Like "[!a-z]"            ⇨ False  （b 是否是不介於 a 到 z 之間的字元）

8.   "X168" Like "[A-Z]###"  ⇨ True   （是否以大寫英文字母開頭，其後接 3 個數字）

9.   "04-12345678" Like "09##-######"   ⇨ False（是否為手機號碼）

# 4.3 邏輯運算子

邏輯運算子有 Not、And、Or、Xor 四種，邏輯運算子可以將多個關係運算式，組合成較複雜的邏輯運算式，來查詢多項條件是否同時成立。邏輯運算式的結果有 True（真）或 False（假）兩種。邏輯運算式的語法如下：

語法：

    結果 = 運算元 A   邏輯運算子   運算元 B

下表列出常用的邏輯運算子說明如下：

| 優先 | 邏輯運算子 | 意義 | 邏輯運算式 | 說明 | A | B | 結果 |
|---|---|---|---|---|---|---|---|
| 1 | Not | 非 | Not A | 若 A 為真，結果為假；<br>若 A 為假，則結果為真。 | 真 | | 假 |
| | | | | | 假 | | 真 |
| 2 | And | 且 | A And B | And 是當 A、B 皆為真時，結果才為真。 | 真 | 真 | 真 |
| | | | | | 真 | 假 | 假 |
| | | | | | 假 | 真 | 假 |
| | | | | | 假 | 假 | 假 |
| 3 | Or | 或 | A Or B | Or 是若 A、B 其中只要有一個為真，結果就為真。 | 真 | 真 | 真 |
| | | | | | 真 | 假 | 真 |
| | | | | | 假 | 真 | 真 |
| | | | | | 假 | 假 | 假 |
| 4 | Xor | 互斥或 | A Xor B | A、B 中必須要有一個為真而且一個為假，結果才為真。 | 真 | 真 | 假 |
| | | | | | 真 | 假 | 真 |
| | | | | | 假 | 真 | 真 |
| | | | | | 假 | 假 | 假 |

▶ **簡例**

1. 若 score 變數代表分數，寫出 59 < 分數(score) ≤ 80 的邏輯運算式：
   寫法：⇨ (score > 59) And (score <= 80)

2. 若 score 變數代表分數，寫出小於 0 或大於 100 的邏輯運算式：
   寫法：⇨ (score < 0) Or (score > 100)

# 4.4 If …Then …Else 雙重選擇

If ... Then ... Else 雙重選擇敘述，流向只有兩種選擇，如果用日常語言就是「若 … 就 … 否則 … 」。例如當 <條件式> 為真時，就執行敘述區段 A；不滿足 <條件式> 時，執行敘述區段 B。其語法如下：

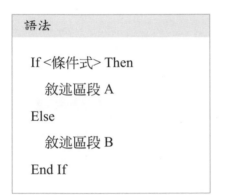

```
語法

    If <條件式> Then
        敘述區段 A
    Else
        敘述區段 B
    End If
```

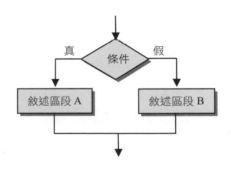

▶ **簡例**

```
If Range("A2").Value >= 60 Then
    Range("B2").Value = "及格"
End
    Range("B2").Value = "不及格"
End If
```

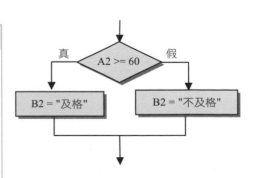

上面的程式碼由於條件內的敘述區段只有一行,所以可以寫成一行:

```
If Range("A2").Value >= 60 Then Range("B2").Value = "及格" Else Range("B2").Value = "不及格"
```

若 If ... Then ... Else 敘述語法,當 <條件式> 不滿足時不執行任何敘述,可省略 Else 部分,變成「單一選擇」。語法如下:

**語法**

```
If <條件式> Then

    敘述區段

End If
```

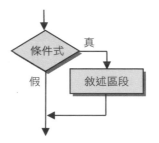

**▶ 簡例**

```
If Range("A6").Value >= 95 Then

    Range("B6").Value = 1000

End If
```

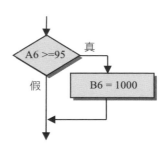

上面的程式碼也可以寫成一行:

```
If Range("A6").Value >= 95 Then Range("B6").Value = 1000
```

**實作** FileName:Off.xlsm

如果 A2 儲存格的消費金額大於 2000,就在 B2 儲存格填入九折後的實付金額;否則就填入不打折的消費金額。

| ▲ | A | B | C |
|---|---|---|---|
| 1 | 消費金額 | 實付金額 | 計算 |
| 2 | 4000 | 3600 | |

| ▲ | A | B | C |
|---|---|---|---|
| 1 | 消費金額 | 實付金額 | 計算 |
| 2 | 1600 | 1600 | |

▶ **輸出要求**

**Step ①** 建立輸出入介面

1. 新增活頁簿並以「Off」為新活頁簿名稱。

2. 在工作表 1 中建立如下表格，和 ActiveX 命令按鈕控制項：

| | A | B | C |
|---|---|---|---|
| 1 | 消費金額 | 實付金額 | 計算 |
| 2 | | | |

**Step ②** 分析問題

1. 在 CommandButton1_Click 事件程序中，撰寫程式碼。

2. 檢查當 A2 儲存格的值大於 2000 時，B2 儲存格填入 A2 儲存格的值*0.9；否則就直接填入 A2 儲存格的值。因有兩個不同結果要選擇，所以使用 If … Then … Else 雙重選擇敘述，根據條件來執行不同的結果。

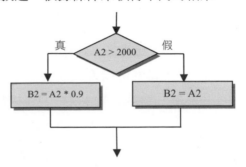

**Step ③** 編寫程式碼

| FileName: off.xlsm　　(工作表 1 程式碼) |
|---|
| 01 Private Sub CommandButton1_Click() |
| 02　　　If Range("A2").Value > 2000 Then |
| 03　　　　　　Range("B2").Value = Range("A2").Value * 0.9 |
| 04　　　Else |
| 05　　　　　　Range("B2").Value = Range("A2").Value |
| 06　　　End If |
| 07 End Sub |

【注意】 Excel 本身提供的 If 函數和 VBA 的 If 敘述是可以相輔相成，當條件簡單時可以在工作表中直接使用 If 函數會較為方便，但 If 函數使用上有許多限制，不如 VBA 的 If 敘述具有彈性。

1. If 函數只能將運算結果置入 If 函數所在的儲存格內,例如 If 函數在 B2 儲存格,就不能更動 C2 儲存格的值,但使用 If 敘述則可以任意指定。

2. If 函數只能處理單行敘述,但是 VBA 的 If 敘述可處理程式區段(多行敘述)。If 敘述可以將滿足條件要處理的多行命令放在 If 的敘述區段內;不滿足時要處理的多行命令放在 Else 敘述區段內,較易維護和可讀性高。

```
If Range("A2").Value >2000) Then
    Range("B2").Value = Range("A2").Value * 0.9
    Range("C2").Value = Range("B2") + 500
Else
    Range("B2").Value = Range("A2").Value
    Range("C2").Value = Range("B2") + 100
End If
```

3. If 函數雖然可以支援最多 64 層的巢狀結構,但是程式會變得非常難以閱讀,使用 If 敘述則可以大大改善。

4. VBA 的 If 敘述可寫成自定函數,不但增加功能和彈性,而且可重複使用。

▶ **隨堂練習**

如果 A2 儲存格的內容為「女」,就在 B2 儲存格填入「小姐」;否則就填入「先生」等稱謂。

 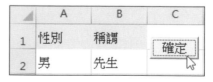

## 4.5 If…ElseIf…Else 多重選擇

當程式中的流程需要兩個以上不同＜條件式＞作判斷，而且＜條件式＞是由上而下逐一檢查時，就可以使用到 If… ElseIf …Else 多重選擇敘述，其語法如下：

語法：

```
If  ＜條件式 1＞ Then
        敘述區段 A
ElseIf  ＜條件式 2＞ Then
        敘述區段 B
ElseIf ＜條件式 3＞ Then
        敘述區段 C
            ⋮
Else
        敘述區段 N
End If
```

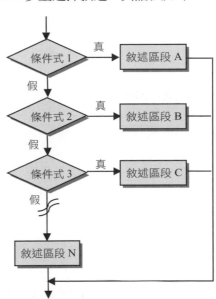

▶ 簡例

```
If Range("A2").Value < 18.5    Then

        Range("B2").Value = "過輕"

ElseIf Range("A2").Value < 24    Then

        Range("B2").Value = "健康"

ElseIf Range("A2").Value < 27    Then

        Range("B2").Value = "過重"

Else

        Range("B2").Value = "肥胖"

End If
```

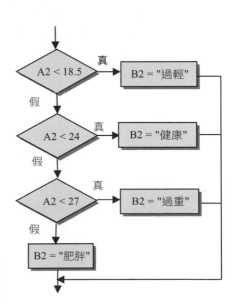

**實作**　FileName：Great.xlsm

電腦產生兩個 1 到 99 隨機亂數，分別置入 A2 和 B2 儲存格，試比較兩個數大小並顯示結果。

| | A | B | C | D |
|---|---|---|---|---|
| 1 | 第一個數 | 第二個數 | 結果 | 比較 |
| 2 | 81 | 71 | 第一數較大 | |

| | A | B | C | D |
|---|---|---|---|---|
| 1 | 第一個數 | 第二個數 | 結果 | 比較 |
| 2 | 5 | 41 | 第二數較大 | |

## ▶ 解題技巧

**Step 1** 建立輸出入介面

1. 新增活頁簿並以「Great」為新活頁簿名稱。

2. 在工作表 1 中建立如下表格，和 ActiveX 命令按鈕控制項：

| | A | B | C | D |
|---|---|---|---|---|
| 1 | 第一個數 | 第二個數 | 結果 | 比較 |
| 2 | | | | |

**Step 2** 分析問題

1. 在 CommandButton1_Click 事件程序中，撰寫程式碼。

2. 使用 Rnd 內建函數時，會產生 0~1 之間的單精確度亂數。因為題目要產生介於 1~99 的亂數，所以要配合 Fix 取整數的內建函數。若要產生最小值~最大值範圍內的整數亂數值，其公式為：

> Fix((最大值 − 最小值 ＋ 1) * Rnd()) ＋ 最小值

3. 利用上面亂數公式產生兩個 1~99 的亂數，分別存放在 num1 和 num2 兩個整數變數中。

4. 因為兩數比較大小，會有大於、小於和等於三種情形，所以要用 If…ElseIf…Else 多重選擇敘述來判斷，根據條件來執行不同的結果。

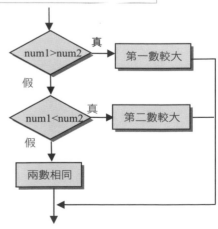

Step ③ 編寫程式碼

| FileName: Great.xlsm　(工作表 1 程式碼) |
| --- |
| 01 Private Sub CommandButton1_Click() |
| 02　　　Dim num1 As Integer |
| 03　　　num1 = Fix((99 - 1 + 1) * Rnd()) + 1 |
| 04　　　Range("Λ2").Value = num1 |
| 05　　　Dim num2 As Integer |
| 06　　　num2 = Fix((99 - 1 + 1) * Rnd()) + 1 |
| 07　　　Range("B2").Value = num2 |
| 08　　　If num1 > num2 Then |
| 09　　　　　Range("C2").Value = "第一數較大" |
| 10　　　ElseIf num1 < num2 Then |
| 11　　　　　Range("C2").Value = "第二數較大" |
| 12　　　Else |
| 13　　　　　Range("C2").Value = "兩數相同" |
| 14　　　End If |
| 15 End Sub |

▶ 隨堂測驗

試使用 If…ElseIf…Else 敘述設計台鐵票別查詢程式，身高大於等於 150 公分為成人票；身高大於等於 115 公分為孩童票；低於 115 公分則免票。

## 4.6 Select Case 多重選擇

在上一節介紹 If… ElseIf …Else 多重選擇結構，當多個條件的資料型別不一樣時，就一定要使用 If… ElseIf …Else 多重選擇敘述。但如果條件資料型別一樣時，則可以改用 Select Case 敘述，程式碼將會較為簡明易讀。語法如下：

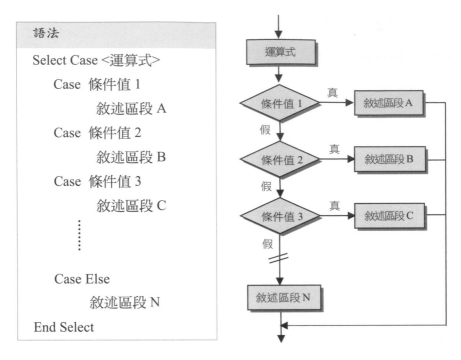

▶ 説明

1. 執行 Select Case 多重選擇結構時，會根據 Select Case 後面運算式的結果，由上而下比較 Case 的條件值，若符合某個 Case 的條件值，就會執行該敘述區段，然後跳到接在 End Select 後面的敘述。

2. 當所有 Case 條件值都不滿足時，則執行 Case Else 內的敘述區段。

3. 雖然 Case Else 敘述可以省略，但 Case Else 可以用來處理對所有 Case 條件都不符合時要做的事情，為了避免碰到未知的結果造成程式執行錯誤，建議還是應加上 Case Else 敘述。

▶ 簡例

1. Case 100 ：　　　　　　⇨ 條件值為 100

2. Case 2, 6, 8 ：　　　　　⇨ 條件值為 2、6 或 8

3. Case "N" , "n" ：　　　　⇨ 條件值為 "N" 或 "n"

4. Case 90 To 100 ：　　　⇨ 條件值為 90 到 100

5. Case "A" To "Z" ：　　　⇨ 條件值為大寫英文字母

6.  Case Is < 60：      ⇨ 條件值為小於 60

7.  Case Is > 100, Is < 0：  ⇨ 條件值為大於 100 或小於 0

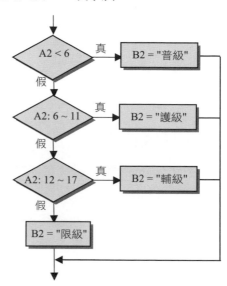

### ▶ 簡例

```
Select Case Range("A2").Value
    Case Is < 6
        Range("B2").Value = "普級"
    Case 6 To 11
        Range("B2").Value = "護級"
    Case 12 To 17
        Range("B2").Value = "輔級"
    Case Else
        Range("B2").Value = "限級"
End Select
```

**實作** FileName：Prize.xlsm

設計一個獎學金試算程式，輸入分數後根據分數顯示獎學金金額。90~100 分獎學金 1000 元、80~89 獎學金 500 元、其他則顯示「請再加油！」。若分數超過 100 或低於 0 時，就顯示「分數超出範圍！」。

| ◢ | A | B | C |
|---|---|---|---|
| 1 | 成績 | 獎學金(元) | 查詢 |
| 2 | 86 | 500元 | |

| ◢ | A | B | C |
|---|---|---|---|
| 1 | 成績 | 獎學金(元) | 查詢 |
| 2 | 72 | 請再加油！ | |

| ◢ | A | B | C |
|---|---|---|---|
| 1 | 成績 | 獎學金(元) | 查詢 |
| 2 | 120 | 分數超出範圍！ | |

### ▶ 解題技巧

**Step ①** 建立輸出入介面

1. 新增活頁簿並以「Prize」為新活頁簿名稱。

2. 在工作表 1 中建立如下表格,和 ActiveX 命令按鈕控制項:

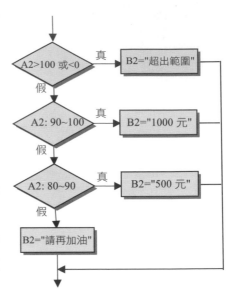

| | A | B | C |
|---|---|---|---|
| 1 | 成績 | 獎學金(元) | 查詢 |
| 2 | | | |

**Step ② 分析問題**

1. 在 CommandButton1_Click 事件程序中,撰寫程式碼。

2. 因為分數為數值,而有多個數值條件範圍,所以適合使用 Select Case 多重選擇敘述。

**Step ③ 編寫程式碼**

| FileName: Prize.xlsm    (工作表 1 程式碼) |
|---|
| 01 Private Sub CommandButton1_Click() |
| 02       Select Case Range("A2").Value |
| 03            Case Is > 100, Is < 0 |
| 04                 Range("B2").Value = "分數超出範圍!" |
| 05            Case 90 To 100 |
| 06                 Range("B2").Value = "1000 元" |
| 07            Case 80 To 89 |
| 08                 Range("B2").Value = "500 元" |
| 09            Case Else |
| 10                 Range("B2").Value = "請再加油!" |
| 11       End Select |
| 12 End Sub |

▶ **隨堂測驗**

設計一個分數等級程式,使用者輸入分數可以顯示等級:優(100~90 分)、甲(89~80 分)、乙(79~70 分)、丙(69~60 分)、丁(59~0 分),若超出範圍就顯示「分數錯誤」。

## 4.7 巢狀選擇結構

　　如果選擇結構的敘述區段內，又有選擇結構便形成所謂的「巢狀結構」。通常當選擇的條件有兩種以上時，就可以利用巢狀結構去解決。例如要判斷三個數字何者最大，就必須先任取兩個數字來做判斷，然後依結果再執行第二次判斷，此時就無法只以一組 If …Then 來完成，而必須使用巢狀選擇結構。

▶ **流程圖**

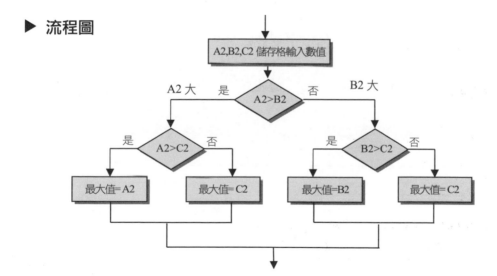

▶ **程式碼**

```
Dim n1 As Integer, n2 As Integer, n3 As Integer
n1 = Range("A2").Value
n2 = Range("B2").Value
n3 = Range("C2").Value
```

```
If (n1 > n2) Then
    If (n1 > n3) Then
        Range("D2").Value = n1
    Else
        Range("D2").Value = n3
    End If
Else
    If (n2 > n3) Then
        Range("D2").Value = n2
    Else
        Range("D2").Value = n3
    End If
End If
```

**實作** FileName：Member.xlsm

設計商店結帳程式輸入金額和是否為會員，會根據條件顯示應付金額。

① 若是會員消費滿三千元打八折；否則就打九折。

② 若不是會員消費滿五千元打九折；否則不打折。

▶ **輸出要求**

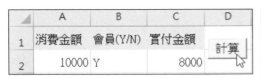

▶ **解題技巧**

**Step ①** 建立輸出入介面

1. 新增活頁簿並以「Member」為新活頁簿名稱。

2. 在工作表 1 中建立如下表格，和 ActiveX 命令按鈕控制項：

| | A | B | C | D |
|---|---|---|---|---|
| 1 | 消費金額 | 會員(Y/N) | 實付金額 | 計算 |
| 2 | | | | |

Step ② 分析問題

1. 因為有多個條件要符合，因此必須使用巢狀選擇結構來設計。

2. 巢狀結構的最外層是 If...Then...Else 雙重選擇結構，用 Like 運算子判斷 B2 儲存格內容是否為 "Y" 或 "y"，來區分成會員和非會員兩部分。

3. 巢狀結構的內層分別用 If...Then...Else 雙重選擇結構，視 A2 消費金額的多寡來決定打折的折數，並計算出實付金額到 C2 儲存格。

4. 使用 Format()來設定輸出的格式，第二個參數為 "0" 表四捨五入到整數。

Step ③ 編寫程式碼

| FileName: Member.xlsm　(工作表 1 程式碼) |
| --- |
| 01 Private Sub CommandButton1_Click() |
| 02　　　If Range("B2").Value Like "[Yy]" Then　　'若會員字串為 Y 或 y |
| 03　　　　　If Range("A2").Value >= 3000 Then　　　'消費金額>=三千元 |
| 04　　　　　　　Range("C2").Value = Format(Range("A2").Value * 0.8, "0") |
| 05　　　　　Else |
| 06　　　　　　　Range("C2").Value = Format(Range("A2").Value * 0.9, "0") |
| 07　　　　　End If |
| 08　　　Else　　　'非會員 |
| 09　　　　　If Range("A2").Value >= 5000 Then　　　'消費金額>=五千元 |
| 10　　　　　　　Range("C2").Value = Format(Range("A2").Value * 0.9, "0") |
| 11　　　　　Else |
| 12　　　　　　　Range("C2").Value = Range("A2").Value |
| 13　　　　　End If |
| 14　　　End If |
| 15 End Sub |

▶ 隨堂測驗

設計結帳程式輸入是否為會員、金額和是否為假日，會顯示應付的金額。

① 若是會員消費滿一萬元打八折；消費滿五千元打八五折；未滿五千元如果是非假日打八五折否則就打九折。

② 若不是會員消費滿一萬元打九折；未滿一萬元如果是非假日打九五折否則不打折。

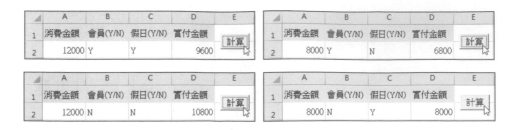

# 4.8 IIf、Choose 與 Switch 函數

### 4.8.1 IIf 函數

If…Then…Else 雙重選擇敘述，也可以使用 IIf 函數來達成。IIf 函數內的三個引數都不可省略，當第一個引數條件運算式結果為 True，會傳回第二個引數；若結果為 False，則傳回第三個引數。IIf 函數的語法如下：

> **語法：**
>
>   IIf (條件運算式, True 的傳回值, False 的傳回值)

▶ **簡例**

1. 若分數(A2 儲存格)大於等於 60，B2 儲存格就顯示「及格」；否則顯示「不及格」。

   ```
   Range("B2").Value = IIf(Range("A2").Value >= 60, "及格", "不及格")
   ```

2. 若性別(A2 儲存格)等於 "男"，B2 儲存格為「先生」；否則為「小姐」。

   ```
   Range("B6").Value = IIf(Range("A6").Value = "男", "先生", "小姐")
   ```

▶ **隨堂測驗**

請將前面 4.4 節的 Off.xlsm 實作，改使用 IIf 函數來完成。

其實 IIf 函數也可以使用巢狀結構，也就是傳回值中可以再使用 IIf 函數，如此一來 IIf 函數的功能將更加強大。

▶ 簡例

台鐵票別的依據如下：身高大於等於 150 公分為成人票；身高大於等於 115 公分為孩童票；低於 115 公分則免票。

```
Range("B2").Value = IIf(Range("A2").Value >= 150, "成人票",    _
                        IIf(Range("A2").Value >= 115, "孩童票", "免票"))
```

▶ 隨堂測驗

請將前面 4.5 節的 Great.xlsm 實作，改使用巢狀 IIf 函數來完成。

| | A | B | C | D |
|---|---|---|---|---|
| 1 | 第一個數 | 第二個數 | 結果 | |
| 2 | 81 | 71 | 第一數較大 | 比較 |

## 4.8.2 Choose 函數

Choose 函數算是多重選擇結構的一種，Choose 函數會根據第一個引數的值（整數），傳回相對的引數值。若 Choose 函數中第一個引數 Index =1 時，函數傳回值為 V1；Index = 2 傳回 V2 值，以此類推最多可到 V254。但是若 Index 的值小於 1 或大於 n 時，傳回值將為 Null（無對應值）。其語法如下：

```
語法：
    Choose(Index, V1[, V2,…[,Vn]])
```

▶ 簡例

根據 A2 儲存格數值(1~5)傳回大寫的國字，例如：2，傳回「貳」。

```
Range("B2").Value = Choose(Range("A2").Value, "壹", "貳", "參", "肆", "伍")
```

### 4.8.3 Switch 函數

Switch 函數也算是多重選擇結構，Switch 函數會根據運算式的值，傳回對應的引數值，Switch 函數會先判斷 <運算式 1> 是否為真，若為真就傳回 V1；否則再判斷 <運算式 2>，依此類推。但是若所有運算式的結果皆為假，則傳回 Nothing。其語法如下：

> 語法：
>
> Switch(運算式 1, V1[, 運算式 2, V2,⋯ [,運算式 n, Vn]])

#### ▶ 簡例

1. 根據郵遞區號(zip)傳回區域名稱，例如：zip = 220，傳回「板橋市」。

```
Dim zip As Integer
zip = Range("A2").Value
Range("B2").Value = Switch(zip = 220, "板橋市", zip = 300, "新竹市", _
      zip = 600, "嘉義市")
```

2. 根據分數傳回獎學金的金額，例如：分數 = 81 時，傳回獎學金 50。

```
Dim 分數 As Integer
分數 = Range("A6").Value
Range("B6").Value = Switch(分數 >= 95, 200, 分數 >= 90 And 分數 <= 94, _
      100, 分數 >= 80 And 分數 <= 89, 50, 分數 <= 79, 0)
```

#### ▶ 隨堂測驗

請將前面 4.6 節的 Prize.xlsm 實作，改使用 Switch 函數來完成。

# 4.9 GoTo 敘述

## 4.9.1 GoTo 敘述

除了上面介紹的各種選擇敘述和函數外，VBA 還提供 GoTo 敘述來改變程式執行的方向。GoTo 敘述的語法如下：

> 語法：
>
> GoTo　標籤名稱
>
> 標籤名稱：◄──── 注意要加冒號：

當程式執行到 GoTo 敘述時，會跳到標籤(標記)名稱後面的敘述繼續執行。標籤名稱必須符合變數的命名規則，也不可以和其他變數名稱重複。另外，GoTo 敘述只能跳到同一程序的標籤位置，不能跳到其他程序。雖然 Goto 敘述可以任意跳到指定的位置，但是不符合模組化的程式設計原則，如果同時使用多個 Goto 敘述，程式將不易閱讀也造成除錯的難度。

**實作**　FileName：GoTo.xlsm

若分數(A2 儲存格)沒有輸入資料，就以 MsgBox 顯示「沒有輸入分數」訊息。若有輸入分數，就以 MsgBox 顯示所輸入的分數。

▶ **輸出要求**

▶ **解題技巧**

Step 1　建立輸出入介面

1. 新增活頁簿並以「GoTo」為新活頁簿名稱。

2. 在工作表 1 中建立如右表格，和 ActiveX 命令
   按鈕控制項：

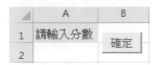

**Step 2** 分析問題

1. 當沒有輸入資料就會執行 GoTo No_Keyin，直接跳到 No_Keyin:標籤，後
   面的第 05 行程式不會被執行。

2. 注意程式碼第 06 行的 Exit Sub 敘述，是會跳離 CommandButton1_Click 程
   序。如果不加上此行敘述，則後面的第 08 行敘述會被執行造成錯誤。

**Step 3** 編寫程式碼

| FileName: GoTo.xlsm　　(工作表 1 程式碼) |
|---|
| 01 Private Sub CommandButton1_Click() |
| 02　　　If Range("A2").Value = "" Then |
| 03　　　　　GoTo No_Keyin |
| 04　　　End If |
| 05　　　MsgBox ("你的分數是 " & Range("A2").Value) |
| 06　　　Exit Sub |
| 07 No_Keyin: |
| 08　　　MsgBox ("沒有輸入分數") |
| 09 End Sub |

▶ **隨堂測驗**

請將上面的實作，使用 GoTo 敘述增加一個分數超出範圍的提示訊息。

## 4.9.2 On Error GoTo 敘述

當程式執行產生錯誤時，就必須做適當的處理才不會造成執行錯誤。VBA 提供
On Error 錯誤處理敘述來處理程式的錯誤，相關的語法如下：

| 語法： |
| --- |
| 1. On Error Resume Next |
| 2. On Error GoTo 標籤名稱 |
| 3. On Error GoTo 0 |

▶ **說明**

1. On Error Resume Next：當錯誤發生時就忽略錯誤的敘述，繼續執行後面的敘述。雖然有點鴕鳥心態，但是至少不會產生錯誤造成程式中止。

2. On Error GoTo：當錯誤發生時，就跳到指定的標籤位置，在該標籤處可以編寫相關的錯誤處理敘述。

3. On Error GoTo 0：關閉目前程序的錯誤處理敘述的設定。

**實作** FileName：OnError.xlsm

使用者可以輸入兩個數值，按下「相加」鈕就將結果顯示在 C2 儲存格。如果使用者輸入非數值時，會以 MsgBox 顯示「請輸入數值」訊息。

▶ **輸出要求**

▶ **解題技巧**

**Step 1** 建立輸出入介面

1. 新增活頁簿並以「OnError」為新活頁簿名稱。

2. 在工作表 1 中建立如右表格，和 ActiveX 命令按鈕控制項。

| | A | B | C | D |
| --- | --- | --- | --- | --- |
| 1 | 第一個數 | 第一個數 | 等於 | 相加 |
| 2 | | | | |

Step ② 分析問題

1. 如果使用者在 A2 輸入「a」，程式執行時會產生錯誤，因為要把字串指定給整數變數 a 資料型態是不對等的。

2. 我們在第 3 行加入 On Error GoTo Wrong 敘述來做錯誤處理，之後程式如果有產生錯誤就會跳到「Wrong：」標籤，用 MsgBox 顯示提示訊息。

3. 第 7 行的 On Error GoTo 0 敘述，是關閉 On Error GoTo Wrong 錯誤處理敘述。在本程式本行可以省略，因為結束程序時所有的錯誤處理會自動關閉。

Step ③ 編寫程式碼

| FileName: OnError.xlsm　(工作表 1 程式碼) |
| --- |
| **01 Private Sub CommandButton1_Click()** |
| 02　　　Dim a As Integer, b As Integer |
| 03　　　On Error GoTo Wrong |
| 04　　　a = Range("A2").Value |
| 05　　　b = Range("B2").Value |
| 06　　　Range("C2").Value = a + b |
| 07　　　On Error GoTo 0 |
| 08　　　Exit Sub |
| 09 Wrong: |
| 10　　　MsgBox ("請輸入數值") |
| 11 End Sub |

▶ 隨堂測驗

請將上面的實作改使用 On Error Resume Next 敘述，觀察執行的結果。

雖然不會產生錯誤，但結果怪怪的。

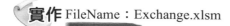

實作 FileName：Exchange.xlsm

使用者可以輸入所購買外匯的金額、幣別、匯率，按下 更新匯率 鈕就會下載國泰世華銀行匯率的資料到 H1 儲存格。「目前匯率」中可以取得指定幣別的匯率，計算出目前的報酬(台幣)，並在 B3 寫入更新的日期。如果當天已經更新過資料，就不再下載匯率資料。

### ▶ 輸出要求

| | A | B | C | D | E | F | G | H | I | J |
|---|---|---|---|---|---|---|---|---|---|---|
| 1 | 金額 | 幣別 | 買時匯率 | 目前匯率 | 報酬(台幣) | | 更新匯率 | 幣別 ▼ | 即期匯 ▼ | 即期賣 ▼ 數 |
| 2 | 1000 | 美元(USD) | 32.54 | 27.83 | -4710 | | | 美元(USD) | 27.71 | 27.83 |
| 3 | 更新日期： | 2021/11/15 | | | | | | 歐元(EUR) | 31.54 | 32.04 |
| 4 | | | | | | | | 日圓(JPY) | 0.2414 | 0.2464 |

### ▶ 解題技巧

**Step 1** 建立輸出入介面

1. 新增活頁簿並以「Exchange」為新活頁簿名稱。

2. 在工作表 1 中建立如下表格，和 ActiveX 命令按鈕控制項：

| | A | B | C | D | E | F | G |
|---|---|---|---|---|---|---|---|
| 1 | 金額 | 幣別 | 買時匯率 | 目前匯率 | 報酬(台幣) | 更新匯率 | |
| 2 | | | | | | | |
| 3 | 更新日期： | | | | | | |

**Step 2** 分析問題

1. 因為外匯匯率必須上網抓取，所以可以使用 Excel 的匯入外部資料功能：

   ① 複製國泰世華外幣匯率的網址，如果有更動請自行上網查詢，或網站格式有變請另尋查詢網站。(https://www.cathaybk.com.tw/cathaybk/personal/deposit-exchange/rate/currency-billboard/)

   ② 將插入點移到 H1 儲存格，匯入外部資料的放置儲存格。

   ③ 在「資料」索引標籤中按 從 Web 鈕，會開啟「從 Web」視窗。將國泰網址貼到「URL」中，按下 確定 鈕 會開啟「導覽器」視窗。

④ 以匿名方式存取網頁資料內容。

⑤ 在「導覽器」視窗中先點選「Table0」，會在「資料表檢視」標籤頁中看到匯入資料的內容。按 <載入> 鈕右邊的下拉鈕，由清單中執行「載入至⋯」項目，將指定網頁資料載入。

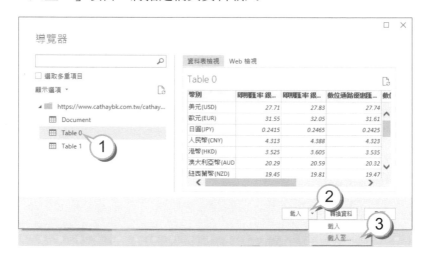

⑥ 在「匯入資料」視窗中點選「表格」項目，以表格形式呈現。再點選「目前工作表的儲存格」項目，指定將資料放在目前工作表的 H1 儲存格。最後按 確定 鈕，完成外部資料的匯入。

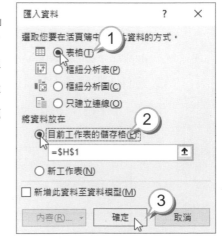

⑦ 匯入 Web 資料後，調整 H~N 欄寬度畫面如下：

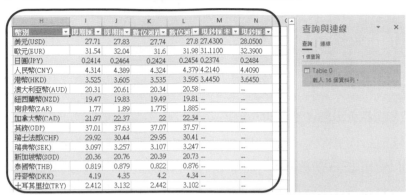

2. 在 B2 輸入「美金(USD)」、D2 輸入「=VLOOKUP(B2,$H$2:$J$17,3,FALSE)」和 E2 輸入「=(D2-C2)*A2」，必要時視資料來源修改公式中儲存格範圍。

3. 依照下列步驟錄製重新整理網頁資料的巨集程式：

① 在「開發人員」索引標籤中按  錄製巨集 鈕，預設會在 Module1 中建立巨集 1 程序。我們使用預設值因為只是要錄製下來的程式碼，按 確定 鈕開始錄製巨集。

② 在「查詢」索引標籤中按 全部重新整理鈕，此時會重新上網下載資料。

③ 在「開發人員」索引標籤中按 停止錄製 鈕，停止錄製巨集。

4. 將巨集 1 中錄製的程式碼複製，貼到 CommandButton1_Click 程序中。下面就是所錄製的巨集程式碼：

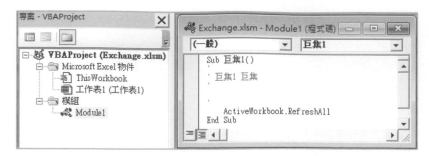

5. 錄製的巨集程式，可以自行加上 VBA 的語法增加其功能。目前的日期可以使用 Date 函數取得，如果 B3 儲存格的值不等於目前時間，表匯率資料為舊資料就進行更新，此時應該使用 If ... Else 選擇結構。

6. 在專案視窗中的 Module1 上按右鍵，執行【移除 Module1】指令刪除錄製的巨集程式。

7. 以上步驟適用於 Excel 2019~2021，之前的版本雖然操作步驟和介面不同，但原理都是相通。

Step ③ 編寫程式碼

| FileName: Exchange.xlsm　(工作表 1 程式碼) |
| --- |
| 01 Private Sub CommandButton1_Click() |
| 02　　If Range("B3").Value <> Date Then　'如果更新日期不等於目前日期 |
| 03　　　　Range("B3").Value = Date　　'寫入更新日期 |
| 04　　　　ActiveWorkbook.RefreshAll |
| 05　　Else |
| 06　　　　MsgBox ("已經更新") |
| 07　　End If |
| 08 End Sub |

▶ 隨堂測驗

請將上面的實作增加兩種外匯資料。

| | A | B | C | D | E | F | G |
|---|---|---|---|---|---|---|---|
| 1 | 金額 | 幣別 | 買時匯率 | 目前匯率 | 報酬(台幣) | 更新匯率 | |
| 2 | 1000 | 美元(USD) | 32.54 | 27.83 | -4710 | | |
| 3 | 50000 | 日圓(JPY) | 0.31 | 0.2464 | -3180 | | |
| 4 | 2000 | 歐元(EUR) | 48.54 | 32.04 | -33000 | | |
| 5 | 更新日期： | 2021/11/15 | | | | | |

# 流程控制(二) 重複結構

5 CHAPTER

## 學習目標

- For…Next 迴圈、巢狀 For…Next 迴圈的使用時機和用法
- 取得工作表資料的最下列和最右欄
- Do…Loop 和 For…Next 迴圈的差異
- Do While…Loop 和 Do…Loop While 迴圈
- Do Until…Loop 和 Do…Loop Until 迴圈
- 前測式和後測式 Do…Loop 迴圈的差異
- While…Wend 和 Do…Loop 無窮迴圈
- 在儲存格中寫入公式和函數

## 5.1 前言

「結構化程式」是程式設計的基本原則,而程式是由循序結構、選擇結構和重複結構三種基本邏輯架構組成。其中「循序結構」是程式的最基本結構,是由上到下依序逐行執行敘述構成。至於上一章介紹的「選擇結構」會依照條件,分別執行不同流程的敘述區段。

設計程式時,常碰到需將某個程式區段重複執行多次,此時就需要「重複結構」來完成。「重複結構」俗稱為「迴圈」(Loop),譬如:1 + 2 + 3 + … + 1000 計算其總和、從 A1 到 A100 連續讀取儲存格內資料等,這些重複地執行煩人的固定性工作,可透過「重複結構」來完成,即使執行多少次也不會出錯。VBA 常用的重複結構:有 For…Next 和 Do…Loop 兩類迴圈,將於本章逐一介紹。

# 5.2 For…Next 迴圈

程式中若有某個「敘述區段」需要反覆執行指定的次數時，就可以使用 For…Next 迴圈來完成。For…Next 迴圈是由計數變數、初值、終值以及增值所構成。For…Next 迴圈的語法如下：

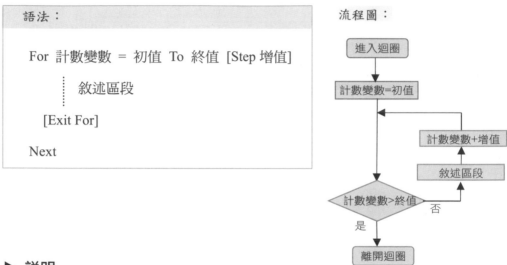

語法：

For 計數變數 = 初值 To 終值 [Step 增值]

　　　敘述區段

[Exit For]

Next

流程圖：

進入迴圈
計數變數=初值
計數變數+增值
敘述區段
計數變數>終值
否
是
離開迴圈

▶ 說明

1. For…Next 迴圈中的計數變數必須是數值資料型別的變數，而初值、終值和增值則可以為數值變數、數值常值或數值運算式。增值不能為零，若省略不寫則預設增值為 1。

2. For…Next 迴圈中，若初值小於終值，增值必須為正，當計數變數大於終值時離開迴圈；若初值大於終值時，則增值必須為負值，計數變數在小於終值時離開迴圈。

3. 如果想要提早離開 For…Next 迴圈，則可以使用 Exit For 敘述配合 If 條件式來判斷是否提前離開 For 迴圈。

4. For …Next 迴圈內的敘述，應按<Tab>鍵讓敘述區段內縮以方便閱讀。

▶ 簡例

1. 將 1＋2＋3＋……＋10 的總和存入 B3 儲存格。

① 流程圖

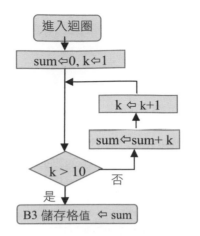

假設：

1. 計數變數 k
2. 初值 = 1
3. 終值 = 10

② 程式碼

```
Dim k As Integer, sum As Integer
sum = 0
For k = 1 To 10 Step 1
    sum = sum + k
Next
Range("B3").Value = sum
```

2. 1 + 2 + 3 + ... + k ≤ 30，總和超過 30 就離開迴圈，求 k 和 sum。

① 流程圖

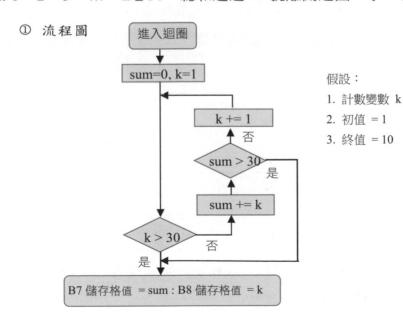

假設：

1. 計數變數 k
2. 初值 = 1
3. 終值 = 10

② 程式碼

```
Dim sum As Integer, k As Integer
sum = 0
For k = 1 To 10 Step 1
    sum = sum + k
    If sum > 30 Then Exit For
Next
Range("B7").Value = sum
Range("B8").Value = k
```

## ▶ 隨堂測驗

1. 試將 11 + 9 + ……    + 3 + 1 = ? 的運算式，使用 For…Next 迴圈敘述來撰寫程式？

2. 試將 0.5 + 1.0 + …… + 4.5 + 5 = ? 的運算式，使用 For…Next 迴圈敘述來撰寫程式？

在第二章介紹了程式除錯的方法，我們藉此來了解 For…Next 敘述的運作過程。先在 VBA 程式編輯器中執行功能表【檢視/區域變數視窗】指令，來開啟區域變數視窗。然後按 <F8> 鍵來逐行執行程式，就可以透過區域變數視窗來觀察 For…Next 迴圈的運作流程，以及相關變數的變化情形。

**實作** FileName：For.xlsm

設計一個迴圈測試程式，可輸入 For…Next 迴圈的初值、終值和增值，執行後會計算出總和並顯示。

## ▶ 輸出要求

| | A | B | C |
|---|---|---|---|
| 1 | 初值(整數)： | 1 | 執行 |
| 2 | 終值(整數)： | 100 | |
| 3 | 增值(整數)： | 1 | |
| 4 | 總和： | 5050 | |

| | A | B | C |
|---|---|---|---|
| 1 | 初值(整數)： | 100 | 執行 |
| 2 | 終值(整數)： | 1 | |
| 3 | 增值(整數)： | -5 | |
| 4 | 總和： | 1050 | |

## ▶ 解題技巧

Step ① 建立輸出入介面

1. 新增活頁簿並以「For」為新活頁簿名稱。

2. 在工作表 1 中建立如下表格，和 ActiveX 命令按鈕控制項：

| | A | B | C |
|---|---|---|---|
| 1 | 初值(整數)： | | 執行 |
| 2 | 終值(整數)： | | |
| 3 | 增值(整數)： | | |
| 4 | 總和： | | |

Step ② 問題分析

1. 從儲存格讀取使用者輸入的初值、終值和增值，並分別存放在 start_num(初值)、end_num(終值)和 step_num (增值)變數中。

2. 將 start_num(初值)、end_num(終值)和 step_num (增值)變數，代入 For…Next 迴圈中計算出總和。

```
For i = start_num To end_num Step step_num
      sum += i
Next
```

Step ③ 編寫程式碼

| FileName: For.xlsm　(工作表 1 程式碼) |
|---|
| **01 Private Sub CommandButton1_Click()** |
| 02　　Dim start_num, end_num, step_num, sum As Integer |
| 03　　start_num = Range("B1").Value |
| 04　　end_num = Range("B2").Value |

| 05 | step_num = Range("B3").Value |
|----|------------------------------|
| 06 | sum = 0                    '預設總和為 0 |
| 07 | For i = start_num To end_num Step step_num |
| 08 |     sum = sum + i |
| 09 | Next |
| 10 | Range("B4").Value = sum |
| 11 End Sub | |

▶ **隨堂測驗**

將上面實作增加下列增值的檢查，以避免程式執行時的錯誤。

1. 增值不能為零

2. 當終值大於初值時，增值必須大於零

3. 終值小於初值時，增值必須小於零。

| | A | B | C |
|---|---|---|---|
| 1 | 初值(整數)： | 1 | 執行 |
| 2 | 終值(整數)： | 10 | |
| 3 | 增值(整數)： | 0 | |
| 4 | 總和： | 增值不能為零 | |

| | A | B | C | D | E |
|---|---|---|---|---|---|
| 1 | 初值(整數)： | 1 | 執行 | | |
| 2 | 終值(整數)： | 10 | | | |
| 3 | 增值(整數)： | -1 | | | |
| 4 | 總和： | 增值小於零時，終值必須小於初值 | | | |

| | A | B | C | D | E |
|---|---|---|---|---|---|
| 1 | 初值(整數)： | 10 | 執行 | | |
| 2 | 終值(整數)： | 1 | | | |
| 3 | 增值(整數)： | 1 | | | |
| 4 | 總和： | 增值大於零時，終值必須大於初值 | | | |

# 5.3 巢狀 For…Next 迴圈

## 5.3.1 巢狀 For…Next 迴圈

所謂「巢狀 For…Next 迴圈」，就是指 For…Next 迴圈內的敘述區段，還有另一個 For…Next 敘述區段。執行時先進入外迴圈內將內迴圈的敘述區段執行一次，再回到外迴圈最前面比較計數變數和終值是否超出範圍？若未超出範圍再進入外迴圈內，將內迴圈敘述區段的敘述再執行一次，如此反覆執行到超出範圍才離開外迴圈。使用巢狀迴圈時，要特別注意每個 For 都必須有對應的 Next，迴圈彼此之間是不允許相互交錯，所以編寫時要使用縮排以方便閱讀。

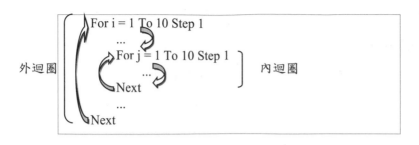

　　巢狀迴圈中的每個 For 迴圈，都必須使用自己的計數變數，不可以重複使用。通常巢狀 For 迴圈使用於二維有規則性的表格，可以逐列逐欄一一寫入或是讀取儲存格的資料。例如：製作一個九九乘法表，統計儲存格範圍的數值總和等。

## ▶ 簡例

　　每列都顯示五個 "*" 星號，共三個水平列。可以將 r 設為外部迴圈的計數變數，c 為內部迴圈的計數變數其演算法如下：

**Step ①**　設定 r 變數由 1~3 表水平列數，c 變數由 1 ~ 5 表每列印出的個數。

**Step ②**　r = 1 即第 1 列時，c = 1 ~ 5 執行 5 次，每次設儲存格 Cells(1, c)的值為"*"。

**Step ③**　r = 2 即第 2 列時，c = 1 ~ 5 執行 5 次，每次設儲存格 Cells(2, c)的值為"*"。

**Step ④**　r = 3 即第 3 列時，c = 1 ~ 5 執行 5 次，每次設儲存格 Cells(3, c)的值為"*"。

```
For r = 1 To 3
    For c = 1 To 5
        Cells(r, c).Value = "*"
    Next
Next
```

【輸出結果】

| ◢ | A | B | C | D | E |
|---|---|---|---|---|---|
| 1 | * | * | * | * | * |
| 2 | * | * | * | * | * |
| 3 | * | * | * | * | * |

實作 FileName：One2Six.xlsm

設計一個可以顯示如下圖的 1 至 6 漸增的程式。

▶ **輸出要求**

| | A | B | C | D | E | F |
|---|---|---|---|---|---|---|
| 1 | 1 | | | | | |
| 2 | 1 | 2 | | 執行 | | |
| 3 | 1 | 2 | 3 | | | |
| 4 | 1 | 2 | 3 | 4 | | |
| 5 | 1 | 2 | 3 | 4 | 5 | |
| 6 | 1 | 2 | 3 | 4 | 5 | 6 |

▶ **解題技巧**

Step 1 建立輸出入介面

1. 新增活頁簿並以「One2Six」為新活頁簿名稱。

2. 在工作表 1 中建立一個 ActiveX 命令按鈕控制項。

Step 2 問題分析

1. 列(橫向)和欄(縱向)都是由 1 到 6，因此可以使用巢狀迴圈。外圈 r 為水平列(橫向)執行 6 次(r=1~6)，內圈 c 為垂直欄(縱向)由 1 到 6 漸增，所以要將內圈的終值設為 r。

r=1： c = 1　To　1　⇨　顯示　c 值 1 次
r=2： c = 1　To　2　⇨　顯示　c 值 2 次
r=3： c = 1　To　3　⇨　顯示　c 值 3 次
r=4： c = 1　To　4　⇨　顯示　c 值 4 次
r=5： c = 1　To　5　⇨　顯示　c 值 5 次
r=6： c = 1　To　6　⇨　顯示　c 值 6 次

2. 因為要寫入到儲存格當中，儲存格以 Cells 方式來指定會比較簡便。Cells() 內第一個參數是指定列數，第二個參數是指定欄數，例如：Cells(3, 2)就等於 B3 儲存格。

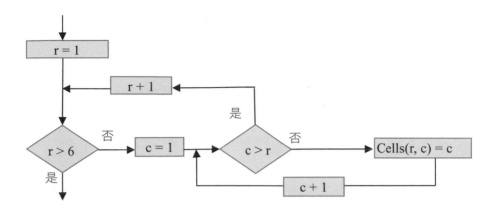

**Step 3** 編寫程式碼

| FileName: One2Six.xlsm    (工作表 1 程式碼) |
| --- |
| 01 Private Sub CommandButton1_Click() |
| 02    For r = 1 To 6 |
| 03       For c = 1 To r |
| 04          Cells(r, c).Value = c |
| 05       Next |
| 06    Next |
| 07 End Sub |

▶ **隨堂測驗**

設計一個可以顯示如下圖的 1 至 6 漸減的程式。

|   | A | B | C | D | E | F |
|---|---|---|---|---|---|---|
| 1 | 1 | 2 | 3 | 4 | 5 | 6 |
| 2 | 1 | 2 | 3 | 4 | 5 |   |
| 3 | 1 | 2 | 3 | 4 |   |   |
| 4 | 1 | 2 | 3 | 執行 |   |   |
| 5 | 1 | 2 |   |   |   |   |
| 6 | 1 |   |   |   |   |   |

## 5.3.2 取得工作表資料的最下列和最右欄

當要處理 Excel 工作表中的資料時,常常需要知道最下一列資料的列號,以及最右一欄資料是第幾欄,以便設定 For … Next 迴圈的終值。此時使用 Range 物件的 End 屬性,引數設為 xlDown 可以由 A1 儲存格向下找到最下一列,再配合 Row屬性取得列號。或是引數設為 xlToRight 向右找到最右一欄,再配合 Column 屬性取得是第幾欄。End 屬性的詳細用法請參閱第十章第二節的內容。例如：要取得工作表最下一列的列號，和最右一欄是第幾欄，程式寫法為：

```
rNum = Range("A1").End(xlDown).Row
cNum = Range("A1").End(xlToRight).Column
```

 **實作** FileName：BackColor.xlsm

在公司存貨月報表上按 　填底色　 鈕，會自動檢查表格的範圍，然後每隔一列填入紫色作為底色，以方便閱讀表格。

▶ **輸出要求**

| | A | B | C | D | E | F | G |
|---|---|---|---|---|---|---|---|
| 1 | 存貨名稱 | 月初數量 | 本月進貨數量 | 本月出貨數量 | 本月結存數量 | | |
| 2 | 巧克力棒隨手杯 | 1000 | 500 | 856 | 644 | 填底色 | |
| 3 | 草莓夾心餅乾 | 2500 | 1200 | 2138 | 1562 | | |
| 4 | 巧克力餅乾 | 1300 | 400 | 941 | 659 | | |
| 5 | 純麥蘇打餅乾 | 800 | 300 | 514 | 586 | | |
| 6 | 健康蔬果脆片 | 600 | 200 | 437 | 363 | | |
| 7 | 蔓越莓乾顆粒 | 1500 | 400 | 1345 | 555 | | |
| 8 | 瑞士牛乳餅 | 700 | 100 | 549 | 251 | | |
| 9 | 鮮蝦風味脆餅 | 400 | 200 | 462 | 138 | | |
| 10 | 巧克力酥片 | 900 | 300 | 1098 | 102 | | |
| 11 | | | | | | | |

▶ **解題技巧**

**Step 1** 建立輸出入介面

1. 新增活頁簿並以「BackColor」為新活頁簿名稱。

2. 將範例 ch05 資料夾 BackColor 資料.xlsx 的表格複製到工作表 1 中，再建立一個 ActiveX 命令按鈕控制項。

| | A | B | C | D | E | F | G |
|---|---|---|---|---|---|---|---|
| 1 | 存貨名稱 | 月初數量 | 本月進貨數量 | 本月出貨數量 | 本月結存數量 | | |
| 2 | 巧克力棒隨手杯 | 1000 | 500 | 856 | 644 | 填底色 | |
| 3 | 草莓夾心餅乾 | 2500 | 1200 | 2138 | 1562 | | |
| 4 | 巧克力餅乾 | 1200 | 400 | 941 | 659 | | |
| 5 | 純麥蘇打餅乾 | 800 | 300 | 514 | 586 | | |
| 6 | 健康蔬果脆片 | 600 | 200 | 437 | 363 | | |
| 7 | 蔓越莓乾顆粒 | 1500 | 400 | 1345 | 555 | | |
| 8 | 瑞士牛乳餅 | 700 | 100 | 549 | 251 | | |
| 9 | 鮮蝦風味脆餅 | 400 | 200 | 462 | 138 | | |
| 10 | 巧克力酥片 | 900 | 300 | 1098 | 102 | | |
| 11 | | | | | | | |

**Step 2** 問題分析

1. 使用 End 屬性取得表格的最下列列號，以及最右欄是第幾欄

2. 因為是隔列填底色，所以 For 迴圈中的增值設為 2。

3. 儲存格範圍可以使用 Range(Cells(列 1,欄 1), Cells(列 2,欄 2))來表示，其中 Cells(列 1,欄 1)為左上角儲存格、Cells(列 2,欄 2) 為右下角儲存格。

4. 使用儲存格的 Interior.Color 屬性可以設定底色，詳細用法請參閱第十章。

**Step 3** 編寫程式碼

| FileName: BackColor.xlsm   (工作表 1 程式碼) |
|---|
| **01 Private Sub CommandButton1_Click()** |
| 02      Dim rNum As Integer |
| 03      Dim cNum As Integer |
| 04      rNum = Range("A1").End(xlDown).Row                '取得最下列是第幾列 |
| 05      cNum = Range("A1").End(xlToRight).Column          '取得最右欄是第幾欄 |
| 06      For r = 2 To rNum Step 2           '從第二列開始隔列填色 |
| 07          Range(Cells(r, 1), Cells(r, cNum)).Interior.Color = RGB(255, 0, 255) |
| 08      Next |
| 09 End Sub |

▶ **隨堂測驗**

將上面實作改成隔欄填入底色。

**實作** FileName：Print.xlsm

本實作學習如何修改巨集產生的程式碼變成符合本實作的程式碼。本實作要求將工作表中 1~10 班同學的六科成績，按 ◻列印◻ 鈕就會逐班列印出同學的六科成績表。

先透過功能區「資料」標籤頁的「自動篩選」鈕，點按班級的 ▼ 下拉鈕，如下圖選擇 1 班，便會由成績工作表中篩選出並列印 1 班所有同學的六科成績，將此過程錄製成巨集。再將自動產生的巨集程式碼複製給 ◻列印◻ 按鈕 CommandButton1 的 Click 事件程序中，然後在 Click 事件程序中修改相關程式碼，變成可列印 1~10 班同學的六科成績表。

### ▶ 輸出要求

|  | A | B | C | D | E | F | G | H | I | J | K |
|---|---|---|---|---|---|---|---|---|---|---|---|
| 1 | 班級 | 座號 | 姓名 | 程式設計 | 計算機概論 | 會計學 | 經濟學 | 記帳實務 | 專題製作 | 列印 | |
| 2 | 1 | 1 | 姍妏 | 64 | 73 | 89 | 78 | 44 | 80 | | |
| 3 | 1 | 2 | 怡臻 | 84 | 85 | 80 | 88 | 86 | 98 | | |
| 4 | 1 | 3 | 蓓庭 | 84 | 90 | 60 | 92 | 72 | 95 | | |
| 5 | 1 | 4 | 采婷 | 78 | 74 | 49 | 82 | 58 | 93 | | |

### ▶ 解題技巧

**Step 1** 建立輸出入介面

1. 新增活頁簿並以「Print」為新活頁簿名稱。

2. 將範例 ch05 資料夾中 Print 資料.xlsx 中的資料複製到工作表 1，建立一個 ActiveX 命令按鈕控制項，並設定其屬性值：

|  | A | B | C | D | E | F | G | H | I | J | K |
|---|---|---|---|---|---|---|---|---|---|---|---|
| 1 | 班級 | 座號 | 姓名 | 程式設計 | 計算機概論 | 會計學 | 經濟學 | 記帳實務 | 專題製作 | 列印 | |
| 2 | 1 | 1 | 姍妏 | 64 | 73 | 89 | 78 | 44 | 80 | | |
| 3 | 1 | 2 | 怡臻 | 84 | 85 | 80 | 88 | 86 | 98 | | |
| 4 | 1 | 3 | 蓓庭 | 84 | 90 | 60 | 92 | 72 | 95 | | |
| 5 | 1 | 4 | 采婷 | 78 | 74 | 49 | 82 | 58 | 93 | PrintObject=False | |
| 6 | 1 | 5 | 苡倫 | 90 | 74 | 72 | 90 | 74 | 97 | | |
| 7 | 1 | 6 | 妤凡 | 74 | 59 | 37 | 82 | 78 | 92 | | |
| 8 | 1 | 7 | 于茹 | 80 | 83 | 49 | 88 | 64 | 97 | | |
| 9 | 1 | 8 | 巧昀 | 60 | 38 | 33 | 66 | 50 | 85 | | |
| 10 | 1 | 9 | 雅雯 | 62 | 84 | 35 | 78 | 50 | 95 | | |
| 11 | 1 | 10 | 子庭 | 88 | 83 | 46 | 88 | 88 | 97 | | |
| 12 | 2 | 1 | 采庭 | 92 | 82 | 79 | 86 | 84 | 100 | | |

**Step 2** 分析問題

1. 自動篩選和列印的程式碼,可以使用錄製巨集的方式將程式碼錄下。操作步驟如下:

① 在「開發人員」索引標籤頁中按 錄製巨集 鈕,預設會在 Module1 中建立巨集 1 程序。我們使用預設值因為只是要所錄製下來的程式碼,按 確定 鈕開始錄製巨集。

② 點按 A1 儲存格,然後在「資料」索引標籤頁中按 篩選 自動篩選鈕,開啟自動篩選的功能。

③ 點按班級的 ▼ 下拉鈕,只勾選「1」項目,然後按 確定 鈕,此時只會顯示 1 班同學的成績資料。

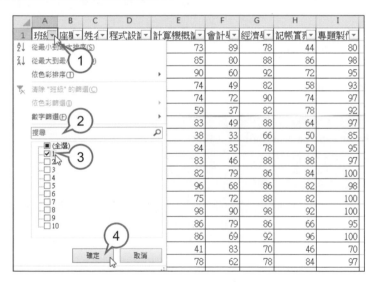

④ 執行【檔案/列印】指令,印出 1 班同學的成績表。

⑤ 在「資料」索引標籤中按 篩選 鈕,關閉自動篩選功能。

⑥ 在「開發人員」索引標籤中按 停止錄製 鈕,停止錄製巨集。

2. 將巨集 1 中錄製的程式碼複製到 CommandButton1_Click 事件程序中,下面就是所錄製的巨集程式。

```
01    Range("A1").Select              '選取 A1 儲存格
02    Selection.AutoFilter            '開啟自動篩選
03    ActiveSheet.Range("$A$1:$I$102").AutoFilter Field:=1, Criteria1:="1"    '篩選條件為 1 班
04    ActiveWindow.SelectedSheets.PrintOut Copies:=1, Collate:=True, _
          IgnorePrintAreas:=False     '列印 1 份
05    Selection.AutoFilter            '關閉自動篩選
```

3. 錄製完成的巨集程式，可以再加上 VBA 的語法來增加其功能。以上巨集是列印一個班的程式，我們可以加上 For..Next 迴圈來列印出十個班的成績表。上面第三行程式 Criteria1:="1"，是設定篩選條件為"1"，所以必須用 Str 函數將計數變數轉為字串型態。另外 Range("$A$1:$I$102")指定篩選的儲存格範圍，下次執行時如果學生人數增加會造成錯誤，所以修改為 Range("A:I")。

4. 在專案視窗中的 Module1 上按右鍵，執行【移除 Module1】指令刪除錄製的巨集程式。

5. 命令按鈕的 PrintObject 屬性值設為 False，是指定列印時不印出控制項。

Step ③ 編寫程式碼

| FileName: Print.xlsm    (工作表 1 程式碼) |
| --- |
| 01 Private Sub CommandButton1_Click() |
| 02    Range("A1").Select              '選取 A1 儲存格 |
| 03    Selection.AutoFilter            '開啟自動篩選 |
| 04    For i = 1 To 10 |
| 05        ActiveSheet.Range("A:I").AutoFilter Field:=1, Criteria1:=Str(i)    '篩選條件為 i 字串 |
| 06        ActiveWindow.SelectedSheets.PrintOut Copies:=1, Collate:=True, _ |
| 07            IgnorePrintAreas:=False        '列印 1 份 |
| 08    Next |
| 09    Selection.AutoFilter            '關閉自動篩選 |
| 10 End Sub |

# 5.4 Do ... Loop 迴圈

For…Next 計數迴圈會將迴圈內的「敘述區段」，反覆執行指定的次數。因為 Do … Loop 迴圈沒有計數變數，是靠條件式來決定是否離開迴圈。所以當迴圈的執行次數無法事先預知時，就必須改用 Do…Loop 迴圈敘述來設計。

如果 Do...Loop 條件式迴圈敘述的條件式，置於迴圈的第一行就稱為「前測式迴圈」；如果將條件式放在迴圈的最後一行，就稱為「後測式迴圈」。「前測式迴圈」要先判斷條件式是否成立？如果成立才執行迴圈內的敘述。如果條件式一開始便不成立，則迴圈內的敘述不會被執行。「後測式迴圈」是先執行迴圈內的敘述後才判斷條件式，所以迴圈內的敘述至少會被執行一次。

無論是使用前測式或是後測式條件式迴圈，在迴圈內必須有能夠使條件式不滿足的敘述，如此才能離開迴圈，繼續執行接在迴圈後面的敘述。否則會一直在迴圈內反覆執行形成無窮迴圈，而無法離開迴圈的錯誤。

## 5.4.1 Do While 迴圈

Do While 迴圈是當 <條件式> 成立才執行迴圈內的敘述，根據置放 <條件式> 的位置分成「前測式迴圈」和「後測式迴圈」。

### 一、前測式迴圈

Do While <條件式> ...Loop 迴圈，將 <條件式> 放置在迴圈的第一行，所以是屬於「前測式迴圈」。當 While 後面的 <條件式> 為 True 時，會如下圖將迴圈內的敘述區段執行一次，然後再回到迴圈的起點，再重新判斷 <條件式> 一次，一直到 <條件式> 為 False 時，才結束迴圈。若要中途離開 Do 迴圈，繼續執行接在迴圈後面的程式碼時，可以使用 Exit Do 敘述。其語法如下：

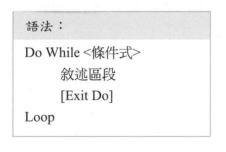

```
語法：
Do While <條件式>
    敘述區段
    [Exit Do]
Loop
```

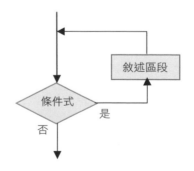

### 二、後測式迴圈

至於 Do ... Loop While <條件式> 迴圈，將 <條件式> 放置在迴圈的最後一行，所以是屬於「後測式迴圈」。使用時機是先執行迴圈內的敘述區段一次，才判

斷 <條件式> 是否成立時使用。若 <條件式> 為 True，會再執行迴圈內的敘述區段一次，直到 <條件式> 為 False 才結束迴圈。其語法如下：

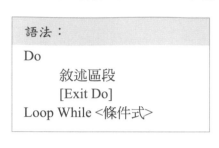

　　Do While…Loop 是前測式迴圈，如果一開始條件就不成立，則迴圈內的敘述區段完全不會被執行就離開迴圈。至於 Do … Loop While 則是屬於「後測式迴圈」，迴圈內敘述區段至少會執行一次。

## 5.4.2 Do Until 迴圈

　　Do While 迴圈是 <條件式> 成立時，才執行迴圈內的敘述區段；而 Do Until 迴圈是 <條件式> 不成立時，才執行迴圈內的敘述區段。根據<條件式>的位置，一樣分成「前測式迴圈」和「後測式迴圈」。

## 一、前測式迴圈

　　Do Until…Loop 是以否定方式來做判斷，當<條件式>不成立時，才執行迴圈內的敘述區段；若<條件式>成立，才離開迴圈。Do Until…Loop 迴圈是屬於「前測式迴圈」，其語法為：

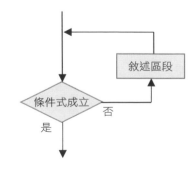

## 二、後測式迴圈

Do…Loop Until 迴圈也是以否定方式來做判斷,當<條件式>不成立時,才繼續執行迴圈內的敘述區段;若<條件式>成立就離開迴圈。Do…Loop Until 迴圈是屬於「後測式迴圈」,其語法為:

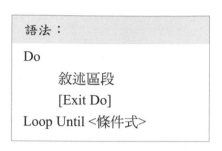

語法:
Do
    敘述區段
    [Exit Do]
Loop Until <條件式>

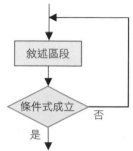

Do…Loop 條件式迴圈無論是前測式或後測式迴圈,都可以達到重複執行的效果。撰寫程式時該使用哪個迴圈,應該根據條件和個人的習慣來決定。下面我們用 Do ... Loop 四種不同的條件式迴圈,來撰寫計算 sum = 1 + 2 + 3 … + 10 程式:

## 一、使用 Do While 迴圈

| 1.使用 Do While …… Loop | 2. 使用 Do ….. Loop While |
|---|---|
| Dim i As Integer, sum As Integer<br>i = 0: sum = 0<br>Do While i < 10<br>    i = i + 1<br>    sum = sum + i<br>Loop | Dim i As Integer, sum As Integer<br>i = 0: sum = 0<br>Do<br>    i = i + 1<br>    sum = sum + i<br>Loop While i < 10 |

## 二、使用 Do Until 迴圈

| 1. 使用 Do Until …… Loop | 2. 使用 Do ….. Loop Until |
|---|---|
| Dim i As Integer, sum As Integer<br>i = 0: sum = 0<br>Do Until i >= 10<br>    i = i + 1<br>    sum = sum + i<br>Loop | Dim i As Integer, sum As Integer<br>i = 0: sum = 0<br>Do<br>    i = i + 1<br>    sum = sum + i<br>Loop Until i >= 10 |

## 5.4.3 While…Wend 迴圈

While…Wend 迴圈和 Do While…Loop 迴圈類似，都是屬於「前測式迴圈」。當 While 後面的條件式結果為 True 時，會將迴圈內的敘述區段執行一次，然後再回到迴圈的起點，再重新判斷條件式一次，當條件式結果為 False 時，才離開迴圈。要特別注意的是 While…Wend 迴圈沒有中途離開迴圈的敘述，所以如果需要中途跳離迴圈，請改用其他的迴圈敘述。其語法如下：

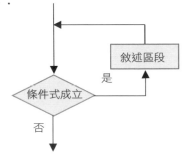

▶ **簡例**

用 While…Wend 迴圈來計算 sum = 1 + 2 + 3 … + 10：

```
Dim i As Integer, sum As Integer
i = 0: sum = 0
While i < 10
    i = i + 1
    sum = sum + i
Wend
```

**實作** FileName：Sum.xlsm

從 A2 儲存格開始逐一向下讀取數值，直到沒有數值為止，計算出的總計在 B2 儲存格中顯示。

▶ **輸出要求**

| | A | B | C |
|---|---|---|---|
| 1 | 數值 | 總計 | 計算 |
| 2 | 45 | 81 | |
| 3 | 36 | | |
| 4 | | | |

| | A | B | C |
|---|---|---|---|
| 1 | 數值 | 總計 | 計算 |
| 2 | 45 | 258 | |
| 3 | 36 | | |
| 4 | 82 | | |
| 5 | 71 | | |
| 6 | 24 | | |
| 7 | | | |

▶ **解題技巧**

**Step 1** 建立輸出入介面

1. 新增活頁簿並以「Sum」為新活頁簿名稱。

2. 在工作表 1 中建立如下的表格，和一個 ActiveX 命令按鈕控制項。

| | A | B | C |
|---|---|---|---|
| 1 | 數值 | 總計 | 計算 |
| 2 | | | |

**Step 2** 問題分析

1. 因為不知道使用者會輸入多少的數值，所以要使用前測式 Do While... Loop 迴圈，當儲存格內有數值才加入總計中，否則就結束迴圈。

2. 使用 IsEmpty() 函數來檢查儲存是否為空白，如果傳回值為 True 表為空白；傳回值為 False 表有資料。

3. 因為 Do ... Loop 迴圈不像 For 迴圈會自動增值，所以要在迴圈內寫程式將變數加一，來讀取下一個儲存格的數值。

Step ③ 編寫程式碼

| FileName: Sum.xlsm　　(工作表 1 程式碼) |
|---|
| **01 Sub test()** |
| 02　　　Dim i, sum As Integer |
| 03　　　i = 2: sum = 0 |
| 04　　　Do While IsEmpty(Cells(i, 1)) = False |
| 05　　　　　sum = sum + Cells(i, 1).Value |
| 06　　　　　i = i + 1 |
| 07　　　Loop |
| 08　　　Range("B2").Value = sum |
| 09 End Sub |

▶ **隨堂測驗**

將上面實作改成向右讀取儲存格數值,並改用 Do Until… Loop 前測式迴圈
來編寫程式。

| ◢ | A | B | C |
|---|---|---|---|
| 1 | 數值 | 45 | 36 |
| 2 | 總計 | 81 | 計算 |

| ◢ | A | B | C | D | E | F | G |
|---|---|---|---|---|---|---|---|
| 1 | 數值 | 45 | 36 | 82 | 71 | 24 | |
| 2 | 總計 | 258 | 計算 | | | | |

## 5.4.4 無窮迴圈

　　若使用 Do…Loop 迴圈時,不加入 While 或 Until 等條件式,就稱為「無窮迴圈」。
因為程式將無法滿足任何條件,會不斷地執行迴圈。所以必須使用 Exit Do 敘述來
跳離 Do 迴圈,繼續執行接在迴圈後面的程式碼。通常會在迴圈內用 If 選擇結構做
判斷,若滿足條件就執行 Exit Do 敘述離開迴圈,否則就繼續執行迴圈,語法如下:

```
語法:
   Do
     ┊
     If   <條件式>   Then   Exit Do
     ┊
   Loop
```

寫程式時若不小心因條件式邏輯不對，造成無窮迴圈無法停止程式時，可以按 Ctrl + Break 鍵來中止程式的執行，然後進行程式的除錯。

▶ 簡例

用 Do…Loop 迴圈來計算 sum = 1 + 2 + 3 ⋯ + 10。

```
Dim i As Integer, sum As Integer
i = 0: sum = 0
Do
    i = i + 1
    sum = sum + i
    If i = 10 Then Exit Do
Loop
```

實作 FileName：CheckScore.xlsm

檢查 B2 到 F4 儲存格範圍中是否有輸入資料，如果檢查到某儲存格沒有輸入資料，就用 MsgBox 函數顯示哪個儲存格沒有成績。如果所有的儲存格都有資料，就用 MsgBox 函數顯示成績輸入完畢！

▶ 輸出要求

| | A | B | C | D | E | F | G |
|---|---|---|---|---|---|---|---|
| 1 | 座號 | 國文 | 英語 | 數學 | 物理 | 歷史 | 檢查 |
| 2 | 1 | 99 | | 77 | 66 | 55 | |
| 3 | 2 | | 70 | 80 | 90 | 100 | |
| 4 | 3 | 97 | 96 | 95 | | 93 | |
| 5 | | | | | | | |

Microsoft Excel
$C$2儲存格沒有成績
確定

| | A | B | C | D | E | F | G |
|---|---|---|---|---|---|---|---|
| 1 | 座號 | 國文 | 英語 | 數學 | 物理 | 歷史 | 檢查 |
| 2 | 1 | 99 | 88 | 77 | 66 | 55 | |
| 3 | 2 | 60 | 70 | 80 | 90 | 100 | |
| 4 | 3 | 97 | 96 | 95 | 94 | 93 | |
| 5 | | | | | | | |

Microsoft Excel
成績檢查完畢！
確定

▶ 解題技巧

**Step ①** 建立輸出入介面

1. 新增活頁簿並以「CheckScore」為新活頁簿名稱。

2. 在工作表 1 中建立如下的表格，和一個 ActiveX 命令按鈕控制項。

| ▲ | A | B | C | D | E | F | G |
|---|---|---|---|---|---|---|---|
| 1 | 座號 | 國文 | 英語 | 數學 | 物理 | 歷史 | 檢查 |
| 2 | 1 | 99 | | 77 | 66 | 55 | |
| 3 | 2 | | 70 | 80 | 90 | 100 | |
| 4 | 3 | 97 | 96 | 95 | | 93 | |

**Step ②** 問題分析

1. 因為是矩形的儲存格範圍，所以要使用巢狀 Do … Loop 迴圈來逐格檢查。

2. 因為 Do … Loop 為無窮迴圈，所以一定要有 Exit Do 敘述，才能跳離迴圈。當到第 5 列就離開外層迴圈，到第 7 欄就離開內層迴圈。

3. 用 IsEmpty()檢查是否有資料，當傳回值為 True 表沒有；False 表有資料。

4. 使用 Cells()的 Address 屬性，可以取得該儲存格的位址，例如 B2 儲存格位址為「$B$2」。

5. 檢查到有儲存格沒有輸入資料，用 MsgBox 顯示訊息後，就用 End 敘述來停止程式的執行。

6. 如果所有的儲存格都輸入資料就會跳出迴圈，最後用 MsgBox 顯示訊息。

**Step ③** 編寫程式碼

| FileName: CheckScore.xlsm　(工作表 1 程式碼) |
|---|
| **01 Private Sub CommandButton1_Click()** |
| 02　　Dim r As Integer　　'列 |
| 03　　Dim c As Integer　　'欄 |
| 04　　r = 1　'設 r=1 |
| 05　　Do |
| 06　　　　r = r + 1　'列加 1 |
| 07　　　　If r = 5 Then Exit Do　　　　　'到第 5 列就離開迴圈 |
| 08　　　　c = 1　'設 c=1 |
| 09　　　　Do |
| 10　　　　　　c = c + 1　　'欄加 1 |
| 11　　　　　　If c = 7 Then Exit Do　　　　'到第 7 欄就離開迴圈 |
| 12　　　　　　If IsEmpty(Cells(r, c)) Then　　'如果 IsEmpty()傳回值為 True 表沒有資料 |

| 13 | | '用 MsgBox 顯示沒有成績的儲存格位址 |
|----|----|----|
| 14 | | MsgBox (Cells(r, c).Address & "儲存格沒有成績") |
| 15 | End | '結束程式 |
| 16 | End If | |
| 17 | Loop | |
| 18 | Loop | |
| 19 | MsgBox ("成績輸入完畢！") | |

▶ **隨堂測驗**

將上面實作改成用 For...Next 迴圈檢查，並增加檢查輸入的數值是否介於 0~100，以及是否為數值。

## 5.5 儲存格寫入公式和函數

在 Excel 環境下可在儲存格中使用公式和函數，使得能夠隨時試算出運算結果。在 VBA 中也可將公式和函數寫入儲存格中，而且透過變數可提高程式的彈性。在 VBA 中要將公式和函數寫入儲存格時，可用 Formula 或 Value 屬性，屬性值為公式和函數的字串資料型態，例如 C1 儲存格寫入 A1 儲存格值乘於 B1 儲存格值公式：

```
Range("C1").Formula = "=A1*B1"    '或 Range("C1").Value = "=A1*B1"
```

又例如：在 E1 儲存格寫入 A1 到 D1 儲存格值的總和函數，程式寫法為：

```
Range("E1").Formula = "=SUM(A1:D1)"      '或 Range("E1").Value = "=SUM(A1:D1)"
```

迴圈中列號可用變數和&運算子，就能大批寫入公式。上面簡例可以改寫為：

```
Dim r As Integer
Range("C" & r).Formula = "=A" & r & "*B" & r   ' 若 r=1 時  C1 ⇦ =A1*B1
Range("E" & r).Formula = "=SUM(A" & r & ":D" & r & ")" '若 r=1 時 E1 ⇦ =SUM(A1:D1)
```

寫入公式時若希望欄名也能變動，此時儲存格可改用[R1C1]欄名列號表示法比較方便。可以使用儲存格的 FormulaR1C1 或 Value 屬性，來指定公式或函數。[R1C1]欄名列號表示法是代表儲存格的位置，R 後面是儲存格所在的水平列號，C 後面是指在第幾垂直欄(欄號)，例如：B3 儲存格為 R3C2(第三列第二欄)。[R1C1]欄名列號表示法分成絕對參照、混和參照和相對參照三種方式。

## 5.5.1 絕對參照

[R1C1]欄名列號表示法如果明確指定列號和欄號時，就稱為絕對參照。例如 D5 儲存格為 R5C4，在 Excel 中會顯示成$D$5。例如：在 C1 儲存格寫入 A1 儲存格值乘於 B1 儲存格值公式，程式寫法為：

```
Range("C1").FormulaR1C1 = "=R1C1*R1C2"
'使用變數時
Dim r As Integer, c As Integer
r = 1 : c = 3
Cells(r, c).FormulaR1C1 = "=R" & r & "C" & c-2 & "*R" & r & "C" & c-1
```

## 5.5.2 混和參照

[R1C1]欄名列號表示法若只指定列號或欄號時，就稱為混和參照。若要指定同一列或同一欄的儲存格，就可用混和參照比較簡潔。例如：在 E1 儲存格寫入 A1 到 D1 儲存格值的總和函數，程式寫法為：

```
Range("E1").FormulaR1C1 = "=SUM(RC1:RC4)"
```

### 5.5.3 相對參照

　　[R1C1]欄名列號表示法可以用位移來指定儲存格，此時就稱為相對參照。位移值必須用中括號[ ] 左右框住，R 的位移值為正表向下、為負表向上； C 的位移值為正表向右、為負表向左。例如：在 B2 儲存格使用「=R[1]C」，表指定 B3 儲存格(下移一列)；B2 儲存格使用「=R[-1]C[2]」，表指定 D1 儲存格(上移一列、右移兩欄)。例如在 A4 儲存格寫入 A1 到 A3 儲存格值的總和函數，程式寫法為：

```
Range("A4").FormulaR1C1 = "=SUM(R[-3]C:R[-1]C)"
```

 **實作**　FileName：Total.xlsm

　　按 計算 鈕後會從第二列起檢查是否有資料，若有就在 D 欄填入公式，例如 D2 儲存格公式為「=B2*C2」。檢查到沒有資料時，就在該列的 C 欄填入「總計：」、D 欄填入公式「=SUM(D2:Dr)」，其中 r 為空白列的列號。

▶ **輸出要求**

| | A | B | C | D | E | F |
|---|---|---|---|---|---|---|
| 1 | 品名 | 數量 | 單價 | 小計 | 計算 | |
| 2 | 深層卸粧精華露 | 2 | 265 | | | |
| 3 | 保濕洗面乳 | 5 | 199 | | | |
| 4 | 玫瑰香氛沐浴乳 | 3 | 99 | | | |
| 5 | 保濕洗髮精 | 1 | 365 | | | |
| 6 | | | | | | |

| | A | B | C | D | E | F |
|---|---|---|---|---|---|---|
| 1 | 品名 | 數量 | 單價 | 小計 | 計算 | |
| 2 | 深層卸粧精華露 | 2 | 265 | 530 | | |
| 3 | 保濕洗面乳 | 5 | 199 | 995 | | |
| 4 | 玫瑰香氛沐浴乳 | 3 | 99 | 297 | | |
| 5 | 保濕洗髮精 | 1 | 365 | 365 | | |
| 6 | | | 總計： | 2187 | | |

▶ **解題技巧**

**Step 1** 建立輸出入介面

1. 新增活頁簿並以「Total」為新活頁簿名稱。

2. 在工作表 1 中建立如下的表格，和一個 ActiveX 命令按鈕控制項。

| ▲ | A | B | C | D | E | F |
|---|---|---|---|---|---|---|
| 1 | 品名 | 數量 | 單價 | 小計 | | |
| 2 | 深層卸粧精華露 | 2 | 265 | | 計算 | |
| 3 | 保濕洗面乳 | 5 | 199 | | | |
| 4 | 玫瑰香氛沐浴乳 | 3 | 99 | | | |
| 5 | 保濕洗髮精 | 1 | 365 | | | |

**Step 2** 問題分析

1. 在 VBA 中可以為儲存格寫入 Excel 的公式和函數，列號可以變數並用&運算子連接。

2. 因為不知道會有多少筆資料，所以使用 Do While... Loop 迴圈。當 A 欄儲存格的值不等於空字串時，就在 D 欄填入公式。Do … Loop 迴圈不像計數迴圈有計數變數，所以必須宣告變數並且自行調整變數值。

3. 當 A 欄儲存格的值等於空字串時，就會離開 Do … Loop 迴圈，此時在 C 和 D 欄填入資料。

**Step 3** 編寫程式碼

| **FileName: Total.xlsm　(工作表 1 程式碼)** |
|---|
| **01 Private Sub CommandButton1_Click()** |
| 02　　　Dim r As Integer |
| 03　　　r = 2　　'從第 2 列開始 |
| 04　　　Do While Cells(r, 1) <> "" |
| 05　　　　　Cells(r, 4).Formula = "=B" & r & "*C" & r '設值為公式=Br*Cr |
| 06　　　　　r = r + 1　　'列數加 1 |
| 07　　　Loop |
| 08　　　Cells(r, 3).Value = "總計：" |
| 09　　　Cells(r, 4).Formula = "=SUM(D2:D" & r - 1 & ")" '設值為公式=SUM(D2:Dr) |
| 10 End Sub |

▶ **隨堂測驗**

將上面實作填入的公式，儲存格改用[R1C1]欄名列號表示法。

# 陣列的運用

## 6.1 前言

在前面章節處理資料時，都是使用變數來儲存資料。譬如：下面敘述要計算五位同學的成績總和時，必須為每位同學宣告不同的成績變數，這不但增加為變數命名的困擾，而且在計算成績總和時，敘述會變得冗長而不易維護。

```
Dim score1 As Integer, score2 As Integer, score3 As Integer
Dim score4 As Integer, score5 As Integer, sSum As Integer
score1 = 98 :score2 = 85 :score3 = 76
score4 = 60 :score5 = 90
sSum = score1 + score2 + score3 + score4 + score5
```

VBA 提供「陣列」(Array)資料型別，可以將同性質的資料集中存放在連續的記憶體位址上。以上面例子為例，可以宣告一個陣列名稱為 score 的整數陣列來存放成績，即可用 score(0) ~ score(4) 分別代表上面 score1 ~ score5 五個整數變數名稱。我們將 score(0) ~ score(4) 稱為「陣列元素」，小括號內的數字稱為「索引」

或「註標」，只要改變索引值便可存取陣列中的任何一個陣列元素。上面敘述可以改寫為：

```
Dim score(4) As Integer, sSum As Integer    ' Sum 為 Excel 函數名稱，前加 s 以作區別
score(0) = 98 :score(1) = 85 :score(2) = 76
score(3) = 60 :score(4) = 90
For i = 0 To 4
    sSum = sSum + score(i)
Next
```

上面陣列就如同一排依序排列的箱子，經過 Dim 宣告後，箱子的數量和大小就固定了。每個箱子只能存放一個指定型別的資料，若要存取資料只要到指定號碼的箱子中，就可以儲存或讀取該箱子內的資料。

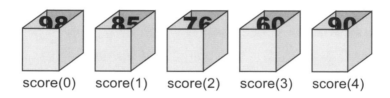

score(0)　　score(1)　　score(2)　　score(3)　　score(4)

# 6.2 陣列的宣告及存取

## 6.2.1 陣列的宣告及初值設定

設計程式時需要處理多筆相同型別的資料時，利用陣列中的陣列元素來取代多個同型別的變數是最佳的選擇。但陣列使用前必須經過宣告後才可以使用，因為陣列在宣告的同時，編譯器會依照所宣告陣列的資料型別和元素數量，在記憶體中會配置連續記憶體位址給該陣列使用。所以，陣列宣告時便可知道該陣列的陣列名稱、資料的大小(數量)以及使用那種資料型別，其語法如下：

語法：

　Dim　陣列名稱(索引 1[,索引 2[…]]) [As　資料型別]

▶ 說明

1. 陣列名稱必須遵循變數命名規則。

2. 索引(註標)代表陣列的上界，必須為整數資料。陣列下界值預設為 0，上界值加 1 則為陣列的大小。若只有一個索引的陣列稱為「一維陣列」，有兩個索引稱為「二維陣列」，依此類推。

3. 資料型別應視存放資料的內容而定，只要夠用即可，若宣告成太大的資料型別會占用較多的記憶體空間。

## 一、一維陣列的宣告

例如宣告 score 為一個含有 5 個陣列元素的整數陣列，寫法如下：

```
Dim score(4) As Integer
```
　　　　　└─── 索引值 0～4，可當成座號 1～5

　　score 陣列含有 score(0) ～ score(4) 共 5 個陣列元素，依序存放在連續記憶體位址中。每個陣列元素存放的資料必須為整數，我們可以使用 score(0)~ score(4) 來存放 1 到 5 號同學的成績。另外，若成績含有小數(例如 98.5)時，陣列就要宣告成單精確度或倍精確的資料型別。

　　有時為了提高程式的可讀性，將索引值當座號，可以宣告成 Dim score(5)，忽略 score(0) 陣列元素，只用 score(1) ～ score(5)來存放 1 ～ 5 號同學成績。另外，也可在宣告陣列時的索引值改成 1 To 5 來宣告：

```
Dim score(1 To 5) As Integer
```

　　此時會建立 score(1)、score(2) ～ score(5)五個陣列元素，score(0)元素就被省略。如果在程式宣告區使用 Option Base 1 宣告，也可以得到相同效果而且比較簡潔：

```
Option Base 1
```

　　宣告後陣列的下界就由 1 開始，只要宣告 Dim score(5) As Integer，就只會建立 score(1)、score(2) ～ score(5)五個陣列元素。

## 二、一維陣列元素的初值設定

陣列經宣告後，系統除了會保留連續記憶體空間外，還會為各陣列元素填入預設初值，若是數值陣列各陣列元素的初值預設為 0，字串陣列元素預設為空字串，物件陣列元素預設為 Nothing。也可以透過指定運算子（＝），來設定各陣列元素的初值。例如：宣告陣列名稱為 apple 的字串陣列並設定各陣列元素的初值，寫法為：

```
Dim apple(3) As String
apple(0) = "iPod"      :      apple(1) = "iPad"
apple(2) = "iPhone"    :      apple(3) = "iWatch"
```

下面敘述宣告陣列時未用 As 來指定陣列的資料型別，系統預設資料型別為 Variant 自由資料型別，此時各陣列元素允許存放不同資料型別的資料：

```
Dim appleVariant(2)
appleVariant(0) = "iPhone" : appleVariant(1) = 23000 : appleVariant(2) = True
```

## 6.2.2 使用迴圈存取陣列的內容

由於陣列元素的索引值允許使用整數常值、整數變數或整數運算式。因此，存取陣列元素的內容時，可透過迴圈，變更索引值來連續存取陣列元素的內容，這是使用陣列來取代個別變數的最大好處。

▶ 簡例

計算 10 位同學成績的平均分數，此時使用陣列配合 For…Next 迴圈，只要更改陣列元素的索引值就可以快速完成。程式寫法如下：

```
Dim score(9) , sum, avg As Integer
score(0) = 98 : score(1) = 85 : score(2) = 76 : score(3) = 60 : score(4) = 90
score(5) = 86 : score(6) = 95 : score(7) = 69 : score(8) = 96 : score(9) = 56
sum=0
For i As Integer = 0 To 9
    sum = sum + score(i)
Next
avg = sum / 10
```

由上面程式碼得知，只要將陣列元素的索引值設為 For 迴圈的計數變數，便能將陣列中的 10 個元素相加。若有 100 位學生，只要將 For 迴圈的終值由 9 改為 99 即可。所以使用陣列，可以縮短程式碼的長度並提高程式的維護性。

## 6.2.3 For Each…Next 迴圈

上面中介紹透過 For…Next 迴圈，來存取陣列中的每個陣列元素。若陣列大小無法預知時，可改用 For Each…Next 迴圈。For Each…Next 迴圈與 For…Next 迴圈功能相似，兩者差異在於 For Each…Next 迴圈不用告知初值和終值，如下面語法執行時會將陣列中的陣列元素依序指定給 *varName* 變數，代入到迴圈內的敘述區段執行，一直到所有的陣列元素都被指定完畢，才離開 For Each 迴圈。

```
語法：
For Each varName In arrayName
       敘述區段
       [Exit For]
       敘述區段
Next
```

▶ **說明**

1. *arrayName* 必須是一個陣列名稱或集合名稱。
2. *varName* 為元素變數名稱，其資料型別必須和陣列或集合的資料型別一致。
3. 若要提前離開迴圈，可在欲離開處使用 Exit For 敘述即可。

▶ **簡例**

將上面簡例的 For … Next 迴圈改用 For Each … Next 求出成績的總和。

```
For Each var1 In score
       sum = sum + var1
Next
```

## 6.2.4 動態陣列

宣告陣列時如果還不知道陣列的大小時，此時可以先宣告陣列為動態陣列 (Dynamic Array)，也就是宣告陣列時不指定陣列的大小，然後再用 ReDim 敘述來重新宣告陣列的大小。宣告陣列為動態陣列的語法如下：

語法：

> Dim 陣列名稱( ) [As 資料型別]

在確定陣列的大小後，再用 ReDim 敘述來重新宣告動態陣列的大小，語法：

語法：

> ReDim [Preserve] 陣列名稱(索引 1[,索引 2[...]] )

▶ 說明

1. ReDim 不能改變原陣列的維數，例如一維陣列不能重新宣告成二維陣列。

2. ReDim 也不能改變原陣列的資料型別。

3. ReDim 陣列時如果要保留原陣列的元素值，可以使用 Preserve 修飾詞。ReDim 的陣列大小如果小於原陣列，超出的部分陣列元素會被清除；如果大於原陣列，新增的部分陣列元素會填入預設值。

▶ 簡例

宣告一個整數的動態陣列，然後重新宣告陣列的上界為 6。

```
Dim a() As Integer      ' 宣告 a 為整數的動態陣列
   ⋮
ReDim a(6)              ' 重新宣告 a 陣列的上界為 6，此時陣列元素值都為 0
```

▶ 簡例

宣告一個整數的動態陣列，重新宣告陣列的上界為 4，接著設定各陣列元素的初值，然後使用 Preserve 修飾詞重新宣告陣列的上界為 5。

```
Dim b() As Integer          ' 宣告 b 為整數的動態陣列
ReDim b(4)                  ' 重新宣告 b 陣列的上界為 4
b(0) = 1 : b(1) = 2 : b(2) = 3 : b(3) = 4 : b(4) = 5
ReDim Preserve b(5)         ' 重新宣告 b 陣列的上界為 5 並保留原值
'ReDim 後 b(0) = 1: b(1) = 2: b(2) = 3: b(3) = 4: b(4) = 5: b(5) = 0
```

## 6.2.5 Erase 敘述

Erase 敘述可以清除陣列元素值，而且將陣列從記憶體釋放。Erase 敘述必須在程式執行階段使用，其語法如下：

語法：

Erase 陣列名稱 [, 陣列名稱...]

▶ **簡例**

宣告 score1 與 score2 陣列，然後用 Erase 敘述刪除，陣列元素清成預設值。

```
Dim score1(30) As Integer, score2(2, 30, 16) As Integer
Erase score1, score2          ' 刪除陣列
```

## 6.2.6 IsArray 函數

IsArray()函數可以用來檢查程式中某個變數是否為陣列名稱？若傳回值為 True 表示是陣列名稱；傳回值為 False 表示不是陣列名稱。其語法如下：

語法：

returnValue = IsArray(arrayName)

▶ **簡例**

```
Dim name(4) As String
Dim score(2, 5) As Integer
Dim average As Integer
Dim returnValue1, returnValue2, returnValue3 As Boolean
returnValue1 = IsArray(name)      ⇨ 傳回值為 True
returnValue2 = IsArray(score)     ⇨ 傳回值為 True
returnValue3 = IsArray(average)   ⇨ 傳回值為 False
```

▶ **簡例**

如果 score 為陣列，就逐一顯示陣列元素值。

```
Dim score (4) As Integer
score(0) = 98 : score(1) = 85 : score(2) = 76 : score(3) = 60 : score(4) = 90
```

```
For Each var1 In score
    MsgBox var1 & "分"
Next
```

 **實作**　FileName：ScoreAvg.xlsm

試設計一個能根據輸入的學生人數當陣列的大小，然後逐一輸入成績並計算出總分和平均的程式。如果沒有輸入學生人數或型別錯誤，會顯示錯誤提示訊息。

▶ **輸出要求**

▶ **解題技巧**

**Step 1** 建立輸出入介面

1. 新增活頁簿並以「ScoreAvg」為新活頁簿名稱。

2. 在工作表 1 中建立如下表格，和一個 ActiveX 命令按鈕控制項：

| | A | B | C | D | E |
|---|---|---|---|---|---|
| 1 | 請在B2儲存格輸入學生人數 | | | | |
| 2 | 學生數： | | | 執行 | |
| 3 | 座號 | 成績 | | | |
| 4 | | | | | |

分析問題

1. 因為無法預知學生人數，所以成績 score 要宣告成動態整數陣列。

2. 使用 InputBox 方法來顯示對話方塊，讓使用者輸入資料。

3. 使用 For…Next 迴圈，逐一接受 InputBox 方法輸入的學生成績，存在對應的陣列元素中，並在儲存格顯示分數。

4. 最後再使用 For…Next 迴圈，逐一讀取陣列元素值，計算出總分和平均數。

Step 3 編寫程式碼

| FileName: ScoreAvg.xlsm　(工作表 1 程式碼) |
|---|
| 01 Private Sub CommandButton1_Click() |
| 02　　Dim num As Integer　　'學生人數 |
| 03　　Dim score() As Integer　'成績動態陣列 |
| 04　　'如果 B2 為數值，且大於 1 |
| 05　　If IsNumeric(Range("B2").Value) And Range("B2").Value >= 1 Then |
| 06　　　　num = Range("B2").Value　　'讀取學生人數 |
| 07　　　　ReDim score(num - 1)　　　'重新宣告陣列大小 |
| 08　　　　For i = 0 To num - 1 |
| 09　　　　　　score(i) = InputBox(i + 1 & "號同學成績：") |
| 10　　　　　　Cells(4 + i, 1) = i + 1 & "號" |
| 11　　　　　　Cells(4 + i, 2) = score(i) |
| 12　　　　Next |
| 13　　　　Dim sSum As Integer '總分 |
| 14　　　　sSum = 0 |
| 15　　　　For i = 0 To num - 1 |
| 16　　　　　　sSum = sSum + score(i) |
| 17　　　　Next |
| 18　　　　Cells(num + 4, 1) = "總分：" |
| 19　　　　Cells(num + 4, 2) = sSum |
| 20　　　　Cells(num + 5, 1) = "平均：" |
| 21　　　　Cells(num + 5, 2) = sSum / num |
| 22　　Else |
| 23　　　　MsgBox "請在 B2 儲存格輸入學生數！" |
| 24　　End If |
| 25 End Sub |

▶ 隨堂測驗

將上面實作增加輸入學生姓名，並且將陣列下界設為 1。另外，將計算總分的 For … Next 迴圈，改用 For Each … Next 來編寫。

# 6.3 多維陣列

　　宣告陣列如果只使用一個索引該陣列的維度為 1 稱為「一維陣列」(One-Dimensional Array)。如果使用兩個索引值，該陣列的維度為 2 稱為「二維陣列」(Two-Dimensional Array)。凡是像表格的資料都可以使用二維陣列來表示，例如一個班級的各科成績、各營業處每個月的營業額等。如果使用三個索引值，則該陣列的維度為 3 稱為「三維陣列」，例如多個班級的各科成績、各分公司各營業處的每月營業額。若陣列的維度在二維以上，就稱為「多維陣列」(Multi-Dimensional Array)。陣列的陣列元素總數即是所有維度長度的乘積，例如 Dim score ( 5, 2, 3 )，score 陣列的陣列元素總數為 72 (6x3x4)。

## 6.3.1 陣列的維度

　　由於每個維度的大小是由零開始算起，下表以座號當水平列，有四位同學需四列(0~3)；以科目當垂直欄，有三科需有三欄(0~2)，因此需使用兩個索引即維度為 2 的二維整數陣列來宣告，各科成績如下表所示：

| 座號 | 計概 | 程式設計 | 電腦動畫 | |
|------|------|----------|----------|------|
| 1 | score(0,0)=66 | score(0,1)=90 | score(0,2)=91 | 第 0 列 |
| 2 | score(1,0)=77 | score(1,1)=80 | score(1,2)=82 | 第 1 列 |
| 3 | score(2,0)=88 | score(2,1)=70 | score(2,2)=73 | 第 2 列 |
| 4 | score(3,0)=99 | score(3,1)=60 | score(3,2)=64 | 第 3 列 |
| | 第 0 欄 | 第 1 欄 | 第 2 欄 | |

## 二、二維陣列的宣告

譬如宣告 score 為二維整數陣列，來存放四位同學的三科成績，寫法如下：

Dim score ( 3,　2 ) As Integer

　　　　　　　　　索引 2：0～2 當成第 1～3 科成績
　　　　　　　　　索引 1：0～3 當成座號 1～4

1. score(0, 0) ⇦ 陣列元素代表座號 1 號同學的計概成績。
2. score(1, 1) ⇦ 陣列元素代表座號 2 號同學的程式設計成績。
3. score(3, 2) ⇦ 陣列元素代表座號 4 號同學的電腦動畫成績。
4. score(2, 2) ⇦ 陣列元素代表座號 3 號同學的電腦動畫成績。

陣列元素可當成變數來運算，例如：將 1 號同學三科成績相加，寫法為：

sum = score(0, 0) + score(0, 1) + score(0, 2)

如果要省略索引值 0 時，上面 score 陣列可以如下宣告：

Dim score ( 1 To 4, 1 To 3 ) As Integer
'或
Option Base 1
　　....
Dim score ( 4, 3 ) As Integer

## 三、二維陣列的元素值設定

　　score 陣列含有陣列元素總數為 4×3 = 12，共有 12 個陣列元素。上表為一個班級的各科成績表，可以使用二維陣列來存取成績，第一個索引值代表座號，第二個索引值代表科目，score(0, 0)代表是座號 1 號同學的計概成績為 66。score(2, 1)代表是座號 3 號的程式設計成績為 70。其他以此類推。當宣告 score(3, 2) 是一個二維的整數陣列成功後，接著再設定各陣列元素的初值，設定方式如下：

Dim score (3, 2) As Integer
score(0, 0) = 66　　: score(0, 1) = 90　　: score(0, 2) = 91　　' 第 0 列
score(1, 0) = 77　　: score(1, 1) = 80　　: score(1, 2) = 82　　' 第 1 列
score(2, 0) = 88　　: score(2, 1) = 70　　: score(2, 2) = 73　　' 第 2 列
score(3, 0) = 99　　: score(3, 1) = 60　　: score(3, 2) = 64　　' 第 3 列

## 6.3.2 陣列的上、下界

　　在程式執行階段如果想得知陣列的上、下界值，此時可以使用 LBound、UBound 函數分別來取得陣列的上、下界值。查詢時可以指定要查詢陣列的哪一個維度，省略維數時會預設取得第一維度的索引值，其語法如下：

> 語法：
>
> 　　下界值 = LBound(*陣列名稱* [, *維數* ])
> 　　上界值 = UBound(*陣列名稱* [, *維數* ])

▶ **簡例**

求下列宣告陣列各維度的上界值。

```
Dim score1(12, 15, 6)
max1 = UBound(score1 , 1)    ⇨ 傳回 score1 第 1 維度索引值上界為 12
max2 = UBound(score1 , 2)    ⇨ 傳回 score1 第 2 維度索引值上界為 15
max3 = UBound(score1 , 3)    ⇨ 傳回 score1 第 3 維度索引值上界為 6
max4 = UBound(score1 )       ⇨ 傳回 score1 第 1 維度索引值上界為 12
```

▶ **簡例**

求下列宣告陣列各維度的下界值。

```
Dim score2(1 To 5, 24)
lower1st = LBound(score2)        ⇦ 傳回 score2 第 1 維度索引值下界為 1
lower2nd = LBound(score2 , 2)    ⇦ 傳回 score2 第 2 維度索引值下界為 0
```

 **實作** FileName：Score.sln

　　下表為三位同學的期中考成績表，請使用二維陣列宣告並設定元素值，再計算出每位同學的總分，最後在 Excel 工作表中顯示：

| 姓名 | 微積分 | 計概 | 英文 | 數學 |
|------|--------|------|------|------|
| 周傑倫 | 70 | 85 | 99 | 76 |
| 蔡依琳 | 80 | 95 | 88 | 92 |
| 張慧妹 | 90 | 75 | 77 | 85 |

▶ **輸出要求**

| | A | B | C | D | E | F | G | H |
|---|---|---|---|---|---|---|---|---|
| 1 | 姓名 | 微積分 | 計概 | 英文 | 數學 | 總分 | 執行 | |
| 2 | 周傑倫 | 70 | 85 | 99 | 76 | 330 | | |
| 3 | 蔡依琳 | 80 | 95 | 88 | 92 | 355 | | |
| 4 | 張慧妹 | 90 | 75 | 77 | 85 | 327 | | |

▶ **解題技巧**

**Step 1** 建立輸出入介面

1. 新增活頁簿並以「Score」為新活頁簿名稱。

2. 在工作表 1 只建立一個 ActiveX 命令按鈕控制項。

**Step 2** 分析問題

1. 宣告 sData 陣列資料型別為 Variant，就可以同時存放字串和整數資料。

2. 使用 For ... Next 巢狀迴圈，可以逐一將二維陣列的元素值指定到儲存格。用 UBound(sData, 1)可以取得列數，UBound(sData, 2)可以取得欄數。

**Step 3** 編寫程式碼

| FileName: Score.xlsm　(工作表 1 程式碼) |
|---|

```
01 Private Sub CommandButton1_Click()
02     Dim sData(1 To 4, 1 To 5) As Variant
03     sData(1, 1)="姓名": sData(1, 2)="微積分": sData(1, 3) = "計概": sData(1, 4) = "英文": sData(1, 5) = "數學"
04     sData(2, 1) = "周傑倫": sData(2, 2) = 70: sData(2, 3) = 85: sData(2, 4) = 99: sData(2, 5) = 76
05     sData(3, 1) = "蔡依琳": sData(3, 2) = 80: sData(3, 3) = 95: sData(3, 4) = 88: sData(3, 5) = 92
06     sData(4, 1) = "張慧妹": sData(4, 2) = 90: sData(4, 3) = 75: sData(4, 4) = 77: sData(4, 5) = 85
07     For r = 1 To UBound(sData, 1)          '0 到第一維的上界值(4) - 列
08         For c = 1 To UBound(sData, 2)      '0 到第二維的上界值(5) - 欄
09             Cells(r, c) = sData(r, c)
10         Next
11     Next
12     Dim sSum As Integer
13     For r = 1 To UBound(sData, 1) '加入總分
14         If r = 1 Then
15             Cells(r, 6) = "總分"
16         Else
17             sSum = 0
18             For c = 2 To UBound(sData, 2)
19                 sSum = sSum + sData(r, c)
```

| 20 | | Next |
|---|---|---|
| 21 | | Cells(r, 6) = sSum |
| 22 | | End If |
| 23 | | Next |
| 24 | End Sub | |

▶ **隨堂測驗**

將上面實作的成績表修改為下圖的樣式。

| ▲ | A | B | C | D | E | F | G |
|---|---|---|---|---|---|---|---|
| 1 | 姓名 | 微積分 | 計概 | 英文 | 數學 | 總分 | 執行 |
| 2 | 周傑倫 | 70 | 85 | 99 | 76 | 330 | |
| 3 | 蔡依琳 | 80 | 95 | 88 | 92 | 355 | |
| 4 | 張彗妹 | 90 | 75 | 77 | 85 | 327 | |
| 5 | 平均 | 80 | 85 | 88 | 84.33 | | |

# 6.4 陣列元素值與 Excel 儲存格

## 6.4.1 陣列的元素值設定

### 一、Array 函數

Array 函數可建立 Variant 自由資料型別陣列,並同時設定陣列的初值,語法:

> 語法:
>
> Array( 引數串列 )

▶ **說明**

1. 因為建立的陣列是 Variant 資料型別,所以引數可以為任何資料型別,各引數資料型別也可以不相同。引數間要用逗號( , )隔開。

2. 陣列的下界值由 Option Base 敘述決定,沒有宣告時預設為 0。

### 二、一維陣列的元素值設定

可以利用 Array 函數來為陣列指定元素值,會比逐一指定來得簡潔。因為 Array 函數建立的陣列是 Variant 資料型別,所以必須指定給 Variant 資料型別陣列。可以先宣告一個 Variant 資料型別陣列,然後利用 Array 函數為陣列指定元素值。例如建立一個 stuData 陣列,並設定姓名、身高和體重陣列元素值,寫法如下:

```
Dim stuData() As Variant
stuData = Array("周傑倫", 186, 72)
```

▶ **簡例**

建立一個 week 陣列，並設定 "日"～"六" 陣列元素值。

```
Dim week() As Variant
week = Array("日", "一", "二", "三", "四", "五", "六")
MsgBox("周末是星期" & week(6))        'week(6)元素值為"六"
```

### 三、二維陣列的元素值設定

二維陣列也可以用 Array 函數來為陣列指定元素值，Array 函數內第一個引數為 Array(第 0 列元素值串列)；第二個引數為 Array(第 1 列元素值串列)，以此類推。例如：前面的學生成績，改用 Array 函數指定陣列元素值寫法如下：

```
Dim score () As Variant
score = Array(Array(66, 90, 91), Array(77, 80, 82) , _
              Array(88, 70, 73), Array(99, 60, 64))
```

二維陣列用 Array 函數指定元素值後，要讀取陣列元素值時必須改用不規則陣列(Jagged Array)的特殊方式。例如：原來是 score(0,0)，要改用為 score(0)(0)；score(1, 2)，要改用為 score(1)(2)，以此類推。

## 6.4.2 陣列與儲存格內容指定

### 一、陣列元素值指定給儲存格

雖然可以利用迴圈將陣列的元素值指定給 Excel 工作表的儲存格，但是利用 Range 物件的 FormulaArray 屬性，就可以將陣列的元素值填入指定的儲存格範圍，而且速度比迴圈快速，其語法為：

```
語法：

    Range("儲存格範圍").FormulaArray = 動態陣列名稱
```

儲存格範圍大小必須等於陣列大小，而且列數和欄數也要相等。若儲存格範圍小於陣列大小，超出的陣列元素會被忽略；儲存格範圍大於陣列大小時，沒有對應的儲存格會被填入#N/A 錯誤值。例如：將一維陣列的元素值填入儲存格中：

```
Dim score (3) As Integer
score(0) = 90: score(1) = 91: score(2) = 92: score(3) = 93
Range("A1:D1").FormulaArray = score
```

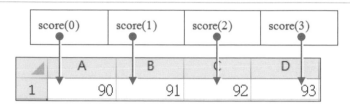

例如：將 3×4 二維陣列的元素值填入 "A1:E2" 儲存格範圍中，寫法如下：

```
Dim score () As Variant
score = Array(Array(90, 91, 92, 93), Array(80, 81, 82, 83) , Array(70, 71, 72, 73))
Range("A1:E2").FormulaArray = score
```

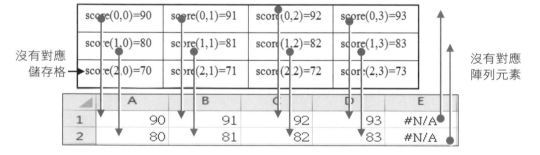

因為 Range("A1:E2")儲存格範圍的欄位大於陣列 score，E1、E2 儲存格沒有對應陣列的元素所以會被填入#N/A 錯誤值。而陣列的第三欄因為沒有指定的儲存格，所以陣列元素值會被忽略。

如果要將一維的陣列指定給垂直的儲存格範圍，此時要將該陣列設定為二維陣列才可以指定。

```
Dim score (3,0) As Integer
score(0,0) = 90: score(1,0) = 91: score(2,0) = 92: score(3,0) = 93
Range("A1:D4").FormulaArray = score
```

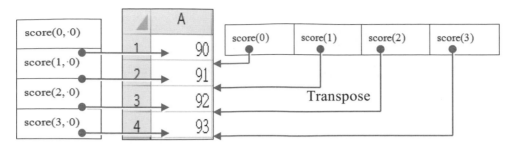

另外，要將一維的陣列指定給垂直的儲存格範圍，也可以利用 Excel 的 Transpose 函數將陣列水平轉向成垂直，然後指定給儲存格範圍。

```
Dim score() As Variant
score = Array(90, 91, 92, 93)
Range("A1:A4").FormulaArray = WorksheetFunction.Transpose(score)
```

## 二、儲存格資料設定為二維陣列的元素值

Excel 工作表的儲存格範圍內的資料，也可以設定為二維陣列的元素值，語法：

語法：

Dim *動態陣列名稱* () As Variant

*動態陣列名稱* = Range("*儲存格範圍* ").Value

動態陣列的資料型別必須是 Variant，儲存格值指定給陣列後，要特別注意該陣列下界為 1，在讀取陣列元素值時應注意。例如：將 Range("A1:B3")儲存格範圍的內容指定給 score 陣列，寫法如下：

```
Dim score() As Variant
score = Range("A1:B3").Value
```

|   | A | B |
|---|---|---|
| 1 | 1號 | 98 |
| 2 | 2號 | 85 |
| 3 | 3號 | 76 |

| score(1, 1) | score(1, 2) |
| score(2, 1) | score(2, 2) |
| score(3, 1) | score(3, 2) |

上面例子中儲存格範圍的內容指定給 score 陣列後，score(1, 1)的元素值為 "1 號"，而不是 85 應特別留意。

另外要注意雖然只指定一欄，陣列仍然會是二維陣列。例如：將 Range("A1:A3") 儲存格範圍的內容指定給 score 陣列，寫法如下：

```
Dim score() As Variant
score = Range("A1:A3").Value
```

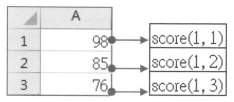

上例中要指定 score 陣列的第一個元素，必須使用 score(1, 1)而不是 score(1)。

**實作** FileName：Total.xlsm

將下表為某公司各地區四季的營業額，請建立在 Excel 工作表中。

按 執行 鈕會讀取儲存格內資料，並統計各分公司營業額的合計。

| 地區 | 第一季 | 第二季 | 第三季 | 第四季 |
|---|---|---|---|---|
| 北區 | 200,000 | 300,000 | 400,000 | 500,000 |
| 中區 | 250,000 | 350,000 | 450,000 | 550,000 |
| 南區 | 600,000 | 700,000 | 800,000 | 900,000 |

▶ **輸出要求**

| | A | B | C | D | E | F | G |
|---|---|---|---|---|---|---|---|
| 1 | 地區 | 第一季 | 第二季 | 第三季 | 第四季 | 合計 | 執行 |
| 2 | 北區 | 200,000 | 300,000 | 400,000 | 500,000 | 1,400,000 | |
| 3 | 中區 | 250,000 | 350,000 | 450,000 | 550,000 | 1,600,000 | |
| 4 | 南區 | 600,000 | 700,000 | 800,000 | 900,000 | 3,000,000 | |

▶ **解題技巧**

Step ① 建立輸出入介面

1. 新增活頁簿並以「Total」為新活頁簿名稱。

2. 在工作表 1 建立如下的表格，以及一個 ActiveX 命令按鈕控制項：

| | A | B | C | D | E | F | G |
|---|---|---|---|---|---|---|---|
| 1 | 地區 | 第一季 | 第二季 | 第三季 | 第四季 | 合計 | |
| 2 | 北區 | 200,000 | 300,000 | 400,000 | 500,000 | | 執行 |
| 3 | 中區 | 250,000 | 350,000 | 450,000 | 550,000 | | |
| 4 | 南區 | 600,000 | 700,000 | 800,000 | 900,000 | | |

**Step 2 分析問題**

1. 先宣告 money 為 Variant 型別動態陣列，用來存各分公司的各季營業額，然後將儲存格 B2:E4 的內容指定給 money 陣列。

2. 宣告 total 為長整數陣列，用來存各分公司營業額的合計。因為將儲存格內容指定給陣列時，陣列會以 1 為陣列下界，所以 total 宣告成 1 To 3 使兩者下界相同。

3. 使用 For ... Next 巢狀迴圈，逐一計算各分公司營業額的合計，並將合計金額存入對應 total 陣列元素中。

4. 因為各分公司營業額的合計儲存格為垂直方向，所以要利用 Excel 的 Transpose 函數，將 total 陣列元素值轉向填入。

**Step 3 編寫程式碼**

```
FileName: Total.xlsm    (工作表 1 程式碼)
01 Private Sub CommandButton1_Click()
02     Dim money() As Variant          '動態陣列存各分公司的各季營業額
03     money = Range("B2:E4").Value    '儲存格的內容指定給陣列
04     Dim total(1 To 3) As Long       '長整數陣列存各分公司營業額的合計
05     Dim sum As Long
06     For r = LBound(money, 1) To UBound(money, 1)
07         sum = 0          '預設分公司營業額的合計為 0
08         For c = LBound(money, 2) To UBound(money, 2)
09             sum = sum + money(r, c)
10         Next
11         total(r) = sum      '合計金額存入對應陣列元素中
12     Next
13     Range("F2:F4").FormulaArray = WorksheetFunction.Transpose(total)
14 End Sub
```

▶ **隨堂測驗**

延續上面實作新增各季的合計，以及全年合計總額。

| | A | B | C | D | E | F | G |
|---|---|---|---|---|---|---|---|
| 1 | 地區 | 第一季 | 第二季 | 第三季 | 第四季 | 合計 | |
| 2 | 北區 | 200,000 | 300,000 | 400,000 | 500,000 | 1,400,000 | 執行 |
| 3 | 中區 | 250,000 | 350,000 | 450,000 | 550,000 | 1,600,000 | |
| 4 | 南區 | 600,000 | 700,000 | 800,000 | 900,000 | 3,000,000 | |
| 5 | 合計 | 1050000 | 1350000 | 1650000 | 1950000 | 6,000,000 | |

## 6.4.3 Filter 字串搜尋函數

VBA 針對字串陣列提供 Filter 函數，可以從 Array 陣列中找到指定的資料。Filter 函數可以從一維 Array 字串陣列中，找出含有指定查詢字串(不必相等)的陣列元素。因為 Filter 函數會將搜尋結果傳到字串陣列中，所以使用前要先宣告一個字串動態陣列，來接受 Filter 函數的傳回結果。如果搜尋不到相符的陣列元素時，傳回值為空陣列。其語法如下：

> 語法：
>
> *returnArray* = Filter(*sourceArray*, *match*, [, *include* [, *compare* ]])

▶ **說明**

1. *returnArray*：為一個字串動態陣列，存放搜尋到的字串。

2. *sourceArray*：為一個 Array 型態字串陣列，代表要搜尋的字串資料來源。

3. *match*：代表要搜尋的字串。

4. *include*：代表傳回值是要選取還是排除搜尋字串，預設值為 True 表示傳回包含指定字串的陣列元素；若為 False 表傳回不包含指定字串的陣列元素。

5. *compare*：是設定要用哪種方式來比對字串：

   ① 若參數值為 vbTextCompare (value=1)時，是以文字方式比較，大小寫英文字母會視為同一個字元。

   ② 若參數值為 vbBinaryCompare (value =0)時，是以二進制比較，大小寫英文字母會視為不同字元。

▶ **簡例**

```
Dim word() As Variant
word = Array("That", "is", "A", "cake")
Dim find1() As String, find2() As String, find3() As String
find1 = Filter(word, "a", True, vbTextCompare) '搜到"That"、"A"、"cake"
find2 = Filter(word, "a", True, vbBinaryCompare)    '搜到"That"、"cake"
find3 = Filter(word, "a", False, vbBinaryCompare)    '搜到"is"、"A"
```

▶ **結果**

1. find1 字串陣列因為 compare 參數使用 vbTextCompare，英文大小寫會視為相同，所以字串中含 "A" 和 "a" 都會被搜尋到。

2. find2 字串陣列因為 compare 參數使用 vbBinaryCompare，英文大小寫會視為不同，所以字串中只有含 "a" 才會被搜尋到。

3. find3 字串陣列因為 include 參數設為 False，所以只會搜尋到字串中不含 "a" 的陣列元素。

## 6.4.4 Split 字串分隔函數

使用 Split 函數可以根據間隔字元，可以將字串分割成陣列元素值。常用來指定陣列的元素值，Split 函數語法如下：

---

語法：

*returnArray* = Split( *字串, 間隔字元*)

---

▶ **說明**

1. *returnArray*：為一個字串動態陣列，存放分隔後的元素值。

2. *字串*：為要分割的字串，其中應該包含間隔字元。

3. *間隔字元*：代表分割字串的字元，省略時預設為空白字元。

▶ **簡例**

```
Dim word() As String
word = Split("That is a book")
Dim score() As String
score = Split("66,77,88,99,100", ",")
```

▶ **結果**

1. 因為沒有指定間隔字元所以預設為空白字元，word 字串陣列元素值分別為 "That"、"is"、"a"、"book"。

2. 因為間隔字元為","，所以 score 字串陣列元素值分別為"66"、"77"、"88"、 "99"、"100"，比逐一指定元素值程式碼較為簡潔。

## 6.4.5 Join 字串連結函數

使用 Join 函數可以將字串陣列元素值，用間隔字元連結成一個字串。常用來顯示陣列的元素值，Join 函數語法如下：

---

**語法：**

*string* = Join( *sourceArray*, *間隔字元*)

---

▶ **説明**

1. *string*：為陣列元素值用間隔字元連結後的字串。

2. *sourceArray*：為一個 Array 型態字串陣列，代表要連結的字串資料來源。

3. *間隔字元*：代表連結陣列元素間分隔的字元，省略時預設為空白字元。

▶ **簡例**

```
Dim word() As Variant
word = Array("That", "is", "a", "book")
Dim join1 As String , join2 As String
join1 = Join(word)
join2 = Join(word, ",")
```

▶ **結果**

1. 因為沒有指定間隔字元所以預設為空白字元，join1 值為 "That is a book"。

2. 因為間隔字元指定為","，所以 join2 值為 "That,is,a,book"。

實作 FileName：Split.xlsm

按 ▢轉換▢ 鈕會將字串資料 "姓名,性別,電話,張小成,男,04-1234567,廖美美,女,01-1234567,王阿義,男,02-1234567,何樂,男,03-1234567,歐陽莉莉,女,05-1234567,周平和,男,06-1234567"，指定給 A1:C7 儲存格。

▶ 輸出要求

| | A | B | C | D | E |
|---|---|---|---|---|---|
| 1 | 姓名 | 性別 | 電話 | | |
| 2 | 張小成 | 男 | 04-1234567 | 轉換 | |
| 3 | 廖美美 | 女 | 01-1234567 | | |
| 4 | 王阿義 | 男 | 02-1234567 | | |
| 5 | 何樂 | 男 | 03-1234567 | | |
| 6 | 歐陽莉莉 | 女 | 05-1234567 | | |
| 7 | 周平和 | 男 | 06-1234567 | | |

▶ 解題技巧

**Step 1** 建立輸出入介面

1. 新增活頁簿並以「Split」為新活頁簿名稱。

2. 在工作表 1 建立一個 ActiveX 命令按鈕控制項。

**Step 2** 分析問題

1. 觀察字串資料發現資料是以「,」分隔，所以可以用 Split 函數來分割字串成 sAry()一維陣列元素值。

2. 再觀察字串資料發現資料是每三個一組(姓名、性別、電話)，所以用表格存放需要 3 欄，列數則是資料個數除以 3。先宣告 tAry()為動態字串陣列來存放二維資料，待陣列大小確定後用 ReDim 重新宣告大小。

3. 用 For 迴圈逐一將 sAry()陣列元素指定給 tAry()，但是 tAry()是二維陣列，要將計數變數 i \ 3 取整數做第一維索引，i Mod 3 取餘數做第二維索引。

4. 使用 FormulaArray 函數，將 tAry()陣列元素值轉入指定的儲存格範圍。

**Step 3** 編寫程式碼

| FileName: Split.xlsm (工作表 1 程式碼) |
|---|
| **01 Private Sub CommandButton1_Click()** |
| 02　　　Dim data As String　　'原始字串資料 |

| 03 | Dim tAry() As String      '動態字串陣列，來存放二維資料 |
|----|-----------------------------------------------------|
| 04 | data = "姓名,性別,電話,張小成,男,04-1234567,廖美美,女,01-1234567,王阿義,_<br>男, 02-1234567,何樂,男,03-1234567,歐陽莉莉,女,05-1234567,周平和,_<br>男,06-1234567" |
| 05 | Dim sAry() As String      '動態字串陣列，來存放一維資料 |
| 06 | sAry = Split(data, ",") '使用 Split 函數來分割字串成陣列 |
| 07 | Dim u As Integer |
| 08 | Dim r As Integer, c As Integer |
| 09 | u = UBound(sAry) + 1      '陣列元素個數 |
| 10 | ReDim tAry((u / 3) - 1, 2) As String      '重新宣告陣列大小 |
| 11 | For i = 0 To u - 1   '逐一讀取 sAry()字串陣列值 |
| 12 | r = i \ 3   '第一維 |
| 13 | c = i Mod 3 '第二維 |
| 14 | tAry(r, c) = sAry(i)      '將 sAry 陣列值指定給 tAry |
| 15 | Next i |
| 16 | 'tAry 陣列值指定給儲存格範圍 |
| 17 | Range(Cells(1, 1), Cells((u / 3), 3)).FormulaArray = tAry() |
| 18 End Sub | |

▶ 隨堂測驗

延續上面實作更改成，陣列元素值會先轉向後再指定給儲存格。

|   | A | B | C | D | E | F | G |
|---|-----|-----------|-----------|-----------|-----------|-----------|-----------|
| 1 | 姓名 | 張小成 | 廖美美 | 王阿義 | 何樂 | 歐陽莉莉 | 周平和 |
| 2 | 性別 | 男 | 女 | 男 | 男 | 女 | 男 |
| 3 | 電話 | 04-1234567 | 01-1234567 | 02-1234567 | 03-1234567 | 05-1234567 | 06-1234567 |
| 4 | 轉換 | | | | | | |
| 5 | | | | | | | |

**實作** FileName：Price.xlsm

下表為產品售價試算表，售價公式為 = ROUND(Cn * Dn * 1.4, 0)。按  鈕後，食品級產品進價加一成(四捨五入到小數一位)，售價公式中 1.4 調整成 1.5；工業級產品進價加 0.5 成，售價公式不變。

▶ **輸出要求**

| | A | B | C | D | E | F | G |
|---|---|---|---|---|---|---|---|
| 1 | 品名 | 等級 | 重量 | 進價 | 售價 | 調整 | |
| 2 | 小蘇打 | 食品級 | 1 | 20 | 28 | | |
| 3 | 小蘇打 | 工業級 | 1 | 12 | 17 | | |
| 4 | 小蘇打 | 食品級 | 5 | 20 | 140 | | |
| 5 | 小蘇打 | 工業級 | 5 | 12 | 84 | | |
| | 小蘇打 | 食品級 | 25 | 20 | 700 | | |

調整後

| | A | B | C | D | E | F | G |
|---|---|---|---|---|---|---|---|
| 1 | 品名 | 等級 | 重量 | 進價 | 售價 | 調整 | |
| 2 | 小蘇打 | 食品級 | 1 | 22 | 33 | | |
| 3 | 小蘇打 | 工業級 | 1 | 12.6 | 18 | | |
| 4 | 小蘇打 | 食品級 | 5 | 22 | 165 | | |
| 5 | 小蘇打 | 工業級 | 5 | 12.6 | 88 | | |
| | 小蘇打 | 食品級 | 25 | 22 | 825 | | |

▶ **解題技巧**

**Step ①** 建立輸出入介面

1. 新增活頁簿並以「Price」為新活頁簿名稱。

2. 將 Price 資料.xlsx 中的資料複製到工作表 1，然後建立一個 ActiveX 命令按鈕控制項。Price 資料.xlsx 檔案在 ch06 範例資料夾中。

| | A | B | C | D | E | F |
|---|---|---|---|---|---|---|
| 1 | 品名 | 等級 | 重量 | 進價 | 售價 | 調整 |
| 2 | 小蘇打 | 食品級 | 1 | 20 | 28 | |
| 3 | 小蘇打 | 工業級 | 1 | 12 | 17 | |
| 4 | 小蘇打 | 食品級 | 5 | 20 | 140 | |

**Step ②** 分析問題

1. 將儲存格範圍的資料指定給型別為 Variant 的動態陣列 data，陣列元素值經過運算後再指定回儲存格範圍，此方式效率會高於逐一修改儲存格值。

2. 陣列元素值如果有公式時，儲存格必須改採[R1C1]方式指定，例如 B3 儲存格用[R1C1] 方式為 R3C2(第三列、第二欄)，D8 儲存格為 R8C4。

3. 使用 For ... Next 迴圈逐一檢查 data 元素值，初值為 1、終值可以使用 UBound 函數取得。如果 data(r, 2) = "食品級"，就改變 data(r, 4) 元素值，和 data(r, 5)為"=ROUND(R" & r + 1 & "C3 * R" & r + 1 & "C4 * 1.5,0)"。

如果 data(r, 2)不等於"食品級"，就改變 data(r, 4)和 data(r, 5)元素值。雖然 data(r, 5)的公式不變，但是儲存格必須改用[R1C1]方式指定，所以仍需改變不然執行後會產生錯誤。

4. 使用 FormulaArray 屬性，將 data 陣列值指定回給 A2:E16 儲存格範圍。

5. 由本例可以了解使用 VBA 可以更有彈性地使用 Excel，可以大幅提高工作的效率。

Step ③ 編寫程式碼

| FileName: Price.xlsm　　(工作表 1 程式碼) |
|---|
| 01 Private Sub CommandButton1_Click() |
| 02　　　Dim data() As Variant |
| 03　　　data = Range("A2:E16").Value　　　'儲存格值指定給 data 陣列 |
| 04　　　For r = 1 To UBound(data, 1) |
| 05　　　　If data(r, 2) = "食品級" Then　　　'如果是食品級產品 |
| 06　　　　　data(r, 4) = Round(data(r, 4) * 1.1, 1) '進價加 1 成，四捨五入到小數 1 位 |
| 07　　　　　'公式改為=ROUND(C2*D2*1.5,0) |
| 08　　　　　data(r, 5) = "=ROUND(R" & r + 1 & "C3 * R" & r + 1 & "C4 * 1.5,0)" |
| 09　　　　Else |
| 10　　　　　data(r, 4) = Round(data(r, 4) * 1.05, 1) '進價加 0.5 成，四捨五入到小數 1 位 |
| 11　　　　　'公式改為=ROUND(C2*D2*1.4,0) |
| 12　　　　　data(r, 5) = "=ROUND(R" & r + 1 & "C3 * R" & r + 1 & "C4 * 1.4,0)" |
| 13　　　　End If |
| 14　　　Next |
| 15　　　Range("A2:E16").FormulaArray = data 'data 陣列值指定給儲存格範圍 |
| 16 End Sub |

▶ 隨堂測驗

延續上面實作將售價公式增加根據重量改變售價，食品級 1 公斤包裝是*1.5，5 公斤為*1.45、25 公斤為*1.4。工業級 1 公斤包裝是*1.4，5 公斤為*1.35、25 公斤為*1.3。

| E4 | | ▼ | ⁝ | × | ✓ | fx | {=ROUND($C$4 * $D$4 * 1.45,0)} |
|---|---|---|---|---|---|---|---|

| ◢ | A | B | C | D | E | F | G |
|---|---|---|---|---|---|---|---|
| 1 | 品名 | 等級 | 重量 | 進價 | 售價 | | |
| 2 | 小蘇打 | 食品級 | 1 | 22 | 33 | 調整 | |
| 3 | 小蘇打 | 工業級 | 1 | 12.6 | 18 | | |
| 4 | 小蘇打 | 食品級 | 5 | 22 | 160 | | |
| 5 | 小蘇打 | 工業級 | 5 | 12.6 | 85 | | |
| 6 | 小蘇打 | 食品級 | 25 | 22 | 770 | | |

# 副程式

CHAPTER

**學習目標**

- 認識何謂副程式
- 如何使用內建函數
- Format 內建函數的使用方法
- 如何使用 Function 自定程序
- Excel 儲存格如何插入 Function 自定程序
- 如何使用 Sub 自定程序
- 傳值呼叫與參考呼叫方式
- 程序間陣列的傳遞

## 7.1 副程式

撰寫程式時可以將程式中一段具有特定功能,或重複出現的程式區段獨立出來,編寫成一個獨立的程式單元,並給予特定名稱以方便其他程式呼叫使用,我們將這類的程式區段稱為副程式(Subprogram)。主程式執行時如果呼叫副程式,會先將控制權轉移給副程式,執行完畢再將控制權交回給主程式。撰寫程式時要注重結構化和模組化,在程式中妥善使用副程式具有下列的優點:

1. 副程式具有特定的功能,可以增加程式的可讀性,讓程式易於維護與除錯。
2. 使用副程式可以縮短整體程式碼的長度。
3. 副程式具有模組化的功能,可以由多位程式設計人員分工撰寫不同功能的副程式,然後再整合成一個大程式,可以縮短程式開發的時間。

VBA 中提供的副程式主要為函數(Function)與程序(Subroutine),依照其特性可細分如下圖所示。使用 VBA 設計程式時,可以將具有特定功能或重複出現的程式區段，獨立出來編寫成程序(Procedure)。使用程序的好處除了方便呼叫簡化程式碼外，也可以提高程式的可讀性，以及模組化使得程式容易偵錯。

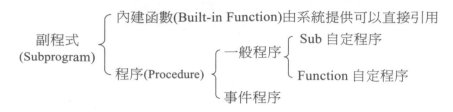

在 VBA 中將程序分為「一般程序」和「事件處理程序」：

## 1. 一般程序

「一般程序」是由程式設計者應程式的需求，自行定義和編寫的程式區段稱為「使用者自定程序」簡稱為「一般程序」。一般程序根據是否有傳回值，可以分成 Function 自定程序 (簡稱 Function 程序)和 Sub 自定程序(簡稱 Sub 程序)。兩者間的差異在 Function 程序本身會傳回值，而 Sub 程序本身無法傳回值，只能透過引數採參考呼叫方式傳回值。一般程序具有下列特性：

① 程序是程式的一部分不能單獨執行，必須被呼叫後執行。

② 程序可以在程式中被重複呼叫，或是供其他專案(Project)呼叫使用。

③ 程序擁有專屬的名稱，在同一個模組檔、工作表檔…當中，不能有兩個相同名稱的程序。

④ 程序內的變數除非有特別宣告，否則都視為區域變數，也就是說在不同程序內允許使用相同的變數名稱，彼此互不相干。

## 2. 事件處理程序

「事件處理程序」簡稱為「事件程序」。VBA 程式語言基本上是符合物件導向程式設計的精神，事件的觸動會改變程式執行的流向。事件處理程序的目的是為了回應，由使用者、程式碼或系統所觸發的事件。每個物件都有其所屬的事件處理程序，所以事件處理程序要配合物件來使用，而事件處理程序內的程式碼，則由程式設計者視需求而寫入。例如：新增工作表時，會觸動該工作表物件的 Open 事件，我們可以在該 Open 事件程序中撰寫新增工作表時要處理的相關程式碼。

　　由上可知，事件處理程序是附屬於物件之中，執行時機是由物件所觸動的事件決定，而事件程序內由程式設計者自行撰寫觸動該事件時要處理的程式碼。至於一般程序則是由程式設計者應程式需求而自行撰寫的獨立程式區段，必須被主程式呼叫才能執行。前面介紹的巨集(Macro)是一連串 Excel 操作過程的程式碼組合，該程式碼是包含在 Sub ... End Sub 當中，所以巨集就是屬於 Sub 程序。

## 7.2 內建函數

　　VBA 提供許多內建函數(Built-in Function)，微軟將一些處理數值、字串...等常用的特定功能寫成程式庫，供程式設計者直接呼叫使用。內建函數可以視為副程式的一種，使用時只要在函數名稱後面的小括號內寫入適當的引數，函數就會將運算結果傳回。VBA 提供的內建函數有：數學函數、日期函數、字串處理函數、資料型別轉換函數 ... 等。

### 7.2.1 常用數值函數

| 函數名稱 | 說明 |
| --- | --- |
| Fix(n) | 傳回 n 的整數部份，小數部份無條件捨去。<br>例：Fix(50.9) ⇨ 傳回 50　　Fix(-50.9) ⇨ 傳回-50 |
| Int(n) | 傳回小於或等於 n 的最大整數。<br>例：Int(50.9) ⇨ 傳回 50　　Int(-50.9) ⇨ 傳回-51 |
| Val(str) | 傳回 str 字串內的數值，取數值時由字串左邊開始，碰到非數值字元就停止，如果找不到數值就傳回 0。<br>例：Val("50.9") ⇨ 傳回 50.9　　Val("-100 元") ⇨ 傳回-100 |

### 7.2.2 常用數學函數

| 函數名稱 | 說明 |
| --- | --- |
| Math.Rnd() | 產生 0～1 之間的隨機亂數。<br>例：Math.Rnd() ⇨ 傳回 0.7055475，Math.可以省略。 |

| 函數名稱 | 說明 |
|---|---|
| Math.Randomize() | 若先用 Randomize()當作亂數產生器的種子時，可避免只用 Rnd()函式每次重新執行時，都產生相同順序的亂數值。 |
| Math.Sgn(n) | 判斷數值的正負值或為零，傳回值為 1 (n > 0)、0 (n = 0)、-1 (n < 0)。例：Math.Sgn(-4.8) ⇨ 傳回-1　Sgn(4.8) ⇨ 傳回 1 |
| Math.Abs(n) | 傳回 n 的絕對值。<br>例：Math.Abs(4.8) ⇨ 傳回 4.8　　Abs(-4.8) ⇨ 傳回 4.8 |
| Math.Sqr(n) | 傳回 n 的平方根　　例：Math.Sqr(16) ⇨ 傳回 4 |
| Math.Round(n) | 傳回 n 的整數部份，而小數部份四捨六入，如果是 0.5 就傳回最接近的偶數。<br>例：Round(0.4) ⇨ 傳回 0　　Round(0.8) ⇨ 傳回 1<br>例：Round(0.5) ⇨ 傳回 0　　Round(1.5) ⇨ 傳回 2 |
| Math.Round(n, 位數) | 依照指定的小數位數，傳回 n 的五捨六入數值。<br>例：Round(1.275, 1) ⇨ 傳回 1.3<br>　　　Round(1.275, 2) ⇨ 傳回 1.27 |

▶ 簡例

產生介於 5~20 之間的亂數，並指定給整數變數 num。

```
num = Fix((20 - 5 + 1) * Math.Rnd()) + 5
```

若想產生 min ≤ 亂數值 ≤max 範圍內整數的亂數值，其公式寫法如下：

```
Fix((max - min + 1) * Math.Rnd()) + min
```

## 7.2.3 常用字串函數

| 函數名稱 | 說明 |
|---|---|
| Len(s) | 傳回 s 字串的長度，即字串的字元數。不論是中文字、英文字、全形或半形，一個字元的長度皆視為 1。<br>例：Len("abc") ⇨ 傳回 3　　Len("早安!") ⇨ 傳回 3 |

| 函數名稱 | 說明 |
|---|---|
| LCase(s) | 將 s 字串中的大寫英文字母轉換成小寫字母。<br>例：LCase("Fir") ⇨ 傳回"fir"　　LCase("OK!") ⇨ 傳回"ok!" |
| UCase(s) | 將 s 字串中的小寫英文字母轉換成大寫字母。<br>例：UCase("Fir") ⇨ 傳回"FIR" |
| LTrim(s) | 將 s 字串前面的空白字元刪除。<br>例：LTrim("　I am Jack.") ⇨ 傳回"I am Jack." |
| RTrim(s) | 將 s 字串後面的空白字元刪除。<br>例：RTrim("Hi!　") ⇨ 傳回"Hi!" |
| Trim(s) | 將 s 字串前後兩邊的空白字元刪除。<br>例：Trim("　(^-^)　") ⇨ 傳回"(^-^)" |
| Left(s, n) | 由 s 字串最左邊開始，往右取出 n 個字元。<br>例：Left("12345", 2) ⇨ 傳回"12" |
| Right(s, n) | 由 s 字串最右邊開始，往左取出 n 個字元。<br>例：Right("12345", 3) ⇨ 傳回"345" |
| Mid(s, m, n) | 由 s 字串的第 m 個字元開始，往右取出 n 個字元。<br>例：Mid("12345", 2, 3) ⇨ 傳回"234" |
| Space(n) | 傳回 n 個空白字元的字串。<br>例：Space(5) ⇨ 傳回"　　　　　"(5 個空白字元) |
| InStr([start], s, substring) | 傳回 substring 字串在 s 字串首次找到的位置，start 可指定開始位置。如果找不到指定字串傳回值為 0。<br>例：InStr("ABCABC", "BC") ⇨ 傳回 2<br>例：InStr(3, "ABCABC", "BC") ⇨ 傳回 5 |
| StrConv(s, conversion) | 將 s 字串依據 conversion 參數指定的型式轉換，常用的參數值有：vbUpperCase(大寫)、vbLowerCase(小寫)、vbWide(全形)、vbNarrow(半形)。<br>例：StrConv("Excel", vbUpperCase) ⇨ 傳回 EXCEL<br>例：StrConv("Excel", vbLowerCase) ⇨ 傳回 excel<br>例：StrConv("Excel", vbWide) ⇨ 傳回 Ｅ ｘ ｃ ｅ ｌ |

▶ 簡例

A1 儲存格值為 "^^125 元^^" (^表空白字元)，B1 儲存格值為 "８瓶" (全形字)，計算兩儲存格相乘結果(1000)。

```
num = Val(Trim(Range("A1"))) * Val(StrConv(Range("B1"), vbNarrow))
```

## 7.2.4 常用日期函數

| 函數名稱 | 說明 |
|---|---|
| Now | 傳回目前系統的日期與時間，傳回值為 Date 資料型別。<br>例：Now ⇨ 傳回 2021/12/25　08:39:30 AM(依時間而不同) |
| Date | 傳回目前系統的日期。<br>例：Date ⇨ 傳回 2021/12/25　(依時間而不同) |
| Time | 傳回目前系統的時間。<br>例：Time ⇨ 傳回 08:39:30 AM　(依時間而不同) |
| Timer | 傳回由午夜 0 時 0 分 0 秒開始到目前所累計的總秒數(Single 型別)。例：Timer ⇨ 傳回 32297.904296875 (依時間而不同) |
| DateSerial(y, m, d) | 依據參數值傳回指定的日期(Data 資料型別)。<br>例：DateSerial(2022,1,1) ⇨傳回 2022/1/1<br>例：DateSerial(2022,1,0) ⇨傳回 2021/12/31(上月最後一天) |
| DateValue(日期字串) | 依據日期字串傳回指定的日期(Data 資料型別)。<br>例：DateValue("2022 年 8 月 8 日") ⇨ 傳回 2022/8/8 |
| TimeSerial(h, m, s) | 依據參數值傳回指定的時間(Data 資料型別)。<br>例：TimeSerial(11, 59, 59) ⇨ 傳回 11:59:59 AM |
| TimeValue(時間字串) | 依據時間字串傳回指定的時間(Data 資料型別)。<br>例：TimeValue("16 時 3 分 45 秒") ⇨ 傳回 04:03:45 PM |
| Year(d) | 傳回 d 日期的西元年(Integer 型別)。<br>例：Year("12/25/2021")或 Year(#12/25/2021#)⇨ 傳回 2021 |
| Month(d) | 傳回 d 日期的月(1 ~ 12)。例：Month("12/25/2021")⇨傳回 12 |

| 函數名稱 | 說明 |
|---|---|
| Day(d) | 傳回 d 日期的日(1~31)。例：Day("12/25/2021") ⇨ 傳回 25 |
| Weekday(d) | 傳回 d 日期的星期(1 ~ 7)，代表星期日~星期六。<br>例：Weekday("12/25/2021") ⇨ 傳回 7(星期六) |
| Hour(d) | 傳回 d 日期的時(0 ~ 23)。例：Hour("1:23:45 AM") ⇨傳回 1 |
| Minute(d) | 傳回 d 日期的分(0 ~ 59)。<br>例：Minute("1:23:45 AM")或 Minute(#1:23:45 AM#)⇨傳回 23 |
| Second(d) | 傳回 d 日期的秒(0 ~ 59)。<br>例：Second("1:23:45 AM") ⇨ 傳回 45 |
| DateDiff(interval, d1, d2) | 傳回 d1、d2 日期指定的間隔日期，資料型別為 Long。interval 參數可以設定間隔日期的單位，常用參數值如上。<br>例：DateDiff("m", "22/11/2021", "1/1/2022") ⇨ 傳回 2<br>例：DateDiff("d", #1/1/2022#, #22/11/2021#) ⇨ 傳回-40 |
| DateAdd(interval, number, d) | 傳回 d 日期加上指定的 number 日期，資料型別為 Date。interval 參數可以設定 number 參數的單位，常用參數值有 "yyyy"(年)、"q"(季)、"m"(月)、"ww"(周)、"d"(日)、"h"(小時)、"n"(分)、"s"(秒)。<br>例：DateAdd("d", 3, "2022 年 1 月 1 日") ⇨ 傳回 2022/1/4<br>例：DateAdd("m", 3, #12/25/2021#) ⇨ 傳回 2022/3/25 |

▶ **簡例**

如果到職日為 2013 年 3 月 17 日，請計算出到今天任職的年和月數。

```
years = DateDiff("yyyy", #3/17/2013#, Now)
months = DateDiff("m", #3/17/2013#, Now) - years * 12
```

## 7.2.5 Format 函數

Format 函數可以將數值或字串，依照指定的格式轉換成字串，其語法如下：

語法：

Formate(運算式 [, fmt ])

　　語法中的運算式可以為數值或字串運算式。fmt 參數為轉換後字串的格式，如果省略時會直接轉成字串，數值正數前的空白字元會被刪除。fmt 參數是由輸出格式符號所組成的字串，常用的輸出格式符號如下：

## 一、數字預設格式

| 符　號 | 說明 | 範例 |
|---|---|---|
| General Number | 一般的數字顯示 | Format(1234.567, "General Number") ⇨ 1234.567 |
| Currency | 貨幣的顯示方式 | Format(1234.567, "Currency") ⇨ NT$1,234.57 |
| Fixed | 小數點以下兩位顯示 | Format(1234.567, "Fixed") ⇨ 1234.57 |
| Standard | 小數點以下兩位，再加千位號 | Format(1234.567, "Standard") ⇨ 1,234.57 |
| Percent | 百分比顯示方式 | Format(1234.567, "Percent") ⇨ 123456.70% |
| Scientific | 科學記號顯示方式 | Format(1234.567, "Scientific") ⇨ 1.23E+03 |

## 二、數字自訂格式

| 符　號 | 說明 | 範例 |
|---|---|---|
| 0 | 代表一個位數，如果沒有數值就補上 0 | Format (123, "0000") ⇨「0123」。 |
| # | 代表一個位數，如果沒有數值不補 0 | Format (-123, "#####") ⇨「-123」。 |
| . | 小數點 | Format (12.3, "#.00") ⇨「12.30」。 |
| % | 以百分比顯示數值 | Format (0.123, "0.00%") ⇨「12.30%」。 |
| , | 千位分隔 | Format (1234, "#,###") ⇨「1,234」。 |
| -　+　$　空格 | 照左列符號字元顯示 | Format (1234.5,"$#,##0.00") ⇨「$1,234.50」 |
| \ | 強制顯示其後的字元 | Format(1234.5, "\台幣#,##0.0\元") ⇨「台幣 1,234.5 元」 |

▶ **簡例**

將 12.45 四捨五入到小數一位，以及將 12.5 四捨五入到個位數。

```
num1 = Format(12.45, "0.0") 'num1=12.5 若用 Round(12.45, 1)則 num1=12.4
num2 = Format(12.5, "0")     ' num2=13 若用 Round(12.5)則 num2=12
                            '若用 Fix(12.5)或 Int(12.5)則 num2=12 結果都不正確
```

## 三、日期預設格式

| 符號 | 說明 | 範例 |
|------|------|------|
| General Date | 顯示日期和時間 | Format(Now, "General Date")<br>⇨「2021/12/25 下午 09:32:12」 |
| Long Date | 顯示系統完整日期設定 | Format (Now, "Long Date")<br>⇨ 「2021 年 12 月 25 日」 |
| Short Date | 顯示系統簡短日期設定 | Format (Now, " Short Date ") ⇨ 「2021/12/25」 |
| Long Time | 顯示系統完整時間設定 | Format (Now, "Long Time") ⇨ 「下午 09:32:12」 |
| Medium Time | 顯示時間的上下午以及時和分 | Format (Now, " Medium Time ") ⇨「下午 09:32」 |
| Short Time | 顯示系統簡短時間設定 | Format (Now, " Short Time ") ⇨ 「21:32」 |

## 四、日期自訂格式

| 符號 | 說明 | 範例 |
|------|------|------|
| : | 時間的分隔符號 | Format(Now, "h:n:s")⇨「4:24:59」 |
| / | 日期的分隔符號 | Format(Now, "yyyy/m/d")⇨「2021/12/25」 |
| d、dd | 顯示日期的日<br>dd 的值由 01 ～ 31 | Format (#12/3/2021#, "d") ⇨「3」<br>Format (#12/3/2021#, "dd") ⇨「03」 |
| ddd、dddd | 顯示日期的星期。<br>ddd 顯示星期的簡稱<br>dddd 顯示全稱 | Format (Now(), "ddd") ⇨「Fri」(星期五)<br>Format (Now(), "dddd") ⇨「Friday」 |
| m、mm、<br>mmm、<br>mmmm | 顯示日期的月份。<br>mm 顯示月數由 01～12<br>mmm 顯示月份簡稱<br>mmmm 顯示月份全稱 | Format(#9/3/2021#, "m") ⇨「9」<br>Format(#9/3/2021#, "mm") ⇨「09」<br>Format(#9/3/2021#, "mmm") ⇨「Sep」<br>Format(#9/3/2021#, "mmmm")⇨「September」 |

| 符號 | 說明 | 範例 |
|---|---|---|
| yy、yyyy | 顯示日期的西元年份，yy 值由 00～99。 | Format(#9/3/2021#, "yy") ⇨「21」<br>Format(#9/3/2021#, "yyyy") ⇨「2021」 |
| y | 顯示日期在該年是第幾天。 | Format (#2/1/2021#, "y") ⇨「32」(31+1) |
| h、hh | 顯示時間的小時數。<br>hh 其值由 00～24。 | Format (#8:34:56 PM#, "h") ⇨「20」<br>Format (#8:34:56 AM#, "hh") ⇨「08」 |
| n、nn | 顯示時間的分鐘值。<br>mm 值由 00～59。 | Format (#8:34:56 PM#, "n") ⇨「34」<br>Format (#8:4:56 PM#, "nn") ⇨「04」 |
| s、ss | 顯示時間的秒鐘值。<br>ss 值由 00～59。 | Format (#8:34:56 PM#, "s") ⇨「56」<br>Format (#8:34:5 PM#, "s") ⇨「5」 |

▶ 簡例

在 A2、B2、C2 儲存格分別輸入民國年、月、日，在 D2 儲存格轉換成西元年月日(例如 2021 年 12 月 25 日)。

```
y = Val(Range("A2").Value)
m = Val(Range("B2").Value)
d = Val(Range("C2").Value)
Range("D2") = Format(DateSerial(1911 + y, m, d), "Long Date")
```

## 7.2.6 引用 Excel 工作表函數

雖然 VBA 已經提供許多的函數，但是 Excel 的工作表函數眾多而且功能強大，如果不能使用就太可惜了！在 VBA 中可以透過 WorksheetFunction 物件，來呼叫使用 Excel 的工作表函數。其寫法如下：

語法：

　　Application.WorksheetFunction.*函數名稱*(*函數引數串列*)

例如：要計算 A1:D3 儲存格範圍的數值總和，就可以利用工作表的 SUM 函數，程式寫法如下：

　　total = Application.WorksheetFunction.Sum(Range("A1:D3"))

# 7.3 Function 程序

## 7.3.1 如何定義 Function 程序

　　Function 自定程序(函數)是程式設計者自行定義的程序，不是由 VBA 系統所提供。Function 程序是以 Function 開頭，以 End Function 結束的程式區段。Function 程序在使用前必須先定義後，才可以在程式中被呼叫使用。定義 Function 程序時除了要用有意義的程序名稱外，還要宣告傳入和傳回資料的資料型別。其語法：

---

語法：

[Static] [Public | Private] Function *程序名稱* ([*參數串列* ]) As 資料型別

　　　(*程序的程式區段*)

　　[Exit Function]
　　*程序名稱* = 運算式
End Function

---

▶ 說明

1. 在 Function … End Function 裡面，不允許再定義 Function 程序。

2. 在 Function 前面允許加 Public、Private 關鍵字。若省略預設為 Public，表示此自定函數宣告為公開程序，存取上沒有限制；若為 Private 表此自定函數宣告為私用程序，只能在該模組內使用。

3. 參數(Parameter)串列是傳入 Function 程序內使用的零個或多個資料：

    ① 參數串列的個數：依照程式的需求，參數串列的個數可以為零或一個(含)以上。若有多個參數時，每個參數間需用逗號隔開。參數可以為變數、常數、陣列、物件...等資料型別，但不可為運算式。

    ② 參數傳遞的方式：若參數前加 ByVal 關鍵字表傳值呼叫，也就是所傳入的數值執行後不會將數值透過參數傳回；若為 ByRef 表參考呼叫，會將結果透過參數傳回。若省略指定傳遞方式時，則預設為 ByRef。

Function Total (**ByVal** vPrice As Integer, **ByRef** vSum As Single) As Integer

　　　　　　傳值呼叫　　　　　　參考呼叫

4. As 資料型別：

用來設定該自定程序執行完畢後，所要傳回值的資料型別。若省略 As 子句，預設 Function 程序的傳回值為 Object 物件資料型別。

例如：定義一個名稱為 Add 的 Function 程序，該程序所傳回的資料是整數，其寫法如下：

> Function Add (ByVal num1 As Integer, ..... ) As **Integer**

5. Function 程序可使用等號指定敘述將結果傳回，寫法：

> 程序名稱 = 運算式

若傳回值有兩個(含)以上時，就無法使用上面敘述，必須透過參考呼叫引數傳遞方式才有辦法。

6. 欲中途離開 Function 自定程序，可在離開處插入 Exit Function，會返回原呼叫處。

## 7.3.2 如何呼叫 Function 程序

當 Function 程序編寫(定義)完畢後，可以依是否要將傳回值指定給變數來呼叫該 Function 程序：

> 語法：
>
> 語法 1：*程序名稱* ( [ *引數串列* ] )　　　' 傳回值不指定給變數
>
> 語法 2：變數 = *程序名稱* ( [ *引數串列* ] ) ' 傳回值指定給變數

▶ **説明**

1. 接在呼叫程序名稱後面的一連串變數稱為「引數(Argument)串列」，以和程序名稱後面所接的參數(Parameter)串列有所區隔。如果將參數比喻為停車位，引數就像是汽車，也就是參數像是容器，而引數則是放入的資料。

2. 呼叫 Function 程序敘述與被呼叫 Function 程序兩者的名稱必須相同，變數個數及資料型別兩者也必須相同，但是兩者的變數名稱可以不相同。

3. 呼叫 Function 程序的引數可以是常數、變數、運算式、陣列、物件...等資料型別。

 **實作** FileName：Max.xlsm

定義一個名稱為 maxVal(x,y)的 Function 程序，該程序會將 x、y 兩數的最大值傳回，其寫法和程式執行流程如下：

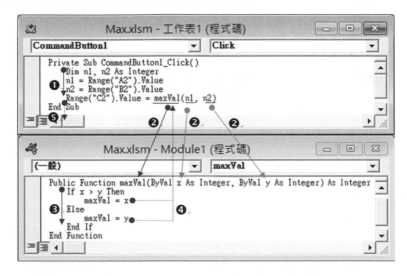

請按照下列操作步驟，練習建立 maxVal(x, y) Function 程序，以及透過工作表 CommandButton1_Click 事件程序呼叫該 maxVal 程序，結果如下圖所示：

| | A | B | C | D |
|---|---|---|---|---|
| 1 | 第一數 | 第二數 | 最大數 | 最大數 |
| 2 | 5 | 10 | 10 | |

▶ **解題技巧**

Step 1 建立輸出入介面

1. 新增活頁簿並以「Max」為新活頁簿名稱。

2. 在工作表 1 中建立如右表格，和 ActiveX 命令按鈕控制項。

| | A | B | C | D |
|---|---|---|---|---|
| 1 | 第一數 | 第二數 | 最大數 | 最大數 |
| 2 | 5 | 10 | | |

Step ② 新增 Function 程序

### 1. 新增模組

點按 VBA 程式編輯器工具列上 📲 ▼的下拉鈕，然後點選 📓 插入模組圖示鈕，就可以新增模組。此時專案總管視窗會新增模組資料夾，其中建立 Module1 模組，並開啟 Module1 程式碼視窗。

### 2. 新增程序

先在 Module1 程式碼視窗內點一下，執行功能表【插入/程序】指令會開啟「新增程序」對話方塊。在「名稱」文字方塊中輸入 maxVal，點選 Function 型態和 Public 有效範圍，再按確定鈕就建立名稱為 maxVal 的 Function 程序。

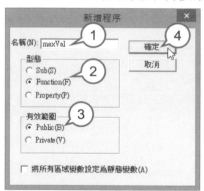 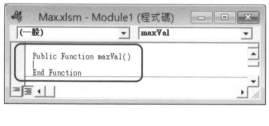

### 3. 編寫程序

因為有兩整數要比較大小，所以在( )內輸入兩個參數串列。因為參數值不要傳回，所以加上 ByVal 關鍵字。因為程序傳回值為整數，所以最後加上 As Integer。程序中指定 maxVal 等於傳回值，將運算結果傳回呼叫處。

Step ③ 編寫 Function 程序

| FileName: Max.xlsm　　(Module1 程式碼) |
| --- |
| 01 Public Function maxVal(ByVal x As Integer, ByVal y As Integer) As Integer |
| 02　　If x > y Then |
| 03　　　　maxVal = x |
| 04　　Else |
| 05　　　　maxVal = y |
| 06　　End If |
| 07 End Function |

Step ④ 編寫事件程序

| FileName: Max.xlsm　(工作表 1 程式碼) |
| --- |
| 01 Private Sub CommandButton1_Click() |
| 02　　　Dim n1, n2 As Integer |
| 03　　　n1 = Range("A2").Value |
| 04　　　n2 = Range("B2").Value |
| 05　　　Range("C2").Value = maxVal(n1, n2) |
| 06 End Sub |

▶ 隨堂測驗

將上面實作增加 minVal(x, y)自定程序,並使用變數來接受傳回值。

|  | A | B | C | D | E | F |
| --- | --- | --- | --- | --- | --- | --- |
| 1 | 第一數 | 第二數 | 最大數 | 最小數 | 最大數 | 最小數 |
| 2 | 5 | 10 | 10 | 5 | | |

## 7.3.3 儲存格如何插入 Function 程序

當 Function 程序編寫完畢後,在工作表的儲存格中也可以引用,如此就可以自行設計合用的函數。

1. 首先點選要插入自定 Function 程序的儲存格。
2. 按工具列中 $f_x$ 插入函數圖示鈕,會開啟「插入函數」對話方塊。
3. 在對話方塊中點選「使用者定義」的類別,在「選取函數」的清單中選取自定程序,最後按下 確定 鈕,會開啟「函數引數」對話方塊。
4. 在對話方塊中設定函數的參數值來源,設定後按下 確定 鈕就完成自定程序的引用。

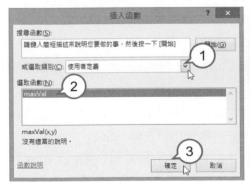

C2 =maxVal(A2,B2)

| | A | B | C | D | E |
|---|---|---|---|---|---|
| 1 | 第一數 | 第二數 | 最大數 | | |
| 2 | 5 | 10 | 10 | | |

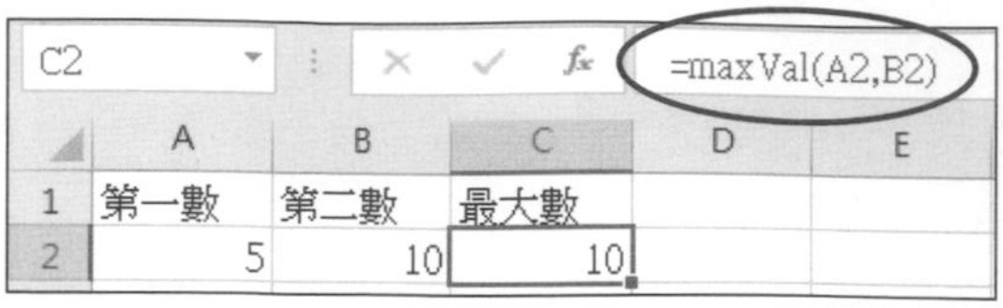

實作 FileName：Function.xlsm

定義一個名稱為 ChiDollar 的 Function 程序，傳入數值會傳回國字大寫金額。在工作表中引用 ChiDollar 程序，顯示國字大寫金額。

### ▶ 輸出要求

E2 =ChiDollar(D2)

| | A | B | C | D | E | F |
|---|---|---|---|---|---|---|
| 1 | 產品 | 單價 | 數量 | 小計 | 大寫金額 | |
| 2 | 吸塵器 | 5640 | 2 | 11280 | 新台幣壹萬壹仟貳佰捌拾元整 | |
| 3 | | | | | | |

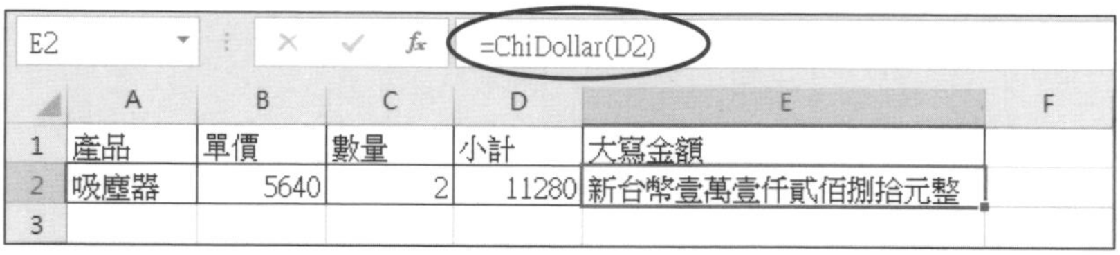

### ▶ 解題技巧

**Step 1** 建立輸出入介面

1. 新增活頁簿並以「Function」為新活頁簿名稱。
2. 在工作表 1 中建立如下表格：

D2 =B2*C2

| | A | B | C | D | E | F |
|---|---|---|---|---|---|---|
| 1 | 產品 | 單價 | 數量 | 小計 | 大寫金額 | |
| 2 | 吸塵器 | 5640 | 2 | 11280 | | |
| 3 | | | | | | |

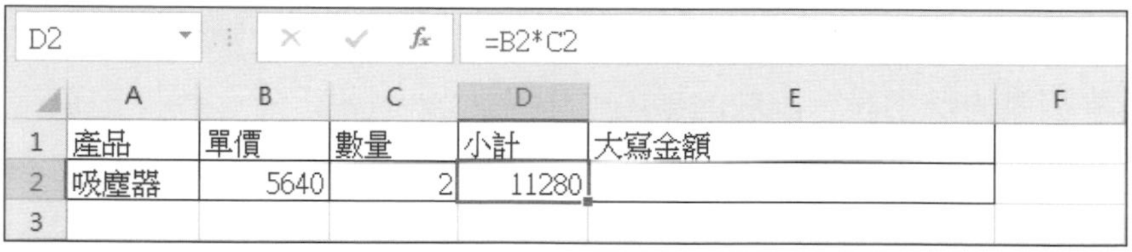

**Step 2** 問題分析

1. 在 Module1 模組中建立一個名稱為 ChiDollar 的 Function 程序，參數為整數 d，傳回值為字串。
2. 在 ChiDollar 程序中引用 Excel 函數 Text，使用[DBNum2]格式將數字轉型為國字大寫字串，並在前後加上 "新台幣" 和 "元整" 字串。
3. 在工作表的 E2 儲存格中引用 ChiDollar 程序，引數為 D2 儲存格。

**Step ③ 編寫程式碼**

| FileName: Function.xlsm　　(Module1 程式碼) |
| --- |
| **01 Public Function ChiDollar(ByVal d As Integer) As String** |
| 02　　ChiDollar = "新台幣" & WorksheetFunction.Text(d, "[DBNum2]") & "元整" |
| 03 End Function |

▶ **隨堂測驗**

建立 idSex 自定程序，傳入身分證字號會傳回性別。(提示：身分證字號的第二個字元若為 1 就是男性)

| C2 | ▼ | ⋮ | × | ✓ | fx | =idSex(B2) | |
| --- | --- | --- | --- | --- | --- | --- | --- |
| | A | B | | C | D | | |
| 1 | 姓名 | 身分證字號 | | 性別 | | | |
| 2 | 張小城 | L123456789 | | 男性 | | | |
| 3 | 廖美美 | L234567890 | | 女性 | | | |

# 7.4 Sub 程序

## 7.4.1 如何定義 Sub 程序

Sub 自定程序是一個使用者依程式需求自己定義的程序，簡稱「Sub 程序」。Sub 程序是以 Sub 開始，以 End Sub 敘述結束的程式區段。當 Sub 程序被呼叫時，會執行程序內的程式碼，當碰到 Exit Sub 或 End Sub 敘述就離開程序，返回原呼叫處的下一個敘述繼續往下執行。Sub 程序的定義方式和 Function 差不多，但是 Sub 程序沒有傳回值，所以不加上『As 資料型別』。定義 Sub 程序的語法：

```
語法：

[Static] [Private | Public ] Sub 程序名稱 ([參數串列 ])

        [程序的程式區段]

        [Exit Sub]  ◀────  在欲離開 Sub 程序處
                            插入 Exit Sub 敘述
End Sub
```

▶ **説明**

1. 定義 Sub 程序時如加上 Static 關鍵字，在程序內的變數會成為「靜態變數」。

2. 靜態變數在程序執行完畢後仍保有記憶體位址，所以下次再呼叫該程序時，原變數值會被保留可繼續使用。

3. 在 Sub … End Sub 程序裡，不允許再定義 Sub 或 Function 程序。在 Excel VBA 程式編輯器中，建立 Sub 程序的步驟和前面 Function 程序相同，只是「型態」要選擇 Sub。

## 7.4.2 如何呼叫 Sub 程序

程式中呼叫 Sub 程序的方式有下面兩種方式：

語法：

語法 1：*程序名稱* [*引數串列* ]  ◀—— 注意不加( )

語法 2：Call *程序名稱* ( [*引數串列* ] )

**實作** FileName：ForSum.xlsm

設計名稱為 fSum 的 Sub 程序，會將引數 n1、n2 當 For 迴圈的初值和終值，所得兩數間的整數連加總和，以 MsgBox()輸出對話方塊顯示。

▶ **輸出要求**

▶ **解題技巧**

Step (1) 建立輸出入介面

1. 新增活頁簿並以「ForSum」為新活頁簿名稱。

2. 在工作表 1 中建立如下表格，和 ActiveX 命令按鈕控制項：

|  | A | B | C |
|---|---|---|---|
| 1 | 初值 | 終值 | 執行 |
| 2 | 1 | 10 | |

Step 2　問題分析

1. Sub 程序 fSum 要建立在 Module 模組中。因為需要有初值和終值，所以參數串列中有兩個整數變數。在程序中用 For...Next 迴圈，計算出總和。最後用 MsgBox()輸出對話方塊顯示計算結果。

2. 呼叫 fSum 程序有 Call fSum(n1, n2)，和 fSum n1, n2 兩種方式。

Step 3　編寫程式碼

| FileName: ForSum.xlsm　(工作表 1 程式碼) |
|---|
| **01 Private Sub CommandButton1_Click()** |
| 02　　　Dim n1 As Integer, n2 As Integer |
| 03　　　n1 = Range("A2").Value |
| 04　　　n2 = Range("B2").Value |
| 05　　　Call fSum(n1, n2)　'或　fSum n1, n2 |
| 06 End Sub |

| FileName: ForSum.xlsm (Module1 程式碼) |
|---|
| **01 Public Sub fSum(ByVal x As Integer, ByVal y As Integer)** |
| 02　　　Dim total As Integer |
| 03　　　For i = x To y |
| 04　　　　　total = total + i |
| 05　　　Next |
| 06　　　MsgBox (x & "加到" & y & "的總和為：" & total) |
| 07 End Sub |

▶ 隨堂測驗

設計一個程序名稱為 Area 的 Sub 程序，可以計算和顯示長方形面積。

# 7.5 傳值呼叫與參考呼叫

主程式呼叫 Sub 或 Function 程序時，允許呼叫敘述的引數串列和程序內參數串列間做資料的傳遞，其傳遞機制依參數是否允許傳回值分為下列兩種方式：

1. 參考呼叫（Call By Reference）

2. 傳值呼叫（Call By Value）

## 7.5.1 參考呼叫

所謂的「參考呼叫」(或稱傳址呼叫)，就是呼叫程序的引數與被呼叫程序的參數做資料傳遞時，兩者占用相同的記憶體位址。也就是說在做引數傳遞時，呼叫程序中的引數是將記憶體位址傳給被呼叫程序的參數，引數和參數共用同一位址的記憶體。因此，以參考呼叫傳遞引數的好處就是「被呼叫程序」可以透過該參數將值傳回給原呼叫敘述的引數，導致引數的值被改變。程序若在參數之前加上 ByRef，即表示將此參數的傳遞方式採參考呼叫，未特別宣告時 VBA 預設為 ByRef。

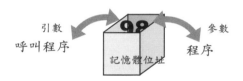

Sub 程序沒有傳回值，而 Function 程序也只有一個傳回值，為解決上述問題就必須採用參考呼叫。使用參考呼叫因為參數會傳回，所以提高了程式的效率。但是如果處理不當會造成不易除錯的後果，所以使用參考呼叫時應多加注意。

 實作　FileName：：Swap.xlsm

設計一個名稱為 swapVal 的 Sub 自定程序，採參考呼叫方式傳遞參數，在自訂程序中將兩數交換。

▶ 輸出要求

▶ **解題技巧**

**Step 1** 建立輸出入介面

1. 新增活頁簿並以「Swap」為新活頁簿名稱。

2. 在工作表 1 中建立如右表格，和 ActiveX
命令按鈕控制項。

| | A | B | C |
|---|---|---|---|
| 1 | 第一數 | 第二數 | 交換 |
| 2 | | | |

**Step 2** 問題分析

1. swapVal 程序因為要有兩個傳回值，所以必須用參考呼叫。在程序將參數
s1、s2 兩數做交換，因為是參考呼叫，所以數值交換結果會傳回原呼叫處。

**Step 3** 編寫程式碼

| FileName: Swap.xlsm (工作表 1 程式碼) |
|---|
| **01 Private Sub CommandButton1_Click()** |
| 02 　　Dim n1 As Integer, n2 As Integer |
| 03 　　n1 = Range("A2").Value |
| 04 　　n2 = Range("B2").Value |
| 05 　　Call swapVal(n1, n2) |
| 06 　　Range("A2").Value = n1 |
| 07 　　Range("B2").Value = n2 |
| 08 End Sub |

| FileName: Swap.xlsm (Module1 程式碼) |
|---|
| **09 Public Sub swapVal(ByRef s1 As Integer, ByRef s2 As Integer)** |
| 10 　　Dim temp As Integer |
| 11 　　temp = s1 |
| 12 　　s1 = s2 |
| 13 　　s2 = temp |
| 14 End Sub |

▶ **説明**

1. 第 3~4 行：設 n1 和 n2 變數值分別為 A2、B2 儲存格值，預設為 10 和 1。

2 第 5 行：呼叫 swapVal(n1, n2)自定程序此時會跳至第 9 行，並將 n1 和 n2
引數位址指定給參數 s1 和 s2，即 s1 和 n1 以及 s2 和 n2 共用相同位址。

| 變數 | 記憶體位址 | 內容 | 變數 |
|---|---|---|---|
| n1 | 10000 | 10 | s1 |
| n2 | 10004 | 1 | s2 |

3. 第 11~13 行：先將 s1 指定給 temp，再將 s2 指定給 s1，最後將 temp 指定
給 s2，達成兩數交換的結果 s1 = 1　s2 = 10。

| 變數 | 記憶體位址 | 內容 | 變數 |
|---|---|---|---|
| n1 | 10000 | ~~10~~ 1 | s1 |
| n2 | 10004 | ~~1~~　10 | s2 |
| | 10008 | 10 | temp |

4. 第 6~7 行：離開 swap(n1, n2) 自定程序，返回主程式的第 6 行。此時自定
程序的 s1、s2 和 temp 變數由記憶體釋放掉，剩下主程式的 n1 和 n2 變數。

| 變數 | 記憶體位址 | 內容 | 變數 |
|---|---|---|---|
| n1 | 10000 | 1 | |
| n2 | 10004 | 10 | |

▶ **隨堂測驗**

試設計一個 off 自定程序，有兩個參數一為原來金額(參考呼叫、整數)，另一
為打折數(傳值呼叫、單精確度)，可以計算出打折後實收金額。

| | A | B | C | D |
|---|---|---|---|---|
| 1 | 原來金額 | 折數 | 實收金額 | 計算 |
| 2 | 10000 | 0.85 | 8500 | |

## 7.5.2 傳值呼叫

當呼叫 Sub 或 Function 自定程序時，只要將引數值傳給程序的參數，程序執
行後不需將參數值回傳給原呼叫程式時，就要使用傳值呼叫。由於引數和參數兩
者占用不同的記憶體位址，程序內參數的值改變時，也不會影響原來引數的值。
在定義程序時，在參數前面加 ByVal，即表示該參數的傳遞方式為傳值呼叫。傳
值呼叫最大的好處，就是變數會區隔不會相互影響。因為 VBA 參數的傳遞預設為
參考呼叫，所以不需共用記憶體時請務必加上 ByVal 將變數宣告成傳值呼叫。

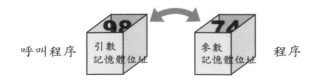

**實作** FileName : Square.xlsm

撰寫名稱為 squareVal 的 Function 自定程序,可以傳回參數值的平方值。

▶ **輸出要求**

| | A | B | C |
|---|---|---|---|
| 1 | 數值 | 平方值 | 平方 |
| 2 | 7 | 49 | |

▶ **解題技巧**

**Step 1** 建立輸出入介面

1. 新增活頁簿並以「Square」為新活頁簿名稱。

2. 在工作表 1 中建立如上表格,和 ActiveX 命令按鈕控制項。

**Step 2** 分析問題

1. squareVal 程序因為計算用的數值參數 s 不需要傳回,所以要使用傳值呼叫。

**Step 3** 編寫程式碼

| FileName: Square.xlsm    (工作表 1 程式碼) |
|---|
| **01 Private Sub CommandButton1_Click()** |
| 02    Dim num As Integer |
| 03    num = Range("A2").Value |
| 04    Range("B2") = square(num) |
| 05 End Sub |

| FileName: Square.xlsm (Module1 程式碼) |
|---|
| **06 Public Function squareVal(ByVal s As Integer) As Integer** |
| 07    s = s * s |
| 08    squareVal = s |
| 09 End Function |

▶ **說明**

1. 第 3 行:設定 num 整數變數值為 A2 儲存格值,預設為 7。

2. 第 4 行:呼叫 squareVal(num)程序此時會跳至第 6 行,並將 num 引數值指定給參數 s。

| 變數 | 記憶體位址 | 內容 |
|------|-----------|------|
| num | 10000 | 7 |
| s | 10004 | 7 |

3. 第 7~8 行：將 s 指定等於 s * s，然後再指定 squareVal 等於 s 將數值傳回。

| 變數 | 記憶體位址 | 內容 |
|------|-----------|------|
| num | 10000 | 7 |
| s | 10004 | ~~7~~ 49 |

4. 第 4 行：離開 squareVal(num)程序，返回主程式的第 4 行。此時 s 變數由記憶體釋放只剩下 num 變數，因為是傳值呼叫所以 num 變數值維持不變。

| 變數 | 記憶體位址 | 內容 |
|------|-----------|------|
| num | 10000 | 7 |

▶ **隨堂測驗**

試設計 rndBetween 程序，會傳回兩參數間(含)的亂數整數值。

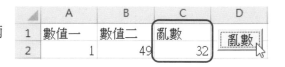

# 7.6 程序間陣列的傳遞

整個陣列或陣列中的元素，都可以在程序間藉由引數來傳遞。傳遞陣列中的元素就和傳遞變數一樣，參考呼叫或傳值呼叫皆可使用。而傳遞整個陣列時，因為陣列名稱所存的是陣列的起始位址，所以傳遞整個陣列就一定要使用參考呼叫。

若要將整個陣列當做引數傳遞給程序時，引數的陣列名稱後面不加()，程序定義時陣列參數名稱後面要加上()。程序的陣列參數可用 ByRef 宣告，讓引數和參數陣列共用記憶體位址。下例將 myArray 陣列傳遞到 passArray 程序的 vAry 參數：

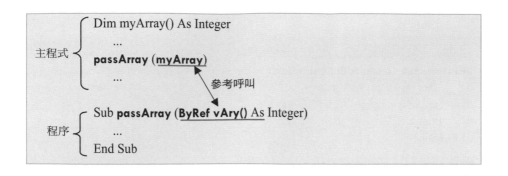

實作　FileName：ArraySum.xlsm

試寫 arySum 自定 Function 程序，可以傳回陣列參數的總和。將 A2:C3 儲存格範圍的數值以陣列傳給 arySum 程序，然後顯示數值的總和。

▶ **輸出要求**

| | A | B | C | D | E |
|---|---|---|---|---|---|
| 1 | 陣列值 | | | | 總和 |
| 2 | 12 | 14 | 17 | 總和 | |
| 3 | 8 | 21 | 9 | 81 | |

▶ **解題技巧**

**Step 1** 建立輸出入介面

1. 新增活頁簿並以「ArraySum」為新活頁簿名稱。

2. 在工作表 1 中建立如下表格，和 ActiveX 命令按鈕控制項：

| | A | B | C | D | E |
|---|---|---|---|---|---|
| 1 | 陣列值 | | | | 總和 |
| 2 | 12 | 14 | 17 | 總和 | |
| 3 | 8 | 21 | 9 | | |

**Step 2** 分析問題

1. 先宣告一個陣列 myArray()資料型別為 Variant，然後將 A2:C3 儲存格範圍的數值指定給 myArray 陣列。

2. 在 arySum 自定 Function 程序中，用 For Each 迴圈將陣列值逐一加到總和 total 變數中，然後傳回 total 變數值。

Step ③ 編寫程式碼

| FileName: ArraySum.xlsm　(工作表 1 程式碼) |
|---|
| **01 Private Sub CommandButton1_Click()** |
| 02　　Dim myArray() As Variant |
| 03　　myArray = Range("A2:C3").Value |
| 04　　Range("D3") = arySum(myArray) |
| 05 End Sub |

| FileName: ArraySum.xlsm　(Module1 程式碼) |
|---|
| **06 Public Function arySum(ByRef vAry() As Variant) As Integer** |
| 07　　Dim total As Integer |
| 08　　total = 0 |
| 09　　For Each v In vAry |
| 10　　　　total = total + v |
| 11　　Next |
| 12　　arySum = total |
| 13 End Function |

▶ **隨堂測驗**

試寫 aryMax 自定 Function 程序，可以傳回陣列參數的最大值。將 A2:C3 儲存格範圍的數值以陣列傳給 aryMax 程序，然後顯示陣列的最大值。

|  | A | B | C | D | E |
|---|---|---|---|---|---|
| 1 | 陣列值 | | | | |
| 2 | 12 | 14 | 17 | 最大值 | 最大值 |
| 3 | 8 | 21 | 9 | 21 | |

# 物件簡介
# 與 Application 物件

**8**

CHAPTER

學習目標

- 認識物件的屬性、物件的方法、物件的事件
- 認識 Excel 的物件模型、Application 物件
- 認識 Application 物件常用的屬性與方法
- 學習建立 Application 物件
- 認識 Application 物件常用的事件
- 認識 With … End With 敘述

## 8.1 物件簡介

### 8.1.1 物件是什麼？

在我們生活的真實世界中，每一個人、事、物都可以視為一個物件(Object)，例如人、動、植物、桌子、電腦、玫塊花、星星、漢堡、汽車...等均屬之。物件是外界真實物品的抽象對應，例如：轎車、貨車、休旅車、警車 ... 等都對應成「車子」物件。物件應該包含狀態或稱屬性(汽車的排氣量、車種、顏色...)，也包含行為(發動、加速、剎車...)，另外物件都具有可以識別的特性(例如汽車的車牌號碼)。特性類似的物件可以歸類成同一個類別(Class)，例如車牌號碼為 AA-8888 的轎車和 BB-9999 貨車同屬於「車子」類別，兩輛車雖然都屬於「車子」類別，但是各為不同的物件。

在物件導向程式中，物件是由類別所建立的實體(Instance)。物件導向程式設計(Object Priented Programming, OOP)就是模擬真實世界所發展出來的概念，適合用來

發展大型的程式，基本上 Excel VBA 是符合物件導向程式的設計理念。

**真實物品抽象化成物件**

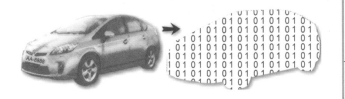

| 汽車物件 |
|---|
| 車牌號碼：AA-8888 |
| 車　　種：轎車 |
| 排 氣 量：1800 |
| 顏　　色：紅 |
| 發動、加速、剎車、換檔...等行為 |

### 8.1.2　物件的屬性

物件抽象化過程中會將真實物件的各種特徵，改以各種型態的資料來描述，這些資料就稱為物件的屬性(Property)。譬如各種轎車都是屬於汽車這個類別的物件，但是因同類別的各物件具有相同屬性其屬性值卻不同，如：廠牌、排氣量、顏色...等，所以能夠區分出不同的物件。

每個人、事、物我們都賦予名稱，才能在日常生活中加以識別，同樣地在設計程式時，每個物件也都具有 Name(物件名稱)屬性且必須是唯一，才能在程式中識別。例如：汽車的車牌號碼就像是物件 Name 屬性，車牌號碼號碼必須是唯一，根據車牌號碼來寄送罰單就不會出錯。譬如：物件名稱為「myCar」，若要將該物件的Color 屬性設為「紅色」，其寫法如下：

```
myCar.Color = "紅色"
```

### 8.1.3　物件的方法

在物件抽象化的過程，會將真實物件的各種行為(功能)，改以各種方法(Method)來達成。例如：汽車具有發動、加速、剎車、換檔...等行為，在汽車物件中就有對應的方法來完成該行為(功能)。在呼叫方法執行時，會順便傳遞訊息來指定動作，例如：物件名稱為 myCar，提供 ChangeSpeed(number)方法來換檔，若要將 myCar 物件車速切換到 2 檔，其寫法如下：

```
myCar.ChangeSpeed(2)
```

## 8.1.4 物件的事件

事件(Event)也是物件的一種方法，只是事件是由物件本身、系統或其他物件來觸動執行。VBA 已經針對各種物件定義一系列事件，每個物件擁有的事件不盡相同，有些事件彼此都具有，有些事件是該物件所獨有，我們可以針對被觸發事件要處理的程式碼寫在該事件程序中。如：在按鈕物件上按一下滑鼠左鍵時，會觸動按鈕的Click事件，此時可將使用者按鈕按下時要處理的程式碼寫在Click事件程序中。

## 8.1.5 物件導向程式的特性

在物件導向程式設計中的物件具有封裝、繼承和多型的三個基本特性，可以改進程序導向程式缺乏程式資料安全、程式再利用、以及維護困難的問題。說明如下：

1. **封裝 (Encapsulation)**：就是將物件中的資料和方法加以保護，外界必須透過介面或執行物件中的方法，才能存取物件中的資料。外界不用知道物件內部如何運作，只要了解物件的介面就能順利運用物件，如此就能避免物件內的資料被外界不當存取。例如：可以讀取物件的屬性、設定屬性，甚至執行物件的方法。

2. **繼承 (Inheritance)**：指物件可以利用現有的類別(父類別)來建立新的類別(子類別)，子類別可以繼承父類別所有的屬性和方法，也可以新增自己的屬性和方法，甚至可以覆寫父類別的屬性和方法。由於物件具有此特性，所以程式碼可以重複使用，加快了程式開發的速度。因為類別可以繼承，所以類別間會形成階層式的關係。例如：利用「車子」類別建立「轎車」類別，再利用「轎車」類別建立「休旅車」類別，其階層關係如右。

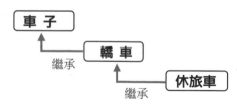

3. **多型 (Polymorphism)**：就是透過物件的單一介面，可以使用多元的存取方式來操作物件的屬性和方法。物件具有多型的特性，可以使物件操作富有彈性。例如：可以依照引數的個數或資料型別的不同來呼叫下列 myCar 物件的 ChangeSpeed()三種方法：

```
myCar. ChangeSpeed(2)
myCar. ChangeSpeed (2, Auto)
myCar. ChangeSpeed (2, Turbo)
```

## 8.1.6 Excel 的物件模型

在 Excel 中，物件如下圖在「物件模型」階層結構中，被有系統地架構起來，因為 Excel 物件眾多僅列出常用的物件。其中 Excel 最常用的物件有：Application、Workbook、Sheet、Chart...等，將在後面章節中逐一介紹。

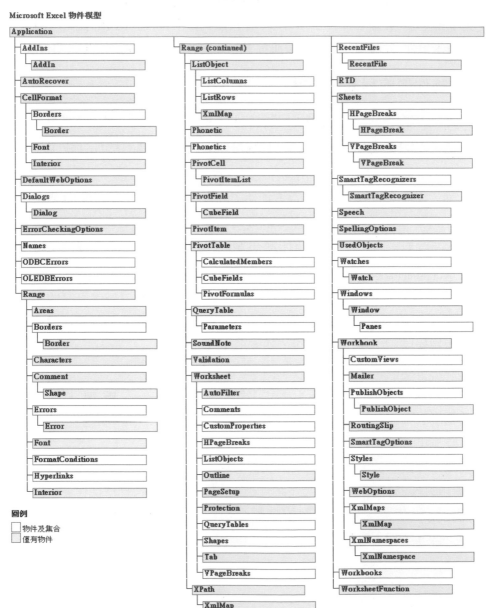

Microsoft Excel 物件模型

## 8.2 Application 物件常用的屬性

當 Excel 應用程式被執行時,在 VBA 中就會建立一個 Application 物件,來代表整個 Excel 應用程式,所以可以說 Application 物件等於 Excel 應用程式。當設定 Application 物件的屬性值或執行方法時,會影響到整個 Excel 應用程式。Application 物件就像是個大容器,其中可以包含多個活頁簿(WorkBook)、工作表(Worksheet)...等物件。Excel VBA 中的物件間有階層式關係,如下圖即為常用物件的隸屬關係:

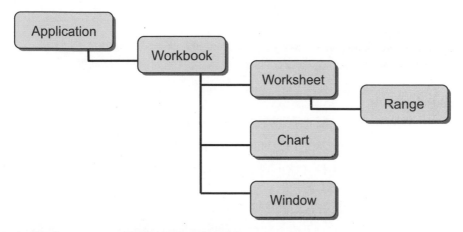

### 8.2.1 設定 Excel 環境的常用屬性

若要指定物件的屬性值,其語法為:

> 語法:
>
> 物件名稱**.**屬性名稱 = 屬性值

Excel 環境的常用屬性如下:

1. **Caption**

   使用 Caption 屬性可以設定 Excel 應用程式的標題欄文字內容,例如:設定標題欄文字內容為「薪資系統」,寫法為:

   > Application.Caption = "薪資系統"

### 2. DisplayStatusBar

使用 DisplayStatusBar 屬性可以設定 Excel 應用程式是否顯示狀態列，屬性值有 True(顯示)、False(不顯示) 兩種。例如：設定要顯示狀態列，寫法為：

```
Application.DisplayStatusBar = True        ' 顯示狀態列
```

### 3. StatusBar

使用 StatusBar 屬性可以設定 Excel 應用程式的狀態列文字內容，若要恢復狀態列的預設文字狀態，則可以將屬性值設為 False。

```
Application.StatusBar = "讀檔中..."        ' 狀態列顯示 "讀檔中..." 訊息
Application.StatusBar = False              ' 恢復狀態列預設文字狀態
```

### 4. WindowState

使用 WindowState 屬性可以設定 Excel 應用程式的視窗狀態。屬性值有 xlMaximized (視窗最大化)、xlMinimized (視窗最小化)、xlNormal (手動) 三種。例如：將 Excel 應用程式縮小到工作列，寫法為：

```
Application.WindowState = xlMinimized
```

### 5. DisplayFullScreen

使用 DisplayFullScreen 屬性可以設定為全螢幕模式，將 Excel 應用程式視窗最大化。屬性值為 True (全螢幕模式)、False (一般模式，預設值)。

```
Application.DispplayFullScreen = True      '設定為全螢幕模式
```

### 6. DisplayAlerts

使用 DisplayAlerts 屬性可以設定 Excel 應用程式在關閉視窗等操作時，是否顯示提示訊息或警告。例如：提醒尚未儲存檔案、是否確定刪除工作表。屬性值有 True (顯示提示訊息或警告)、False (不顯示提示訊息或警告) 兩種。例如：將 Excel 應用程式的提示訊息和警告功能關閉。寫法為：

```
Application.DisplayAlerts = False
```

## 7. EnableEvents

使用 EnableEvents 屬性可以設定 Excel 應用程式是否允許觸動事件，屬性值有 True (預設值、啟用事件觸發)、False (暫停事件觸發) 兩種。例如：修改儲存格內容會觸動工作表的 Change 事件，如果要連續修改資料又不要一直觸動事件時，就可以先設 EnableEvents 屬性值為 False，等修改完資料後，再設回屬性值為 True。

```
Application.EnableEvents = False   ' 暫時停止觸發事件
```

## 8. FileDialog

使用 FileDialog 屬性可以顯示系統內建和檔案相關的對話方塊，可用的參數值有 msoFileDialogOpen (開啟舊檔)、msoFileDialogSaveAs (儲存檔案)、msoFile DialogFolderPicker (瀏覽) 等三種，後面必須使用 Show()方法來顯示對話方塊。例如：開啟「開啟舊檔」對話方塊，寫法為：

```
Dim dialog As Object            ' 宣告 dialog 物件
' 指定 dialog 等於開啟舊檔對話方塊
Set dialog = Application.FileDialog(msoFileDialogOpen)
Dim pick As Boolean         ' 宣告 pick 布林變數
pick = dialog.Show          ' 顯示開啟舊檔對話方塊
If pick Then                ' 如果按確定鈕
    MsgBox "選取的檔案是：  " & dialog.SelectedItems(1)
End If
```

## 9. Dialogs

使用 Dialogs 屬性可以開啟系統內建的對話方塊，可用的屬性值很多可以由清單中選用，然後使用 Show 方法來開啟對話方塊。例如：開啟列印對話方塊，寫法為：

```
Application.Dialogs(xlDialogPrint).Show     '顯示列印對話方塊
```

## 10. Interactive

使用 Interactive 屬性可以中止接受使用者在工作表的操作動作，屬性值為 False (接受，預設值)、True (不接受)。可用在執行程序或巨集前先將 Interactive 屬性值設為 False，來避免程序的執行結果，待執行後再重設屬性值為 True。

 實作 FileName：Application 屬性 1.xlsm

按 <設定> 鈕會設定 Excel 狀態為：標題欄文字為 B1 儲存格內容、狀態列顯示 B2 儲存格內容、顯示「儲存檔案」對話方塊並顯示另存的檔名、Excel 視窗大小為手動。按 <復原> 鈕會設定 Excel 視窗最大化，並恢復狀態列的預設文字。

▶ **輸出要求**

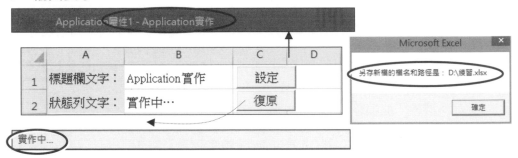

▶ **解題技巧**

**Step 1** 建立輸出入介面

1. 新增活頁簿並以「Application 屬性 1」為新活頁簿名稱。

2. 在工作表 1 中建立如下表格，以及兩個 ActiveX 命令按鈕控制項：

| | A | B | C |
|---|---|---|---|
| 1 | 標題欄文字： | | 設定 |
| 2 | 狀態列文字： | | 復原 |

**Step 2** 問題分析

1. 要顯示「儲存檔案」對話方塊，可以使用 Application 的 FileDialog 屬性，參數值設為 msoFileDialogSaveAs。當輸入左小括弧時就會顯示清單，從中選取 msoFileDialogSaveAs 項目即可。

Step ③ 編寫程式碼

| FileName: Application 屬性 1.xlsm (工作表 1 程式碼) | |
|---|---|
| **01 Private Sub CommandButton1_Click()** | |
| 02     Application.Caption = Range("B1").Value | '設定標題欄文字內容 |
| 03     Application.DisplayStatusBar = True | '顯示狀態列 |
| 04     Application.StatusBar = Range("B2").Value | '設定狀態列顯示文字內容 |
| 05     Dim dialog As Object     '宣告 dialog 物件 | |
| 06     '指定 dialog 等於儲存檔案對話方塊 | |
| 07     Set dialog = Application.FileDialog(msoFileDialogSaveAs) | |
| 08     Dim pick As Boolean     '宣告 pick 布林變數 | |
| 09     pick = dialog.Show     '顯示儲存檔案對話方塊 | |
| 10     If pick Then     '如果按確定鈕 | |
| 11       MsgBox "另存新檔的檔名和路徑是： " & dialog.SelectedItems(1) | |
| 12     End If | |
| 13     Application.WindowState = xlNormal | '設定視窗大小為手動 |
| 14 End Sub | |
| 15 | |
| **16 Private Sub CommandButton2_Click()** | |
| 17     Application.WindowState = xlMaximized | '設定視窗最大化 |
| 18     Application.StatusBar = False | '恢復狀態列預設文字狀態 |
| 19 End Sub | |

▶ **隨堂練習**

將上面實作的開啟「儲存檔案」對話方塊，改為「開啟舊檔」對話方塊並顯示選取的檔案的檔名，然後顯示「列印」對話方塊。

## 8.2.2 指定物件的常用屬性

1. **Workbooks**

使用 Workbooks 屬性可以取得 Excel 應用程式中的活頁簿集合。例如：新增一個活頁簿然後顯示活頁簿的總數，寫法為：

```
Application.Workbooks.Add                        ' 新增一個活頁簿
MsgBox "活頁簿數量：" & Application.Workbooks.Count   ' 顯示活頁簿的總數
```

2. **ActiveWorkbook**

使用 ActiveWorkbook 屬性，可取得 Excel 應用程式目前作用中活頁簿，若沒有活頁簿時傳回值為 Nothing。例如：顯示目前作用中活頁簿的 Name 屬性寫法為：

```
MsgBox Application.ActiveWorkbook.Name
MsgBox ActiveWorkbook.Name            '此為上一行的精簡寫法
```

3. **Worksheets**

使用 Worksheets 屬性可以取得目前作用活頁簿中所有工作表的集合。例如：在第 1 個工作表後面新增一個工作表，然後設該工作表的名稱為「新增工作表」：

```
Worksheets.Add After := Worksheets(1)  '新增工作表在第 1 個工作表後面
Worksheets(2).Name = "新工作表"          '設第二個工作表的名稱為"新工作表"
```

便利貼

在 VBA 中很多方法、函數使用時，常常會要傳給多個參數，這些參數的型態、數量和順序等都不能弄錯。如果只要指定其中重要的參數，其它參數採用預設值時，就可以使用「參數名稱」來指定。例如上面 Workbooks.Add 方法的 After 就是 Worksheets(1)的參數名稱，指定新增工作表在哪個工作表後面。要注意參數名稱和參數間是用「:=」連接。

4. **Sheets**

使用 Sheets 屬性可以取得作用活頁簿中，所有工作表和圖表工作表的集合。指定工作表可以使用索引值，例如：Sheets(1)表示第一個工作表。也可以使用工作表名稱，例如：Sheets("工作表 1")。另外，也可以直接使用工作表名稱，例如：工作表 1.Select。例如：選取第 2 個工作表寫法為：

```
Sheets(2).Select        '選取第 2 個工作表
```

便利貼

雖然 Sheets(1)和 Sheets("工作表 1")都可以指定第一個工作表，但是以索引值指定即 Sheets(1)執行效率較佳。

## 5. ActiveSheet

使用 ActiveSheet 屬性可以取得目前作用中工作表，若沒有時傳回值為 Nothing。

```
MsgBox Application.ActiveWorkbook.ActiveSheet.Name
' MsgBox ActiveWorkbook.ActiveSheet.Name          '此為精簡寫法
' MsgBox ActiveSheet.Name                         '此為精簡寫法
```

 便利貼

Excel VBA 中的物件有階層的關係(可查看前面的物件模型)，只要不會造成指定錯誤，可以省略上層的物件來精簡程式碼。

## 6. Columns

使用 Columns 屬性可以取得目前作用工作表中，所有垂直欄的集合。指定其中一欄時，可以使用欄名或索引值 (值由 1 算起)。例如：選取 F 欄 (索引值為 6) 和選取 A、B、C 三欄的寫法為：

```
Application.Columns(6).Select   或是   Application.Columns("F").Select
Application.Columns("A:C").Select   ' 選取 ABC 三欄
```

## 7. Rows

使用 Rows 屬性可以取得目前作用工作表中，所有水平列的集合。指定其中一列時，可以使用索引值 (值由 1 算起)。例如刪除第 6 列，選取 3~6 列的寫法為：

```
Application.Rows(6).Delete
Application.Rows("3:6").Select   ' 選取 第 3、4、5、6 四列
```

## 8. Range

使用 Range 屬性可以取得目前作用工作表中的一個儲存格，或是儲存格範圍。例如：清除指定 A2 ~ D7 儲存格的值，寫法為：

```
Application.Worksheets("工作表 1").Range("A2:D7").ClearContents
```

## 9. Cells

使用 Cells 屬性可以取得目前作用工作表中的所有儲存格的集合。指定其中一個儲存格時，可以使用列和欄索引值來指定。例如：指定 C6 儲存格的值，寫法為：

```
Application.Cells(6, 3).Value = "薪資"    'C6 儲存格
```

### 10. ActiveCell

使用 ActiveCell 屬性可以取得目前作用中儲存格，其資料型別為 Range，如果沒有工作表本屬性無效。例如：將目前作用中儲存格的字型指定為粗體字，寫法：

```
ActiveCell.Font.Bold = True
```

### 11. Selection

使用 Selection 屬性可取得目前選取的物件，選取的物件可能是儲存格範圍、圖表...等等。例如：若是選取儲存格範圍，就將儲存格的背景色指定為紅色寫法：

```
If TypeName(Selection) = "Range" Then        '先檢查是否為儲存格
    Selection.Interior.Color = RGB(255, 0, 0)
End If
```

## 8.2.3 物件變數的宣告

物件也可以用 Dim 宣告成物件變數，物件型態可以是 Workbook、Wroksheet、Range...等物件。然後用 Set 敘述來指定物件變數的參照位置，其語法為：

> 語法：
>
> Dim 物件變數名稱　As 物件型態
>
> Set 物件變數名稱　= 物件

### ▶ 說明

用 Set 敘述來指定物件變數的參照來源，並不是真的將物件指定給變數，而是將物件參照(物件的記憶體位址)指定給物件變數。用 Dim 宣告 r 為儲存格物件，並用 Set 指定為 A1:B2 儲存格範圍，寫法為：

```
Dim r As Range
Set r = Range("A1:B2")
```

**實作** FileName：Application 屬性 2.xlsm

目前作用工作表名稱為「原稿」，在其後新增一個名為「成績表」的工作表。接著將「原稿」工作表的成績複製到「成績表」工作表中。最後以「成績表」工作表中的成績作為資料來源，新增一個圖表。

▶ **輸出要求**

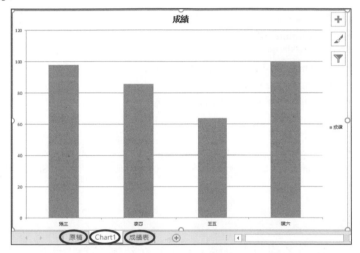

▶ **解題技巧**

Step ① 建立輸出入介面

1. 新增活頁簿並以「Application 屬性 2」為新活頁簿名稱。

2. 在工作表 1(改名為原稿)中建立如右表格，以及一個 ActiveX 命令按鈕控制項：

| | A | B | C | D |
|---|---|---|---|---|
| 1 | 姓名 | 成績 | | 執行 |
| 2 | 張三 | 98 | | |
| 3 | 李四 | 86 | | |
| 4 | 王五 | 64 | | |
| 5 | 陳六 | 100 | | |

Step ② 問題分析

1. 使用 Application 的 Worksheets.Add 方法來新增工作表，並用 After 參數指定位在目前工作表後面。

2. 要指定 AB 兩欄，可以使用 Columns("A:B")來表示。然後用 Copy 方法來複製兩欄的資料。

3. 先用 Select 方法來選取「成績表」工作表的 A1 儲存格，表示資料要貼上的位置，然後用 Paste 方法將複製的資料貼上。

4. 先用 Select 方法來選取「成績表」工作表的 A1:B5 儲存格範圍，作為圖表的資料來源。然後用 Sheets 的 Add 方法，並將 Type 參數設為 XlSheetType.xlChart 來新增一個圖表。

**Step 3** 編寫程式碼

| FileName: Application 屬性 2.xlsm (工作表 1 程式碼) | |
| --- | --- |
| **01 Private Sub CommandButton1_Click()** | |
| 02     Worksheets("原稿").Select | '選取"原稿"使成為目前作用工作表 |
| 03     Application.Worksheets.Add After:=ActiveSheet | '新增工作表在目前工作表後面 |
| 04     Application.ActiveSheet.Name = "成績表" | '設新增工作表的名稱為"新增 |
| 05     Worksheets("原稿").Columns("A:B").Copy | '複製"原稿"工作表的 AB 兩欄 |
| 06     Worksheets("成績表").Range("A1").Select | '選取"成績表"工作表的 A1 儲存格 |
| 07     Worksheets("成績表").Paste | '將複製的 AB 兩欄貼到"成績表"工作表 |
| 08     Worksheets("成績表").Range("A1:B5").Select | '選取資料來源儲存格範圍 |
| 09     Application.Sheets.Add Type:=XlSheetType.xlChart | '新增一個 Sheet 其格式為圖表 |
| 10 End Sub | |

▶ **隨堂練習**

目前作用工作表名稱為「原稿」，在前面新增名為「新成績表」的工作表。接著將「原稿」工作表的成績複製到「新成績表」工作表中。用 Cells 屬性分別指定 A6 和 B6 儲存格的值為 "林七" 和 92。設定標題欄的背景色為綠色(RGB(0, 150, 0))，字體為粗體。最後以「新成績表」工作表中的成績作為資料來源，新增一個圖表。

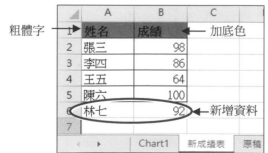
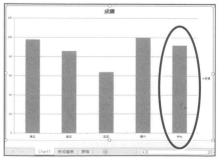

## 8.2.4 設定 Excel 計算的常用屬性

1. **Calculation**

   使用 Calculation 屬性可以設定對儲存格內公式的重算方式，屬性值有 xlCalculationManual（手動重算）、xlCalculationAutomatic（自動重算）、xlCalculationSemiautomatic（除運算列表為手動外其餘為自動重算）三種。例如：將 Excel 應用程式設為手動重算以提升效率，寫法為：

   ```
   Application.Calculation = xlCalculationManual
   ```

2. **CalculateBeforeSave**

   當 Calculation 屬性值設為 xlCalculationManual（手動重算）時，可以使用 CalculateBeforeSave 屬性指定存檔前是否再重算儲存格內公式，屬性值有：True（存檔前重算）、False（存檔前不重算）兩種。例如：將 Excel 應用程式設為存檔前必須重算儲存格內公式，寫法為：

   ```
   Application.CalculateBeforeSave = True
   ```

3. **ScreenUpdating**

   使用 ScreenUpdating 屬性可以設定 Excel 應用程式是否更新畫面，屬性值有 True（更新畫面）、False（不更新畫面）兩種。停止畫面更新可以加快程式的執行效率，以及減少畫面的跳動。例如關閉 Excel 應用程式更新畫面功能，來加快程式的執行效率，寫法為：

   ```
   Application.ScreenUpdating = False
   ```

4. **WorksheetFunction**

   使用 WorksheetFunction 屬性可以引用 Excel 工作表的函數。在 VBA 程式中如果要引用 Excel 工作表的函數，除非 VBA 已經內建該函數，否則必須透過 WorksheetFunction 屬性。例如：計算 L2 到 L5 儲存格的平均，寫法為：

   ```
   Range("L7").Value = Application.WorksheetFunction.Average(Range("L2:L5"))
   ```

# 8.3 Application 物件常用的方法

## 8.3.1 Application 物件常用的方法

1. **Calculate**

   當 Application 的 Calculation 屬性值設為 xlCalculationManual 手動重算時，可以使用 Calculate 方法來重算活頁簿中的公式。

   ```
   Application.Calculate                '所有開啟的活頁簿公式都重算
   Worksheets("工作表 1").Calculate ' "工作表 1" 工作表內公式重算
   '第 1 個工作表 "A1:F10" 儲存格範圍內的公式重算
   Worksheets(1).Range("A1:F10"). Calculate
   Worksheets("工作表 1").Columns(2).Calculate     '重算 B 欄
   ```

2. **Speech.Speak**

   使用 Speech.Speak 方法可用語音讀出字串參數，例如：讀出「Hello 你好」：

   ```
   Application.Speech.Speak("Hello  你好")
   ```

3. **Goto**

   使用 Range 物件的 Select 方法，只能選取目前作用中工作表中的儲存格。使用 Application 的 Goto 方法，可選取已開啟活頁簿的任意工作表中的儲存格。

   > 語法：
   >
   > Application.Goto ( *Reference*, [ *Scroll*])

   ▶ **說明**

   ① Reference 引數是指定儲存格範圍。

   ② Scroll 引數是設定是否捲動螢幕使指定的儲存格在視窗的左上角，引數值為 False(預設值)不捲動；若為 True 時則會捲動。

   ③ 例如：選取並捲動到同一活頁簿的第二個工作表的 A50 儲存格，寫法為：

   ```
   Application.Goto Reference:=Worksheets(2).Range("A50"), Scroll:=True
   ```

4. **Run**

如果要呼叫使用同一個 Excel 檔案中的巨集程序，可以使用 Call 敘述或直接使用巨集程序名稱，例如要呼叫執行 Test 程序，寫法為：

```
Call Test          '或直接使用 Test
```

若要呼叫其他 Excel 檔案中的巨集，要使用 Application 的 Run 方法，常用語法：

> **語法：**
>
> Application.Run " '*檔案名稱* '!*巨集名稱*", *引數串列*

▶ **說明**

① Excel 檔案名稱前後要用 ' 單引號括住，後面用 ! 驚嘆號連接巨集名稱。

② 引數串列則視巨集需求傳遞引數，數量可以為 0~30 個。

③ 執行時會開啟該 Excel 檔案，然後執行指定的巨集程序

④ 例如執行 ch08 測試.xlsm 檔中的 Test 巨集程序，並傳遞一個字串引數：

```
Application.Run "'ch08 測試.xlsm'!Test", "執行巨集程序"
```

5. **Wait**

使用 Application 的 Wait 方法可以暫停巨集執行，直到指定的時間到時才繼續執行接在後面的敘述。例如：要暫停到下午 3:30，程式寫法為：

```
Application.Wait "15:30:00"
```

例如：要暫停 6 秒鐘，寫法為：

```
Application.Wait TimeSerial(Hour(Now()), Minute(Now()), Second(Now()) + 6)
Application.Wait DateAdd("s", 6, Now())          '另一種寫法
Application.Wait Now + TimeValue("00:00:6") '另一種寫法
```

6. **OnTime**

使用 Application 的 OnTime 方法可以暫停指定的時間，然後再執行指定的巨集。例如暫停 6 秒鐘後才執行 Test 巨集程序，寫法為：

```
Application.OnTime Now + TimeValue("00:00:06") , "Test"
```

7. **OnKey**

使用 Application 的 OnKey 方法讓使用者按下指定按鍵時，可以執行指定的巨集，通常寫在 WorkBook 的 Open 事件中。例如使用者按 <Ctrl> + <Shift> + <B> 鍵時就執行 Test 巨集程序，寫法為：

```
Application.OnKey "^+{b}", "Test"
```

如果要取消指定按鍵執行巨集程序時，通常寫在 WorkBook 的 BeforeClose 事件中，也是在關閉檔案先取消快捷鍵設定，寫法為：

```
Application.OnKey "^+{b}", ""        '或是 Application.OnKey "^+{b}"   恢復預設
```

便利貼

- ◆ 指定按鍵的代碼 Ctrl 鍵(^)、Shift 鍵(+)、Alt 鍵(%)、字母鍵({字母})、Enter 鍵({ENTER})、Right 鍵({RIGHT})、Home 鍵({HOME})、End 鍵({END})、PageUp 鍵({PGUP})、Esc 鍵({ESC})、F1 鍵{F1})...。

- ◆ 例如<Alt> + <A> 組合鍵，代碼寫法為%{a}。又例如<Shift> + <Ctrl> + <Right> 組合鍵，代碼寫法為+^{RIGHT}。

8. **InputBox**

使用 Application 的 InputBox 方法可以顯示輸入對話方塊，讓使用者輸入指定資料型態的資料。其語法為：

```
語法：

傳回值 = Application.InputBox(Prompt:="提示" [, Title:="標題"]
                                [, Default:=預設值] [, Type:=型態值])
```

▶ 說明

① Type 引數可以設定輸入值的型態，Type 有多種設定值：0 (公式)、1 (數字)、2 (字串；預設值)、4 (True 或 False)、8 (儲存格為 Range 物件)、16 (錯誤值；例如 #N/A)、64 (數值陣列)。使用者如果輸入不是指定資料型態，會顯示錯誤訊息。

② 如果使用者按 取消 鈕，則傳回值為 False。例如顯示輸入方塊讓使用者輸入數值，如果按 確定 鈕就顯示輸入數值，寫法為：

```
num = Application.InputBox("輸入數值：", Type:=1)
If num <> False Then
        Range("C13").Value = num
End If
```

③ 例如：顯示輸入方塊讓使用者輸入字串，標題 "輸入"，預設值為 "雙魚座"，如果按 確定 鈕就顯示輸入字串，寫法為：

```
star = Application.InputBox("輸入星座：", Title:="輸入", Default:="雙魚座", Type:=2)
If star <> False Then
    Range("E13").Value = star
End If
```

④ 例如：顯示輸入方塊讓使用者輸入公式，如果按 確定 鈕就顯示公式計算結果，寫法為：

```
myFormula = Application.InputBox("輸入公式：", Default:="=Max($L$2:$L$5)", _
                            Type:=0)
If myFormula <> False Then
```

```
        Range("L8").Value = myFormula
    End If
```

⑤ Type 引數設定值可以指定多種輸入值的型態，例如使用者可以輸入數值、
字串和布林值時，可以指定 Type 設定值為 7 (1+2+4)。例如：顯示輸入方
塊讓使用者輸入數值或字串，如果按 ┌ 確定 ┐ 鈕就顯示輸入的資料，程
式寫法為：

```
num = Application.InputBox("輸入數值或字串：", Type:=3)
If num <> False Then
    Range("H13").Value = num
End If
```

[例] 顯示輸入方塊讓使用者輸入儲存格範圍，然後選取指定的儲存格：

```
Dim selCell As Range      '宣告 selCell 為儲存格物件
Set selCell = Application.InputBox("輸入儲存格範圍：", Type:=8)
selCell.Select
```

## 9. Intersect

使用 Application 的 Intersect 方法，可取得多個儲存格範圍的交集範圍，語法為：

> **語法：**
>
> 儲存格範圍 = Application.Intersect ( *Arg1*, *Arg2*, [*Arg3*, ..., *Arg30*])

▶ **說明**

① Arg1~Arg30 引數為儲存格範圍，最少要有兩個儲存格範圍，最多為 30 個。

② 傳回值為重疊的儲存格範圍，如果沒有交集傳回值為 Nothing。

③ 例如：選取 A1:C5 和 B3:F4 交集的儲存格範圍，寫法為：

```
Dim rng As Range
Set rng = Application.Intersect(Range("A1:C5"), Range("B3:F4"))
If rng Is Nothing Then
    MsgBox "沒有交集"
Else
```

```
    rng.Select      '會選取 B2:C3 儲存格範圍
End If
```

### 10. Union

使用 Application 的 Union 方法，可取得多個儲存格範圍的聯集範圍。其語法為：

> 語法：
>
> 儲存格範圍 = Application.Union ( *Arg1*, *Arg2*, [*Arg3*, ..., *Arg30*])

▶ **說明**

① Arg1~Arg30 引數為儲存格範圍，最少要有兩個儲存格範圍，最多則為 30
個，傳回值所有儲存格範圍的聯集。

② 例如：選取 A1:C5 和 B3:F4 的儲存格範圍，寫法為：

```
Dim rng As Range
Set rng = Application.Union(Range("A1:C5"), Range("B3:F4"))
rng.Select        '同時 A1:C5 和 B3:F4 儲存格範圍
```

### 11. GetOpenFilename

使用 Application 的 GetOpenFilename 方法會開啟「開啟舊檔」對話方塊，並傳
回使用者選取的檔案名稱，但不會開啟該檔案。其語法為：

> 語法：
>
> 檔案 = Application.GetOpenFilename ([*FileFilter*:= "篩選準則串列"]
> [, *FilterIndex*:=篩選條件索引值]　[, *MultiSelect*:=複選])

▶ **說明**

① FileFilter 引數是由提示字串和萬用字元檔案篩選準則為一組的字串所組
成，其中是由逗號分隔。

② 例如只列出副檔名為 xlsx 的活頁簿檔案，FileFilter 引數為 "活頁簿檔案,
\*.xlsx"。

③ 例如列出副檔名為 xlsx、xlsm、csv 的檔案，FileFilter 引數為 "活頁簿檔
案, \*.xlsx, 啟用巨集活頁簿檔案, \*.xlsm, CSV 格式, \*.cvs"。

④ 如果省略 FileFilter 引數則預設為列出所有檔案(*.*)。例如讓使用者選取一個活頁簿檔案(.xlsx)並開啟，寫法為：

```
Dim fName As Variant
fName = Application.GetOpenFilename("活頁簿檔案, *.xlsx ")
If fName <> False Then Workbooks.Open(fName)
```

⑤ 如果有多個篩選準則，可以設定 FilterIndex 引數來指定預設的篩選準則，省略時預設為第一個。例如預設為第二個篩選準則，寫法為：

```
Dim fName As Variant
fNa 頁簿檔案, *.xlsx, 啟用巨集活頁簿檔案, *.xlsm, CSV 格式, *.cvs ", _
FilterIndex:=2)
```

⑥ MultiSelect 引數可以設定是否允許複選檔案，引數值為 False(預設值)時只能選取一個檔案名稱；若為 True 時則可以多個選取的檔案名稱。例如讓使用者選取多個活頁簿檔案(.xlsx)並全部開啟，寫法為：

```
Dim fName As Variant
fName = Application.GetOpenFilename("活頁簿檔案, *.xlsx ", MultiSelect:=True)
If fName <> False Then
   For i =1 To UBound(fName)      'UBound 函數可取得陣列的上界值(即數量)
          Workbooks.Open(fName(i))
   Next i
End If
```

## 12. Quit

使用 Application 的 Quit 方法可以關閉 Excel 應用程式。例如將所有開啟的活頁簿存檔後關閉 Excel 應用程式，寫法為：

```
For Each wb In Application.Workbooks
       wb.Save
Next wb
Application.Quit
```

## 8.3.2 使用 With...End With 敘述

如果物件有多個屬性或方法要同時設定時，可以使用 With ... End With 敘述結構。使用 With 敘述不但可以容易閱讀，更重要的是能夠提高程式的執行效率，其語法為：

```
語法：

    With 物件名稱
        [.屬性 = 屬性值 ]
        ...
        [.方法 ]
        ...
    End With
```

例如：設定 Excel 沒有警告訊息就直接結束，寫法為：

```
Application.DisplayAlerts = False    '直接指定 Application 屬性、方法
Application.Quit                     '或是像下面使用 With ... End With 敘述
With Application                     '使用 With 敘述
    .DisplayAlerts = False
    .Quit
End With
```

 實作 FileName：Application 方法.xlsm

程式執行時會出現對話方塊，可以輸入暫停秒數字串(預設值為 5)，秒數到會執行「暫停」巨集程序。「暫停」程序執行時，會讀出「暫停時間到」語音，並顯示「暫停時間到！」訊息方塊。

▶ 輸出要求

▶ 解題技巧

**Step 1** 建立輸出入介面

1. 新增活頁簿並以「Application 方法」為新活頁簿名稱。

2. 在工作表 1 中建立一個 ActiveX 命令 按鈕控制項。

| ◢ | A | B | C |
|---|---|---|---|
| 1 | | | 執行 |
| 2 | | | |

**Step 2** 問題分析

1. 使用 Application 的 InputBox 屬性，可以開啟輸入對話方塊。如果輸入的資料不是 False(即按取消鈕)，就執行暫停的程式。

2. 因為暫停後要執行巨集，所以要使用 Application 的 Wait 方法。

3. 使用 Application 的 Speech.Speak 方法，可以讀出指定字串的語音。

**Step 3** 編寫程式碼

| FileName: Application 方法.xlsm (工作表 1 程式碼) |
|---|
| **01 Private Sub CommandButton1_Click()** |
| 02      s = Application.InputBox("輸入暫停秒數：", Title:="輸入", Default:="5", Type:=2) |
| 03      If s <> False Then |
| 04          Application.Wait Now + TimeValue("00:00:" & s) |
| 05          Application.Speech.Speak ("暫停時間到") |
| 06          MsgBox "暫停時間到！" |
| 07      End If |
| 08      Application.Goto Range("A1")    '選取 A1 儲存格 |
| 09 End Sub |

▶ 隨堂練習

將實作改為幾秒鐘後執行 maAlarm 程序，會讀「時間到」語音並顯示訊息。

# 8.4 Application 物件常用的事件

## 8.4.1 建立 Application 物件的步驟

要使用 Application 物件的事件前，要先建立物件後才能使用。操作步驟如下：

1. 建立物件類別模組

   在 Excel VBA 編輯器中執行【插入/物件類別模組】功能，就可以在專案中建立一個預設名稱為 Class1 的物件類別模組。

2. 修改物件類別模組名稱

   建立的物件類別模組預設名稱為 Class1，因為不具備可讀性，所以我們可以修改模組的名稱。執行功能表【檢視/屬性視窗】指令，可以顯示屬性視窗。先點選 Class1 物件類別模組後，在屬性視窗中修改 Name 屬性值，就可以修改模組的名稱。

3. 宣告 Application 物件

   在 AppClass 物件類別模組的宣告區，用 Public WithEvents 敘述來宣告名稱為 App 的公用 Application 物件，App 物件有 Application 物件所有可觸發的事件。

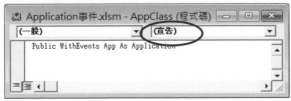

4. 建立 AppClass 物件實體

接著要在一般模組中建立 AppClass 物件的實體，建立物件的實體前先執行
【插入/模組】功能，建立預設名稱為 Module1 的一般模組。然後在 Module1 模
組的宣告區，用 New 建立 AppClass 物件的公用實體 Ac，寫法為：

```
Public Ac As New AppClass
```

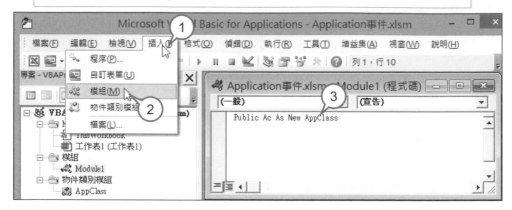

5. 指定 Ac 實體等於 Application 物件

建立一個 Initialize 程序，程序中用 Set 指定 Ac 實體的 App 等於 Application 物
件，執行該程序後就可以觸動 Application 物件的所有事件。該程序和實體的名
稱使用者都可以自定，寫法為：

```
Sub Initialize()
    Set Ac.App = Application
End Sub
```

6. 建立 Application 物件事件

在物件清單中選取 App 物件，此時會自動建立 App 物件的預設事件
NewWorkbook。如果要再繼續建立其他的事件，可以由事件清單中選取要建立
的事件。

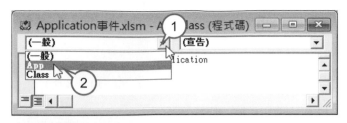

7. 完成 Application 物件的 App_NewWorkbook 事件程序：

在 App_NewWorkbook 事件中，撰寫該事件發生時要執行的敘述。事件中的參數 Wb 代表所新增的活頁簿，例如在事件中顯示所新增活頁簿的名稱寫法如下：

```
Private Sub App_NewWorkbook(ByVal Wb As Workbook)
    MsgBox "新增的新活頁簿的名稱為" & Wb.Name
End Sub
```

**實作** FileName：Application 事件.xlsm

設計一個巨集，執行時會新增一個活頁簿，新增時會觸動 NewWorkbook 事件，在該事件中顯示新活頁簿的名稱。

▶ **輸出要求**

▶ 解題技巧

**Step 1** 建立輸出入介面

1. 新增活頁簿並以「Application 事件」為新活頁簿名稱。

2. 在工作表 1 中建立一個 ActiveX 命令按
   鈕控制項。

| ◢ | A | B | C |
|---|---|---|---|
| 1 | | | 執行 |
| 2 | | | |

**Step 2** 問題分析

1. 先依照前面建立 Application 物件的七個步驟,建立 AppClass 物件模組和
   App_NewWorkbook 事件。

2. 在命令按鈕的 Click 事件程序中,先呼叫一般模組中的 Initialze 程序,來建
   立 Application 物件實體 Ac,以便觸動 Application 物件的所有事件。

3. 使用 Application.Workbooks.Add 敘述,來新增一個活頁簿。新增活頁簿時
   會觸動 App_NewWorkbook 事件程序,用 MsgBox 顯示新活頁簿的名稱。

**Step 3** 編寫程式碼

**FileName: Application 事件.xlsm (AppClass 程式碼)**
```
01 Public WithEvents App As Application
02
03 Private Sub App_NewWorkbook(ByVal Wb As Workbook)
04     MsgBox "新增的新活頁簿的名稱為" & Wb.Name
05 End Sub
```

**FileName: Application 事件.xlsm (Module1 程式碼)**
```
01 Public Ac As New AppClass
02
03 Sub Initialize()
04     Set Ac.App = Application
05 End Sub
```

**FileName: Application 事件.xlsm (工作表 1 程式碼)**
```
01 Private Sub CommandButton1_Click()
02     Call Initialize
03     Application.Workbooks.Add     '新增活頁簿
04 End Sub
```

## 8.4.2 Application 物件的常用事件

1. NewWorkbook

   當我們用 Application 的 Add 方法新增一個活頁簿時，就會觸動 NewWorkbook
   事件。例如：在 NewWorkbook 事件中，顯示新活頁簿名稱的寫法如下：

   ```
   Private Sub App_NewWorkbook(ByVal Wb As Workbook)
       MsgBox "新增" & Wb.Name & "活頁簿", , " NewWorkbook 事件"
   End Sub
   ```

2. SheetActivate

   當切換工作表時，就會觸動 Application 的 SheetActivate 事件，其中參數 Sh 表
   目前作用工作表。例如在 SheetActivate 事件中，顯示目前作用工作表名稱：

   ```
   Private Sub App_SheetActivate(ByVal Sh As Object)
       MsgBox "目前作用工作表是：" & Sh.Name, , "SheetActive 事件"
   End Sub
   ```

3. SheetChange

   當修改工作表的儲存格內容時，會觸動 SheetChange 事件，其中參數 Sh 表目前
   作用工作表，參數 Target 表修改的儲存格。例如在 SheetChange 事件中，顯示
   修改的儲存格位置的寫法如下：

   ```
   Private Sub App_SheetChange(ByVal Sh As Object, ByVal Target As Range)
       MsgBox Target.Address & "儲存格被修改", , Sh.Name
   End Sub
   ```

4. WorkbookBeforeClose

   當關閉活頁簿前，會觸動 WorkbookBeforeClose 事件，其中參數 Wb 表要關閉的
   活頁簿，參數 Cancel 表是否要取消關閉。WorkbookBeforeClose 事件中可作關
   閉前應做的動作，若要取消關閉可設 Cancel 參數值為 True。例如在該事件中，
   詢問是否要關閉活頁簿，若按<否>鈕就取消關閉活頁簿：

   ```
   Private Sub App_WorkbookBeforeClose(ByVal Wb As Workbook, Cancel As Boolean)
       Dim R As Integer
       R = MsgBox("是否要關閉活頁簿？", vbYesNo, "WorkbookBeforeClose 事件")
   ```

```
    If R = vbNo Then Cancel = True
End Sub
```

5. WorkbookBeforePrint

當列印文件前，會先觸動 Application 的 WorkbookBeforePrint 事件，參數 Wb 代表要列印的活頁簿，參數 Cancel 表是否要取消列印。例如在 WorkbookBeforePrint 事件中，詢問是否要列印文件，若按否鈕就取消列印，寫法：

```
Private Sub App_WorkbookBeforePrint(ByVal Wb As Workbook, Cancel As Boolean)
    Dim R As Integer
    R = MsgBox("是否要列印文件？", vbYesNo, "WorkbookBeforePrint 事件")
    If R = vbNo Then Cancel = True
End Sub
```

▶ 隨堂練習

繼續上面的實作，若修改活頁簿內就詢問是否要儲存檔案，若按 是(Y) 鈕就儲存活頁簿。當關閉活頁簿時會詢問是否要關閉活頁簿，若按 否(N) 鈕就取消關閉活頁簿。

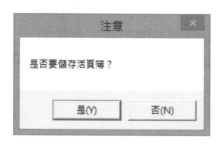

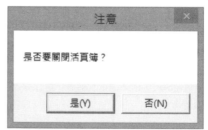

# Excel VBA 常用物件介紹

- Workbook 物件常用的屬性、方法、事件
- Worksheet 物件常用的屬性、方法、事件
- Sheet 物件常用的屬性、方法、事件
- Windows 物件常用的屬性、方法、事件

## 9.1 Workbook 物件簡介與常用屬性

### 9.1.1 Workbook 物件簡介

在 Excel 應用程式中每一個開啟的 Workbook 活頁簿檔案，就是一個 Workbook 物件，多個 Workbook 物件就組合成一個 Workbooks 活頁簿集合(Collection)。目前作用中的活頁簿，可以用 ActiveWorkbook 來表示。另外，要指定目前 VBA 程式碼所在的活頁簿，則可以用 ThisWorkbook 來表示。如果要指定 Workbooks 活頁簿集合中特定的活頁簿，其語法如下：

語法：

Workbooks(索引值)
或
Workbooks("活頁簿檔名")

在程式中如果要宣告一個活頁簿物件，其語法如下：

> **語法：**
>
> Dim　活頁簿物件名稱　As Workbook

例如：宣告一個活頁簿物件 actWB，然後指定為目前作用中活頁簿，寫法如下：

```
Dim actWB As Workbook
Set actWB = Application.ActiveWorkbook
Set actWB = ActiveWorkbook                '此為上一行的精簡寫法
```

## 9.1.2 Workbook 物件常用的屬性

### 1. Count 屬性

使用 Count 屬性可以取得活頁簿集合中活頁簿的數量。例如：顯示活頁簿的總數量，寫法為：

```
MsgBox("活頁簿的數量：" & Workbooks.Count)
```

### 2. Name 屬性

使用 Name 屬性可以取得活頁簿的名稱。例如：顯示目前作用活頁簿的名稱：

```
MsgBox("目前活頁簿的名稱：" & ActiveWorkbook.Name)
```

### 3. FullName 屬性

使用 FullName 屬性可以取得活頁簿的完整名稱，含路徑和檔案名稱。例如：顯示目前作用活頁簿的完整名稱，寫法為：

```
MsgBox("目前活頁簿的完整名稱：" & ActiveWorkbook.FullName)
```

### 4. Path 屬性

使用 Path 屬性可取得活頁簿存放的路徑。例如：顯示目前作用活頁簿的路徑：

```
MsgBox("目前活頁簿的路徑：" & ActiveWorkbook.Path)
```

5. **ActiveSheet 屬性**

使用 ActiveSheet 屬性可以取得活頁簿中目前作用中的工作表。例如：顯示目前
作用中工作表的名稱，寫法為：

```
MsgBox "目前工作表的名稱：" & ActiveSheet.Name
```

6. **Saved 屬性**

使用 Saved 屬性可以得知活頁簿是否已經儲存，活頁簿開檔後如果沒有修改內
容 Saved 屬性值會為 True；如果內容有修改則 Saved 屬性值會被設定為 False。
如果雖然有修改但不想儲存時，可以自行將 Saved 屬性值設為 True。例如：目
前作用活頁簿內容有修改時就顯示訊息，寫法為：

```
If ActiveWorkbook.Saved = False Then
    MsgBox "這個活頁簿有修改過需要儲存！"
End If
```

7. **Password 屬性**

使用 Password 屬性可以設定和取得活頁簿的密碼，密碼為不超過 15 個字元的
字串(有分大小寫)。例如：設定目前作用活頁簿的密碼，寫法為：

```
ActiveWorkbook.Password = InputBox ("請設定活頁簿的密碼：")
```

**實作** FileName：Workbook 屬性.xlsm

程式執行時會出現對話方塊，可以輸入目前活頁簿的密碼。輸入後會顯示
目前活頁簿的數量、密碼、名稱、完整名稱和路徑的資訊。最後清除密碼，
以避免忘記密碼時無法開啟檔案。

▶ **輸出要求**

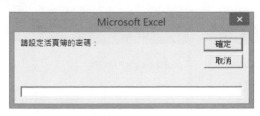

▶ **解題技巧**

Step 1 建立輸出入介面

1. 新增活頁簿並以「Workbook 屬性」為新活頁簿名稱。

2. 在工作表 1 中建立一個 ActiveX 命令按鈕控制項。

| ▲ | A | B | C |
|---|---|---|---|
| 1 | | 執行 | |
| 2 | | | |

Step 2 問題分析

1. 使用 InputBox 接受輸入的密碼,並指定給 Password 屬性。顯示 Password 屬性值時,因為密碼加密過已經非原輸入值,而且以*字元顯示。為了避免忘記密碼無法開啟檔案,最後設 Password 屬性值為空字串來清除密碼。

2. 使用 Count、Name、FullName、Path 等屬性,來顯示活頁簿的相關資訊。

Step 3 編寫程式碼

| FileName: Workbook 屬性.xlsm (工作表 1 程式碼) |
|---|
| **01 Private Sub CommandButton1_Click()** |
| 02     ActiveWorkbook.Password = InputBox("請設定活頁簿的密碼:") |
| 03     MsgBox ("活頁簿的數量:" & Workbooks.Count) |
| 04     MsgBox ("活頁簿的密碼:" & ActiveWorkbook.Password) |
| 05     MsgBox ("目前活頁簿的名稱:" & ActiveWorkbook.Name) |
| 06     MsgBox ("目前活頁簿的完整名稱:" & ActiveWorkbook.FullName) |
| 07     MsgBox ("目前活頁簿的路徑:" & ActiveWorkbook.Path) |
| 08     ActiveWorkbook.Password = "" '刪除密碼 |
| 09 End Sub |

▶ **隨堂練習**

程式執行時會顯示目前活頁簿的數量、名稱、路徑和是否需要儲存等資訊。若需要儲存時會出現對話方塊,詢問是否改為不要儲存,若按 <是> 鈕就設為已經儲存。

## 9.2 Workbook 物件常用方法

1. **Add** 方法

   使用 Add 方法可以新增一個活頁簿，寫法為：

   ```
   Workbooks.Add
   ```

2. **Activate** 方法

   使用 Activate 方法可以使指定的活頁簿成為作用活頁簿。例如：指定第一個活頁簿成為作用活頁簿，寫法為：

   ```
   Workbooks(1).Activate
   ```

3. **Save** 方法

   使用 Save 方法可以儲存指定的活頁簿。例如：儲存目前活頁簿，寫法為：

   ```
   ActiveWorkbook.Save        '儲存目前活頁簿
   ```

   例如：將所有開啟的活頁簿，如果有被修改過就儲存，寫法為：

   ```
   For Each wb In Application.Workbooks
       If wb.Saved = False Then wb.Save
   Next wb
   ```

4. **SaveAs** 方法

   使用 SaveAs 方法可以將活頁簿以指定的條件另存成新的檔案。活頁簿第一次存檔時，應該使用 SaveAs 方法，之後才可用 Save 方法，其語法如下：

   > **語法：**
   >
   > 活頁簿.SaveAs [*Filename,* ] [*FileFormat,* ] ...

   ▶ **說明**

   ① SaveAs 方法可以使用的引數眾多，在此只介紹常用的兩個引數。

   ② Filename 是指定另存的路徑和檔案名稱，若沒有指定會儲存在目前的路徑。

③ FileFormat 引數是指定檔案格式，引數值有 xlCSV(CSV 格式, .csv)、xlExcel8 (97~2003 格式,.xls)、xlOpenXMLWorkbook(2007~2021 不含巨集格式,xlsx)、xlOpenXMLWorkbookMacroEnabled(2007~2021 啟用巨集格式, xlsm) ...等。

④ 沒指定 FileFormat 引數時，如果是已經有的檔案預設為最後指定的檔案格式；如果是新檔案則預設為目前使用的 Excel 版本格式。

⑤ 例如：將目前活頁簿以 Test.csv 為檔名另存成 CSV 格式，寫法為：

```
ActiveWorkbook.Save As Filename:="Test.csv", FileFormat:=xlCSV
```

5. **SaveCopyAs 方法**

使用 SaveCopyAs 方法可以將活頁簿複製儲存到檔案，例如：目前活頁簿以 Test2.xlsx 為檔名另存一個檔案，寫法為：

```
ActiveWorkbook.SaveCopyAs("Test2.xlsx")
```

6. **Open 方法**

使用 Open 方法可以開啟指定的活頁簿。例如：開啟目前活頁簿同路徑的活頁簿 test.xlsm，寫法為：

```
Workbooks.Open(ActiveWorkbook.Path & "\test.xlsm")
```

7. **Close 方法**

使用 Close 方法可以關閉指定的活頁簿，常用的引數有兩個。SaveChange 引數值有 True(將變更儲存至活頁簿)、False(不將變更儲存)，省略時會顯示對話方塊詢問是否要儲存變更。Filename 引數可指定儲存的檔名。語法如下：

語法：

活頁簿.Close [*SaveChange*,] [*Filename*]

例如：關閉目前活頁簿、第一個以及所有活頁簿，寫法分別為：

```
ActiveWorkbook.Close      '關閉目前活頁簿
Workbooks(1).Close        '關閉第一個活頁簿
Workbooks.Close           '關閉所有活頁簿
```

**實作** FileName：Workbook 方法.xlsm

程式執行時會新增一個活頁簿，並使第一個工作簿成為作用工作簿，接著
再使新增的工作簿成為作用工作簿。顯示儲存檔案對話方塊，可以輸入檔
名來將新活頁簿另存新檔。接著詢問是否要複製活頁簿？如果要複製就依
照輸入的檔名複製一個新的活頁簿。

▶ **輸出要求**

▶ **解題技巧**

Step 1 建立輸出入介面

1. 新增活頁簿並以「Workbook 方法」為新活
頁簿名稱。

2. 在工作表 1 中建立一個 ActiveX 命令按鈕控制項。

<sub>Step</sub>②　問題分析

1. 用 Workbooks 的 Add 方法，來新增一個活頁簿。

2. 用 Dim 宣告 actWB 為 Workbook 物件，然後用 Set 將目前活頁簿指定給 actWB。程式最後設 actWB 等於 Nothing，來釋放物件占用的記憶體。

3. 使用 Application.FileDialog(msoFileDialogSaveAs)來顯示另存新檔對話方塊，以使用者所輸入的檔名和路徑用 SaveAs 方法來另存新檔。

4. 如果要複製活頁簿，就用 InputBox 接受檔名，然後用 SaveCopyAs 方法在原路徑以輸入檔名複製一個新的活頁簿。

<sub>Step</sub>③　編寫程式碼

**FileName: Workbook 方法.xlsm (工作表 1 程式碼)**

```
01 Private Sub CommandButton1_Click()
02     Application.Workbooks.Add     '新增活頁簿
03     Dim actWB As Workbook
04     Set actWB = Application.ActiveWorkbook
05     Workbooks(1).Activate          '第一個活頁簿成為作用活頁簿
06     MsgBox ("目前活頁簿的名稱：" & ActiveWorkbook.Name)
07     actWB.Activate        '新增的活頁簿成為作用活頁簿
08     MsgBox ("目前活頁簿的名稱：" & ActiveWorkbook.Name)
09     Set Dialog = Application.FileDialog(msoFileDialogSaveAs)
10     Dim pick As Boolean           '宣告 pick 布林變數
11     pick = Dialog.Show             '顯示儲存檔案對話方塊
12     If pick Then                            '如果按確定鈕
13         actWB.SaveAs Dialog.SelectedItems(1)     '儲存檔案
14     End If
15     Dim R As Integer
16     R = MsgBox("是否要複製活頁簿？", vbYesNo)
17     If R = vbYes Then
18         Dim Fn As String
19         Fn = Application.InputBox("請輸入新活頁簿的名稱：")
20         On Error Resume Next
21         ActiveWorkbook.SaveCopyAs (actWB.Path & "\" & Fn & ".xlsx")
22         On Error GoTo 0
23     End If
24     Set actWB = Nothing
25 End Sub
```

▶ **隨堂練習**

按 新增活頁簿 鈕時會新增一個活頁簿,接著顯示 InputBox 要求輸入檔名,
然後以該檔名儲存成活頁簿檔案。以程式設 A1 儲存格的值為 100,接著檢
查活頁簿是否需要儲存,若需要就用 MsgBox 詢問是否儲存。若按 是(Y)
鈕就儲存檔案,儲存完畢用 MsgBox 顯示訊息。按 開啟活頁簿 鈕時會顯示
InputBox 要求輸入檔名,然後開啟指定的活頁簿檔案。

# 9.3 Workbook 物件常用事件

　　如果要編輯活頁簿的事件程序,如左下圖在專案視窗中的 ThisWorkbook 物件
上快按兩下,就會開啟右下圖 ThisWorkbook 的程式碼視窗。在 ThisWorkbook 程式
碼視窗的物件清單中選取「Workbook」項目,就會建立預設的 Open 事件程序。也
可以在事件清單中選取其他的項目,來建立指定的事件程序。

1. **Open 事件**

   當我們用 Application 的 Add 方法新增一個活頁簿時，就會觸動該活頁簿的 Open
   事件。例如：在 Open 事件中將視窗最大化，寫法如下：

   ```
   Private Sub Workbook_Open()
       Application.WindowState = xlMaximized
   End Sub
   ```

2. **Activate 事件**

   當選取活頁簿使其成為作用活頁簿時，就會觸動該活頁簿的 Activate 事件。例
   如：在 Activate 事件中，顯示 "選取 xxx 活頁簿" 訊息，其中 xxx 為工作表名
   稱。的寫法如下：

   ```
   Private Sub Workbook_Activate()
       MsgBox "選取" & ThisWorkbook.Name & "活頁簿", vbOKOnly, "Activate 事件"
   End Sub
   ```

3. **NewSheet 事件**

   當活頁簿新增工作表時，就會觸動該活頁簿的 Newsheet 事件，事件程序內的
   Sh 參數代表新增的工作表。例如：在 Newsheet 事件中將新增的工作表移到活
   頁簿的最後，寫法如下：

   ```
   Private Sub Workbook_NewSheet(ByVal Sh as Object)
       Sh.Move After:= Sheets(Sheets.Count)
   End Sub
   ```

### 4. SheetActivate 事件

當選取活頁簿中的其中工作表使其成為作用工作表時，就會觸動該活頁簿的 SheetActivate 事件。例如：在 SheetActivate 事件中，顯示 "選取 xxx 工作表" 訊息，其中 xxx 為目前作用工作表名稱。其寫法如下：

```
Private Sub Workbook_SheetActivate(ByVal Sh As Object)
    MsgBox "選取" & Sh.Name & "工作表", vbOKOnly, "SheetActivate 事件"
End Sub
```

### 5. SheetDeactivate 事件

當活頁簿中作用工作表成為非作用工作表時，就會觸動該活頁簿的 SheetDeactivate 事件。例如：在 SheetDeactivate 事件中，設定重新計算工作表的寫法：

```
Private Sub Workbook_SheetDeactivate(ByVal Sh As Object)
    Sh.Calculate
End Sub
```

### 6. BeforeClose 事件

當活頁簿要關閉時，會先觸動活頁簿的 BeforeClose 事件，可在事件中處理關檔前須完成的動作。如果要停止關閉活頁簿，可以將 Cancel 參數值設為 True。例如：在 BeforeClose 事件中，檢查活頁簿是否修改後未儲存？若是就自動儲存檔案的寫法如下：

```
Private Sub Workbook_BeforeClose(Cancel As Boolean)
    If ThisWorkbook.Saved = False Then ThisWorkbook.Save
End Sub
```

### 7. BeforeSave 事件

當活頁簿要儲存時，會先觸動活頁簿的 BeforeSave 事件，可以在事件中處理存檔前須完成的動作。事件程序的 SaveAsUI 參數值如果為 True，表示是另存新檔。例如：在 BeforeSave 事件中檢查該活頁簿是否另存新檔？若是，則顯示 "你沒有權限可以另存新檔！" 訊息，程式的寫法如下：

```
Private Sub Workbook_BeforeSave(ByVal SaveAsUI As Boolean, Cancel as Boolean)
    If SaveAsUI = True Then
        MsgBox "你沒有權限可以另存新檔！", vbOKOnly
```

```
        Cancel = True        '設為不儲存
    End If
End Sub
```

在事件中如果不想儲存，可以將 Cancel 參數值設為 True。例如：在 BeforeSave
事件中，檢查活頁簿是否未修改，若是就詢問是否要儲存檔案的寫法如下：

```
Private Sub Workbook_BeforeSave(ByVal SaveAsUI As Boolean, Cancel as Boolean)
    If ThisWorkbook.Saved = True Then
        a = MsgBox("檔案已經儲存，你還要再存一次嗎？", vbYesNo)
        If a = vbNo Then Cancel = True
    End If
End Sub
```

## 8. BeforePrint 事件

當活頁簿要列印時，會先觸動活頁簿的 BeforePrint 事件，可以在事件中處理列
印前須完成的動作。如果要停止列印活頁簿，可以將 Cancel 參數值設為 True。
例如：在 BeforePrint 事件中，將所有的工作表重新計算，然後詢問是否要列印：

```
Private Sub Workbook_BeforePrint(Cancel As Boolean)
    For Each Ws in Worksheets
        Ws.Calculate
    Next
    a = MsgBox("是否確定要列印？", vbYesNo)
    If a = vbNo Then Cancel = True
End Sub
```

## 9. WindowResize 事件

當活頁簿視窗大小被變更時，會觸動活頁簿的 WindowResize 事件，可以在事件
中處理視窗大小變更時須完成的動作。WindowResize 事件程序的 Wn 參數值，
代表變更大小的視窗。例如：在 WindowResize 事件中，設定狀態列顯示哪個視
窗改變大小的寫法如下：

```
Private Sub Workbook_WindowResize(ByVal Wn As Window)
    Application.StatusBar = Wn.Caption & " 改變大小！"
End Sub
```

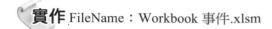 **實作** FileName：Workbook 事件.xlsm

開啟 Workbook 事件.xlsm 檔案時，視窗大小設為為可手動。活頁簿成為作用活頁簿時，會顯示活頁簿名稱。選取工作表使成為作用工作表時，A1到 F4 儲存格會被選取。儲存活頁簿時，會出現對話方塊詢問是否確定儲存？若按 是(Y) 鈕就儲存；按 否(N) 鈕則不儲存。關閉活頁簿時，會出現對話方塊詢問是否確定離開？若按 是(Y) 鈕就關閉活頁簿；按 否(N) 鈕則不離開。

## ▶ 輸出要求

| | A | B | C | D | E | F |
|---|---|---|---|---|---|---|
| 1 | 姓名 | 國文 | 英語 | 數學 | 統計 | 總分 |
| 2 | 張三瘋 | 100 | 90 | 80 | 70 | 340 |
| 3 | 李四計 | 99 | 88 | 77 | 66 | 330 |
| 4 | 王老五 | 64 | 73 | 82 | 91 | 310 |

## ▶ 解題技巧

Step 1 建立輸出入介面

1. 新增活頁簿並以「Workbook 事件」為新活頁簿名稱。

2. 工作表中建立如下的表格資料，F2~F4 儲存格輸入總和的公式。

| F2 | | × | ✓ | fx | =SUM(B2:E2) | |
|---|---|---|---|---|---|---|
| | A | B | C | D | E | F |
| 1 | 姓名 | 國文 | 英語 | 數學 | 統計 | 總分 |
| 2 | 張三瘋 | 100 | 90 | 80 | 70 | 340 |
| 3 | 李四計 | 99 | 88 | 77 | 66 | 330 |
| 4 | 王老五 | 64 | 73 | 82 | 91 | 310 |

**Step 2** 問題分析

1. 因為 Open...等都是屬於活頁簿的事件，所以必須在 ThisWorkbook 物件中建立事件程序。

2. 開啟活頁簿時會觸動 Open 事件，在事件程序中設定 WindowState 屬性值，使視窗大小為可手動。

3. 活頁簿成為作用活頁簿時會觸動 Activate 事件，在事件程序中會顯示活頁簿的 Name 屬性值。

4. 選取工作表使成為作用工作表時會觸動 SheetActivate 事件，在事件程序中設 A1 到 F4 儲存格會被選取。

5. 儲存活頁簿時會先觸動 BeforeSave 事件，在事件程序中檢查 SaveAsUI 參數是否為 False(表未儲存)，就顯示對話方塊詢問是否確定要儲存，若按 <否> 鈕就設 Cancel 參數值為 True，就不會儲存活頁簿。

6. 關閉活頁簿時會先觸動 BeforeClose 事件，在事件程序中顯示對話方塊詢問是否確定離開，若按 <否> 鈕就設 Cancel 參數值為 True，不離開活頁簿。

**Step 3** 編寫程式碼

| FileName: Workbook 事件.xlsm (ThisWorkbook 程式碼) |
|---|
| **01 Private Sub Workbook_Open()** |
| 02　　　Application.WindowState = xlNormal |
| 03 End Sub |
| 04 |
| **05 Private Sub Workbook_Activate()** |
| 06　　　MsgBox "選取" & ThisWorkbook.Name & "活頁簿", vbOKOnly, "Activate 事件" |
| 07 End Sub |
| 08 |
| **09 Private Sub Workbook_SheetActivate(ByVal Sh As Object)** |
| 10　　　Sh.Range("A1:F4").Select |
| 11 End Sub |
| 12 |
| **13 Private Sub Workbook_BeforeSave(ByVal SaveAsUI As Boolean, Cancel As Boolean)** |
| 14　　　If SaveAsUI = False Then |
| 15　　　　　a = MsgBox("你是否確定要儲存檔案？", vbYesNo) |
| 16　　　　　If a = vbNo Then Cancel = True |
| 17　　　End If |
| 18 End Sub |
| 19 |

| 20 Private Sub Workbook_BeforeClose(Cancel As Boolean) |
| --- |
| 21    a = MsgBox("你是否確定要離開？", vbYesNo) |
| 22    If a = vbNo Then Cancel = True |
| 23 End Sub |

▶ **隨堂練習**

開啟活頁簿時，設視窗大小為最大化，以及不自動重算。當工作表使成為非作用工作表時，就重算儲存格公式。列印時會出現對話方塊詢問是否確定要列印，若按 　是(Y)　 鈕就列印；按 　否(N)　 鈕則不列印。

# 9.4 Worksheet、Sheet 物件簡介與常用屬性

## 9.4.1 Worksheet、Sheet 物件簡介

在 Excel 活頁簿中新增的每一個工作表(Worksheet)、圖表工作表(Chart)，會組合成一個 Sheets 集合物件(Collection)。多個 Worksheet 物件就組合成一個 Worksheets 工作表集合物件；多個 Chart 物件就組合成一個 Charts 圖表工作表集合物件。本章只介紹工作表(Worksheet)，圖表工作表(Chart)將另闢章節詳細說明。目前作用中的工作表或圖表工作表，可以用 ActiveSheet 來表示。如果要指定 Worksheets 工作表集合中特定的工作表，其語法如下：

> 語法：
>
> Worksheets (索引值)　　'索引值由 1 開始
> 　　或
> Worksheets ("工作表名稱")

如果要指定 Sheets 集合中特定的工作表，其語法如下：

> 語法：
>
> Sheets (索引值)
>     或
> Sheets ("工作表名稱")

 便利貼

- ◆ 在 Worksheets 工作表集合中，只包含工作表(Worksheet)一種物件。

- ◆ 在 Sheets 集合中，可以包含工作表(Worksheet)、圖表工作表(Chart)兩種物件。如果 Sheets 集合中只有工作表(Worksheet)物件時，就會等於 Worksheets 工作表集合。

在程式中如果要宣告一個工作表物件，其語法如下：

> 語法：
>
> Dim 工作表物件名稱 As Worksheet

例如：在程式中宣告一個工作表物件 actWS，然後指定為目前作用中工作表，其寫法如下：

```
Dim actWS As Worksheet
Set actWS = ActiveWorkbook.ActiveSheet    '注意不是 ActiveWorksheet
Set actWS = ActiveSheet                    '此為上一行的精簡寫法
```

## 9.4.2 Worksheet、Sheet 物件常用的屬性

### 1. Count 屬性

使用 Count 屬性可以取得工作表集合中工作表的數量。例如：顯示工作表的數量，寫法為：

```
MsgBox "工作表的數量：" & Worksheets.Count
或是
MsgBox "工作表的數量：" & Sheets.Count
```

## 2. Name 屬性

可以取得工作表的名稱。例如顯示目前作用工作表的名稱,寫法為:

```
MsgBox "目前工作表的名稱:" & ActiveSheet.Name
```

## 3. Visible 屬性

使用 Visible 屬性可以設定工作表的顯示狀態,當屬性值為 True 時會顯示工作表;False 時工作表隱藏。例如:設定第一個工作表為隱藏,寫法為:

```
Worksheets(1).Visible = False
```

## 4. Rows 屬性

使用 Rows 屬性,可以取得指定工作表中所有列的集合。指定其中一列時,可以使用索引值(值由 1 算起)。例如:選取「工作表 1」工作表第一列的寫法為:

```
Worksheets("工作表 1").Rows(1).Select
```

## 5. Columns 屬性

使用 Columns 屬性,可以取得指定工作表中所有欄的集合。指定其中一欄時,可以使用索引值(值由 1 算起),或是使用欄名。例如刪除最後工作表 B 欄的寫法為:

```
Worksheets(Worksheets.Count).Columns(2).Delete
Worksheets(Worksheets.Count).Columns("B").Delete '另一種寫法
```

## 6. Cells 屬性

使用 Cells 屬性可以取得指定工作表中的所有儲存格的集合。指定其中一個儲存格時,可以使用列和欄索引值來指定,其語法為:

語法:

```
Cells(列索引/編號, 欄索引/編號 | 欄名稱 )
```

例如:清除「工作表 1」K6 儲存格的內容,寫法為:

```
Worksheets("工作表 1").Cells(6, 11).ClearContents   '清除 K6 儲存格內容
Worksheets("工作表 1").Cells(6, "K").ClearContents '另一種寫法
```

7. **Range 屬性**

使用 Range 屬性可以取得指定工作表中的一個儲存格，或是儲存格範圍。例如：指定第一個工作表 A1 到 B4 儲存格為粗體字，寫法為：

```
Worksheets(1).Range("A1:B4")).Font.Bold = True
```

8. **UsedRange 屬性**

使用 UsedRange 屬性可以取得指定工作表中有使用的儲存格範圍。例如選取作用工作表中有使用的儲存格範圍，寫法為：

```
ActiveSheet.UsedRange.Select
```

判斷作用工作表是否為空白工作表，程式寫法為：

```
If ActiveSheet.UsedRange.Cells.Count = 0 Then Msgbox "空白工作表"
```

9. **ScrollArea 屬性**

使用 ScrollArea 屬性可以指定工作表可捲動的儲存格範圍，若要取消限制則設為空字串。例：設定作用工作表可以捲動的儲存格範圍為 A1:Z30，寫法為：

```
ActiveSheet.ScrollArea = "A1:Z30"
ActiveSheet.ScrollArea = ""                '取消限制捲動的範圍
```

# 9.5 Worksheet、Sheet 物件常用方法

1. **Activate 方法**

使用 Activate 方法可以使指定的工作表成為作用工作表。例如：指定第一個工作表成為作用工作表，寫法為：

```
WorkSheets(1).Activate
```

2. **Select 方法**

使用 Select 方法可選取指定的工作表。例如：選取「工作表 1」工作表，寫法為：

```
WorkSheets("工作表 1").Select
```

例如：選取「工作表 1」、「工作表 2」工作表，寫法為：

```
WorkSheets(Array("工作表 1","工作表 2")).Select
```

3. **Add 方法**

Worksheets 使用 Add 方法可以新增工作表，Sheets 則還可以透過 Type 引數指定
新增物件的型態，其常用語法為：

> **語法：**
>
> Worksheets.Add [*Before, After, Count* ]　　或是
>
> Sheets.Add [*Before, After, Count, Type* ]

▶ **說明**

① 在 Add 方法中可以用 Before 或 After 引數來指定在哪的工作表的前後，省
略時會新增在作用工作表前面。

② Count 引數可以指定新增工作表的數量，預設為一個。

③ Type 引數可以指定新增物件的型態，常用引數值為 xlWorksheet(預設值)、
xlChart(圖表)。

④ 例如在作用工作表前面新增一個工作表的寫法為：

```
Worksheets.Add
Sheets.Add              '另一種寫法
```

例如：在第一個工作表後面新增兩個工作表，寫法為：

```
Worksheets.Add After:= Worksheets(1), Count:=2
```

4. **Copy 方法**

使用 Copy 方法可以複製指定的工作表到指定的位置。例：將「工作表 1」工作
表複製到「工作表 2」後面，程式寫法為：

```
Worksheets("工作表 1").Copy After:=Worksheets("工作表 2")
```

例如：將 Test1.xlsx 活頁簿的「工作表 1」工作表複製到 Test2.xlsx 活頁簿的最
前面，注意兩個活頁簿都必須先開啟，寫法為：

```
Workbooks.Open ("Test1.xlsx")      '開啟 Test1.xlsx 活頁簿
Workbooks.Open ("Test2.xlsx")      '開啟 Test2.xlsx 活頁簿
Workbooks("Test1.xlsx").Activate '使 Test1.xlsx 活頁簿成為作用中
Worksheets("工作表 1").Copy Before:=Workbooks("Test2.xlsx").Sheets(1)
```

5. **Delete 方法**

   使用 Delete 方法可刪除指定的工作表。如：將「工作表 1」工作表刪除，寫法：

   ```
   Application.DisplayAlerts = False      '關閉提示訊息
   Worksheets("工作表 1").Delete
   Application.DisplayAlerts = True       '開啟提示訊息
   ```

6. **Move 方法**

   使用 Move 方法可以搬移指定的工作表到指定的位置。例如：將「工作表 1」工作表搬移到同活頁簿的「工作表 2」工作表的後面，寫法為：

   ```
   Worksheets("工作表 1").Move After:= Worksheets("工作表 2")
   ```

   例如：將 Test1.xlsx 活頁簿的「工作表 1」工作表搬移到 Test2.xlsx 活頁簿的最前面，注意兩個活頁簿都必須先開啟，寫法為：

   ```
   Workbooks.Open ("Test1.xlsx")      '開啟 Test1.xlsx 活頁簿
   Workbooks.Open ("Test2.xlsx")      '開啟 Test2.xlsx 活頁簿
   Workbooks("Test1.xlsx").Activate '使 Test1.xlsx 活頁簿成為作用中
   Worksheets("工作表 1").Move Before:=Workbooks("Test2.xlsx").Sheets(1)
   ```

7. **PrintPreview 方法**

   使用 PrintPreview 方法可以預覽工作表或圖表。例如：預覽「工作表 1」工作表：

   ```
   Worksheets("工作表 1").PrintPreview
   ```

8. **PrintOut 方法**

   使用 PrintOut 方法可以列印指定的工作表或圖表。例如：列印目前作用工作表的寫法為：

   ```
   ActiveSheet.PrintOut
   ```

9. **Protect / Unprotect 方法**

使用 Protect 方法可以保護指定的工作表或活頁簿，Unprotect 方法則可以取消保護指定的工作表或活頁簿，如果有設定密碼時必須加上密碼引數。例如：取消保護目前工作表，修改 A1 儲存格值後重新保護，程式寫法為：

```
ActiveSheet.Unprotect '取消保護目前工作表
ActiveSheet.Range("A1").Value = "520"        '設定 A1 儲存格值
ActiveSheet.Protect                          '保護目前工作表
```

 **實作** FileName：Worksheet 方法.xlsm

製作符合下列功能的 Excel 程式：

① 按 複製 鈕時，會複製「原版」工作表，並依序命名為 1 月、2 月...。

② 按 圖表 鈕時，會將該工作表的 A2:D5 資料製作成圖表，並以工作表名稱加「圖表」命名。

③ 按 刪除 鈕時，會出現 InputBox 詢問欲刪除的工作表或圖表名稱，然後刪除指定的工作表；如果名稱為「原版」，則顯示不能刪除的訊息。

④ 按 預覽列印 鈕時，可以預覽該工作表的列印情形。

▶ **輸出要求**

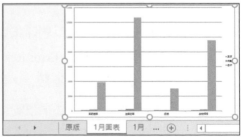

▶ **解題技巧**

Step 1 建立輸出入介面

1. 新增活頁簿並以「Worksheet 方法」為新活頁簿名稱。

2. 工作表中建立如下的表格資料，D2~5 儲存格輸入合計公式(單價*杯數)，D6 儲存格輸入總和公式(SUM)，以及四個 ActiveX 命令按鈕控制項。

| | A | B | C | D | E | F |
|---|---|---|---|---|---|---|
| | | | | fx | =B2*C2 | |
| 1 | 品名 | 單價 | 杯數 | 合計 | 複製 | |
| 2 | 茉莉綠茶 | 25 | 156 | 3900 | 圖表 | |
| 3 | 波霸奶茶 | 45 | 281 | 12645 | 刪除 | |
| 4 | 奶綠 | 35 | 86 | 3010 | 預覽列印 | |
| 5 | 金桔檸檬 | 55 | 174 | 9570 | | |
| 6 | | | 總計 | 29125 | | |

原版 (+)

Step 2 問題分析

1. 使用 Copy 方法可以複製指定的工作表，再利用 Sheets 和 Worksheets 的 Count 屬性，分別可以取得工作表加圖表的數量以及工作表數量。

2. 要建立圖表前要先選取圖表的資料來源，然後用 Add 方法 Type 引數值為 xlChart 來建立。

3. 使用 Delete 方法可以刪除指定的工作表，因為使用者可能輸入錯誤的名稱，所以要先執行 On Error Resume Next 敘述，來避免執行時的錯誤。另外，如果輸入的名稱是「原版」，則用 MsgBox 顯示不能刪除的訊息。

4. 使用 PrintPreview 方法來預覽工作表列印的情形。

Step 3 編寫程式碼

| FileName: Worksheet 方法.xlsm　　(工作表 1 程式碼) |
|---|
| 01 Private Sub CommandButton1_Click() |
| 02　　　Worksheets("原版").Copy After:=Sheets(Sheets.Count) 'Sheets.Count 為工作和圖表的數量 |
| 03　　　ActiveSheet.Name = Worksheets.Count - 1 & "月"　　　'Worksheets.Count 為工作表的數量 |
| 04 End Sub |
| 05 |

| 06 | Private Sub CommandButton2_Click() |
| --- | --- |
| 07 | Dim actWS As Worksheet |
| 08 | Set actWS = ActiveWorkbook.ActiveSheet |
| 09 | actWS.Range("A1:D5").Select |
| 10 | Sheets.Add Type:=xlChart |
| 11 | ActiveSheet.Name = actWS.Name & "圖表" |
| 12 | End Sub |
| 13 | |
| 14 | Private Sub CommandButton3_Click() |
| 15 | sName = Application.InputBox("輸入工作表或圖表名稱：", Title:="刪除", _ |
|  | Default:="1 月", Type:=2) |
| 16 | On Error Resume Next |
| 17 | If sName <> False Then |
| 18 | If sName = "原版" Then |
| 19 | MsgBox "原版工作表不能刪除" |
| 20 | Else |
| 21 | Sheets(sName).Delete |
| 22 | End If |
| 23 | End If |
| 24 | On Error GoTo 0 |
| 25 | End Sub |
| 26 | |
| 27 | Private Sub CommandButton4_Click() |
| 28 | ActiveWorkbook.ActiveSheet.PrintPreview |
| 29 | End Sub |

## ▶ 隨堂練習

修改上面實作按 預覽列印 鈕時，會出現 InputBox 詢問欲預覽列印的工作表或圖表名稱，然後預覽指定的工作表或圖表。另外新增一個按鈕，執行時會出現 InputBox 詢問欲列印的工作表或圖表名稱，然後預覽指定的工作表或圖表。

# 9.6 Worksheet 物件常用事件

## 9.6.1 建立 Worksheet 物件事件的步驟

要建立 Worksheet 物件事件的操作步驟如下所示：

1. 開啟工作表的程式碼視窗

   在專案視窗要建立事件的工作表上快按兩下，就會開啟該工作表的程式碼視窗。

2. 建立工作表事件

   在物件清單中選取 Worksheet 物件，此時會自動建立 Worksheet 物件的預設事件 SelectChange。如果要再繼續建立事件，可以由事件清單中選取要建立的事件。

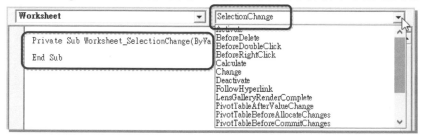

## 9.6.2 Worksheet 物件常用的事件

1. **Activate 事件**

   當選取工作表使成作用工作表時，就會觸動該工作表的 Activate 事件。例如：在 Activate 事件中，顯示 "選取 xxx 工作表" 訊息，其中 xxx 表示工作表名稱：

```
Private Sub Worksheet_Activate()
    MsgBox "選取" & ActiveSheet.Name & "工作表", vbOKOnly, "Activate 事件"
End Sub
```

便利貼

在 Workbook 物件的 SheetActivate 事件和 Worksheet 的 Activate 事件一樣，當工作表成作用工作表時都會被觸動。如果該處理對每個工作表都相同時，程式就寫在 SheetActivate 事件中。如果只針對某個工作表處理時，程式就寫在該工作表的 Activate 事件中。

2. **Deactivate 事件**

當選取其他工作表使原工作表成為非作用工作表時，就會觸動該工作表的 Deactivate 事件。例如：在 Deactivate 事件中，顯示 "離開工作表" 訊息的寫法：

```
Private Sub Worksheet_Deactivate ()
    MsgBox "離開工作表", vbOKOnly, "Deactivate 事件"
End Sub
```

3. **Change 事件**

當工作表變更儲存格內容時，就會觸動該工作表的 Change 事件。但是如果是因為重算而變更儲存格內容時，則不會觸動 Change 事件，若需要處理時可以寫在該工作表的 Calculate 事件。事件中 Target 參數代表變動的儲存格。例如：在 Change 事件中，顯示 " xxx 儲存格被改變"，其中 xxx 即改變內容的儲存格位置訊息，寫法如下：

```
Private Sub Worksheet_Change(ByVal Target as Range)
    MsgBox Target.Address & "儲存格被改變", vbOKOnly, "Change 事件"
End Sub
```

4. **SelectionChange 事件**

當工作表變更儲存格選取範圍時，就會觸動該工作表的 SelectionChange 事件。例如：在 SelectionChange 事件中，檢查是否是選擇第一欄內的一個儲存格？若是，則顯示 "選取了第一欄的一個儲存格" 訊息，寫法如下：

```
Private Sub Worksheet_SelectionChange(ByVal Target as Range)
    If Target.Column = 1 And Target.Count = 1 Then
        MsgBox "選取了第一欄的一個儲存格", vbOKOnly, " SelectionChange 事件"
    End If
End Sub
```

### 5. BeforeDoubleClick 事件

當在儲存格快按兩下時，就會觸動該工作表的 BeforeDoubleClick 事件。因為快按兩下會進入編輯狀態，可以將 Cancel 參數設為 True 避免進入編輯狀態。

```
Private Sub Worksheet_BeforeDoubleClick(ByVal Target as Range, Cancel As Boolean)
    Cancel = True
    MsgBox Target.Address & "儲存格被快按兩下"
End Sub
```

**實作** FileName：Worksheet 事件.xlsm

使用者點選 A 欄內的一個儲存格時，會顯示對話方塊詢問是否設為粗體字？若按 ▢是(Y) 鈕該儲存格設為粗體字。使用者修改時薪和上班時數欄內的資料時，會檢查資料是否正確，如果是下列情況會顯示提示訊息：輸入非數值、輸入低於 120 元的時薪、輸入高於 48 小時的上班時數。

### ▶ 輸出要求

### ▶ 解題技巧

Step ① 建立輸出入介面

1. 新增活頁簿並以「Worksheet 事件」為新活頁簿名稱。

2. 工作表中建立如右的表格資料，D 欄輸入
薪資公式。

| | A | B | C | D |
|---|---|---|---|---|
| 1 | 姓名 | 時薪 | 上班時數 | 薪資 |
| 2 | 素煩真 | 120 | 40 | 4800 |
| 3 | 葉小差 | 140 | 48 | 6720 |
| 4 | 一夜輸 | 130 | 36 | 4680 |

D2 儲存格公式：=B2*C2

Step 2  問題分析

1. 因為都是屬於工作表的事件，所以必須在工作表中建立事件程序。

2. 當選取工作表內的儲存格時會觸動 SelectionChange 事件，在事件程序中檢查選取的儲存格是否在 A 欄(Target.Column = 1)，以及是否只選取一個儲存格(Target.Count = 1)。如果符合就顯示 MsgBox 對話方塊，若按 [ 是(Y) ] 鈕就設為粗體字(Target.Font.Bold = True)；否則就設為非粗體字。

3. 當修改工作表內的儲存格內容時會觸動 Change 事件，在事件程序中先檢查修改的儲存格是否在 B、C 欄，以及是否在第 2 列以上(Target.Row >= 2)。接著檢查輸入值是否為數值(IsNumeric(Target))，若是 B 欄資料輸入值必須大於 120，C 欄資料輸入值必須小於 48，否則就顯示提示訊息並設為預設值。

因為會用程式將儲存格設為預設值，此時會再觸動 SelectionChange 事件。為提高效率可以先將 Application 的 EnableEvents 屬性值設為 False，來暫停觸動事件，最後必須再設為 True，不然事件都不會觸動。

Step 3  編寫程式碼

**FileName: Worksheet 事件.xlsm (工作表 1 程式碼)**

```
01 Private Sub Worksheet_SelectionChange(ByVal Target As Range)
02     If Target.Column = 1 And Target.Count = 1 Then
03         YorN = MsgBox("是否設為粗體字？", vbYesNo)
04         If YorN = vbYes Then
05             Target.Font.Bold = True
06         Else
07             Target.Font.Bold = False
08         End If
09     End If
10 End Sub
11
```

| | |
|---|---|
| 12 | **Private Sub Worksheet_Change(ByVal Target As Range)** |
| 13 | Application.EnableEvents = False        '暫停觸動事件 |
| 14 | If Target.Column = 2 And Target.Row >= 2 Then |
| 15 | If IsNumeric(Target) Then    '如果是數值 |
| 16 | If Target.Value < 120 Then    '若輸入值小於 120 |
| 17 | MsgBox "時薪不能低於 120 元！", vbOKOnly |
| 18 | Target.Value = 120        '設為預設值 |
| 19 | End If |
| 20 | Else |
| 21 | MsgBox "請輸入數值！", vbOKOnly |
| 22 | Target.Value = 120        '設為預設值 |
| 23 | End If |
| 24 | ElseIf Target.Column = 3 And Target.Row >= 2 Then |
| 25 | If IsNumeric(Target) Then        '如果是數值 |
| 26 | If Target.Value > 48 Then    '若輸入值大於 48 |
| 27 | MsgBox "每周工時不能超過 48 小時！", vbOKOnly |
| 28 | Target.Value = 48        '設為預設值 |
| 29 | End If |
| 30 | Else |
| 31 | MsgBox "請輸入數值！", vbOKOnly |
| 32 | Target.Value = 48    '設為預設值 |
| 33 | End If |
| 34 | End If |
| 35 | Application.EnableEvents = True        '開啟觸動事件 |
| 36 | End Sub |

▶ **隨堂練習**

修改上面實例點選 A 欄內的一個儲存格時，有資料才會顯示對話方塊詢問是否設為粗體字？A 欄內輸入姓名後，B~D 欄會自動填入預設值和薪資計算公式；若是空白則清除 B~D 欄資料。

| | A | B | C | D |
|---|---|---|---|---|
| 1 | 姓名 | 時薪 | 上班時數 | 薪資 |
| 2 | 素煩真 | 120 | 40 | 4800 |
| 3 | 葉小差 | 140 | 48 | 6720 |
| 4 | 夜輸 | 130 | 36 | 4680 |
| 5 | 史艷文 | 120 | 48 | 5760 |

# 9.7 Window 物件

## 9.7.1 Window 物件簡介

在 Excel 應用程式中可以同時開啟多個活頁簿，而每個活頁簿都有一個視窗(Window)，多個 Window 物件就組合成一個 Windows 視窗集合物件。在 VBA 中可以使用 Window 物件，來操作所屬的視窗。

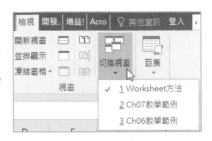

目前作用中的視窗，可以用 ActiveWindow 來表示。如果要指定 Windows 視窗集合中特定的視窗，其語法如下：

> 語法：
>
> Windows (索引值)
>     或
> Windows ("活頁簿檔案名稱")

## 9.7.2 Window 物件常用的屬性

1. **WindowNumber 屬性**

   使用 WindowNumber 屬性可以取得視窗的編號，其值和視窗集合的索引值相同。例如：顯示目前作用視窗的編號，寫法為：

   > MsgBox "目前視窗的編號：" & ActiveWindow.WindowNumber

2. **Caption 屬性**

   Caption 屬性可以設定和取得視窗的名稱。例如：顯示目前作用視窗的名稱：

   > MsgBox "目前視窗的名稱：" & ActiveWindow.Caption

3. **WindowState 屬性**

   使用 WindowState 屬性可以設定視窗的顯示狀態，屬性值有：xlMaximized(視窗最大化)、xlMinimized(視窗最小化)、xlNormal (手動)三種。例如：將目前作用視窗縮小到工作列，寫法為：

```
ActiveWindow.WindowState = xlMinimized
```

4. **EnableResize 屬性**

使用 EnableResize 屬性可以設定視窗是否允許調整大小，屬性值有 True(可)、
False(不可)。例如：設定目前作用視窗不能調整大小，寫法為：

```
ActiveWindow.EnableResize = False
```

5. **Zoom 屬性**

使用 Zoom 屬性可以設定或取得視窗的顯示比例，屬性值的資料型態為 Variant，
值如果為 50 表縮小一半、100 表正常大小、200 表放大一倍。例如：新增一個
活頁簿時設定視窗顯示比例為 100%，寫法為：

```
Private Sub Workbook_Open()
    ActiveWindow.Zoom = 100
End Sub
```

6. **Height、Width 屬性**

使用 Height、Width 屬性可以分別設定或取得視窗的高度和寬度，但 WindowState
屬性值必須是 xlNormal (手動)才能設定視窗大小。

7. **DisplayGridlines 屬性**

使用 DisplayGridlines 屬性可以設定視窗內的工作表是否顯示格線，屬性值有
True(顯示)、False(不顯示)。例如：改變目前作用視窗格線的顯示狀態，寫法：

```
ActiveWindow.DisplayGridlines = Not(ActiveWindow.DisplayGridlines)
```

8. **VisibleRange 屬性**

使用 VisibleRange 屬性可以取得指定視窗目前可視的儲存格範圍。例如：顯示
目前作用視窗可視的儲存格範圍的位址，寫法為：

```
MsgBox ActiveWindow.VisibleRange.Address
```

設定目前工作表可以捲動的範圍為視窗目前可視的儲存格範圍，寫法為：

```
ActiveSheet.ScrollArea = ActiveWindow.VisibleRange.Address
```

9. **SelectedSheets 屬性**

使用 SelectedSheets 屬性可以取得指定視窗中所有選取的工作表(sheets 集合)。

例如：顯示目前作用視窗所有選取工作表的名稱，寫法為：

```
For Each sh In ActiveWindow.SelectedSheets
    MsgBox "選取" + sh.Name + "工作表"
Next
```

## 9.7.3 Window 物件常用的方法

1. **NewWindow 方法**

使用 NewWindow 方法可以將指定視窗建立複本成為新的視窗。例如：將第一個視窗複製成新視窗，寫法為：

```
ActiveWorkbook.Windows(1).NewWindow
```

2. **Activate 方法**

使用 Activate 方法可以將指定視窗成為作用視窗，該視窗會移到視窗集合的第一個。例如：將第三個視窗成為作用視窗，寫法為：

```
ActiveWorkbook.Windows(3).Activate    '目前活頁簿的第三個視窗成為作用視窗
Application.Windows(3).Activate       'Excel 應用程式的第三個視窗成為作用視窗
```

3. **Close 方法**

使用 Close 方法可以關閉指定的視窗，例如：關閉目前作用視窗寫法為：

```
ActiveWindow.Close
```

**實作** FileName：Total.xlsm

按  鈕會將活頁簿中所有工作表的各月出貨清單，全部合併到「合計」工作表中。

## ▶ 輸出要求

| | A | B | C | D | E | F | G | H | I |
|---|---|---|---|---|---|---|---|---|---|
| 1 | 日期 | 客戶 | 產品 | 數量 | 售價 | 金額 | 負責人 | | |
| 2 | 2016/1/2 | 東方企業社 | 震動電鑽 | 2 | 2370 | 4740 | 樂樂 | 合併 | |
| 3 | 2016/1/8 | 齊美公司 | 抽排風機 | 1 | 5680 | 5680 | 芳美 | | |
| 4 | 2016/1/14 | 東方企業社 | 直流電焊機 | 1 | 9800 | 9800 | 樂樂 | | |
| 5 | 2016/1/21 | 峰源工業 | 乾濕吸塵器 | 3 | 5900 | 17700 | 芳美 | | |
| 6 | 2016/1/26 | 台楠工業社 | 高壓沖洗機 | 2 | 3680 | 7360 | 芳美 | | |
| 7 | 2016/1/28 | 雅洲工業社 | 平面砂輪機 | 5 | 1890 | 9450 | 樂樂 | | |
| 8 | 2016/1/30 | 振達五金公司 | 熱風槍 | 2 | 2380 | 4760 | 芳美 | | |
| 9 | | | | | | | | | |

1月　2月　3月

| | A | B | C | D | E | F | G | H |
|---|---|---|---|---|---|---|---|---|
| 1 | 日期 | 客戶 | 產品 | 數量 | 售價 | 金額 | 負責人 | |
| 2 | 2016/1/2 | 東方企業社 | 震動電鑽 | 2 | 2370 | 4740 | 樂樂 | |
| 3 | 2016/1/8 | 齊美公司 | 抽排風機 | 1 | 5680 | 5680 | 芳美 | |
| 4 | 2016/1/14 | 東方企業社 | 直流電焊機 | 1 | 9800 | 9800 | 樂樂 | |
| 5 | 2016/1/21 | 峰源工業 | 乾濕吸塵器 | 3 | 5900 | 17700 | 芳美 | |
| 6 | 2016/1/26 | 台楠工業社 | 高壓沖洗機 | 2 | 3680 | 7360 | 芳美 | |
| 7 | 2016/1/28 | 雅洲工業社 | 平面砂輪機 | 5 | 1890 | 9450 | 樂樂 | |
| 8 | 2016/1/30 | 振達五金公司 | 熱風槍 | 2 | 2380 | 4760 | 芳美 | |
| 9 | 2016/2/4 | 齊美公司 | 沉水馬達 | 2 | 2499 | 4998 | 芳美 | |
| 10 | 2016/2/9 | 東方企業社 | 緊急照明燈 | 6 | 485 | 2910 | 樂樂 | |
| 11 | 2016/2/12 | 峰源工業 | 手提剪草機 | 3 | 2745 | 8235 | 芳美 | |
| 12 | 2016/2/16 | 台楠工業社 | 鏈鋸機 | 2 | 3680 | 4600 | 芳美 | |
| 13 | 2016/2/23 | 東方企業社 | 斜口鉗 | 12 | 199 | 2388 | 樂樂 | |
| 14 | 2016/3/1 | 東方企業社 | 籬笆剪 | 1 | 5988 | 5988 | 樂樂 | |
| 15 | 2016/3/6 | 振達五金公司 | 電動起子 | 2 | 4480 | 8960 | 芳美 | |
| 16 | 2016/3/10 | 全友五金社 | 打蠟機 | 6 | 3990 | 23940 | 樂樂 | |
| 17 | 2016/3/17 | 峰源工業 | 手提剪草機 | 3 | 2745 | 8235 | 芳美 | |
| 18 | 2016/3/26 | 台楠工業社 | 空壓機 | 2 | 7399 | 4600 | 芳美 | |
| 19 | 2016/3/26 | 台楠工業社 | 刻磨機 | 3 | 680 | 2040 | 芳美 | |

合計　1月　2月　3月

## ▶ 解題技巧

Step 1 建立輸出入介面

1. 新增活頁簿並以「Total」為新活頁簿名稱。

2. 將範例 ch09 資料夾裡 Total 資料.xlsx 檔案中的工作表複製到活頁簿中，並在「1 月」工作表中建立一個 ActiveX 命令按鈕控制項。

Step 2 問題分析

1. 可以使用 Add 方法新增一個工作表，但是要先確定「合計」工作表是否已經存在，如果已經存在就用 Clear 方法清除內容。

2. 想確認「合計」工作表是否已經存在時，可以先宣告一個 ws 工作表物件，再將「合計」工作表指定給物件。如果 ws 物件值為 Nothing，就表示「合計」工作表不存在。工作表不存在卻要指定時會產生錯誤，所以必須使用 On Error Resume Next 敘述來避免發生錯誤。

3. 因為是在「1 月」工作表前新增工作表，所以「合計」工作表的索引值為 1，「1 月」工作表索引值為 2 依此類推。

4. 複製資料時可以使用 Copy 方法，先複製「1 月」工作表的標題列。然後用 For 迴圈，由第 2 個起到最後一個(索引值為 Worksheets.Count)工作表逐一複製資料到「合計」工作表。

5. 因為每個月份的資料長度不一，所以複製資料時可以使用 UsedRange.Rows. Count，來取得工作表有資料的列數。各月出貨清單用 Rows 屬性由第二列起取到最後一列，然後複製到「合計」工作表有資料的下一列。

Step 3 編寫程式碼

| FileName: Total.xlsm (工作表 1 程式碼) |
|---|
| **01 Private Sub CommandButton1_Click()** |
| 02    Dim ws As Worksheet '宣告 ws 為工作表物件 |
| 03    On Error Resume Next                '如果發生錯誤就執行下一行 |
| 04    Set ws = Worksheets("合計")        '設 ws 為 合計 工作表 |
| 05    If ws Is Nothing Then              '如果 ws 值為 Nothing |
| 06        Worksheets(1).Select |
| 07        Worksheets.Add                 '在第一個工作前面新增一個工作表 |
| 08        Worksheets(1).Name = "合計" '命名為 合計 |
| 09    Else |
| 10        Worksheets("合計").Rows.Clear    '清除 合計 工作表的內容 |
| 11    End If |
| 12    On Error GoTo 0 '恢復錯誤處理 |
| 13    Worksheets(2).Activate |
| 14    Rows(1).Copy Destination:=Worksheets(1).Range("A1") '複製標題到 合計 工作表 |
| 15    Dim r As Integer, r1 As Integer |
| 16    For i = 2 To Worksheets.Count              '從第 2 個工作表起 |
| 17        With Worksheets(i) |
| 18            r = .UsedRange.Rows.Count              '取得各月工作表的列數 |
| 19            r1 = Worksheets(1).UsedRange.Rows.Count '取得 合計 工作表的列數 |
| 20            '複製標題列以外的資料到 合計 工作表的空白列中 |
| 21            .Rows("2:" & r).Copy Destination:=Worksheets(1).Range("A" & r1 + 1) |

| 22 | | End With |
|----|----|----|
| 23 | Next | |
| 24 End Sub | | |

### ▶ 隨堂練習

修改上面實作使可以指定起始和終止月份,然後合併指定月份的資料到「合計」工作表。當起始月份大於終止月份,或輸入月份超出現有工作表數量時,會讓使用者重新輸入月份。

合併 2~3 月份
資料 →

# Range 物件介紹

**學習目標**

- Range 物件簡介
- 學習 Range 物件常用的格式屬性
- 學習 Range 物件常用的位置屬性
- 學習 Range 物件常用的方法
- 學習 Range 物件常用的查詢方法

## 10.1 Range 物件簡介

在 Worksheet 工作表中包含眾多的儲存格(Cells)，而 Range 就是儲存格的範圍，可以是一個儲存格、儲存格範圍，也可以是包含多個儲存格的範圍。Excel 工作表儲存格的最大範圍可按 <Ctrl> + <↓> 鍵求工作表水平列最大值：$1,048,576_{10}$，以及按 <Ctrl> + <→> 鍵求工作表垂直欄最大值：$XFD_{26}( =16,384_{10})$。

> **語法：**
>
> Range("儲存格")                      ⇦ 單一儲存格
> Range("起始儲存格：終止儲存格")          ⇦ 儲存格範圍
> Range("左上角儲存格", "右下角儲存格")      ⇦ 儲存格範圍

Range 是一個儲存格的範圍，指定時儲存格通常是使用[A1]表示法，欄是以字母標示，而列是以數字標示。儲存格指定的常用範例如下：

1. 指定一個儲存格

   [例] Range("A1")        ⇦A1 儲存格

[例] Range("A" & i)    ⇦使用整數變數指定儲存格

2. 指定儲存格範圍

[例] Range("A1:B2")             ⇦ A1 到 B2 儲存格範圍(含四個儲存格)

[例] Range(Range("A1"), Range("B2"))   ⇦ A1 到 B2 儲存格範圍

[例] Range("A1", "B2")           ⇦ A1 到 B2 儲存格範圍

[例] Range(Cells(1, 1), Cells(2, 2))   ⇦ A1 到 B2 儲存格範圍

3. 指定多個儲存格範圍

[例] Range("A1, C3:D5")    ⇦A1 儲存格和 C3 到 D5 儲存格範圍

4. 指定一個欄

[例] Range("A:A")   ⇦ A 欄

5. 指定一個列

[例] Range("1:1")    ⇦ 第 1 列

6. 指定連續欄

[例] Range("A:D")   ⇦ A 到 D 四個垂直欄

7. 指定連續列

[例] Range("1:3")        ⇦ 第 1 到 3 列共三列

8. 指定不連續欄

[例] Range("A:B, D:D")   ⇦ A 到 B 欄和 D 欄

9. 指定不連續列

[例] Range("1:3, 5:7")    ⇦ 第 1 到 3 列和第 5 到 7 列

10.指定多個儲存格範圍型態

[例] Range("A1, A3:G4, C:D, 6:6")

       ⇦ A1 儲存格、A3 到 G4 儲存格範圍、C 到 D 欄和第 6 列

指定儲存格或儲存格範圍時，也可用左右方括號( [ ] )的簡短方式。例如：指定 A1 儲存格可用[A1]表示、指定 A 到 E 欄可用[A:E]、指定第一列可用[1:1]。若要指定目前作用儲存格，可用 ActiveCell。例如：選取 A1 儲存格到目前作用儲存格：

```
Range(Range("A1"), ActiveCell)
```

例如：宣告儲存格物件 myRng，然後指定儲存格範圍為作用工作表的 A 欄：

```
Dim myRng As Range
Set myRng = ActiveSheet.Range("A:A")
```

# 10.2 Range 物件常用屬性

## 10.2.1 Range 物件常用的格式屬性

1. **Value 屬性**：使用 Value 屬性可以設定和取得儲存格的內容值，Value 屬性是 Range 物件的預設屬性，所以可省略但不建議。例如：如果 A1 儲存格值大於等於 60，就設 B1 儲存格值為 "及格"；否則就設為 "不及格"，寫法為：

```
If Range("A1").Value >= 60 Then
    Range("B1").Value = "及格"
Else
    Range("B1").Value = "不及格"
End If
```

例如：設 A1:B2 儲存格值等於 C3:D4 儲存格值，注意儲存格範圍大小必須相同：

```
Range("A1:B2").Value = Range("C3:D4").Value
```

2. **NumberFormat、NumberFormatLocal 屬性** ：使用 NumberFormat(通用 格式)和 NumberFormatLocal(本地格式)屬性可以設定和取得儲存格的格式化 樣式，常用屬性值有：General(通用格式，預設值)、hh:mm:ss(時:分:秒)、 $#,##0.0(金額)...。例如：A1 儲存格值等於 12345.67，以金額格式顯示，寫法為：

```
Range("A1").Value = 12345.678
Range("A1").NumberFormat = "$#,##0.0"    '顯示為$12,345.7
```

NumberFormat 和 NumberFormatLocal 的屬性值，可以從「儲存格格式」 對話方塊的「數值」標籤頁的「類型」中查詢得到，或自行編輯設計。例如同 樣設定負數以紅色字顯示，NumberFormat 屬性值應為 "#,##0;[Red]-#,##0"； 而 NumberFormatLocal 屬性值則為 "#,##0;[紅色]-#,##0"。例如要顯示為民國 年時，NumberFormatLocal 屬性值則為"[$-zh-TW]e/m/d;@"

3. **Text 屬性**：使用 Text 屬性可以設定和取得儲存格格式化後的值，其資料型別為字串，值為儲存格的內容值格式化後的結果。例如：A1 儲存格內容值等於 12345.67，以時:分:秒格式顯示，分別顯示 Value 和 Text 屬性值，寫法為：

```
Range("A1").Value = 12345.67
Range("A1").NumberFormat = "hh:mm:ss"
MsgBox "A1 的 Value 屬性值= " & Range("A1").Value    '屬性值=12345.67
MsgBox "A1 的 Text 屬性值= " & Range("A1").Text    '屬性值=16:04:48
```

 便利貼

在 Excel VBA 中設定顏色值有下列幾種常用的方式：

◆ **ColorIndex**：ColorIndex 值由 1~56，是預設的調色盤顏色值，1 為黑色、2 為白色、3 為紅色、4 為綠色、5 為藍色、6 為黃色...。
例如：Range("A1").Font.Color.ColorIndex = 5 '設為藍色

◆ **RGB(R, G, B)**：RGB 函數中 R、G、B 參數值分別代表紅、綠、藍三色光值由 0~255，可組合成各種顏色。如 RGB(255,0,0)表紅色、RGB(0,255,0)表綠色、RGB(255,0,255)表紫色、RGB(0,0,0)表黑色。
例如：將 A1 儲存格文字設為黃色。
Range("A1").Font.Color = RGB(255,255,0)    '設為黃色

◆ **顏色常數**：VBA 中定義常用的顏色常數值：vbBlack(黑)、vbRed(紅)、vbGreen(綠)、vbYellow(黃)、vbBlue(藍)、vbWhite(白)...等。

4. **Font 屬性** ：使用 Font 屬性可設定或取得儲存格的字型設定，例如：設定 A1 儲存格的字型：

```
With Range("A1").Font
    .Name = "標楷體"   '設定 A1 儲存格字型為標楷體
    .Size = 20          '設定 A1 儲存格字型大小為 20
    .Color = vbRed      '設定 A1 儲存格為紅色字
    .Bold = True        '設定 A1 儲存格為粗體字
    .Italic = True      '設定 A1 儲存格為斜體字
    .Strikethrough = True              '設定 A1 儲存格字型加刪除線
    .Underline = xlUnderlineStyleDouble  '設定 A1 儲存格字型加雙底線
    .FontStyle = "Bold Italic"         '設定 A1 儲存格為粗斜體字
    .FontStyle = "Regular"             '取消 A1 儲存格的粗斜體字
End With
```

5. **RowHeight 屬性** ：使用 RowHeight 屬性可以設定或取得指定列的高度，其單位為點(point)，工作表預設列高度值為 StandardHeight。例如：設定第 1 列的高度為 40，寫法為：

```
Rows(1).RowHeight = 40
```

6. **ColumnWidth 屬性** ：ColumnWidth 屬性可設定或取得欄的寬度，單位為一般樣式的字元寬度，預設寬度值為 StandardWidth。例如：設定 A 欄的寬度為 10(10 個字元寬度)：

```
Columns("A").ColumnWidth = 10
```

7. **Interior 屬性** ：Interior 屬性可以設定或取得儲存格的背景樣式。其子屬性：

① Color 和 ColorIndex 子屬性可設定顏色。例如：設 A1 儲存格背景色為青色：

```
Range("A1").Interior.Color = VbCyan
Range("A1").Interior.ColorIndex = 8        '另一種寫法
Range("A1").Interior.ColorIndex = xlNone   '把背景色清除
```

② Pattern 子屬性可以設定花紋。如：xlSolid(填滿)、xlGray50(50%網點)、xlGrid(格子)、xlHorizontal(水平線) ...。

③ PatternColor 子屬性可以設定花紋顏色。例如：設定 ColorIndex 屬性值為 xlNone，可以把背景色清除。

④ 例如：設定 A1 儲存格的背景色為黃色，加紅色 25% 網點，寫法為：

```
With Range("A1").Interior
    .Color = vbYellow
    .PatternColor = vbRed
    .Pattern = xlGray25
End With
```

8. **Borders 屬性** ：使用 Borders 屬性可以設定儲存格框線的樣式，其子屬性：

① Color 和 ColorIndex 子屬性可以設定框線顏色。

② LineStyle 子屬性可設定框線樣式如 xlContinuous(直線)、xlDot(點線)、xlDouble(雙線)、xlLineStyleNone(無框線)...。

③ Weight 子屬性可以設定框線粗細如 xlThick(粗)、xlMedium(中)、xlThin(細)。

④ 例如：設定 A1 儲存格加紅色細框線，寫法為：

```
With Range("A1").Borders
    .LineStyle = XlLineStyle.xlContinuous
    .Color = vbRed
    .Weight = xlThin
End With
```

⑤ 另外 Borders 屬性可以指定框線的位置，屬性值可以為：xlEdgeTop(上)、xlEdgeBottom(下)、xlEdgeLeft(左)、xlEdgeRight(右)、xlDiagonalDown(左上右下斜線)、xlDiagonalUp(左下右上斜線) ...，不指定時為儲存格範圍四周的框線。例如：A1:F1 儲存格的下方加藍色粗雙框線：

```
With Range("A1:F1").Borders(xlEdgeBottom)
    .LineStyle = XlLineStyle.xlDouble
    .Color = vbBlue
    .Weight = xlThick
End With
```

9. **Formula 屬性** ：使用 Formula 屬性可以設定和取得儲存格內的公式，Excel 中公式是以 "=" 開頭的運算式。如果要知道某儲存格是否有公式，可以使用 HasFormula 屬性，傳回值為 True 表有公式；傳回值為 False 表不是公式。例如：設定 A1 儲存格值等於 "=TODAY()"，然後檢查是否為公式寫法為：

```
Range("A1").Formula = "=TODAY()"
MsgBox "A1 是否有公式 " & Range("A1").HasFormula
```

10. **Locked 屬性** ：Locked 屬性可以設定和取得儲存格的鎖定狀態，屬性值有：True(鎖定)和 False(未鎖定)。當將儲存格所在的工作表必須設為保護，Locked 屬性才有作用。要取消工作表保護時，可以使用 Unprotect 方法。例如：將目前工作表的所有儲存格都設為鎖定，只有 B2:D6 儲存格範圍可以輸入(未鎖定)：

```
ActiveSheet.Cells.Locked = True
Range("B2:D6").Locked = False
ActiveSheet.Protect          '設定目前工作表為保護
```

便利貼

Excel 各種物件的屬性和方法眾多，因為篇幅的關係只介紹常用的成員。必要時可以錄製巨集的方式取得程式碼，再加以修改運用。

**實作** FileName：Range 屬性 1.xlsm

按 設定 鈕時會將表格設定成指定的格式，除 B2:E4 可輸入外其餘保護。

▶ **輸出要求**

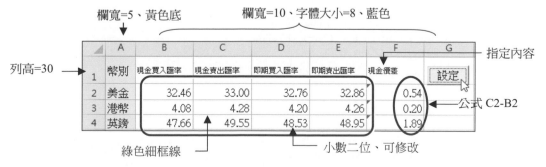

欄寬=5、黃色底

欄寬=10、字體大小=8、藍色

列高=30

指定內容

公式 C2-B2

綠色細框線

小數二位、可修改

▶ 解題技巧

Step 1 建立輸出入介面

1. 新增活頁簿並以「Range 屬性 1」為新活頁簿名稱。

2. 在工作表 1 中建立如下表格，和一個 ActiveX 命令按鈕控制項：

| | A | B | C | D | E | F | G |
|---|---|---|---|---|---|---|---|
| 1 | 幣別 | 現金買入匯率 | 現金賣出匯率 | 即期買入匯率 | 即期賣出匯率 | | 設定 |
| 2 | 美金 | 32.46 | 33.00 | 32.76 | 32.86 | | |
| 3 | 港幣 | 4.08 | 4.28 | 4.20 | 4.26 | | |
| 4 | 英鎊 | 47.66 | 49.55 | 48.53 | 48.95 | | |

Step 2 問題分析

1. 使用 Range 物件的各種屬性，在程式碼中設定儲存格的樣式。

2. 使用 Protect 和 Unprotect 方法，來設定和取消保護工作表。

Step 3 編寫程式碼

**FileName: Range 屬性 1.xlsm　(工作表 1 的程式碼)**

```
01 Private Sub CommandButton1_Click()
02      ActiveSheet.Unprotect      '取消工作表保護
03      Range("F1").Value = "現金價差"
04      Range("F2").Formula = "=C2-B2"
05      Range("F3").Formula = "=C3-B3" :    Range("F4").Formula = "=C4-B4"
06      Range("B2:F4").NumberFormat = "#0.00"
07      With Range("B1:F1").Font
08          .Size = 8
09          .Color = vbBlue
10      End With
11      Rows(1).RowHeight = 32
12      Columns("A").ColumnWidth = 5
13      Columns("B:F").ColumnWidth = 10
14      Range("A1:A4").Interior.Color = vbYellow
15      With Range("A1:F4").Borders
16          .LineStyle = XlLineStyle.xlContinuous
17          .Color = vbGreen
18          .Weight = xlThin
19      End With
20      ActiveSheet.Cells.Locked = True
21      Range("B2:E4").Locked = False
```

| 22 | ActiveSheet.Protect | '設定目前工作表為保護 |
| 23 End Sub | | |

## ▶ 隨堂練習

將上面表格改作如下的設定：

公式：=(E2-D2)/D2

| | A | B | C | D | E | F | G |
|---|---|---|---|---|---|---|---|
| 1 | 幣別 | 現金買入匯率 | 現金賣出匯率 | 即期買入匯率 | 即期賣出匯率 | 現金價差 | 即期價差比 |
| 2 | 美金 | $32.46 | $33.00 | $32.76 | $32.86 | 0.54 | 0.3% |
| 3 | 港幣 | $4.08 | $4.28 | $4.20 | $4.26 | 0.20 | 1.4% |
| 4 | 英鎊 | $47.66 | $49.55 | $48.53 | $48.95 | 1.89 | 0.9% |

綠色
中框線

## 10.2.2 Range 物件常用的位置屬性

1. **Cells 屬性** ：使用 Cells(*列索引值, 欄索引值*)屬性可以指定儲存格的範圍，Cells(r, c)就表示第 r 列第 c 欄的儲存格。例如：指定 A1 儲存格為粗體字，寫法為：

   ```
   Cells(1, 1).Font.Bold = True
   ```

   指定儲存格範圍時可配合 Range 物件。例如：指定 A1 到 C5 儲存格為粗體字：

   ```
   Range(Cells(1, 1), Cells(5, 3)).Font.Bold = True
   ```

   Cells 屬性如果沒有指定行和列，就代表工作表中的全部儲存格。例如：選取將目前工作表的所有儲存格，寫法為：

   ```
   ActiveSheet.Cells().Select
   ```

2. **Row、Column 屬性**

   ① Row 屬性可以取得儲存格的所在列(整數值)，

   ② Column 屬性可以取得儲存格的所在欄(整數值)。

   ③ 例如：取得 B4 儲存格所在列和欄的寫法為：

   ```
   r = Range("B4").Row        ' r = 4
   c = Range("B4").Column     ' c = 2
   ```

3. **Rows、Columns 屬性**

　① Rows(*列索引值*)屬性可以指定列，如果沒有指定代表所有的列。

　② Columns(*欄索引值*)屬性可以指定欄，如果沒有指定代表所有的欄。

　③ 例如：選取第 5 列、第 2 欄、所有列的寫法如下：

```
Rows(5).Select        ⇐ 選取第 5 列
Columns(2).Select 或 Columns("B").Select    ⇐ 選取第 2 欄
Rows().Select         ⇐ 選取所有列
```

4. **EntireRow 屬性** ：使用 EntireRow 屬性可以指定儲存格的所在列。例如：選取目前作用儲存格所在列的寫法為：

```
ActiveCell.EntireRow.Select
```

5. **EntireColumn 屬性** ：使用 EntireColumn 屬性可以指定儲存格的所在欄。例如：選取目前作用儲存格所在欄的寫法為：

```
ActiveCell.EntireColumn.Select
```

6. **Address 屬性** ：使用 Address 屬性可以顯示儲存格的位置，其常用語法為：

**語法：**

　　Address([*RowAbsolute* ] [, *ColumnAbsolute* ] [, *ReferenceStyle* ])

▶ **説明**

　① Address 屬性中的 *RowAbsolute* 引數值預設為 True，就是會在列位置加絕對符號$；若設為 False 則取消列的絕對符號。

　② *ColumnAbsolute* 引數值預設為 True，就是會在欄位位置加絕對符號$；若設為 False 則取消欄的絕對符號

　③ *ReferenceStyle* 引數值預設為 xlA1。若想改為[R1C1]顯示，則可設為 xlR1C1。例如：顯示作用儲存格的位置，寫法為：

```
MsgBox ActiveCell.Address()                              ' 若為 A1 儲存格會顯示$A$1
MsgBox ActiveCell.Address(RowAbsolute:=False)      ' 會顯示$A1
MsgBox ActiveCell.Address(ColumnAbsolute:=False)  ' 會顯示 A$1
MsgBox ActiveCell.Address(RowAbsolute:=False, ColumnAbsolute:=False)    '會顯示 A1
MsgBox ActiveCell.Address(ReferenceStyle:=xlR1C1)   ' 會顯示 R1C1
```

7. **CurrentRegion 屬性** ：CurrentRegion 屬性可取得指定儲存格周圍被空白列、欄包圍，有使用的儲存格範圍，下圖作用儲存格的 CurrentRegion 屬性值都是 Range("C3:E5")。

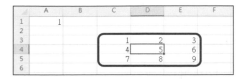 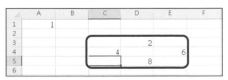

例如：選取作用儲存格所在的儲存格範圍，寫法為：

```
ActiveCell.CurrentRegion.Select
```

使用 Worksheets 物件的 UsedRange 屬性可取得工作表中，被空白、欄包圍已使用的儲存格範圍。下圖的 ActiveSheet.UsedRange 屬性值為 Range("A1:E5")，但因為作用儲存格在 E5，所以 ActiveCell.CurrentRegion 屬性值為 Range("C3:E5")。

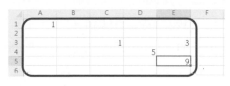

8. **Count、CountLarge 屬性** ：使用 Count 和 CountLarge 屬性可以取得儲存格範圍的儲存格個數，CountLarge 屬性只支援 2007(含)以後的版本，可計算到 17,179,869,184 個儲存格，支援較大的工作表。例如：取得 A1:B2 儲存格範圍的儲存格個數和有幾列，寫法為：

```
Dim rng As Range
Set rng = Range("A1:B2")
MsgBox    rng.Count            '會顯示 4(有 4 個儲存格)
MsgBox    rng.Rows.Count       '會顯示 2(有 2 列)
```

9. **Next 屬性** ：使用 Next 屬性可以指定儲存格的右邊儲存格，例如：A1 儲存格的右邊儲存格為 B1。例如：取得作用儲存格的右邊儲存格，寫法為：

```
Dim rng As Range
Set rng = ActiveCell.Next
```

10. **Previous 屬性** ：使用 Previous 屬性可以指定儲存格的左邊儲存格。譬如 B1 儲存格的左邊儲存格為 A1。例如：取得目前作用儲存格的左邊儲存格，寫法為：

```
Dim rng As Range
Set rng = ActiveCell.Previous
```

11. **Offset 屬性** ：使用 Offset(*列位移量，欄位移量*)屬性，可以由指定儲存格位移到新的儲存格位置。例如 A1 儲存格 Offset(1，2)，會下移 1 列右移 2 欄，新儲存格為 C2。又例如 D5 儲存格 Offset(-2，0)，會上移 2 列而欄不移動，新儲存格為 D3。例如：A1:B3 儲存格範圍下移 3 列右移 5 欄，寫法為：

```
Dim rng As Range
Set rng = Range("A1:B3")
rng.Offset(3, 5).Select              '新儲存格範圍為 F4:G6
```

12. **End 屬性** ：使用 End(方向)屬性可以由指定儲存格，沿指定方向找到最後一個有資料的儲存格，和在 Excel 中使用 Ctrl + ↑、↓、←、→ 的功能一樣。方向引數值有：xlDown(向下)、xlToLeft(向左)、xlToRight(向右)、xlUp(向上)。End 屬性主要是用來找資料的最後一筆位置，例如：下表 D2 儲存格 End(xlToLeft)，會是 B2 儲存格，End(xlUp)會是 D1 儲存格，寫法為：

```
Range("D2").End(xlUp).Select          'B2 儲存格
Range("D2").End(xlToLeft).Select      'D1 儲存格
```

|  | A | B | C | D | E | F | G |
|---|---|---|---|---|---|---|---|
| 1 |  | 1 | 2 | 3 | 4 | 5 |  |
| 2 |  | 2 | 3 | 4 | 5 | 6 |  |
| 3 |  | 3 | 4 | 5 | 6 | 7 |  |

例如：要選取上表中 D2 儲存格四周有資料的儲存格，左上角 B1 儲存格可以利用 Range("D2").End(xlToLeft).End(xlUp)指定，寫法為：

```
Range(Range("D2").End(xlToLeft).End(xlUp), _
                Range("D2").End(xlToRight).End(xlDown)).Select
```

 便利貼

如果要取的工作表有資料的最後一列，有許多的做法：

◆ 使用 UsedRange：UsedRange.Rows.Count

◆ 由上向下找：Cells(1,1).End(xlDown).Row

◆ 由下向上找：Cells(ActiveSheet.Rows.Count,1).End(xlUp).Row

13. **Name 屬性** ：使用 Name 屬性可以為儲存格範圍定義一個名稱，定義後的名稱會存在 Names 物件中。例如：將 A1 儲存格定義為「Home」寫法為：

```
Range("A1").Name = "Home"
或是
Names.Add Name:= "Home", RefersTo:= Range("A1")
```

儲存格範圍定義好名稱後，就可以用名稱代替儲存格範圍，但名稱要用左右方括號[ ]框住。例如：要選取名稱為「Home」的儲存格範圍，寫法為：

```
[Home].Select
```

14. **Resize 屬性** ：使用 Resize(*列數, 欄數*)屬性可以將儲存格範圍調整成指定的大小，Resize(r, c)就表示新儲存格範圍為 r 個列和 c 個欄。例如 A1:C2 儲存格範圍，調整成列數加一和欄數加一寫法為：

```
Dim rng As Range
Set rng = Range("A1:C2")
nRows = rng.Rows.Count            '取得列的數量
nColumns = rng.Columns.Count    '取得欄的數量
Set rng = rng.Resize(nRows + 1, nColumns + 1)        '設 rng 為新儲存格範圍大小
```

**實作** FileName：Range 屬性 2.xlsm

按 ⟨查核⟩ 鈕會顯示 InputBox 對話方塊，輸入基本營業額後會逐一檢查營業額，如果低於基本營業額就設為紅色字。

▶ **輸出要求**

| | A | B | C | D | E | F | G |
|---|---|---|---|---|---|---|---|
| 1 | 項目 | 北區 | 中區 | 南區 | 東區 | 離島 | |
| 2 | 第一季營業額 | 213680 | 185670 | 156750 | 93950 | 79200 | 查核 |
| 3 | 第二季營業額 | 192000 | 95000 | 168000 | 126000 | 94500 | |
| 4 | 第三季營業額 | 238750 | 215674 | 218654 | 162108 | 106540 | |
| 5 | 第四季營業額 | 89830 | 196520 | 208670 | 84500 | 96580 | |

輸入

基本營業額：

100000

確定　取消

▶ **解題技巧**

**Step 1** 建立輸出入介面

1. 新增活頁簿並以「Range 屬性 2」為新活頁簿名稱。

2. 在工作表 1 中建立如下表格，和一個 ActiveX 命令按鈕控制項。

| | A | B | C | D | E | F | G |
|---|---|---|---|---|---|---|---|
| 1 | 項目 | 北區 | 中區 | 南區 | 東區 | 離島 | |
| 2 | 第一季營業額 | 213680 | 185670 | 156750 | 93950 | 79200 | 查核 |
| 3 | 第二季營業額 | 192000 | 95000 | 168000 | 126000 | 94500 | |
| 4 | 第三季營業額 | 238750 | 215674 | 218654 | 162108 | 106540 | |
| 5 | 第四季營業額 | 89830 | 196520 | 208670 | 84500 | 96580 | |

**Step 2** 問題分析

1. 使用 UsedRange 屬性可以取得使用範圍，用 Rows 和 Columns 的 Count 屬性可以取得使用範圍的列和欄數，再用 Resize 屬性將列和欄數都縮減一。最後用 Offset(1,1)向右下位移，就可以取得營業額的儲存格範圍。

2. 使用 Name 屬性指定營業額儲存格範圍的名稱，來增加程式的可讀性。用 For ... Each 迴圈逐一讀取營業額儲存格範圍內的儲存格，然後根據基本營業額來設定字體的顏色。

Step ③ 編寫程式碼

| FileName: Range 屬性 2.xlsm (工作表 1 程式碼) | |
|---|---|
| **01 Private Sub CommandButton1_Click()** | |
| 02　　Dim rng As Range | |
| 03　　Set rng = ActiveSheet.UsedRange | '取得使用範圍 |
| 04　　r = rng.Rows.Count | '使用範圍的列數 |
| 05　　c = rng.Columns.Count | '使用範圍的欄數 |
| 06　　Set rng = rng.Resize(r - 1, c - 1).Offset(1, 1) | '取得標題外的營業額範圍 |
| 07　　rng.Name = "Money" | '為營業額儲存格範圍命名為 Money |
| 08　　quota = Application.InputBox("基本營業額：", Type:=1, Default:=100000) | |
| 09　　If quota <> False And quota > 0 Then | '如果有輸入營業額 |
| 10　　　For Each c In [Money] | '逐一讀取營業額 |
| 11　　　　If c.Value < quota Then | '如果營業額小於基本營業額 |
| 12　　　　　　c.Font.Color = vbRed | '設為紅色字 |
| 13　　　　Else | |
| 14　　　　　　c.Font.Color = vbBlack | '設為黑色字 |
| 15　　　　End If | |
| 16　　　Next | |
| 17　　End If | |
| 18 End Sub | |

▶ **隨堂練習**

按下 調整 鈕會對單科成績做調整，成績大於等於 60 不調整、介於 50~59 調整成 60、低於 50 則加 10 分。調整後的成績低於 60 分，就以紅色粗斜體顯示。(注意：總分部分不處理)

| | A | B | C | D | E | F |
|---|---|---|---|---|---|---|
| 1 | 姓名 | 經濟學 | 財務管理 | 會計實作 | 總分 | |
| 2 | 張燕萍 | 80 | 65 | 40 | 185 | 調整 |
| 3 | 林淑芬 | 42 | 48 | 90 | 180 | |
| 4 | 周豔秋 | 36 | 72 | 64 | 172 | |
| 5 | 劉秀英 | 50 | 24 | 30 | 104 | |

⇨

| | A | B | C | D | E |
|---|---|---|---|---|---|
| 1 | 姓名 | 經濟學 | 財務管理 | 會計實作 | 總分 |
| 2 | 張燕萍 | 80 | 65 | 50 | 195 |
| 3 | 林淑芬 | 52 | 58 | 90 | 200 |
| 4 | 周豔秋 | 46 | 72 | 64 | 182 |
| 5 | 劉秀英 | 60 | 34 | 40 | 134 |

# 10.3 Range 物件常用方法

1. **Activate 方法**：使用 Activate 方法可以使指定的儲存格成為作用儲存格。例如：指定 A1 儲存格成為作用儲存格，並設值為 123，寫法為：

```
ActiveSheet.Range("A1").Activate
ActiveCell.Value = 123
```

2. **Select 方法**：使用 Select 方法可選取指定的儲存格或儲存格範圍，選取的儲存格會成為作用儲存格，之後可以用 Selection 物件來指定。例如：選取第 1 列或選取 B:D 欄，寫法：

```
ActiveSheet.Rows("1").Select
ActiveSheet.Columns("B:D").Select
```

3. **Clear、ClearContents、ClearFormats、ClearComments 方法**：
   ① 使用 Clear 方法可以清除儲存格所有資料、格式，使儲存格成為初始的狀態。
   ② 如果只想清除儲存格內的值和公式，可以使用 ClearContents 方法。
   ③ 如果只想清除儲存格的字型、背景色、邊框...等格式，可以使用 ClearFormats 方法。
   ④ 如果只想清除儲存格內的註解，則可以使用 ClearComments 方法。
   ⑤ 例如：在 A1 儲存格設定各種格式，然後用各種清除方法，寫法為：

```
With Range("A1")
    .Value = 1234.5              '內容值
    .Font.Bold = True            '粗體字-格式
    .Interior.ColorIndex = 4     '背景色-格式
    .NumberFormat = "$#,##0.0"   '數字格式-格式
    .Borders.LineStyle = XlLineStyle.xlContinuous    '邊框-格式
    .AddComment ("註解")         '加入註解
End With
Range("A1").ClearComments        '移除 A1 儲存格註解
Range("A1").ClearFormats         '移除 A1 儲存格格式
Range("A1").ClearContents        '移除 A1 儲存格內容
Range("A1").Clear                '還原 A1 儲存格至起始狀態
```

4. **Copy** 方法：可以將儲存格範圍的資料、公式、格式等全部內容，先複製到剪貼簿中，然後複製到 *Destination* 引數指定的位置(左上角)。例如：將 A1:B2 儲存格範圍複製到 C1 儲存格位置，寫法為：

```
Range("A1:B2").Copy Destination:=Range("C1")
```

5. **Delete** 方法：可以將指定的儲存格範圍刪除，然後根據 *Shift* 引數指定的方向移動儲存格填補空格。*Shift* 引數值有：xlToLeft(右邊的儲存格左移)和 xlUp(下面的儲存格上移)。例如：將 A1:B2 儲存格範圍刪除，然後右邊儲存格左移寫法：

```
Range("A1:B2").Delete Shift:=xlToLeft        '刪除後右邊儲存格左移
```

例如：刪除 B2 儲存格所在的列，然後下面的儲存格上移，寫法：

```
Range("B2").EntireRow.Delete Shift:=xlUp        '刪除後下面的儲存格上移
```

6. **Insert** 方法：可以將指定的儲存格範圍，插入相同大小的儲存格範圍，並將其他儲存格根據 *Shift* 引數指定的方向移動來騰出空間。*Shift* 引數值有 xlToRight(將原儲存格範圍右移)和 xlDown(將原儲存格範圍下移)。例如：在 A1:B2 儲存格範圍插入儲存格，然後將原儲存格向右搬移兩格，寫法：

```
Range("A1:B2").Insert Shift:=xlToRight        '插入兩格原儲存格範圍右移
```

如果在 Insert 方法前加上 EntireRow 或 EntireColumn 屬性，則可以插入列或欄。例如：在 B2 儲存格的上面插入一列，寫法：

```
Range("B2").EntireRow.Insert Shift:=xlDown        '在 B2 儲存格的上面插入一列
```

7. **Cut** 方法：使用 Cut 方法可以將指定的儲存格範圍剪下並移到剪貼簿中，或是將儲存格貼到 *Destination* 引數指定的位置(左上角)。如果省略 *Destination* 引數，只會將儲存格範圍剪下並移到剪貼簿中，但不會移動到新位置。例如：將 A1:B2 儲存格範圍剪下，然後搬移到 C1 儲存格，寫法：

```
Range("A1:B2").Cut Destination:=Range("C1") '搬移到 C1 儲存格
```

8. **PasteSpecial** 方法：

① 用 Copy 或 Cut 方法將儲存格範圍移到剪貼簿後，可以用 PasteSpecial 方法以 *Paste* 引數指定的方式貼到指定位置(左上角)，等於 Excel 中執行「選擇性貼上」一樣。

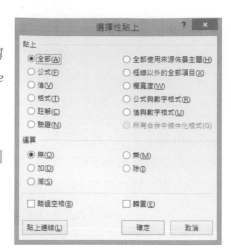

② *Paste* 引數可以指定貼上的方式，常用的引數值有：

- xlPasteAll(全部、預設值)

- xlPasteFormulas(公式)

- xlPasteValues(值)

- xlPasteFormats(格式)

-xlPasteAllExceptBorders(框線以外的全部項目)

- xlPasteFormulasAndNumberFormats(公式和數字格式)

- xlPasteValuesAndNumberFormats(值和數字格式)

③ 例如：將 A1:C1 儲存格範圍複製，然後以值選擇性貼上到 A3 儲存格，寫法：

```
Range("A1:C1").Copy
Range("A3").PasteSpecial Paste:=xlPasteValues
```

④ *Operation* 引數可指定貼上時，和所在儲存格的值做何種四則運算。引數值有：

- xlPasteSpecialOperationNone(不做運算、預設值)

- xlPasteSpecialOperationAdd(加法)

- xlPasteSpecialOperationSubtract(減法)

- xlPasteSpecialOperationMultiply(乘法)

- xlPasteSpecialOperationDivide(除法)。

⑤ 例如：將 A1:C1 儲存格範圍複製，然後貼上到 A3 儲存格和所在儲存格的值做加法運算，寫法：

```
Range("A1:C1").Copy
Range("A3").PasteSpecial Paste:=xlPasteValues, _
                    Operation:=xlPasteSpecialOperationAdd
```

⑥ *Transpose* 引數可以指定儲存格是否轉置(旋轉 90 度),引數值有 False(不轉置、預設值)、True(轉置)。例如:將 A1:C1 儲存格以轉置方式貼上到 A3 儲存格:

```
Range("A1:C1").Copy
Range("A3").PasteSpecial Transpose:=True        '轉置後為 A3:A5 儲存格
```

9. **Merge、UnMerge 方法** :使用 Merge 方法可以將指定的儲存格範圍合併成一個儲存格,合併儲存格的值存在最左上角的儲存格中。如果要判斷某個儲存格是否為合併儲存格之一,可以使用 MergeCell 屬性,傳回值為 True 表示為合併儲存格。使用 UnMerge 方法則可以將指定的合併儲存格,分散成個別的儲存格。例如:若 A1 儲存格不屬於合併儲存格,就將 A1:B1 儲存格範圍合併:

```
IF Range("A1").MergeCells=False Then Range("A1:B1").Merge
```

10. **AutoFit 方法** :列、欄、列範圍或欄範圍使用 AutoFit 方法,會自動調整列、欄的大小,使儲存格可以顯示全部的資料。如果想恢復系統預設的欄寬或列高,可以設欄寬為 StandardWidth 或列高為 StandardHeight。設定儲存格的 ShrinkToFit 屬性值為 True,則會自動調整儲存格內字體大小,使儲存格可以顯示全部的資料。例如:設 A1 儲存格會自動調整儲存格內字體大小,設 B1 儲存格所在欄會自動調整欄寬,設 C1 儲存格所在欄為預設欄寬,寫法:

```
Range("A1").ShrinkToFit = True
Range("B1").EntireColumn.AutoFit   '注意使用 Range("B1").AutoFit 會產生錯誤
Range("C1").EntireColumn.ColumnWidth = StandardWidth
```

11. **AutoFill 方法** :在 Excel 中可用自動填滿的功能,來完成連續序列值的輸入。在 VBA 中可使用 AutoFill 方法,以指定儲存格範圍值的規則,填入到 *Destination* 引數指定的目標儲存格範圍當中。要注意作為規則的儲存格,必須為於目標儲存格範圍的開始位置。例如:A1 儲存格值為 1、B1 儲存格為 3,以 A1:B1 儲存格範圍為序列值規則,填入 A1:F1 儲存格範圍,寫法:

```
Set sourceRange = Range("A1:B1")
Set fillRange = Range("A1:F1")
sourceRange.AutoFill Destination:=fillRange
```

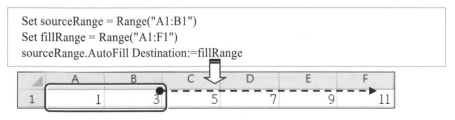

AutoFill 方法可以利用 *Type* 引數,來指定填入資料的型別。*Type* 引數值常用的有 xlFillDefault(由 Excel 決定、預設值)、xlFillCopy(複製值和格式)、xlFillValues(只複製值)、xlFillSeries(序列值)、xlFillDays(日期序列值)...。例如:A1 儲存格值為 1,以 *Type* 引數值 xlFillSeries 為規則,填入 A1:F1 儲存格範圍:

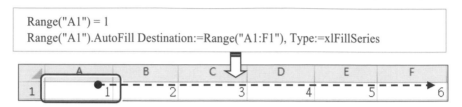

例如:A1 儲存格值為#1/1/2000#,以 *Type* 引數值 xlFillDays 為規則,填入 A1:F1 儲存格範圍,寫法為:

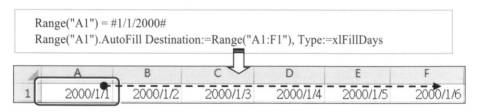

例如:A1 儲存格值為 1 月、B1 儲存格為 2 月,以 *Type* 引數值 xlFillDefault 為規則,填入 A1:F1 儲存格範圍,寫法為:

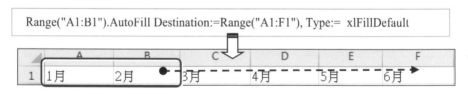

12. **FillDown、FillUp、FillLeft、FillRight** 方法 :使用 FillDown 方法會將指定儲存格範圍最上面儲存格的值和格式,以複製方式向下填滿到範圍的下方。FillUp、FillLeft、FillRight 方法則會向上、向左和向右,以複製方式填滿範圍。例如:將 A1 儲存格的值填滿 A1:F1 儲存格範圍,寫法:

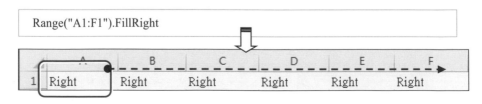

如果儲存格範圍內要填入相同的值，只要指定 Value 值即可。例如：A1:F1 儲存格範圍的值都設為"A"，寫法：

```
Range("A1:F1").Value = "A"
```

| ◢ | A | B | C | D | E | F |
|---|---|---|---|---|---|---|
| 1 | A | A | A | A | A | A |

**實作** FileName：Range 方法.xlsm

按 合計 鈕會將「1月」、「2月」工作表資料合併累計到「1,2月」工作表，而且表格轉向九十度。

▶ **輸出要求**

自動調整欄寬、插入一列、合併
A1:F1 儲存格、設定儲存格內容　　填滿公式

1、2月資料累計

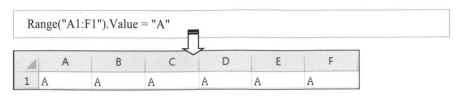

▶ **解題技巧**

Step 1 建立輸出入介面

1. 新增活頁簿並以「Range 方法」為新活頁簿名稱。

2. 在工作表 1 中建立表格和一個 ActiveX 命令按鈕控制項，並改名為「1月」。工作表 2 中建立表格，並改名為「2月」。結果如下：

| | A | B | C | D | E | F | G | H |
|---|---|---|---|---|---|---|---|---|
| 1 | 項目 | 牛肉 | 豬肉 | 海鮮 | 海陸 | 鮮菇 | 總計 | 合計 |
| 2 | 石頭鍋 | 52 | 36 | 48 | 75 | 24 | 235 | |
| 3 | 涮涮鍋 | 47 | 26 | 18 | 25 | 67 | 183 | |
| 4 | 麻辣鍋 | 64 | 45 | 67 | 62 | 54 | 292 | |
| 5 | 豚骨鍋 | 58 | 39 | 84 | 38 | 8 | 227 | |

| | A | B | C | D | E | F | G |
|---|---|---|---|---|---|---|---|
| 1 | 項目 | 牛肉 | 豬肉 | 海鮮 | 海陸 | 鮮菇 | 總計 |
| 2 | 石頭鍋 | 45 | 43 | 42 | 68 | 16 | 214 |
| 3 | 涮涮鍋 | 64 | 32 | 12 | 34 | 37 | 179 |
| 4 | 麻辣鍋 | 76 | 56 | 72 | 57 | 87 | 348 |
| 5 | 豚骨鍋 | 49 | 48 | 78 | 42 | 11 | 228 |

SUM 公式

Step 2 問題分析

1. 使用 Worksheets 的 Add 方法，新增工作表到最後。因為有三個工作表為避免指定錯誤，所以宣告三個 Worksheet 物件。

2. 先用 Copy 方法複製儲存格範圍，再使用 PasteSpecial 方法貼上複製的儲存格範圍，Paste 引數設為 xlPasteAll 會貼上資料和格式；設為 xlPasteValues 則只會貼上資料，Transpose 引數設為 True 貼上的資料會旋轉九十度。

3. 因為要同時設定許多「1,2 月」工作表的屬性和方法，所以使用 With ... End With 敘述，除了增加可讀性外還可以提高程式執行效率。

Step 3 編寫程式碼

| FileName: Workbook 屬性.xlsm (工作表 1 程式碼) |
|---|
| **01 Private Sub CommandButton1_Click()** |
| 02　　Worksheets.Add After:=Sheets(Sheets.Count)　'用 Add 方法新增工作表 |
| 03　　Worksheets(Sheets.Count).Name = "1,2 月"　'設定工作表 Name 屬性 |
| 04　　Dim ws1 As Worksheet, ws2 As Worksheet, ws3 As Worksheet |
| 05　　Set ws1 = Sheets("1 月") |
| 06　　Set ws2 = Sheets("2 月") |
| 07　　Set ws3 = Sheets("1,2 月") |
| 08　　ws1.UsedRange.Copy　'用 Copy 複製 |
| 09　　ws3.Range("A1").PasteSpecial Paste:=xlPasteAll, Transpose:=True '全部並轉置貼上 |
| 10　　ws2.Range("B2:F5").Copy |
| 11　　With ws3 |
| 12　　　　.Range("B2").PasteSpecial Paste:=xlPasteValues, _ |
| 13　　　　　Operation:=xlPasteSpecialOperationAdd, Transpose:=True　'數值相加並轉置貼上 |
| 14　　　　.Range("A7:B7").Copy |
| 15　　　　.Range("F1").PasteSpecial Paste:=xlPasteAll, Transpose:=True |
| 16　　　　.Range("F2").Value = "=SUM(B2:E2)"　'更改公式範圍 |
| 17　　　　.Range("F2").AutoFill Destination:=.Range("F2:F6")　'用 AutoFill 自動填滿 |
| 18　　　　.Range("A:F").EntireColumn.AutoFit　' 用 AutoFit 自動調整欄寬 |
| 19　　　　.Range("A1").EntireRow.Insert Shift:=xlDown　'在 A1 儲存格的上面插入一列 |
| 20　　　　.Range("A1:F1").Merge　'用 Merge 合併儲存格 |
| 21　　　　.Range("A1").Value = "一月、二月合計"　'要設定在最左邊的儲存格 |

```
22      End With
23 End Sub
```

▶ **隨堂練習**

將上面實作增加「3 月」工作表，按
合計 鈕後將三個月的工作表資料累
加到「1~3 月」工作表。

| | A | B | C | D | E | F | G |
|---|---|---|---|---|---|---|---|
| 1 | 項目 | 牛肉 | 豬肉 | 海鮮 | 海陸 | 鮮菇 | 總計 |
| 2 | 石頭鍋 | 154 | 128 | 124 | 215 | 62 | 683 |
| 3 | 涮涮鍋 | 169 | 96 | 51 | 100 | 149 | 565 |
| 4 | 麻辣鍋 | 210 | 164 | 213 | 187 | 208 | 982 |
| 5 | 豚骨鍋 | 158 | 126 | 228 | 128 | 53 | 693 |
| 6 | 總計 | 691 | 514 | 616 | 630 | 472 | |

1月　2月　3月　1~3月　⊕

# 10.4 Range 物件常用的查詢方法

## 10.4.1 Find、Replace 方法

1. Find 方法

要在指定的儲存格範圍尋找指定的資料，可以使用迴圈逐一檢查儲存格內的資料，但 VBA 提供 Find 方法來達成而且速度更快。使用 Find 方法可以在指定的儲存格範圍，尋找指定的資料，其功能和執行 Excel「尋找」功能相同。

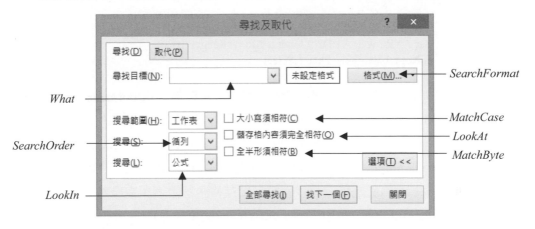

Find 方法的語法為 (各引數如上圖所示)：

> 語法：
>
> c = 儲存格範圍.Find(*What*[, *After*] [, *LookIn*] [, *LookAt*] [, *SearchOrder*] _
> 　　　　[,*SearchDirection*] [, *MatchCase*] [, *MatchByte*] [, *SearchFormat*])

▶ 說明

① *What* 引數是唯一必要的引數是指定尋找的資料，資料型別為 Variant，可以是字串、整數或是 Excel 資料型別。

② 傳回值 c 為 Range 物件，代表找到符合條件的第一個儲存格，如果找不到資料傳回值為 Nothing。例如：在 A1:D2 儲存格範圍中尋找整數值 2，選取搜尋到的第一個儲存格，寫法：

```
Dim c As Range
Set c = Range("A1:D2").Find(2)
If Not c Is Nothing Then c.Select
```

③ *What* 引數可以使用*和?萬用字元，例如 Find("吳*")是尋找以「吳」開頭的字串，而 Find("?志?")是尋找三個字且中間為「志」的字串。

④ *After* 引數是指定尋找的起始位置，引數值為單一儲存格，預設為最左上角的儲存格開始尋找。例如 *After* 引數指定為 B1，會從 C1 儲存格開始找起，如果到最後仍未找到，則會繞回 A1 繼續搜尋。例如：在 A1:D2 儲存格範圍中由 C1 儲存格開始尋找整數值 2，選取搜尋到的第一個儲存格，寫法為：

```
Dim c As Range
Set c = Range("A1:D2").Find(2, After:=Range("B1"))
If Not c Is Nothing Then c.Select
```

⑤ *LookIn* 引數是指定尋找資料的類型，引數值為 xlFormulas(公式，預設值)、xlValues(內容)、xlComments(註解)。例如 A1 儲存格的內容為公式「=60+40」，會顯示成「100」。如果搜尋「100」時，當 *LookIn* 引數值為 xlFormulas 時不會被找到，但若引數值為 xlValues 時則會被找到。

⑥ *LookAt* 引數是指定尋找資料和儲存格內容是否要完全符合，引數值為 xlPart (部分符合，預設值)、xlWhole (完全符合)。

⑦ *SearchOrder* 引數是指定尋找是依循行或欄的方向，引數值為 xlByRows (循行，預設值)、xlByColumns (循欄)。

⑧ *SearchDirection* 引數是指定尋找的方向，引數值為 xlNext (向後，預設值)、xlPrevious (向前)。

⑨ *MatchCase* 引數是指定尋找時是否區分大小英文字母，引數值為 False(不區分，預設值)、True(區分)。

⑩ *MatchByte* 引數是指定尋找資料時全半形是否需要符合，引數值為 False(不須符合，預設值)、True (須符合)。

⑪ *SearchFormat* 引數是指定是否為尋找格式，引數值為 False (不是，預設值)、True (是)。尋找的格式是用 Application.FindFormat 來指定，例如要搜尋粗體字的儲存格，要設為 Application.FindFormat.Font.Bold = True；要搜尋背景色為青色的儲存格，要設為 Application.FindFormat. Interior. ColorIndex = 8。執行 Find 方法時尋找目標要設為""空字串，另外執行後要用 Application.FindFormat.Clear 方法清除尋找的格式，才不會影響下一次的格式尋找。例如要搜尋紅色字的儲存格，要設為 Application. FindFormat.Font.ColorIndex = 3，寫法為：

```
Dim c As Range
Application.FindFormat.Font.ColorIndex = 3
Set c = Range("A1:D2").Find("", SearchFormat:=True)
If Not c Is Nothing Then c.Select
Application.FindFormat.Clear          '清除尋找的格式
```

⑫ *LookIn*、*LookAt*、*SearchOrder* 和 *MatchByte* 等引數被設定後，會被指定為下一次尋找的預設值。為避免影響尋找的結果，應要完整設定引數值。

使用 Find 方法只能找到第一筆符合條件的儲存格，如果要繼續尋找可以配合 FindNext 和 FindPrevious 方法。FindNext 方法會繼續找下一個儲存格，FindPrevious 方法則會繼續找上一個儲存格，語法為：

語法：

r = 儲存格範圍.FindNext([ *After*])

r = 儲存格範圍.FindPrevious([ *After*])

▶ **説明**

① *After* 引數是指定尋找的起始位置，引數值為單一儲存格，通常為目前找到的儲存格。若沒有指定起始位置，預設為最左上角的儲存格開始尋找。

② 要注意 FindNext 方法到達結尾後，會再回到指定範圍的起點造成無窮迴圈。若要停止搜尋可以先儲存第一次找到符合條件的儲存格的位址，如果和下一次找到的位址相同就跳離迴圈。

③ 例如：在 D2:G4 儲存格範圍中尋找所有的整數值 2，搜尋到就顯示儲存格的位址，寫法為：

```
Set c = Range("D2:G4").Find(2)
If Not c Is Nothing Then        '找到儲存格時
    fAddress = c.Address        '紀錄第一個儲存格的位址
    Do
        MsgBox "找到 2 的儲存格為 " & c.Address
        Set c = Range("D2:G4").FindNext(c)   '用 FindNext 方法從 c 起繼續找下一筆
    Loop While Not c Is Nothing And c.Address <> fAddress '找到且位址不等於 fAddress
End If
```

2.  Replace 方法

    Excel VBA 除提供 Find 方法來尋找指定的資料外，還提供 Replace 方法可以在指定的儲存格範圍內尋找指定的資料，並且替換成指定的資料，其功能和執行 Excel「取代」功能相同。

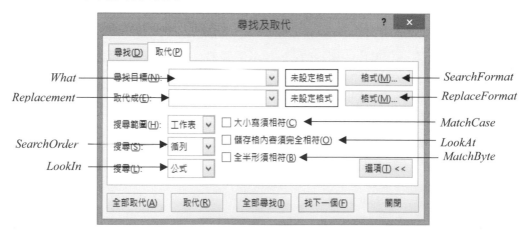

Replace 方法的語法為 (各引數如上圖所示)：

> **語法：**
>
> 儲存格範圍.Replace(*What,Replacement* [, *LookAt*] [, *SearchOrder*] _
>            [, *MatchCase*] [, *MatchByte*] [, *SearchFormat*] [,*ReplaceFormat*])

▶ 說明

1. *What* 和 *Replacement* 引數是必要的引數，分別是指定尋找和取代的資料，資料型別為 Variant，可以是字串、整數或是 Excel 資料型別。

2. 例如：搜尋 A1:F1 儲存格範圍內的儲存格，如果有字串內有 "班" 就取代成 "號"，寫法為：

> Range("A1:F1").Replace What:="班", Replacement:="號", LookAt:=xlPart

3. 其餘引數和 Find 方法相同，請自行參考。

**實作**　FileName：Find.xlsm

按 删單位 鈕會將進價中「元」字元刪除。按 尋找 鈕會接受輸入搜尋字串(預設為「醬」)，找到會選取品名並詢問是否繼續。按 調整 鈕會接受輸入售價比率(預設為 1.2)，然後修改售價公式(=進價*售價比率)。

▶ 輸出要求

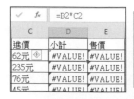

▶ 解題技巧

Step ① 建立輸出入介面

1. 新增活頁簿並以「Find」為新活頁簿名稱。

2. 在工作表 1 中建立如下的表格，和三個 ActiveX 命令按鈕控制項：

| ◢ | A | B | C | D | E | F |
|---|---|---|---|---|---|---|
| 1 | 品名 | 數量 | 進價 | 小計 | 售價 | |
| 2 | 辣椒醬 | 10 | 62元 | #VALUE! | #VALUE! | 刪單位 |
| 3 | 寒天果凍 | 16 | 235元 | #VALUE! | #VALUE! | |
| 4 | 蒜香油 | 8 | 76元 | #VALUE! | #VALUE! | 尋找 |
| 5 | 烏醋 | 4 | 45元 | #VALUE! | #VALUE! | |
| 6 | 草莓果醬 | 12 | 64元 | #VALUE! | #VALUE! | 調整 |
| 7 | 咖啡凍 | 9 | 142元 | #VALUE! | #VALUE! | |
| 8 | 蘇打餅 | 17 | 86元 | #VALUE! | #VALUE! | |

=數量*進價　　=ROUND(進價*1.2,0)

Step **2** 問題分析

1. 因為進價中有「元」字元而成為字串資料型別，會造成公式計算錯誤。在 CommandButton1_Click()事件程序中，使用 Replace 方法將 "元" 取代成 "" 空字串。

2. 在 CommandButton2_Click()事件程序中，使用 Find 方法尋找使用者輸入的字串。如果有找到就進入 Do 迴圈，用 Select 方法選取找到的儲存格，並用 MsgBox 詢問是否繼續尋找？如果按 <確定> 鈕就用 FindNext 方法繼續找下一筆，否則就用 Exit Do 敘述跳離 Do 迴圈。

3. 在 CommandButton3_Click()事件程序中，使用 Replace 方法將原售價比率取代成新比率。例如：E2 儲存格的 Formula 值為「=ROUND(C2*1.2,0)」，原售價比率 1.2 是介於 "*" 和 "," 字元之間，先利用 InStr 函數取得兩字元的位置，然後再用 Mid 函數來取得原售價比率。

Step **3** 編寫程式碼

**FileName: Find.xlsm (工作表 1 程式碼)**

```
01 Private Sub CommandButton1_Click()
02     Range("C2:C8").Replace "元", ""
03 End Sub
04
05 Private Sub CommandButton2_Click()
06     Dim f As String
07     f = Application.InputBox("輸入搜尋字串：", Default:="醬")
08     Dim c As Range, r As Range
09     Set r = Range("A2:A8")
10     Set c = r.Find(What:=f, LookAt:=xlPart)
```

| 11 | If Not c Is Nothing Then    '找到儲存格時 |
|---|---|
| 12 | Do |
| 13 | c.Select |
| 14 | m = MsgBox("是否繼續尋找?", vbOKCancel) |
| 15 | If m = vbOK Then    '如果按 確定 鈕 |
| 16 | Set c = r.FindNext(c)    '用 FindNext 方法繼續找下一筆 |
| 17 | Else    '如果按 取消 鈕 |
| 18 | Exit Do    '離開迴圈 |
| 19 | End If |
| 20 | Loop While Not c Is Nothing '找到就繼續迴圈 |
| 21 | Else |
| 22 | MsgBox "找不到 " & f |
| 23 | End If |
| 24 | End Sub |
| 25 | |
| **26** | **Private Sub CommandButton3_Click()** |
| 27 | Dim rate As String, r As String |
| 28 | rate = Application.InputBox("輸入售價比率：", Default:="1.2") |
| 29 | Dim s As Integer, e As Integer |
| 30 | s = InStr(Range("E2").Formula, "*") '用 InStr 函數取得*字元的位置 |
| 31 | e = InStr(Range("E2").Formula, ",") '用 InStr 函數取得,字元的位置 |
| 32 | r = Mid(Range("E2").Formula, s + 1, e - s - 1) '用 Mid 函數從 s+1 位置起取 e-s-1 個字元 |
| 33 | Range("E2:E8").Replace r, rate |
| 34 | End Sub |

▶ **隨堂練習**

按 最高分 鈕會找出各科和總分的最高分，並將背景色設為黃色。(提示：用
Excel 的 Max 函數找到各科的最高分，再用 Find 方法找到儲存格。)

| | A | B | C | D | E | F |
|---|---|---|---|---|---|---|
| 1 | 姓名 | 經濟學 | 財務管理 | 會計實作 | 總分 | |
| 2 | 張燕萍 | 80 | 65 | 40 | 185 | 最高分 |
| 3 | 林淑芬 | 42 | 48 | 90 | 180 | |
| 4 | 周豐秋 | 36 | 72 | 64 | 172 | |
| 5 | 劉秀英 | 50 | 24 | 30 | 104 | |

## 10.4.2 SpecialCells 方法

使用 SpecialCells 方法會傳回儲存格範圍內和指定的類型及值相符的所有儲存
格，傳回值 r 為 Range 物件。我們通常會先用 SpecialCells 方法來取得需要的儲存格，
以便再做進一步的處理，其語法為：

語法：

> r = 儲存格範圍.SpecialCells(*Type*[, *Value*])

## ▶ 説明

1. *Type* 引數是必要的引數是指定傳回儲存格類型，常用的引數值有
   xlCellTypeConstants(含有常數的儲存格)、xlCellTypeVisible(可見的儲存格)、
   xlCellTypeBlanks(空白儲存格)、xlCellTypeFormulas(含公式的儲存格)、
   xlCellTypeLastCell(使用範圍的最右下角儲存格)
   xlCellTypeAllFormatConditions(所有設定格式化條件的儲存格)...。例如：將使
   用儲存格範圍內的空白儲存格底色設為黃色，寫法為：

   ```
   ActiveSheet.UsedRange.SpecialCells(xlCellTypeBlanks).Interior.ColorIndex = 6
   ```

2. 如果 *Type* 引數值為 xlCellTypeConstants 或 xlCellTypeFormulas 時，可以再用
   *Value* 引數進一步指定儲存格類別。常用的 *Value* 引數值有：xlTextValues(字
   串)、xlNumbers(數值)、xlLogical(邏輯值)、xlErrors(錯誤值)。例如：將使用
   儲存格範圍內含公式的儲存格，且值為錯誤值的底色設為黃色，寫法為：

   ```
   ActiveSheet.UsedRange.SpecialCells(xlCellTypeFormulas, xlErrors). _
                                       Interior.ColorIndex = 6
   ```

   例如：將使用儲存格範圍內含數值儲存格的底色設為黃色，寫法為：

   ```
   ActiveSheet.UsedRange.SpecialCells(xlCellTypeConstants, xlNumbers). _
                                       Interior.ColorIndex = 6
   ```

**實作**

FileName：SpecialCells.xlsm

按 整理 鈕會找出字串資料，整理到另一個工作表的一列中。

## ▶ 輸出要求

▶ **解題技巧**

Step ① 建立輸出入介面

1. 新增活頁簿並以「SpecialCells」為新活頁簿名稱。

2. 在工作表 1 中建立資料，和一個 ActiveX 命令按鈕控制項。

Step ② 問題分析

1. 使用 SpecialCells 方法引數為 xlCellTypeConstants(含有常數的儲存格)、xlTextValues(字串)，就可以選出所有含字串的儲存格。

2. 使用 For ... Each 迴圈逐一讀取選出的儲存格，並用 Offset(0, 1)右移一個儲存格。

Step ③ 編寫程式碼

| FileName: SpecialCells.xlsm (工作表 1 程式碼) |
|---|
| **01 Private Sub CommandButton1_Click()** |
| 02    Worksheets.Add After:=Sheets(Sheets.Count)   '用 Add 方法新增工作表 |
| 03    Dim ws1 As Worksheet, ws2 As Worksheet |
| 04    Set ws1 = Sheets(1) |
| 05    Set ws2 = Sheets(2) |
| 06    Dim rng As Range |
| 07    Set rng = ws1.UsedRange.SpecialCells(xlCellTypeConstants, xlTextValues) |
| 08    ws2.Range("A1").Select |
| 09    For Each r In rng    '逐一讀取 rng 中的儲存格 |
| 10        ActiveCell.Value = r.Value |
| 11        ActiveCell.Offset(0, 1).Select   '右移一個儲存格 |
| 12    Next |
| 13 End Sub |

▶ **隨堂練習**

繼續上面的實作，改為選取數值資料並整理為一欄。

### 10.4.3 Sort 方法

在 Excel 工作表第一列建立資料的標題，第二列起輸入資料值，就可以成為一個簡易的資料庫。Excel 工作表的使用範圍，也被稱為清單。使用 Sort 方法會對指定儲存格範圍，根據指定的條件進行資料的排序，其語法為：

> **語法：**
>
> 儲存格範圍.Sort([*Key1*][, *Order1*] [, *Key2*][, *Type*][, *Order2*][, *Key3*][, *Order3*] _
>     [,*Header*][, *OrderCustom*][, *MatchCase*][, *Orientation*] _
>     [,*SortMethod*][, *DataOption1*][, *DataOption2*][, *DataOption3*])

▶ **説明**

1. *Key1* 引數是指定第一個排序依據欄位(主要鍵)，可以是 Range 物件或範圍名稱。

2. *Order1* 引數是指定主要鍵的排序順序，引數值有 xlAscending (遞增，預設)、xlDescending (遞減)。*Key1* 和 *Order1* 組合成為一組引數。*Key2* 引數是第二個排序依據欄位(次要鍵)，*Key3* 引數是第三個排序依據欄位(第三鍵)。通常 *Key* 引數都是指定標題的儲存格或欄位，例如：A1:D10 儲存格根據 A 欄做遞減排序，寫法為：

   ```
   Range("A1:D10").Sort Key1:=Range("A1"), Order1:=xlDescending
   ```

   例如；A1:D10 儲存格主要依 B 欄遞增，次要依 D 欄遞減排序，寫法為：

   ```
   Range("A1:D10").Sort Key1:=Columns("B"), Order1:=xlAscending, _
                        Key2:=Columns("D"), Order2:=xlDescending
   ```

3. *Type* 引數是指定排序的項目，只在樞紐分析表排序時才使用，引數值有 xlSortLabels(標籤)、xlSortValues(值)。

4. *Header* 引數是設定清單是否有標題列，引數值有 xlYes (有標題)、xlNo(沒有標題，預設)、xlGuess (由系統判斷)。

5. *OrderCustom* 引數是設定根據哪個自訂清單排序，引數值為整數。

6. *MatchCase* 引數是設定是否區分大小寫，引數值有 True(區分)、False(不區分)。

7. *Orientation* 引數是設定排序方向,引數值有 xlSortRows(列)、xlSortColumns(欄)。

8. *SortMethod* 引數是設定中文字的排序依據,引數值有 xlStroke(筆畫)、xlPin Yin(注音,預設)。

9. *DataOption1* 引數是指定 *Key1* 引數文字和數字的排序規則,引數值有 xlSortTextAsNumbers (文字視為數字)、xlSortNormal (數字和文字資料分開,預設)。*DataOption2*、*DataOption3* 引數分別指定 *Key2*、*Key3* 引數。

10.使用 Sort 方法後,系統會記錄 *Header*、*Order1*、*Order2*、*Order3*、*OrderCustom* 和 *Orientation* 引數的設定值。下次使用 Sort 方法時,如果沒有指定這些引數值就會延用,若怕影響排序結果應該明確指定這些引數值。

**實作** FileName:Sort.xlsm

按 排序 鈕會依照總分、操守、業績、合群、服從、出缺席的優先順序作遞減排序,找出公司考績最好的同仁。

▶ **輸出要求**

| | A | B | C | D | E | F | G | H |
|---|---|---|---|---|---|---|---|---|
| 1 | 姓名 | 服從 | 合群 | 操守 | 業績 | 出缺席 | 總分 | 排序 |
| 2 | 洪運道 | 5 | 5 | 5 | 4 | 4 | 23 | |
| 3 | 林黑馬 | 4 | 4 | 5 | 5 | 5 | 23 | |
| 4 | 高科技 | 4 | 5 | 5 | 5 | 4 | 23 | |
| 5 | 金滿貫 | 5 | 4 | 5 | 5 | 4 | 23 | |
| 6 | 王亨通 | 4 | 5 | 4 | 5 | 5 | 23 | |

| | A | B | C | D | E | F | G |
|---|---|---|---|---|---|---|---|
| 1 | 姓名 | 服從 | 合群 | 操守 | 業績 | 出缺席 | 總分 |
| 2 | 高科技 | 4 | 5 | 5 | 5 | 4 | 23 |
| 3 | 金滿貫 | 5 | 4 | 5 | 5 | 4 | 23 |
| 4 | 林黑馬 | 4 | 4 | 5 | 5 | 5 | 23 |
| 5 | 洪運道 | 5 | 5 | 5 | 4 | 4 | 23 |
| 6 | 王亨通 | 4 | 5 | 4 | 5 | 5 | 23 |

▶ **解題技巧**

Step 1 建立輸出入介面

1. 新增活頁簿並以「Sort」為新活頁簿名稱。

2. 在工作表 1 中建立資料,和一個 ActiveX 命令按鈕控制項。

Step 2 問題分析

1. 題目需要六個關鍵欄位,但是 Sort 方法最多只能有三個關鍵欄位。此時需要用 Sort 方法由優先順序最低的「出缺席」作遞減排序,然後依序執行到優先順序最高的「總分」,如此就能達成多個條件的排序。

2. 使用陣列紀錄欄位,並依處理順序排列。再利用 For ... Next 迴圈就可以將六個排序動作逐一完成。

Step 3 編寫程式碼

| FileName: Sort.xlsm (工作表 1 程式碼) |
|---|
| **01 Private Sub CommandButton1_Click()** |
| 02    Dim rng As Range |
| 03    Set rng = ActiveSheet.UsedRange |
| 04    Dim ary As Variant |
| 05    ary = Array("F", "B", "C", "E", "D", "G")    '由低到高排列 |
| 06    For i = 0 To UBound(ary) |
| 07        rng.Sort Key1:=Columns(ary(i)), Order1:=xlDescending, Header:=xlYes |
| 08    Next |
| 09 End Sub |

▶ 隨堂練習

修改上面的實作,總分為前四項總和減「出缺席」。「出缺席」改為作遞增排序,其餘仍作遞減排序。

| | A | B | C | D | E | F | G | H |
|---|---|---|---|---|---|---|---|---|
| 1 | 姓名 | 服從 | 合群 | 操守 | 業績 | 出缺席 | 總分 | |
| 2 | 洪運道 | 5 | 5 | 5 | 4 | 3 | 16 | 排序 |
| 3 | 林黑馬 | 4 | 4 | 5 | 5 | 2 | 16 | |
| 4 | 高科技 | 4 | 5 | 5 | 5 | 3 | 16 | |
| 5 | 金滿貫 | 5 | 4 | 5 | 5 | 3 | 16 | |
| 6 | 王亨通 | 4 | 5 | 4 | 4 | 1 | 16 | |

| | A | B | C | D | E | F | G |
|---|---|---|---|---|---|---|---|
| 1 | 姓名 | 服從 | 合群 | 操守 | 業績 | 出缺席 | 總分 |
| 2 | 高科技 | 4 | 5 | 5 | 5 | 3 | 16 |
| 3 | 金滿貫 | 5 | 4 | 5 | 5 | 3 | 16 |
| 4 | 林黑馬 | 4 | 4 | 5 | 5 | 2 | 16 |
| 5 | 洪運道 | 5 | 5 | 5 | 4 | 3 | 16 |
| 6 | 王亨通 | 4 | 5 | 4 | 4 | 1 | 16 |

## 10.4.4 AutoFilter 方法

使用 AutoFilter 方法可以篩選工作表中的資料,將不符合條件的資料整列隱藏,只顯示出相符的資料,其語法為:

> 語法:
>
> 儲存格範圍.AutoFilter([*Field*][, *Criteria1*][, *Operator*][, *Criteria2*] _
> [, *VisibleDropDown*])

▶ 說明

1. *Field* 引數是指定篩選的欄位,引數值為整數。如果要指定 A 欄引數值為 1,B 欄為 2,依此類推。

2. *Criteria1* 引數是指定篩選的準則，例如"滑鼠"、"林*"(姓林)、"="(空白欄位)、
   "<>"(非空白欄位)、">100"(數值大於 100)，省略時預設為全部。可以配合
   *Operator* 引數值設定，例如值為 xlTop10Items，*Criteria1* 引數值為 5，表篩選
   出最高的前五項的資料。例如：將使用儲存格範圍依照 B 欄篩選，準則是值
   大於等於 100，寫法為：

```
ActiveSheet.UsedRange.AutoFilter Field:=2, Criteria1:=">=100"
```

   例如：將使用儲存格範圍依照 A 欄篩選，準則是最大的 5 個項目，寫法為：

```
ActiveSheet.UsedRange.AutoFilter Field:=1, Criteria1:=5, Operator:=xlTop10Item
```

3. *Operator* 引數在指定篩選的類型，常用的引數值為 xlAnd(Criteria1 和 Criteria2
   篩選準則做 AND 邏輯運算)、xlOr(Criteria1 和 Criteria2 篩選準則做 OR 邏輯
   運算)、xlTop10Items(顯示最高值的項目，在 Criteria1 指定項目的數量)、
   xlBottom10Items(顯示最低值的項目)、xlTop10Percent(顯示最高值的項目，
   Criteria1 中指定百分比)、xlBottom10Percent(顯示最低值的項目)、
   xlFilterValues(條件值)、xlFilterCellColor(儲存格的色彩)、xlFilterFontColor(字
   型的色彩)、xlFilterIcon(格式化圖示) 、xlFilterDynamic(動態條件)。例如；將
   使用儲存格範圍依照 C 欄篩選，準則是值最小 20%的項目，寫法為：

```
ActiveSheet.UsedRange.AutoFilter Field:=3, Criteria1:=20, _
                    Operator:=xlBottom10Percent
```

   例如：將使用儲存格範圍依照 A 欄篩選，準則是紅色字的項目，寫法為：

```
ActiveSheet.UsedRange.AutoFilter Field:=1, Criteria1:=vbRed, _
                    Operator:=xlFilterFontColor
```

   例如：將使用儲存格範圍依照 B 欄篩選，準則是低於平均值的項目，寫法為：

```
ActiveSheet.UsedRange.AutoFilter Field:=2, Criteria1:=34, _
                    Operator:=xlFilterDynamic '34 表低於平均、33 高於平均
```

例如：將使用儲存格範圍依照 A 欄篩選，準則是姓張、吳的項目，寫法為：

```
ActiveSheet.UsedRange.AutoFilter Field:=1, Criteria1:= Array("張*", "吳*"),  _
                            Operator:=xlFilterValues
```

4. *Criteria2* 引數是指定篩選的第二個準則，配合 Criteria1 及 Operator 引數構成複合準則。例如：將使用儲存格範圍依照 C 欄篩選，準則是值介於 100~200 的項目，寫法為：

```
ActiveSheet.UsedRange.AutoFilter Field:=3, Criteria1:=" >100", _
                            Operator:=xlAnd, Criteria2:=" <200"
```

5. *VisibleDropDown* 引數是指定是否顯示篩選的欄位的自動篩選下拉鈕，引數值有 True(顯示，預設值)、False(隱藏)。

6. 如果沒有指定任何引數值，則只會切換自動篩選下拉鈕的顯示，所以可以用來取消自動篩選。當工作表有設定篩選時，該工作表的 FilterMode 屬性值為 True。另外，也可以使用工作表的 ShowAllData 方法來顯示全部資料，但是自動篩選下拉式鈕仍會顯示。

```
If ActiveSheet.FilterMode Then ActiveSheet.ShowAllData
```

**實作** FileName：AutoFilter.xlsm

按 [篩選] 鈕會篩選出一年、二年、三年、五年排名在前 50 名的基金，並複製到「前 50」工作表中。按 [取消] 鈕會取消篩選。

▶ **輸出要求**

## ▶ 解題技巧

**Step 1** 建立輸出入介面

1. 新增活頁簿並以「AutoFilter」為新活頁簿名稱。

2. 在工作表 1 中建立資料，和兩個 ActiveX 命令按鈕控制項。

| | A | B | C | D | E | F | G | H | I | J |
|---|---|---|---|---|---|---|---|---|---|---|
| 1 | 排名 | 一個月 | 三個月 | 六個月 | 一年 | 二年 | 三年 | 五年 | 篩選 | 取消 |
| 2 | 菲律賓股票 | 1 | 1 | 1 | 1 | 6 | 6 | 11 | | |
| 3 | 泰國股票 | 2 | 23 | 97 | 41 | 45 | 56 | 7 | | |
| 4 | 新加坡股票 | 3 | 6 | 9 | 12 | 28 | 27 | 16 | | |
| 5 | 貴金屬股票 | 4 | 90 | 106 | 6 | 13 | 20 | 4 | | |
| 6 | 印尼股票 | 5 | 3 | 76 | 2 | 2 | 3 | 3 | | |
| 7 | 拉丁美洲股票 | 6 | 21 | 78 | 9 | 1 | 1 | 5 | | |
| 8 | 新馬股票 | 7 | 11 | 11 | 22 | 38 | 42 | 23 | | |
| 9 | 歐洲新興股票 | 8 | 67 | 95 | 13 | 5 | 5 | 6 | | |
| 10 | 生物科技股票 | 9 | 32 | 67 | 78 | 72 | 78 | 108 | | |
| 11 | 澳洲股票 | 10 | 20 | 18 | 23 | 21 | 18 | 24 | | |

**Step 2** 問題分析

1. 使用 AutoFilter 方法，Criteria1 引數為 "<=50" 可以篩選前 50 名。使用 For 迴圈來進行多欄的篩選，可以簡化程式碼。

2. 要檢查「前 50」工作表是否已經存在?可用 Set 指定工作表物件等於 Worksheets("前 50")，如果傳回值為 Nothing 表不存在。因為當工作表物件不存在時，程式執行時會造成錯誤，所以要使用 On Error Resume Next 敘述。

3. 當目前工作表的 FilterMode 屬性值為 True，就再執行 AutoFilter 方法一次來取消篩選。

**Step 3** 編寫程式碼

| FileName: AutoFilter.xlsm (工作表 1 程式碼) |
|---|

```
01 Private Sub CommandButton1_Click()
02     Dim rng As Range
03     Set rng = ActiveSheet.UsedRange
04     For i = 5 To 8    'E 到 H 欄篩選排名前 50
05         rng.AutoFilter Field:=i, Criteria1:="<=50"
06     Next
07     Dim ws As Worksheet
08     On Error Resume Next
09     Set ws = Worksheets("前 50") '檢查是否有"前 50"工作表
10     On Error GoTo 0
```

| 11 | If ws Is Nothing Then "'前 50"工作表不存在 |
|---|---|
| 12 | Worksheets.Add After:=Sheets(Sheets.Count) '用 Add 方法新增工作表 |
| 13 | Sheets(Sheets.Count).Name = "前 50" |
| 14 | Else |
| 15 | Worksheets("前 50").Cells().Clear '清除內容 |
| 16 | End If |
| 17 | Set rng = Worksheets(1).UsedRange |
| 18 | rng.Copy '複製篩選後結果 |
| 19 | Worksheets("前 50").Range("A1").PasteSpecial Paste:=xlPasteAll |
| 20 | End Sub |
| 21 | |
| **22** | **Private Sub CommandButton2_Click()** |
| 23 | If ActiveSheet.FilterMode Then ActiveSheet.UsedRange.AutoFilter '取消篩選 |
| 24 | End Sub |

## ▶ 隨堂練習

修改上面的實作，會篩選出 A 欄中有「新」或「洲」字元的資料。

| ▲ | A | B | C | D | E | F | G | H | I | J |
|---|---|---|---|---|---|---|---|---|---|---|
| 1 | 排名 ▾ | 一個月 ▾ | 三個月 ▾ | 六個月 ▾ | 一年 ▾ | 二年 ▾ | 三年 ▾ | 五年 ▾ | 篩選 | 取消 |
| 4 | 新加坡股票 | 3 | 6 | 9 | 12 | 28 | 27 | 16 | | |
| 7 | 拉丁美洲股票 | 6 | 21 | 78 | 9 | 1 | 1 | 5 | | |
| 8 | 新馬股票 | 7 | 11 | 11 | 22 | 38 | 42 | 23 | | |
| 9 | 歐洲新興股票 | 8 | 67 | 95 | 13 | 5 | 5 | 6 | | |
| 11 | 澳洲股票 | 10 | 20 | 18 | 23 | 21 | 18 | 24 | | |

# 自訂表單與控制項(一)

## 學習目標

- 認識自訂表單的常用成員
- ActiveX 控制項簡介
- 學習控制項建立的步驟
- Lable 標籤控制項、CommandButton 按鈕控制項
- TextBox 文字方塊控制項、CheckBox 核取方塊控制項
- ToggleButton 切換按鈕控制項、Frame 框架控制項
- OptionButton 選項按鈕控制項

## 11.1 自訂表單簡介

Excel 工作表用來處理資料是一個非常好用工具,但是因為它的功能強大,萬一操作不當將工作表的資料誤刪或誤改公式,將造成非常嚴重的後果。所以如果能夠設計一個操作介面供使用者操作,輸入的資料透過介面存入工作表中,使用者不直接操作工作表,就可避免錯誤發生。另外,輸入介面不但親和力高容易操作,也可以縮短使用者的學習時間。

在 Excel 可以透過自訂表單(UserForm)建立出使用者操作介面(User Interface)。自訂表單簡稱表單就是一個容器(Container),裡面可以放置文字方塊、清單…等各種控制項(Control),最後編寫各個控制項的事件程序,就完成使用者介面的製作。

### 11.1.1 建立自訂表單

執行 VBA 編輯器的功能表【插入/自訂表單】指令,就可以建立好一個自訂表單,此時如下圖會在專案總管中會新增一個「表單」資料夾,該資料夾下有一個預設名稱為 UserForm1 的表單物件。

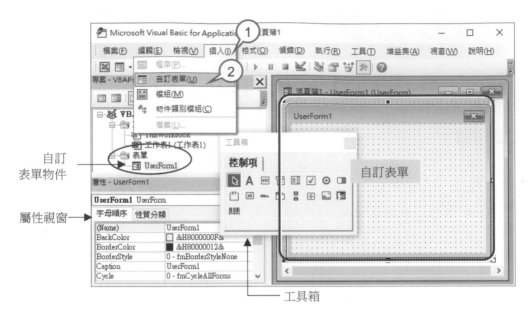

## 11.1.2 自訂表單的常用屬性

建立好自訂表單後,可透過屬性視窗來設定自訂表單的各種屬性。執行功能表【檢視/屬性視窗】指令,就可以開啟或關閉下圖的屬性視窗。屬性視窗中會列出自訂表單物件的所有屬性,屬性可以依照字母順序或性質分類來排列。系統會設定好預設的屬性值,可以視需求在設計階段修改屬性值,或在程式執行階段讀取或設定屬性值。

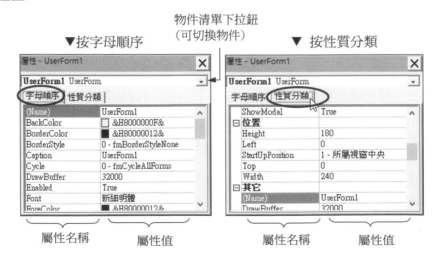

1. **Name 屬性**：Name 是重要的屬性，用來為表單物件命名，以方便在程式中識別。自訂表單預設的 Name 屬性值是「UserForm1」，可以修改成容易識別的名稱。通常會用 frm 加上表單的功能來命名，前置字串 frm 代表自訂表單物件以方便識別。例如：用來輸入資料的自訂表單，可以命名為「frmInput」。在程式碼中可以使用 Me 敘述來指定目前作用的自訂表單。

2. **Caption 屬性**：使用 Caption 屬性可以設定或取得自訂表單的標題欄文字，例如：在執行階段設定 frmInput 自訂表單的標題文字為「輸入」，寫法為：

```
frmInput.Caption = "輸入"
```

3. **BackColor 屬性**：使用 BackColor 屬性可以設定或取得表單的背景色。如左下圖先點選 BackColor 屬性，再按屬性值的下拉鈕，如右下圖可以選用「系統配色」或「調色盤」方式來設定表單的背景色。

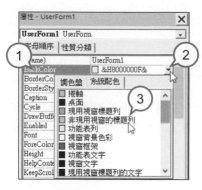
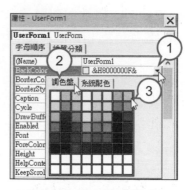

4. **Height/Width 屬性**：使用 Height 和 Width 屬性可以設定或取得自訂表單的高度和寬度。在設計階段可以直接拖曳表單的邊框，來改變自訂表單的高度和寬度。

5. **Left/Top 屬性**：使用 Left 和 Top 屬性可以設定或取得表單，距離螢幕左上角的水平和垂直距離。

6. **MousePointer/MouseIcon 屬性**：使用 MousePointer 屬性可以設定或取得自訂表單的滑鼠游標形狀，當 MousePointer 屬性值為 fmMousePointerCustom 時，可以使用 MouseIcon 屬性所載入的游標圖檔（.ico 或.cur）。

7. **Picture/PictureAlignment/PictureSizeMode/PictureTiling 屬性**：
   ① 使用 Picture 屬性可以載入一個圖檔，作為自訂表單的背景圖。
   ② 指定 Picture 屬性後，可以利用 PictureAlignment 屬性設定背景圖的位置 (預設值為 fmPictureAlignmentCenter-置中)。
   ③ PictureSizeMode 屬性設定背景圖的大小 (預設值為 fmPictureSizeModeClip - 原大小)。
   ④ PictureTiling 屬性設定背景圖是否採貼磁磚填滿方式 (預設值為 False-不填滿)。

8. **ScrollBars 屬性**：使用 ScrollBars 屬性可以設定自訂表單的捲軸狀態，預設屬性值為 fmScrollBarsNone (沒有水平和垂直捲軸)。

9. **SpecialEffect 屬性**：使用 SpecialEffect 屬性可以設定自訂表單的外觀，預設屬性值為 fmSpecialEffectFlat (平面)。

10. **StartUpPosition 屬性**：使用 StartUpPosition 屬性可以設定自訂表單的起始位置，預設屬性值為 1 (所屬視窗的中央)。

 便利貼

自訂表單和後面介紹的各種控制項，其中有許多屬性的用法相同，為減少占用篇幅相同的屬性將不再說明，除非有特別的用法。所以建議讀者能夠依序閱讀。

### 11.1.3 自訂表單的常用方法

1. **Show 方法**：使用 Show 方法可以載入並顯示自訂表單，其後可接 0 或 1 引數值：
   ① 1 (vbModal 常數值)：預設值，代表所顯示的表單具排他性，除非關閉否則不可顯示其他表單。
   ② 0 (vbModeless 常數值)：代表所顯示的表單可以和其他表單並存。

例如：顯示完「frmInput」表單才顯示「frmOutput」表單，寫法：

```
frmInput.Show      '或   frmInput.Show 1
frmOutput.Show     '或   frmOutput.Show 1
```

例如：同時顯示「frmInput」和「frmOutput」兩個表單，寫法：

```
frmInput.Show 0
frmOutput.Show 0
```

2. **Hide 方法**：使用 Hide 方法可以隱藏自訂表單，但是表單仍佔據記憶體，使用 Show 方法就可以重新顯示。例如：隱藏「frmInput」自訂表單，寫法：

```
frmInput.Hide
```

3. **PrintForm 方法**：使用 PrintForm 方法可以列印表單。例如：列印「frmInput」表單寫法：

```
frmInput.PrintForm
```

4. **Repaint 方法**：使用 Repaint 方法可以重繪表單，例如：重繪目前作用的自訂表單，寫法：

```
Me.Repaint
```

5. **Unload 方法**：使用 Unload 方法可以將表單由記憶體釋放，Unload Me 敘述是將目前開啟(作用)的表單刪除。例如：關閉「frmInput」自訂表單，寫法：

```
Unload frmInput
```

## 11.1.4 自訂表單的常用事件

要編寫表單的事件程序，如左下圖先在專案總管的表單上按右鍵出現快顯功能表，執行【檢視程式碼】指令，會如右下圖開啟該表單的程式碼視窗。在左邊「物件」下拉式清單中選取「UserForm」，此時系統會建立預設的 UserForm_Click 事件程序。在右邊「程序」下拉式清單中可以選取需要的事件程序名稱，此時就會建立該事件程序，預設的程序程式碼為空白。

1. **Initialize 事件**：是在自訂表單開始顯示前首先觸動的事件，而且只會被觸動一次，通常用來設定變數、表單、控制項等的初值。例如：在 Initialize 事件中，設定「frmInput」自訂表單的起始位置在所屬視窗的中央，寫法：

```
Private Sub UserForm_Initialize()
    frmInput.StartUpPosition = 1
End Sub
```

2. **Click 事件**：是滑鼠在自訂表單內按一下所觸動的事件，是自訂表單的預設事件。例如：在 Click 事件中設定「frmInput」自訂表單標題欄文字為「按一下」：

```
Private Sub UserForm_Click()
    frmInput.Caption = "按一下"
End Sub
```

3. **Activate 事件**：當表單成為作用表單時，就會觸動 Activate 事件。通常也是用來設定變數或控制項的初值，但是和 Initialize 事件不同的是，Activate 事件可能會被觸動多次。表單顯示時會先觸動 Initialize 事件，接著才觸動 Activate 事件。例如：在 Activate 事件中，設定「frmInput」自訂表單的背景色為淺藍色，寫法：

```
Private Sub UserForm_Activate()
    frmInput.BackColor = RGB(150, 255, 255)
End Sub
```

4. **Deactivate 事件**：當自訂表單變成非作用中表單時就會觸動 Deactivate 事件，例如：在 Deactivate 事件中設定「frmInput」自訂表單的標題欄文字為「隱藏」，寫法：

```
Private Sub UserForm_Deactivate()
    frmInput.Caption = "隱藏"
End Sub
```

5. **QueryClose 事件**：自訂表單要關閉前會觸動 QueryClose 事件，通常用來確保未完成的任務，例如：將資料寫入工作表。此事件程序有 Cancel 和 CloseMode 兩個參數，如果希望停止關閉表單，可以設 Cancel 參數值為 True。而 CloseMode 參數，是代表誰關閉表單。例如：在 QueryClose 事件中，用 MsgBox 詢問是否確定離開表單，若按 <否> 鈕就取消關閉，寫法：

```
Private Sub UserForm_QueryClose(Cancel As Integer, CloseMode As Integer)
    r = MsgBox("確定要離開 UserForm1 嗎？", vbYesNo)
    If r = vbNo Then Cancel = True
End Sub
```

## 11.2 ActiveX 控制項簡介

　　自訂表單是視窗也是容器，表單內可安置各種控制項，使表單的功能更加完整。VBA 編輯器的工具箱中提供許多的控制項工具，可以利用它來建立控制項物件，這些控制項的功能和工作表中的 ActiveX 控制項相同。

### 11.2.1 工具箱

　　VBA 編輯器的工具箱中有許多系統提供的控制項工具，可以建立各種控制項。

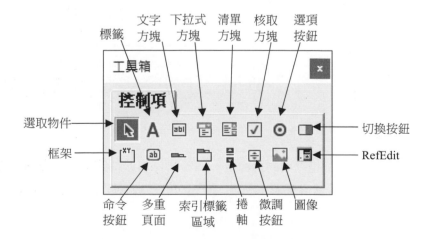

## 11.2.2 建立控制項的步驟

在自訂表單上面安置控制項時，要先從工具箱中點選需要的控制項工具。然後有下列幾種方式來建立控制項：

1. 在表單上按一下，就會在滑鼠位置建立一個預設大小的控制項。
2. 在表單上拖曳滑鼠，就會建立一個指定大小的控制項。

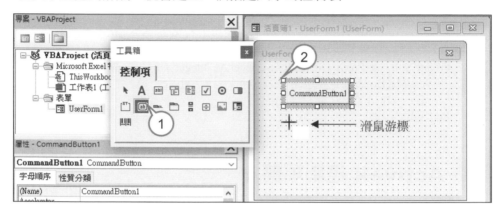

## 11.2.3 控制項的編輯

控制項在表單上建立後，我們可以利用下列編輯的方法來安排控制項。

### 1. 選取控制項

用滑鼠點選就可以選取單一控制項，如果加上 <Shift> 鍵就可以選取多個控制項。另外，也可以利用工具箱的 ▶ 選取物件工具來框選多個控制項。

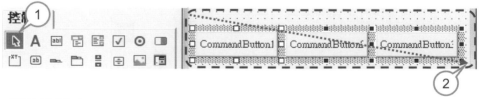

### 2. 調整控制項

將滑鼠游標移動到控制項的邊緣呈 ↔ ↕ ⤡ 時，可以按照箭頭方向拖曳滑鼠來調整控制項的大小。當滑鼠游標呈現 ✛ 時，可以拖曳控制項改變控制項的位置。

## 3. 控制項對齊

選取多個控制項後，按右鍵出現快顯功能表選取【對齊】指令，由出現對齊清單中選取對齊方式。

  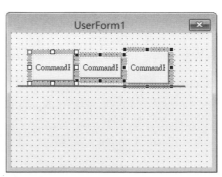

## 4. 控制項調整大小

選取多個控制項後，按右鍵執行快顯功能表【調整大小】中的指令，可以同時調整多個控制項的大小。

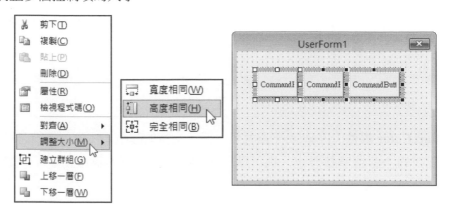

## 5. 控制項層次

點選控制項後，按右鍵執行快顯功能表【上移一層】或【下移一層】指令，可以調整控制項間上下層的關係。

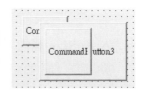

## 6. 控制項群組

選取多個控制項後，按右鍵執行快顯功能表【建立群組】指令，可以使多個控制項成為同一群組，調整時會一起移動。

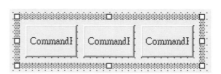

# 11.3 標籤與命令按鈕控制項

## 11.3.1 Label 標籤控制項

使用 Label 標籤控制項可以在表單上顯示文字訊息，例如：顯示執行過程和結果的相關訊息。下面介紹標籤控制項的常用成員：

1. **Caption 屬性**：Caption 是標籤控制項最重要的屬性，可以用來設定在上面要顯示的文字。例如：指定 lblName 標籤控制項上面顯示「周傑倫」，寫法為：

```
lblName.Caption = "周傑倫"
```

2. **Font 屬性**：Font 屬性可以設定文字顯示的樣式，在設計階段可以按屬性視窗的 ⋯ 鈕，在「字型」對話方塊中直接設定。也可以在執行階段使用下列敘述設定。例如：使用 With 敘述指定 lblName 標籤控制項文字樣式為標楷體、大小 12、粗體字，寫法為：

```
With lblName.Font
    .Name = "標楷體"
    .Size = 12
    .Bold = True
End With
```

3. **ForeColor 屬性**：ForeColor 屬性可以設定文字的顏色，在設計階段可以按屬性視窗的 ▾ 鈕直接設定。也可以在執行階段使用下列敘述設定，例如：指定 lblName 標籤控制項文字的顏色為紅色：

```
lblName.ForeColor = vbRed
```

4. **AutoSize 屬性**：AutoSize 屬性可以設定控制項的大小是否會隨文字的長度自動調整，屬性值有 False (固定，預設值)、True (自動調整)。

5. **BorderStyle 屬性**：使用 BorderStyle 屬性可以設定外框的樣式，屬性值有：0 (fmBorderStyleNone 沒有框線，預設值)、1 (fmBorderStyleSingle 單線)。

6. **TextAlign 屬性**：使用 TextAlign 屬性可以設定文字的對齊方式，屬性值有：
   ① (fmTextAlignLeft 靠左，預設值)、② (fmTextAlignCenter 置中)、
   ③ (fmTextAlignRight 靠右)。

7. **Visible 屬性**：使用 Visible 屬性可以設定顯示或隱藏控制項，屬性值有：True
   (顯示，預設值)、False (隱藏)。

## 11.3.2 CommandButton 命令按鈕控制項

　　CommandButton 命令按鈕控制項已經在前面章節使用過多次，是一個重要且常
用的控制項。命令按鈕控制項通常用來做確認或功能的執行，下面介紹命令按鈕控
制項的常用成員：

1. **Enabled 屬性**：Enabled 屬性可以設定按鈕是否能有效使用，屬性值有 True (有
   效，預設值)、False (無效)。例如：設定 cmdOK 命令按鈕控制項有效，cmdCancel
   命令按鈕無效，寫法為：

   ```
   cmdOK.Enabled = True
   cmdCancel.Enabled = False
   ```

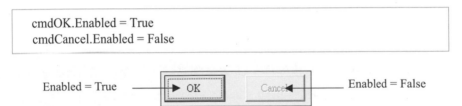

2. **Default/Cancel 屬性**：
   ① Default 屬性可以設定按 <Enter> 鍵是否等於按該按鈕，屬性值有 False (否，
      預設值)、True (是)。
   ② Cancel 屬性可以設定按 <Esc> 鍵是否等於按該按鈕，屬性值有 False (否，
      預設值)、True (是)。

3. **ControlTipText 屬性**：ControlTipText 屬性可以設定滑鼠移入控制項時，所顯示
   的提示文字。例如：設定 cmdOK 命令按鈕控制項的提示文字為「確定」，寫法：

   ```
   cmdOK.ControlTipText = "確定"
   ```

4. **TabIndex/TabStop 屬性**：

　① TabStop 屬性可以設定按 <Tab> 鍵時，該控制項是否會駐停 (取得焦點 Focus)，屬性值有 True (會，預設值)、False (不會)。

　② TabIndex 屬性可以設定按 <Tab> 鍵時，該控制項駐停的順序。表單內的控制項預設依照建立的先後由 0 開始編號，但是也可以自行修改。另外，部分控制項無法設為駐停，例如標籤控制項。

5. **Picture/PicturePosition 屬性**：

　① Picture 屬性可以設定在控制項中顯示的圖檔。

　② 有圖檔時可以用 PicturePosition 屬性設定圖檔和標題  的相對位置，屬性值為 0 ~ 12 (預設值為 7)。

6. **SetFocus 方法**：SetFocus 方法可使得控制項成為目前駐停焦點的作用中物件，插入點游標會移到此控制項的上面。例如：設定 cmdOK 命令按鈕控制項取得駐停焦點，寫法為：

```
cmdOK.SetFocus
```

7. **Click 事件**：當使用者用滑鼠在控制項上按一下，就會觸動該控制項的 Click 事件。在命令按鈕的 Click 事件中，通常會撰寫該按鈕要執行的程式碼。Click 事件是命令按鈕控制項的預設事件，編輯時在控制項上快按兩下，系統就會自動建立該控制項的預設事件程序。

8. **DblClick 事件**：當使用者用滑鼠在控制項上快按兩下，就會觸動該控制項的 DblClick 事件。在命令按鈕的 DblClick 事件中，會撰寫快按兩下該按鈕時執行的程式碼。要特別注意的是觸動 DblClick 事件時會先觸動 Click 事件，所以要注意兩個程序執行的先後次序。

**實作** FileName：UserForm.xlsm

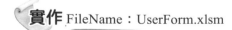

在工作表按 開啟表單 鈕會開啟自訂表單，開啟表單時會設定物件的初值。在表單上按一下，表單上會顯示「按了表單一下!」的提示文字。按下表單的 關閉 鈕會關閉表單，但是在關閉前會先出現 MsgBox 詢問是否確定關閉？當按 <是> 鈕時才會真正關閉表單。

▶ **輸出要求**

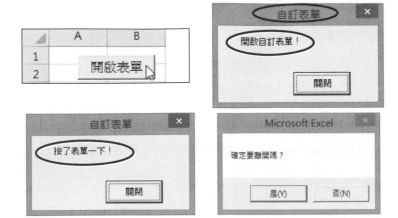

▶ **解題技巧**

**Step 1** 建立輸出入介面

1. 新增活頁簿並以「UserForm」為新活頁簿名稱。

2. 在工作表 1 中建立一個 ActiveX 命令按鈕控制項,並命名為 cmdShow。

3. 新增一個自訂表單,在其中建立標籤和命令按鈕控制項。

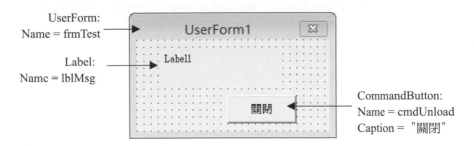

**Step 2** 問題分析

1. 在工作表 cmdShow 命令按鈕的 Click 事件中,使用 Show 方法開啟表單。

2. 在表單的 Initialize 事件中,可以設定各種物件的初值。

3. 在表單的 Click 事件中,設定 lblMsg 的 Caption 屬性值就可以改變文字。

4. 在 cmdUnload 命令按鈕的 Click 事件中,使用 Unload Me 敘述關閉表單。

5. 在表單的 QueryClose 事件中，用 MsgBox 詢問是否確定離開表單？若傳回值為 vbNo(表按 <否> 鈕)，就設 Cancel 參數值為 True 來取消關閉。

Step 3 編寫程式碼

| FileName: UserForm.xlsm　(工作表 1 程式碼) |
| --- |
| **01 Private Sub cmdShow_Click()** |
| 02　　frmTest.Show |
| 03 End Sub |

| FileName: UserForm.xlsm (frmTest 程式碼) |
| --- |
| **01 Private Sub UserForm_Initialize()** |
| 02　　frmTest.Caption = "自訂表單" |
| 03　　lblMsg.Caption = "開啟自訂表單！" |
| 04 End Sub |
| 05 |
| **06 Private Sub UserForm_Click()** |
| 07　　lblMsg.Caption = "按了表單一下！" |
| 08 End Sub |
| 09 |
| **10 Private Sub cmdUnload_Click()** |
| 11　　Unload Me |
| 12 End Sub |
| 13 |
| **14 Private Sub UserForm_QueryClose(Cancel As Integer, CloseMode As Integer)** |
| 15　　r = MsgBox("確定要離開嗎？", vbYesNo) |
| 16　　If r = vbNo Then |
| 17　　　　Cancel = True |
| 18　　End If |
| 19 End Sub |

▶ 隨堂練習

將上面實作增加如下的設定：

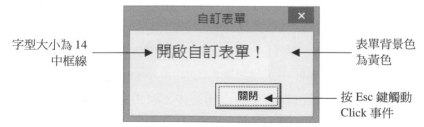

字型大小為 14
中框線　　　　　→　開啟自訂表單！　←　表單背景色
　　　　　　　　　　　　　　　　　　　為黃色

　　　　　　　　　　關閉　←　　　　　—　按 Esc 鍵觸動
　　　　　　　　　　　　　　　　　　　　Click 事件

# 11.4 **TextBox 文字方塊控制項**

在表單上輸入或修改文字資料必須透過 TextBox 文字方塊控制項來完成，所輸入的資料屬於 String 資料型別。下面介紹文字方塊控制項的常用成員：

## 11.4.1 TextBox 文字方塊控制項常用屬性

1. **Text 屬性**：Text 是文字方塊控制項最重要的屬性，可以用來讀取使用者輸入的文字，或是設定顯示的文字。例如指定 msg 變數等於 txtNote 文字方塊控制項內的文字，寫法為：

```
Dim msg As String
msg = txtNote.Text
```

2. **MaxLength 屬性**：MaxLength 屬性設定輸入文字的最大長度，預設值為 0 表示沒有限制。例如：指定 txtNote 文字方塊控制項內的文字最多可以輸入 5 個字，寫法為：

```
txtNote.MaxLength = 5
```

3. **PasswordChar 屬性**：PasswordChar 屬性可以設定文字方塊控制項輸入文字的替代字元，通常用來設計密碼的輸入，預設值為"" (空字串)表示沒有替代字元。使用替代字元時，IMEMode 屬性值要設為 2。

4. **MultiLine 屬性**：MultiLine 屬性設定文字方塊控制項是否多行顯示，屬性值有 False(單行，預設值)、True(多行)。文字長度長時如果設為單行，超出範圍的文字不會顯示。

5. **WordWrap 屬性**：當 MultiLine 屬性值為 True (多行)時，可以再利用 WordWrap 屬性設定文字方塊控制項文字是否自動換行，屬性值有 True (預設值)、False。

6. **IMEMode 屬性** ：使用 IMEMode 屬性可以設定文字方塊控制項的中文輸入法，常用屬性值有 0 (不設定，預設值)、1 (開啟輸入法)、2 (關閉輸入法)。

## 11.4.2 文字方塊控制項常用事件

1. **Change 事件**：Change 事件是文字方塊控制項的預設事件，當 Text 屬性值改變時就會觸動此事件。通常會在 Change 事件程序中，編寫和 Text 屬性有關的程式，使得結果可以立即反應。例如：在 txtInch 文字方塊控制項的 Change 事件中，指定 lblCm 的 Caption 屬性值，以達到英吋立即轉換成公分的效果，寫法為：

```
Private Sub txtInch_Change()
    lblCm.Caption = Val(txtInch.Text) * 2.54
End Sub
```

2. **Enter 事件**：當文字方塊控制項取得駐停焦點時，就會觸動 Enter 事件。通常會在 Enter 事件程序中，編寫設定文字方塊初值有關的程式。例：在 txtInch 文字方塊控制項的 Enter 事件中，指定 txtInch 的 Text 屬性值等於空字串，以達到清空內容等候輸入的效果，寫法為：

```
Private Sub txtInch_Enter()
    txtInch.Text = ""
End Sub
```

3. **Exit 事件**：當文字方塊控制項失去駐停焦點時，就會先觸動 Exit 事件。通常會在 Exit 事件程序中，編寫檢查文字方塊輸入值有關的程式，如果檢查不合條件，就可以設 Cancel 參數值為 True，停止離開重回文字方塊。例如：在 txtInch 文字方塊控制項的 Exit 事件中，檢查 Text 屬性值若等於空字串就不離開，寫法為：

```
Private Sub txtInch_Exit(ByVal Cancel As MSForms.ReturnBoolean)
    If txtInch.Text = "" Then Cancel = True
End Sub
```

如果想將文字方塊內的文字格式化，也可以寫在 Exit 事件中。

```
Private Sub txtInch_Exit(ByVal Cancel As MSForms.ReturnBoolean)
    txtInch.Value = Format(Val(txtInch.Value ), "0.00")
End Sub
```

4. **KeyPress 事件**：當文字方塊控制項取得駐停焦點時，使用者在鍵盤按下字元鍵就會觸動 KeyPress 事件。通常會在 KeyPress 事件程序中，編寫檢查輸入字元的程式。透過事件程序的 KeyAscii 參數值可以取得輸入的字元，如果檢查不合條件就設 KeyAscii 為 0，就可以取消輸入的字元，插入點重回原輸入位置。

例如：在 txtInch 文字方塊控制項的 KeyPress 事件中，設定只能輸入 0～9 的數值字元，寫法為：

```
Private Sub txtInch_KeyPress(ByVal KeyAscii As MSForms.ReturnInteger)
    If KeyAscii < 48 Or KeyAscii > 57 Then KeyAscii = 0
End Sub
```

常用按鍵的 ASCII 碼列表如下(其餘請參閱附錄 A)：

| 常用的按鍵 | ASCII　碼值 |
|---|---|
| 0 至 9 | 48 至 57 |
| A 至 Z 、 a 至 z | 65 至 90，97 至 122 |
| Enter↵ 和 Esc | 13 和 27 |
| Backspace （退位鍵） | 8 |
| 空白鍵 | 32 |
| · 、 + 、 - 、 * 、 / | 46、43、45、42、47 |

5. **KeyDown/KeyUp 事件**：當文字方塊控制項取得駐停焦點，使用者按下按鍵時會觸動 KeyDown 事件，放開時則會觸動 KeyUp 事件。因為按任何鍵都會觸動 KeyDown 和 KeyUp 事件，通常會在事件程序中編寫檢查特殊字元的程式。透過事件程序的 KeyCode 參數值可以取得輸入的字元，字元鍵的 KeyCode 值和 ASCII 碼相同，其餘請參閱附錄 B。

Shift 參數值可以得知 Shift 、 Ctrl 、 Alt 被按的狀態，例如 0 (未按)、1 (按 Shift )、2 (按 Ctrl )、3 (按 Shift + Ctrl )、4 (按 Alt )。

例如：在 txtInch 文字方塊控制項的 KeyKeyDown 事件中，檢查如果按 Enter↵ 鍵就顯示輸入文字，寫法為：

```
Private Sub txtInch_KeyDown(ByVal KeyCode As MSForms.ReturnInteger, _
                    ByVal Shift As Integer)
    If KeyCode = 13 Then MsgBox "輸入資料  " & txtInch.Text
End Sub
```

實作 FileName：TextBox.xlsm

開啟活頁簿時會自動開啟表單，在表單中允許輸入使用者名稱和密碼(最多 6 個英數字元)。按 ▢確定 鈕會檢查使用者名稱 (Excel) 和密碼 (2016) 是否正確？若正確就關閉表單；若不正確共可輸入三次，錯誤三次顯示訊息後就關閉活頁簿。輸入使用者後按 Enter↵ 鍵就跳到密碼處，密碼輸入後按 Enter↵ 鍵就跳到 ▢確定 。如果按 ▢關閉 鈕會關閉活頁簿。

### ▶ 輸出要求

### ▶ 解題技巧

Step ① 建立輸出入介面

1. 新增活頁簿並以「TextBox」為新活頁簿名稱。

2. 新增一個自訂表單，在其中建立標籤、文字方塊和兩個命令按鈕控制項。

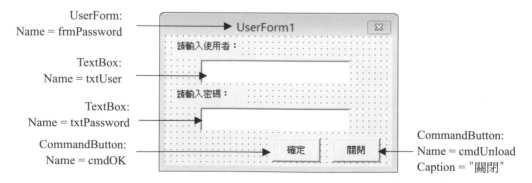

Step ② 問題分析

1. 因為希望一開啟活頁簿就會出現表單,所以 Show 方法要寫在活頁簿的 Open 事件中。

2. 在表單的 Initialize 事件中,設定各種物件的初值。

3. 在 txtUser 的 KeyPress 事件中,檢查 KeyAscii 是否等於 13(按 Enter 鍵),若是就執行 txtPassWord.SetFocus 將焦點(插入點游標)移到 txtPassWord。

4. 在 txtPassWord 的 KeyPress 事件中,檢查 KeyAscii 是否在 48 ~ 57 (數字)、65 ~ 90 (大寫英文字母) 和 97 ~ 122 (小寫英文字母) 之間,否則就設 KeyAscii = 0 清除輸入的字元。

5. 在 cmdOK 命令按鈕的 Click 事件中,檢查輸入次數是否小於 3,以及使用者和密碼是否正確。因為輸入次數要能累計,所以要宣告成靜態變數。如果錯誤三次,就使用 ThisWorkbook.Close 敘述關閉活頁簿。

Step ③ 編寫程式碼

**FileName: TextBox.xlsm (ThisWorkbook 程式碼)**

**01 Private Sub Workbook_Open()**

| 02 | frmPassword.Show |
|----|----|

03 End Sub

**FileName: TextBox.xlsm (frmPassword 程式碼)**

**01 Private Sub UserForm_Initialize()**

| 02 | txtPassWord.IMEMode = 2 | '關閉中文輸入 |
|----|----|----|
| 03 | txtPassWord.PasswordChar = "*" | '替代字元為* |
| 04 | txtPassWord.MaxLength = 6 | '最多 6 個字元 |
| 05 | txtUser.SetFocus | '駐停焦點移到使用者 |

06 End Sub

07

**08 Private Sub txtUser_KeyPress(ByVal KeyAscii As MSForms.ReturnInteger)**

| 09 | If KeyAscii = 13 Then txtPassWord.SetFocus | '若按 Enter 鍵就跳到密碼 |
|----|----|----|

10 End Sub

11

**12 Private Sub txtPassWord_KeyPress(ByVal KeyAscii As MSForms.ReturnInteger)**

| 13 | If KeyAscii = 13 Then cmdOK.SetFocus | |
|----|----|----|
| 14 | Select Case KeyAscii | |
| 15 |     Case 48 To 57 | '數字 |

| | | |
|---|---|---|
| 16 | Case 65 To 90 | '大寫英文字母 |
| 17 | Case 97 To 122 | '小寫英文字母 |
| 18 | Case Else | |
| 19 | KeyAscii = 0 | '清除輸入的字元 |
| 20 | End Select | |
| 21 End Sub | | |
| 22 | | |
| **23 Private Sub cmdOK_Click()** | | |
| 24 | Static num As Integer | 'num 要累計所以要宣告成靜態變數 |
| 25 | num = num + 1 | '輸入次數加 1 |
| 26 | If num < 3 Then | '若輸入次數小於 3 |
| 27 | If txtUser.Text = "Excel" And txtPassWord.Text = "2016" Then'若正確 | |
| 28 | Unload Me | '關閉表單 |
| 29 | Else | |
| 30 | MsgBox "錯誤！" | |
| 31 | txtUser.SetFocus | '駐停焦點移到使用者 |
| 32 | End If | |
| 33 | Else | |
| 34 | MsgBox "錯誤三次！" | |
| 35 | ThisWorkbook.Close | '關閉活頁簿 |
| 36 | End If | |
| 37 End Sub | | |
| 38 | | |
| **39 Private Sub cmdUnload_Click()** | | |
| 40 | ThisWorkbook.Close | '關閉活頁簿 |
| 41 End Sub | | |

▶ **隨堂練習**

將上面實作增加進入使用者和密碼文字方塊時，先將文字內容清空的功能。離開輸入使用者名稱和密碼的文字方塊時，檢查文字內容不能空白。以及輸入密碼的文字方塊只能輸入數字字元的功能。

# 11.5 核取方塊與切換按鈕控制項

## 11.5.1 CheckBox 核取方塊控制項

核取 ——————→  ←—————— 未核取

　　使用 CheckBox 核取方塊控制項可以在表單上提供選項讓使用者勾選，例如開啟或關閉等相對的明確選項。下面介紹核取方塊控制項的常用成員：

1. **Value 屬性**：使用 Value 屬性可以取得和設定核取方塊控制項的核取狀態，屬性值為 False (未核取，預設值)、True (核取)。例如若 chkVIP 核取方塊控制項被勾選就設 off 變數為 0.9；否則就設為 1，寫法為：

```
If chkVIP.Value = True Then
    off = 0.9
Else
    off = 1
End If
```

2. **Change 事件**：當核取方塊控制項的核取狀態被改變時，也就是 Value 屬性值改變時就會觸動 Change 事件。我們可以在 Change 事件程序中，編寫和核取狀態改變的相關程式碼。例如在 chkVIP 核取方塊控制項的 Change 事件程序中，根據勾選狀態來設定 off (折扣變數) 的變數值為 0.9 或 1，寫法為：

```
Private Sub chkVIP_Change()
    Dim off As Single
    off = 1
    If chkVIP.Value = True Then off = 0.9
End Sub
```

## 11.5.2 ToggleButton 切換按鈕控制項

未選取 ——————→  ←—————— 選取

使用 ToggleButton 切換按鈕控制項，可以在表單上提供選項按鈕讓使用者點按，例如：開啟或關閉等相對的明確選項。下面介紹切換按鈕控制項的常用成員：

1. **Value 屬性**：使用 Value 屬性可以取得和設定切換按鈕控制項的點按狀態，屬性值為 False (未點按外觀呈凸起，預設值)、True (點按外觀呈凹陷)。例如：若 tgbSex 切換按鈕控制項被點按就設切換按鈕的文字為「女」；否則就設為「男」，寫法：

```
If tgbSex.Value = True Then
    tgbSex.Caption = "女"
Else
    tgbSex.Caption = "男"
End If
```

2. **Change 事件**：當切換按鈕控制項的點按狀態有改變，也就是 Value 屬性改變時就會觸動 Change 事件。我們可以在 Change 事件程序中編寫和點按狀態改變的相關程式碼。

**實作** FileName：CheckBox.xlsm

按工作表的 輸入資料 鈕會開啟自訂表單，使用者可以輸入姓名、電話和勾選是否參加。按 輸入 鈕如果有輸入姓名，就將資料寫入工作表中，並將資料清除等待輸入。按下表單的 關閉 鈕會關閉表單。

▶ **輸出要求**

## ▶ 解題技巧

**Step 1** 建立輸出入介面

1. 新增活頁簿並以「CheckBox」為新活頁簿名稱。

2. 在工作表 1 中建立下面表格，和一個 ActiveX 命令按鈕控制項，並命名為 cmdInput。

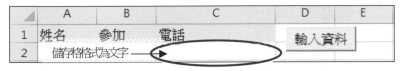

3. 新增一個自訂表單，在其中建立標籤、文字方塊、核取方塊和命令按鈕控制項。

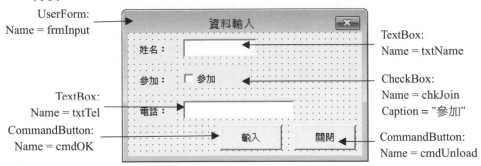

**Step 2** 問題分析

1. 在 cmdOK 命令按鈕的 Click 事件中，檢查 txtName 的 Text 屬性值是否為空白，若不是空白就將資料寫入。

2. 使用 UsedRange.Rows.Count + 1 敘述，來取得工作表空白儲存格的第一列。

3. 將表單中控制項的值，分別指定給工作表中對應的儲存格，以達成資料寫入工作表的效果。

Step 3 編寫程式碼

| FileName: CheckBox.xlsm (工作表 1 程式碼) |
|---|

```
01 Private Sub cmdInput_Click()
02      frmInput.Show
03 End Sub
```

| FileName: CheckBox.xlsm    (frmInput 程式碼) |
|---|

```
01 Private Sub cmdOK_Click()
02      If txtName.Text <> "" Then
03          r = Sheets(1).UsedRange.Rows.Count + 1          '空白的第一列
04          Cells(r, 1) = txtName.Text
05          Cells(r, 2) = IIf(chkJoin.Value, "參加", "不參加")          '使用 IIf 函數指定字串值
06          Cells(r, 3) = txtTel.Text
07      End If
08      txtName.Text = ""
09      chkJoin.Value = False
10      txtTel.Text = ""
11      txtName.SetFocus
12 End Sub
13
14 Private Sub cmdUnload_Click()
15      Unload Me
16 End Sub
```

▶ 隨堂練習

將上面實作的核取方塊改為切換按鈕控制項，當點按參加時才可以輸入人數資料。

# 11.6 框架與選項按鈕控制項

### 11.6.1 Frame 框架控制項

使用 Frame 框架控制項可以將表單內的控制項分門別類放置，搬移時會一起動作方便編輯。更重要的功能是可以自成一個群組，和外面控制項隔離不會相互影響。編輯時要先建立框架控制項，然後在其中拖曳出控制項，該控制項就屬於框架控制項的子物件。下面介紹框架控制項的常用成員：

1. **Caption 屬性**：使用 Caption 屬性可以取得和設定框架控制項的標題文字，作為同一類控制項的標題。

### 11.6.2 OptionButton 選項按鈕控制項

當有多個選項只能選擇其一的時候，就可以使用 OptionButton 選項按鈕控制項。選項按鈕具互斥性，也就是說一組選項按鈕中只能一個被選取，如果另一個選項按鈕被選取時，其他的選項按鈕會自動設為未選取。若希望表單中有多組性質不同的選項按鈕時，就必須使用框架控制項來做區隔。其常用成員介紹如下：

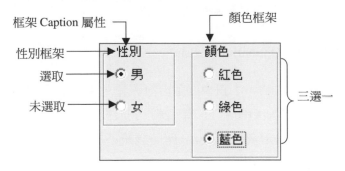

1. **Alignment 屬性** Alignment 屬性可以設定選項鈕和標題文字的相對位置，屬性值為 1 ( 選項鈕在標題文字的右邊 ⊙ 男 ，預設值 )、
   0 ( 選項鈕在左邊 男 ○ )。

2. **Value 屬性**：使用 Value 屬性可以取得和設定選項按鈕控制項的被選取的狀態，屬性值為 False (未被選取○，預設值)、True (被選取⊙)。例如：若 optMale 選項按鈕控制項被選取就設 str 字串變數為「先生」，寫法為：

> If optMale.Value = True Then str = "先生"

3. **GroupName 屬性**：除了使用框架控制項來區隔選項按鈕外，也可以用 GroupName 屬性來設定選項按鈕所屬的群組。例如：設 optMale 和 optFemale 選項按鈕同屬 grpA 群組(群組名稱可自訂)，寫法為：

> optMale.GroupName = "grpA" : optFemale.GroupName = "grpA"

4. **Click 事件**：當在選項按鈕控制項上按一下會觸動 Click 事件的點按狀態改變，因為該選項按鈕會被設為選取狀態，所以可以在 Click 事件程序中，編寫選取該選項按鈕時的相關程式碼。例如：若 optRed 選項按鈕控制項被按一下時，就設 lblMsg 標籤控制項的文字為紅色，寫法為：

```
Private Sub optRed_Click()
    lblMsg.ForeColor = vbRed
End Sub
```

5. **Change 事件**：當選項按鈕控制項的選取狀態改變，也就是 Value 屬性改變時就會觸動 Change 事件。當選項按鈕數量較多時，也可以在按鈕控制項的 Click 事件程序中，逐一檢查選項按鈕的選取狀態。

 **實作** FileName：OptionButton.xlsm

按工作表的 開啟表單 鈕會開啟自訂表單，工作表中的資料會顯示在表單中。按 下一筆 鈕會顯示下一筆資料，到最後一筆時該鈕不能使用。按 前一筆 鈕會顯示前一筆資料，到第一筆時該鈕不能使用。按下表單的 關閉 鈕會關閉表單。

▶ **輸出要求**

| 編號 | 姓名 | 性別 | 本薪 | 參加團保 |
|---|---|---|---|---|
| 1 | 廖美昭 | 女 | 74000 | 加保 |
| 2 | 林姍姍 | 女 | 56400 | 不加保 |
| 3 | 張志成 | 男 | 38800 | 加保 |
| 4 | 王婷瑋 | 女 | 21200 | 加保 |
| 5 | 何佳儀 | 男 | 43600 | 加保 |
| 6 | 吳明哲 | 男 | 64000 | 不加保 |
| 7 | 蔡和平 | 男 | 31600 | 不加保 |
| 8 | 蘇如意 | 女 | 49200 | 加保 |

開啟表單

UserForm1

編號：3　　　　　性別：⊙ 男
姓名：張志成　　　　　○ 女
本薪：38800　　　團保：☑ 參加

前一筆　　下一筆　　關閉

## ▶ 解題技巧

Step ① 建立輸出入介面

1. 新增活頁簿並以「OptionButton」為新活頁簿名稱。

2. 在工作表 1 中建立下面表格,和一個 ActiveX 命令按鈕控制項,並命名為 cmdShow。

| | A | B | C | D | E | F | G |
|---|---|---|---|---|---|---|---|
| 1 | 編號 | 姓名 | 性別 | 本薪 | 參加團保 | 開啟表單 | |
| 2 | 1 | 廖美昭 | 女 | 74000 | 加保 | | |
| 3 | 2 | 林姍姍 | 女 | 56400 | 不加保 | | |
| 4 | 3 | 張志成 | 男 | 38800 | 加保 | | |
| 5 | 4 | 王婷瑋 | 女 | 21200 | 加保 | | |
| 6 | 5 | 何佳儀 | 男 | 43600 | 加保 | | |
| 7 | 6 | 吳明哲 | 男 | 64000 | 不加保 | | |
| 8 | 7 | 蔡和平 | 男 | 31600 | 不加保 | | |
| 9 | 8 | 蘇如意 | 女 | 49200 | 加保 | | |

3. 新增一個自訂表單,在其中建立標籤、文字方塊、選項按鈕、核取方塊和命令按鈕控制項。

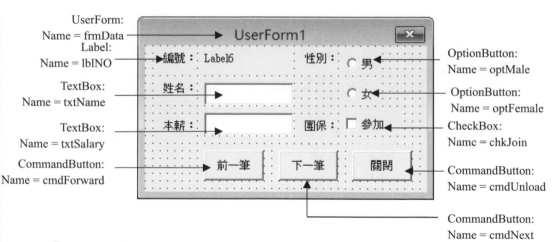

Step ② 問題分析

1. 因為顯示第幾筆資料和共有多少筆資料會在多個程序中共用,所以宣告成公用的表單成員變數 no 和 max。

2. 在表單的 Initialize 事件程序中設定 no 和 max 的初值，並從工作表中將第 1 筆資料讀入，顯示在對應的控制項當中。因為讀取資料的程式在多個程序中都需要，所以獨立成一個 Sub 程序 GetData 以供呼叫。

3. GetData 程序內的參數是指第幾筆資料，會到指定的儲存格讀取資料，並轉到表單對應的控制項中顯示。

4. 在 cmdForward_Click 事件程序中設定 no-1，如果 no=1 就設 Enabled = False，使 前一筆 鈕不能使用。然後呼叫 GetData 程序讀取資料。

5. 在 cmdNext_Click 事件程序中設定 no+1，如果 no=max 就設 Enabled = False，使 下一筆 鈕不能使用。然後呼叫 GetData 程序讀取資料。

Step 3  編寫程式碼

**FileName: OptionButton.xlsm (工作表 1 程式碼)**

**01 Private Sub cmdShow_Click()**

```
02      frmData.Show
03 End Sub
```

**FileName: OptionButton.xlsm (frmData 程式碼)**

```
01 Dim no As Integer, max As Integer
```

**02 Private Sub UserForm_Initialize()**

```
03      no = 2     '預設為第 2 筆
04      max = Sheets(1).UsedRange.Rows.Count - 1      '取得資料總筆數
05      cmdForward_Click      '呼叫 cmdForward_Click 程序到第 1 筆資料
06 End Sub
07
```

**08 Private Sub cmdForward_Click()**

```
09      no = no - 1 '筆數減 1
10      If no = 1 Then cmdForward.Enabled = False      '前一筆鈕不能使用
11      cmdNext.Enabled = True '下一筆鈕可以使用
12      GetData (no)      '讀取資料
13 End Sub
14
```

**15 Private Sub cmdNext_Click()**

```
16      no = no + 1 '筆數加 1
17      If no = max Then cmdNext.Enabled = False      '下一筆鈕不能使用
18      cmdForward.Enabled = True '前一筆鈕可以使用
19      GetData (no)
20 End Sub
```

| 21 | |
|---|---|
| **22 Sub GetData(ByVal n As Integer)** | |
| 23　　Dim ws As Worksheet | |
| 24　　Set ws = Sheets(1) | |
| 25　　Dim rng As Range | |
| 26　　Set rng = ws.Cells(n + 1, 1) | '筆數對應的儲存格 |
| 27　　lblNO.Caption = rng.Value | '讀取編號 |
| 28　　txtName.Text = rng.Offset(0, 1).Value | '右移一格讀取姓名 |
| 29　　If rng.Offset(0, 2).Value = "男" Then | '右移兩格如果是 男 |
| 30　　　　optMale.Value = True | '選取男選項按鈕 |
| 31　　Else | |
| 32　　　　optFemale.Value = True | '選取女選項按鈕 |
| 33　　End If | |
| 34　　txtSalary.Text = rng.Offset(0, 3).Value | '右移三格 |
| 35　　If rng.Offset(0, 4).Value = "加保" Then | '右移四格如果是 加保 |
| 36　　　　chkJoin.Value = True | '勾選參加核取方塊 |
| 37　　Else | |
| 38　　　　chkJoin.Value = False | '不勾選參加核取方塊 |
| 39　　End If | |
| 40 End Sub | |
| 41 | |
| **42 Private Sub cmdUnload_Click()** | |
| 43　　Unload Me | |
| 44 End Sub | |

▶ 隨堂練習

將上面實作增加一個 更新 鈕，點按後會將表單內的資料寫入工作表中對
應的儲存格中。

# 自訂表單與控制項(二)

**學習目標**

- 學習 SpinButton 微調按鈕控制項
- 學習 ScrollBar 捲軸控制項、Image 圖像控制項
- 學習 MultiPage 多重頁面控制項、TabStrip 索引標籤區域控制項
- 學習 ListBox 清單方塊控制項
- 學習 ComboBox 下拉式清單方塊控制項
- 學習新增非標準控制項
- 學習匯出和匯入表單

## 12.1 微調按鈕與捲軸控制項

### 12.1.1 SpinButton 微調按鈕控制項

　　SpinButton 微調按鈕控制項可以透過加減按鈕來輸入整數數值,以避免輸入值超出範圍。但是微調按鈕是無法顯示數值,所以要配合標籤或文字方塊控制項來顯示數值。

1. **Orientation 屬性**:使用 Orientation 屬性可以取得和設定微調按鈕控制項的方向,屬性值有:① -1(依照長寬比自動設定,預設值)、② 0(垂直)、③ 1(水平)。

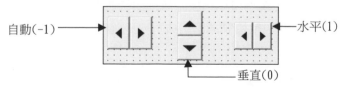

自動(-1) ──→　　　　　　水平(1)

垂直(0)

2. **Value 屬性**:可以設定和取得微調按鈕控制項的整數值,例如:在 lblNum 標籤控制項顯示 spnNum 微調按鈕控制項的值,並指定數值格式為加千位符號以及個位數 0(Format 函數用法請參考第 7 章第 8 頁),寫法為:

```
lblNum.Caption = Format(spnNum.Value, "#,##0")
```

3. **Max/Min 屬性** 使用 Max 和 Min 屬性分別可以設定和取得控制項最大和最小整數值，Max 和 Min 的預設屬性值分別為 100 和 0。

4. **SmallChange 屬性**：可以設定按 ◀ ▶ 鈕每次增減的整數值，預設值為 1。

5. **Change 事件**：當微調按鈕控制項的 Value 屬性改變時，就會觸動 Change 事件。例如：在 spnNum 微調按鈕控制項的 Change 事件程序中，將目前微調按鈕的數值顯示在 lblNum 標籤控制項上面，寫法為：

```
Private Sub spnNum_Change()
    lblNum.Caption = spnNum.Value & "元"
End Sub
```

6. **SpinDown/SpinUp 事件**：當按微調按鈕的 ◀ 鈕時會觸動 SpinDown 事件；若按 ▶ 鈕時會觸動 SpinUp 事件。例如：在 spnNum 微調按鈕控制項的 SpinDown/SpinUp 事件中，分別將 lblNum 標籤控制項的值加減 0.1：

```
Private Sub spnNum_SpinDown()
    lblNum.Caption = Val(lblNum.Caption) - 0.1
End Sub

Private Sub spnNum_SpinUp()
    lblNum.Caption = Val(lblNum.Caption) + 0.1
End Sub
```

## 12.1.2 ScrollBar 捲軸控制項

使用 ScrollBar 捲軸控制項可以用按鈕或拖曳捲動鈕來輸入整數數值，以避免輸入超出範圍的數值。有關捲軸控制項常用成員介紹如下：

微動鈕 ──────   微動鈕

快動區   捲動鈕   快動區

1. **Orientation 屬性**：可以取得和設定捲軸控制項的方向，屬性值有：① -1(依照長寬比自動設定，預設值)、② 0(垂直)、③ 1(水平)。

2. **Value 屬性**：使用 Value 屬性可以取得和設定捲軸控制項的整數值，例如：將 scbNum 捲軸控制項的值顯示在工作表 1 的 A1 儲存格中，寫法為：

   ```
   Sheets(1).Range("A1").Value = scbNum.Value
   ```

3. **Max/Min 屬性**：使用 Max 和 Min 屬性分別可以取得和設定控制項最大和最小整數值。① Max 預設的屬性值為 32,767、② Min 預設的屬性值為 0

4. **SmallChange/LargeChange 屬性**：使用 SmallChange 屬性可以設定和取得按微動鈕每次增減的整數值，LargeChange 屬性則是按快動區每次增減的整數值，兩者預設值都為 1。

5. **Change 事件**：當按微動鈕、快動區或拖曳捲動鈕後，改變捲軸控制項的 Value 屬性時，就會觸動 Change 事件。

6. **Scroll 事件**：當拖曳捲軸控制項的捲動鈕時會先觸動 Scroll 事件，放開捲動鈕後會再觸動 Change 事件。如果希望拖曳時同步顯示 Value 屬性值就須使用 Scroll 事件。

   ```
   Private Sub scbNum_Scroll()
       lblNum.Caption = scbNum.Value * 2.54 "公分"
   End Sub
   ```

**實作** FileName：SpinButton.xlsm

按工作表的 開啟表單 鈕會開啟自訂表單，在表單中允許設定本金(1 萬 ~ 100 萬、微動 1 萬、快動 10 萬、預設值為 10 萬)、年利率(0.01 ~ 10%、微動 0.01、快動 0.1、預設值為 1)和期數(1 ~ 20 年、預設值為 3)。按 計算 鈕會根據設定顯示本利和。

▶ **輸出要求**

▶ **解題技巧**

Step ① 建立輸出入介面

1. 新增活頁簿並以「SpinButton」為新活頁簿名稱。

2. 在工作表 1 中建立一個 ActiveX 命令按鈕控制項,並命名為 cmdShow。

3. 新增一個自訂表單,在其中建立框架、標籤、捲軸、微調按鈕和命令按鈕控制項。

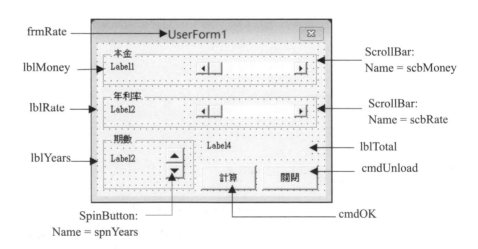

Step ② 問題分析

1. 在表單的 Initialize 事件程序中設定各種控制項的初值。其中利率是由 0.01 ~ 10.00,因為捲軸控制項的屬性值只能為整數,所以設最小值為 1、最大值為 1000,年利率是用屬性值除以 100,達成小數兩位的效果。

2. 在 scbMoney、scbRate 和 spnYears 的 Change 事件程序中，在對應的標籤中使用 Format 函數格式化後顯示 Value 屬性值。

3. 在 cmdOK_Click 事件程序中，計算出本利和在 lblTotal 中顯示。其中利率要用 scbRate 的 Value 屬性值除以 10000。

本利和 = 本金 x (1 + 年利率 x 期數)

Step 3 編寫程式碼

**FileName: OptionButton.xlsm** (工作表 1 程式碼)

```
01 Private Sub cmdShow_Click()
02      frmRate.Show
03 End Sub
```

**FileName: OptionButton.xlsm** (frmRate 程式碼)

```
01 Private Sub UserForm_Initialize()
02      With scbMoney      '本金
03          .Min = 10000:          .Max = 1000000          ' 最小值 1 萬、最大值 100 萬
04          .SmallChange = 10000:      .LargeChange = 100000      ' 微動 1 萬、快動 10 萬
05          .Value = 100000 '預設 10 萬元
06      End With
07      With scbRate      '年利率
08          .Min = 1: .Max = 1000
09          .SmallChange = 1: .LargeChange = 10
10          .Value = 100
11      End With
12      With spnYears      '期數
13          .Min = 1: .Max = 20
14          .SmallChange = 1: .Value = 3
15      End With
16      lblTotal.Caption = "按 計算 鈕計算出本利和"
17 End Sub
18
19 Private Sub scbMoney_Change()
20      lblMoney.Caption = Format(scbMoney.Value, "#,##0") & "元"
21 End Sub
22
23 Private Sub scbRate_Change()
24      lblRate.Caption = Format(scbRate.Value / 100, "0.00") & "%"
25 End Sub
26
```

| 27 Private Sub spnYears_Change() |
| 28      lblYears.Caption = spnYears.Value & "年" |
| 29 End Sub |
| 30 |
| 31 Private Sub cmdOK_Click() |
| 32      Dim money As Currency, rate As Currency |
| 33      Dim years As Integer |
| 34      money = scbMoney.Value    '本金 |
| 35      rate = scbRate.Value / 10000     '年利率 |
| 36      years = spnYears.Value    '期數 |
| 37      lblTotal.Caption = "本利和= " & Format(money * (1 + rate * years), "#,##0") & "元" |
| 38 End Sub |
| 39 |
| 40 Private Sub cmdUnload_Click() |
| 41      Unload Me |
| 42 End Sub |

▶ **隨堂練習**

將實作的 計算 鈕刪除，改成只要按鈕或拖曳捲動鈕就馬上顯示本利和。

拖曳時本利和同步改變

# 12.2 Image 圖像控制項

使用 Image 圖像控制項可以顯示圖片，允許載入的圖檔格式有：bmp、jpg、gif、wmf ...等。

## 12.2.1 圖像控制項的常用屬性

1. **Picture 屬性**：使用 Picture 屬性可以設定圖像控制項的圖檔來源，在設計階段按屬性值的 ... 鈕載入圖檔；執行階段可以用 LoadPicture 函數載入。例如：在 imgTest 圖像控制項載入和目前作用活頁簿同路徑的 test.jpg 圖檔：

```
imgTest.Picture = LoadPicture(ThisWorkbook.Path & "\test.jpg")    '載入圖檔
```

若要移除 imgTest 圖像控制項的圖檔，寫法為：

```
imgTest.Picture = Nothing        '移除載入的圖檔
```

2. **PictureAligment 屬性**：PictureAligment 屬性可以設定和取得圖像控制項內圖片的位置，屬性值：① 0 (預設值：左上角)、②1 (右上角)、③2(置中)、④3 (左下角)、⑤ (右下角)。

3. **AutoSize 屬性**：AutoSize 屬性可以設定控制項是否自動調整成和圖片相同大小，屬性值：① False (不調整，預設值)、② True (自動調整)。

4. **PictureSizeMode 屬性**：PictureSizeMode 屬性可以設定圖片的大小，屬性值：①0 (不變，預設值)、②1 (和控制項相同大小)、③3 (等比例放大)。

## 12.2.2 圖像控制項的常用事件

1. **Click 事件**：在圖像控制項上按一下就會觸動 Click 事件，是圖像控制項的預設事件。

2. **MouseDown/MouseUp 事件**：在控制項上按滑鼠按鍵就會觸動 MouseDown 事件，放開按鍵時會觸動 MouseUp 事件，然後會再觸動 Click 事件。
   例如：在 imgTest 圖像控制項的 MouseDown 事件程序將 imgTest 圖像控制項向右下角移動五點，在 MouseUp 事件程序中移回原位置，達到圖片隨按滑鼠鍵沉下和浮上的效果，寫法為：

```
Private Sub imgTest_MouseDown(ByVal Button As Integer, ByVal Shift As Integer, _
                    ByVal X As Single, ByVal Y As Single)
    imgTest.Top = imgTest.Top + 5 : imgTest.Left = imgTest.Left + 5
End Sub

Private Sub imgTest_MouseUp(ByVal Button As Integer, ByVal Shift As Integer, _
                    ByVal X As Single, ByVal Y As Single)
    imgTest.Top = imgTest.Top - 5 : imgTest.Left = imgTest.Left - 5
End Sub
```

① 由事件程序內的 Button 參數可以得知按下哪個滑鼠鍵，常用的參數值：1 (左鍵)、2 (右鍵)、4 (中鍵)。

② 由事件程序內的 Shift 參數可以得知是否與  合併使用。 而由 X、Y 參數可以得知滑鼠游標的座標位置。

3. **MouseMove 事件**：在圖像控制項內移動滑鼠游標就會觸動 MouseMove 事件，可以在程序內編寫移動游標的相關程式碼，例如：移動圖像控制項位置。

**實作** FileName：Image.xlsm

設計一個秀圖程式，按微調按鈕可以切換 春.jpg ~冬.jpg 四張圖檔，並同時顯示目前是第幾張圖。(圖檔在本書 ch12 範例資料夾當中)

▶ **輸出要求**

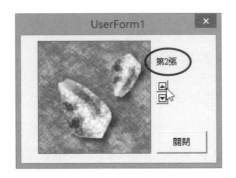

▶ **解題技巧**

Step ① 建立輸出入介面

1. 新增活頁簿並以「Image」為新活頁簿名稱。

2. 在工作表 1 中建立一個 ActiveX 命令按鈕控制項，並命名為 cmdShow。

3. 新增一個自訂表單，在表單上分別建立圖像、標籤、微調按鈕和命令按鈕控制項。

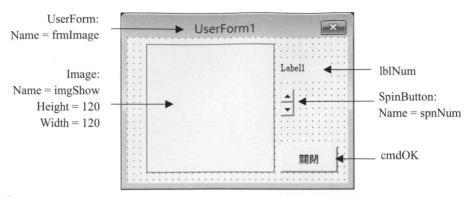

UserForm:
Name = frmImage

Image:
Name = imgShow
Height = 120
Width = 120

lblNum

SpinButton:
Name = spnNum

cmdOK

**Step 2** 問題分析

1. 在表單的 Initialize 事件中，可以設定各種物件的初值。

   ① 設圖像控制項的 PictureSizeMode 屬性值為 1，使圖片和控制項相同大小。

   ② 因為有四張圖檔所以分別設微調按鈕的最小、最大值為 1 和 4。

   ③ 當預設微調按鈕的 Value = 1，此時會觸動 Change 事件。

2. 在 spnNum 的 Change 事件中，根據 Value 屬性值來指定圖檔檔名，然後用 LoadPicture 函數來載入圖檔。

**Step 3** 編寫程式碼

| FileName: Image.xlsm　(工作表 1 程式碼) |
|---|
| **01 Private Sub cmdShow_Click()** |
| 02　　　frmImage.Show |
| 03 End Sub |

| FileName: Image.xlsm　(frmImage 程式碼) |
|---|
| **01 Private Sub UserForm_Initialize()** |
| 02　　　imgShow.PictureSizeMode = 1　　'圖片和控制項同大小 |
| 03　　　spnNum.Min = 1　　'設微調按鈕的最小值 |
| 04　　　spnNum.Max = 4　　'設微調按鈕的最大值 |
| 05　　　spnNum.Value = 1　　'設微調按鈕的值 |
| 06 End Sub |
| 07 |
| **08 Private Sub spnNum_Change()** |
| 09　　　Dim pic As String　　'記錄圖檔檔名 |
| 10　　　Select Case spnNum.Value　　'根據微調按鈕的值 |
| 11　　　　　Case 1 |
| 12　　　　　　pic = "春.jpg"　　'指定圖檔檔名 |
| 13　　　　　Case 2 |

| 14 | pic = "夏.jpg" |
|----|----|
| 15 | Case 3 |
| 16 | pic = "秋.jpg" |
| 17 | Case 4 |
| 18 | pic = "冬.jpg" |
| 19 | End Select |
| 20 | imgShow.Picture = LoadPicture(ThisWorkbook.Path & "\" & pic)　'載入圖檔 |
| 21 | lblNum.Caption = "第" & spnNum.Value & "張" |
| 22 | End Sub |
| 23 | |
| **24** | **Private Sub cmdUnload_Click()** |
| 25 | Unload Me |
| 26 | End Sub |

▶ **隨堂練習**

延續上面實作在表單上增加水平和垂直捲軸
控制項,用來改變圖像控制項的大小。

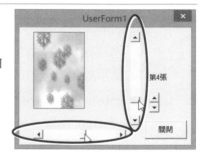

# 12.3 多重頁面與索引標籤區域控制項

## 12.3.1 MultiPage 多重頁面控制項常用成員

MultiPage 多重頁面控制項是一種容
器控制項,其中可以容納多個工具頁
(Page),每個工具頁可以再容納其他控制
項。多重頁面控制項建立時,系統預設會
在其中建立 Page1 和 Page2 兩個工具頁。在
工具頁的標籤上按滑鼠右鍵,出現右圖的
快顯功能表,用來新增、刪除、重新命名
和移動工具頁。

1. **Multiline 屬性**：Multiline 屬性可以設定工具頁標籤是否採多行顯示，屬性值：
   ① False (單行，預設值)
   ② True (多行)

2. **Style 屬性**：Style 屬性可以設定工具頁標籤的樣式，屬性值：
   ① 0：標籤，預設值
   ② 1：按鈕
   ③ 2：沒有標籤。

3. **TabOrientation 屬性** TabOrientation 屬性可以設定工具頁標籤的位置，屬性值：
   ① 0 (上面，預設值)、②1 (下面)、③2 (左邊)、④3 (右邊)。

4. **SelectedItem 屬性**：SelectedItem 屬性可以取得目前作用的工具頁，例如：
   設定 mtpTest 多重頁面控制項的目前工具頁的標籤文字為「作用中」，寫法：

   ```
   mtpTest.SelectedItem.Caption = "作用中"
   ```

5. **Value 屬性**：Value 屬性可以設定和取得目前作用工具頁的索引值，索引值為
   0 表第一個工具頁。例如：選取 mtpTest 多重頁面控制項的第一個工具頁，寫法：

   ```
   mtpTest.Value = 0
   ```

6. **Change 事件**：當使用者按工具頁標籤切換工具頁時就會觸動 Change 事件，
   該事件是多重頁面控制項的預設事件。例如：在 mtpTest 多重頁面控制項的
   Change 事件中，顯示對應的提示訊息，寫法：

   ```
   Private Sub mtpTest_Change()
       Select Case mtpTest.Value
           Case 0
               MsgBox "第一個工具頁"
           Case 1
               MsgBox "第二個工具頁"
       End Select
   End Sub
   ```

7. **Click 事件**：當使用者在工具頁沒有物件處按一下時就會觸動 Click 事件，由事件程序的 Index 參數就可以得知是哪個工具頁被選取。索引值由 0 開始例如：在 mtpTest 多重頁面控制項的 Click 事件中，顯示工具頁的索引值，寫法：

```
Private Sub mtpTest_Click(ByVal Index As Long)
    MsgBox "工具頁的索引值為：" & Index
End Sub
```

## 12.3.2 Pages 工具頁物件常用成員

Pages 物件是多重頁面控制項內工具頁的集合，其索引值由 0 開始，例如 Pages(0) 表第一個工具頁。我們可以利用 Pages 的屬性和方法來設定工具頁。

1. **Caption 屬性**：Caption 屬性可以設定和取得工具頁的標題文字。

2. **Count 屬性**：Count 屬性可以取得多重頁面控制項內工具頁的總數量，例如：取得 mtpTest 多重頁面控制項內工具頁的總數量，寫法：

```
num = mtpTest.Pages.Count
```

3. **Item 屬性**：Item 屬性是工具頁的集合，其索引值由 0 開始。例如：設定 mtpTest 多重頁面控制項內第一個工具頁的標題文字為「第一」，寫法為：

```
mtpTest.Pages.Item(0).Caption = "第一"   或   mtpTest.Pages (0).Caption = "第一"
```

4. **Add 方法**：使用 Add 方法可以新增一個工具頁。例如：在 mtpTest 多重頁面控制項內新增一個工具頁，寫法：

```
mtpTest.Pages.Add
```

5. **Remove 方法**：使用 Remove 方法可以刪除指定索引值的工具頁。例如：在 mtpTest 多重頁面控制項內刪除最後一個工具頁，寫法：

```
mtpTest.Pages.Remove(mtpTest.Pages.Count - 1)
```

6. **Clear 方法**：使用 Clear 方法可以刪除多重頁面控制項內的所有工具頁。

```
mtpTest.Pages.Clear
```

### 12.3.3 TabStrip 索引標籤區域控制項常用成員

TabStrip 索引標籤區域控制項建立時，系統會預設在其中建立「索引標籤 1」和「索引標籤 2」兩個索引標籤。索引標籤區域和多重頁面控制項非常類似，但是所有的索引標籤只共用一個顯示區域。

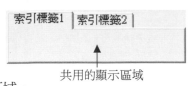

共用的顯示區域

索引標籤區域控制項的成員和多重頁面控制項大致相同，就不再重複說明。只是索引標籤區域控制項沒有 Pages 物件，所有的索引標籤會在 Tabs 集合中。例如：在 tabTest 索引標籤區域控制項新增一個標籤，並設定新增標籤的標題為「新增」：

```
tabTest.Tabs.Add
tabTest.Tabs(tabTest.Tabs.Count - 1).Caption = "新增"
```

例如：在 tabTest 索引標籤區域控制項的 Change 事件中，編寫 lblMsg 會顯示不同的文字內容的程式碼：

```
Private Sub tabTest_Change()
    Select Case tabTest.Value      '根據選取索引標籤的索引值
        Case 0
            lblMsg.Caption = "公司簡介"
        Case 1
            lblMsg.Caption = "產品說明"
    End Select
End Sub
```

實作 FileName：MultiPage.xlsm

製作一個在表單上有「主餐」、「附餐」、「飲料」三個工具頁的多重頁面控制項，工具頁中可以選擇餐點項目(預設選第一項)。輸入數量(預設為 1)後，按下 ￼ 確定 ￼ 鈕會顯示點餐項目、數量和總價。

▶ **輸出要求**

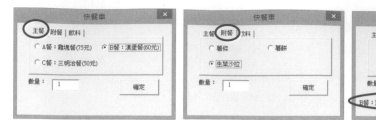
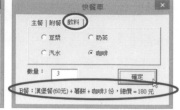

主餐工具頁　　　　　　　　　附餐工具頁　　　　　　　　飲料工具頁

▶ **解題技巧**

Step 1 　建立輸出入介面

1. 新增活頁簿並以「MultiPage」為新活頁簿名稱。

2. 在工作表 1 中建立一個 ActiveX 命令按鈕控制項,並命名為 cmdShow。

3. 新增一個自訂表單,在其中建立一個 mtpMenu 多重頁面,其中建立三個工具頁,各工具頁內分別建立選項按鈕。在表單上建立標籤、文字方塊和命令按鈕控制項。

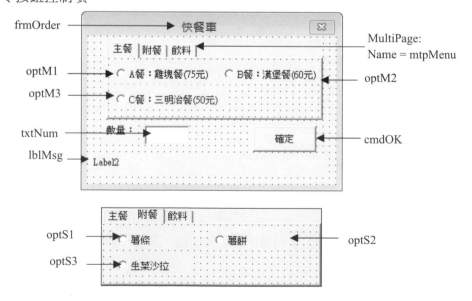

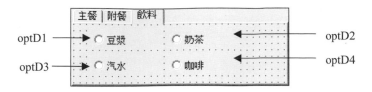

optD1 豆漿　　　奶茶 optD2

optD3 汽水　　　咖啡 optD4

**Step 2** 問題分析

1. 在表單的 Initialize 事件中，可以設定各種物件的初值，特別是指定一組選項按鈕其中一個按鈕的 Value = True，以避免未選取時造成程式判斷錯誤。

2. 在 cmdOK 的 Click 事件中，根據各組選項按鈕的選取情形，設定訊息字串和計算總價。

**Step 3** 編寫程式碼

| FileName: MultiPage.xlsm　(工作表 1 程式碼) |
|---|

```
01 Private Sub cmdShow_Click()
02     frmOrder.Show
03 End Sub
```

| FileName: MultiPage.xlsm　　(frmOrder 程式碼) |
|---|

```
01 Private Sub UserForm_Initialize()
02     optM1.Value = True: optS1.Value = True: optD1.Value = True    '預設選取第一項
03     txtNum.Text = "1": lblMsg.Caption = ""         '預設數量為 1，訊息為空白
04 End Sub
05
06 Private Sub cmdOK_Click()
07     Dim price As Integer, total As Integer         'price 為單價、total 為總價
08     Dim num As Integer, msg As String              'num 為份數、msg 為結帳訊息字串
09     If optM1.Value = True Then    '若選第一項
10         price = 75    '設單價為 75
11         msg = optM1.Caption '設訊息為選項鈕的文字
12     ElseIf optM2.Value = True Then    '若選第二項
13         price = 60: msg = optM2.Caption
14     Else          '其他
15         price = 50: msg = optM3.Caption
16     End If
17     If optS1.Value = True Then
18         msg = msg & " + " & optS1.Caption          '設訊息為原訊息+選項鈕的文字
19     ElseIf optS2.Value = True Then
20         msg = msg & " + " & optS2.Caption
```

| | |
|---|---|
| 21 | Else |
| 22 | msg = msg & " + " & optS3.Caption |
| 23 | End If |
| 24 | If optD1.Value = True Then |
| 25 | msg = msg & " + " & optD1.Caption |
| 26 | ElseIf optD2.Value = True Then |
| 27 | msg = msg & " + " & optD2.Caption |
| 28 | ElseIf optD3.Value = True Then |
| 29 | msg = msg & " + " & optD3.Caption |
| 30 | Else |
| 31 | msg = msg & " + " & optD4.Caption |
| 32 | End If |
| 33 | num = Val(txtNum.Text)　　　'取得份數 |
| 34 | total = price * num　　　'計算總價 |
| 35 | lblMsg.Caption = msg & num & " 份，總價 = " & total & " 元" |
| 36 End Sub | |

▶ **隨堂練習**

使用索引標籤區域控制項設
計一個秀圖程式，按四個索引
標籤切換春.jpg~冬.jpg 四張
圖檔。(圖檔在本書 ch12 範例
資料夾當中)

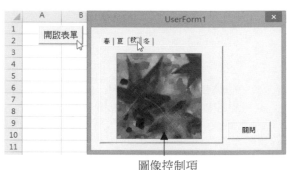

圖像控制項
寬、高=120

# 12.4 ListBox 清單方塊控制項

使用 ListBox 清單方塊控制項允許使用者可以由清單中選取項目，下面介紹清
單方塊控制項的常用成員：

## 12.4.1 清單方塊控制項常用屬性

1. **RowSource 屬性**：使用 RowSource 屬性可以指定工作表的儲存格範圍，成
   為清單方塊控制項的清單項目來源。例如：指定工作表 1 的 A1:A5 範圍內的資
   料，當做 lstBook 清單方塊控制項內的清單項目，寫法為：

```
lstBook.RowSource = "工作表 1!A1:A5"     ' 也可以使用範圍的 Name 名稱
```

使用 RowSource 屬性指定清單項目來源時，不能用 AddItem 方法新增項目，也不能單獨刪除一個項目，如果要全部移除清單項目，寫法為：

```
lstBook.RowSource = ""
```

2. **List 屬性**：List 屬性是清單方塊控制項內所有清單項目的集合，索引值由 0 開始。例如 List(0)可取得第一個項目的內容。使用 List 屬性指定清單項目來源時，就可以新增或刪除項目。例如：指定 Array 資料為 lstBook 清單方塊的清單項目：

```
lstBook.List = Array("小太陽", "天龍八部", "簡愛", "目送")
```

例如：指定工作表 1 的 A1:A5 範圍內的資料，為 lstBook 清單方塊控制項的清單項目，寫法為：

```
lstBook.List = 工作表 1.Range("A1:A5").Value
```

3. **ListStyle 屬性**：ListStyle 屬性可以設定清單方塊控制項的項目前面是否有選項鈕，屬性值：① 0 (沒有，預設值)、② 1 (有 ◉ ▉鼠▉ )。

4. **ListCount 屬性**：ListCount 屬性可以在執行階段取得清單項目的數量。

5. **ListIndex 屬性**：ListIndex 屬性可以在執行階段取得選取項目的索引值，如果屬性值為 0 表選擇第一個項目，若為 -1 表沒有選擇項目。例如：取消 lstBook 清單項目的選取，寫法為：

```
lstBook.ListIndex = -1
```

6. **Text/Value 屬性**：使用 Text 或 Value 屬性可以在執行階段取得選取項目的文字內容。

7. **MultiSelect 屬性**：MultiSelect 屬性可以設定多選的狀態，屬性值：① 0 (單選，預設值)、② 1 (多選)、③ 2 (可配合<Ctrl>、<Shift>鍵多選)。

8. **Selected 屬性**：Selected 屬性是被選取清單項目的集合，可以在執行階段得知項目是否被選取，屬性值: ① False(未選取)、②True(選取)。

例如：逐一顯示 lstBook 所有被選取的項目。

```
For i = 0 To lstBook.ListCount - 1 '用 ListCount 屬性取得項目的數量，但索引值要減 1
    If lstBook.Selected(i) = True Then
        MsgBox lstBook.List(i)
    End If
Next
```

9. **Locked 屬性**：Locked 屬性可以設清單項目是否能新增、刪除或被選取，屬性值：① False(不能，預設值)、② True(可以)。

## 12.4.2 清單方塊控制項常用方法和事件

1. **AddItem 方法**：使用 AddItem 方法可以將清單項目加入清單中。例如：將 "小太陽" 加入 lstBook 清單方塊控制項的清單內，寫法為：

```
lstBook.AddItem "小太陽"
```

AddItem 方法會將項目加到清單的最後一列，如果指定索引值就可以將項目插入清單中指定位置，其後的項目會下移一位。例如：將 "天龍八部" 加入 lstBook 清單方塊控制項的清單第一列，寫法為：

```
lstBook.AddItem "天龍八部", 0
```

2. **RemoveItem 方法**：使用 RemoveItem 方法可以將清單方塊控制項內指定的清單項目移除，但是使用 RowSource 屬性指定清單來源，不能使用 RemoveItem 方法刪除項目。例如：將 lstBook 清單方塊控制項內的第二個清單項目刪除，寫法為：

```
lstBook.RemoveItem 1        ' 第一個項目由 0 開始
```

3. **Clear 方法**：使用 Clear 方法可以將清單方塊控制項內的所有清單項目清除。

4. **Change 事件**：當使用者選擇不同的清單項目時，就會觸動清單方塊控制項的 Change 事件。例如：在 lstBook 清單方塊控制項的 Change 事件中，指定選項給 A1 儲存格：

```
Private Sub lstBook_Change()
     Range("A1").Value = lstBook.Text
End Sub
```

## 12.4.3 清單方塊控制項多欄設定常用成員

1. **RowSource 屬性**：可以將 RowSource 屬性指定工作表多欄的儲存格範圍，例如：指定工作表 1 的 A1:D5 儲存格範圍內的資料，當做 lstBook 清單方塊控制項的清單項目：

```
lstBook.RowSource = "工作表 1!A1:D5"
```

2. **ColumnCount 屬性**：可以設定清單方塊控制項內顯示欄位的數量。

3. **ColumnHeads 屬性**：可以設定清單方塊控制項內是否顯示欄的標題，屬性值：① False(沒有，預設值)、② True(有)。

4. **ColumnWidths 屬性**：可以設定各欄位的寬度，例如：設定 lstBook 清單方塊控制項的第一欄的寬度為 50pt、第二欄的寬度為 40pt、第三欄的寬度為 80pt：

```
lstBook.ColumnWidths = "50; 40; 80"    '也可以用公分"2cm; 1cm; 3cm"
```

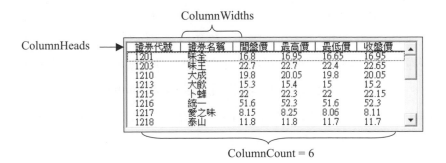

5. **List 屬性**：List 屬性是清單方塊控制項內所有項目的集合，在多欄清單時以 List(列, 欄)表示，例如：List(0, 2)可以取得第一列、第三欄項目的內容。例如：將 books 陣列值指定給 lstBook 清單方塊控制項，寫法為：

```
Dim books(0, 3) As Variant
   ...
lstBook.List = books
```

例如：指定工作表 1 的 A1:D5 範圍內的資料，當做 lstBook 清單方塊控制項的清單項目：

```
Dim ary As Variant
ary = 工作表 1.Range("A1:D5").Value
lstBook.List = ary
```

6. **Column 屬性**：Column 屬性也是清單方塊控制項內所有項目的集合，在多欄清單時以 Column (欄, 列)表示，例如：Column (2, 3)可以取得第三欄、第四列項目的內容。例如：指定工作表 1 的 A1:D5 範圍內的資料，為 lstBook 清單方塊控制項的清單項目。

```
Dim ary As Variant
ary = 工作表 1.Range("A1:D5").Value
ary = WorksheetFunction.Transpose(ary)        '使用 Excel 的 Transpose 函數轉向
lstBook.Column = ary
```

7. **TextColumn/BoundColumn 屬性**：TextColumn 和 BoundColumn 屬性可以指定選取清單項目的傳回欄位，要注意若用 TextColumn 屬性要用 Text 屬性取得選取值；BoundColumn 屬性則要用 Value 屬性。雖然清單可以設為多欄，但是清單方塊控制項許多屬性預設第一欄為主，例如：使用者選取項目後 Text 屬性會傳回第一欄的項目文字，如果要改為第二欄則可以設 TextColumn 屬性值為 2。

8. **Selected 屬性**：Selected 屬性是選取項目的集合，可以在執行階段得知項目是否被選取，屬性值有 False(未選取)、True(選取)。例如：逐一顯示 lstBook 被選取的項目：

```
For r = 0 To lstBook.ListCount - 1
    If lstBook.Selected(r) = True Then
        For c = 1 To lstBook.ColumnCount
            MsgBox lstBook.List(r, c - 1)
        Next
    End If
Next
```

9. **AddItem** 方法：多欄的清單先使用 AddItem 方法將清單項目加入清單，然後再在 List 中指定同一列其他欄位的資料。例如：將 "小太陽"、"子敏"、"2" 等資料，加入 lstBook 清單方塊控制項清單的第一列中，寫法為：

```
lstBook.AddItem "小太陽"
lstBook.List(0, 1) = "子敏"
lstBook.List(0, 2) = "2"
```

**實作** FileName：ListBox.xlsm

開啟表單時清單會讀入「資料」工作表內的股票資料，使用者在右下圖的清單中選取項目後，按下 加入 鈕會將所選的清單項目寫入左方的工作表。

▶ **輸出要求**

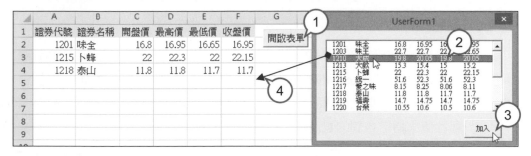

▶ **解題技巧**

Step 1 建立輸出入介面

1. 新增活頁簿並以「ListBox」為新活頁簿名稱。

2. 在工作表 1 中建立下面表格,和命令按鈕控制項並命名為 cmdShow。

| | A | B | C | D | E | F | G | H |
|---|---|---|---|---|---|---|---|---|
| 1 | 證券代號 | 證券名稱 | 開盤價 | 最高價 | 最低價 | 收盤價 | 開啟表單 | |
| 2 | | | | | | | | |

3. 新增一個工作表並命名為「資料」,將不含標題的股票資料複製到其中。(股票資料在範例 ListBox 資料.xlsx 中)。

| | A | B | C | D | E | F | G |
|---|---|---|---|---|---|---|---|
| 1 | 1201 | 味全 | 16.8 | 16.95 | 16.65 | 16.95 | |
| 2 | 1203 | 味王 | 22.7 | 22.7 | 22.4 | 22.65 | |
| 3 | 1210 | 大成 | 19.8 | 20.05 | 19.8 | 20.05 | |
| 4 | 1213 | 大飲 | 15.3 | 15.4 | 15 | 15.2 | |
| 5 | 1215 | 卜蜂 | 22 | 22.3 | 22 | 22.15 | |

工作表1　資料 ⊕

4. 新增一個自訂表單,在表單上建立清單方塊和命令按鈕控制項。

UserForm:
Name = frmAddData

ListBox:
Name = lstData
Height = 96
Width = 230

cmdAdd

Step 2 問題分析

1. 在表單的 Initialize 事件中,設定清單方塊的初值。設 List 屬性值為資料工作表的 UsedRange.Value,來加入清單項目。設 ColumnCount 屬性值為 UsedRange 的欄數(六欄),來指定清單項目顯示的欄數。設 ColumnWidths 屬性值來指定各欄的寬度。

2. 在 cmdAdd 命令按鈕的 Click 事件中,使用 For 迴圈將清單 List 屬性中的資料,逐一寫到最後一行的下一行儲存格中。

Step ③　編寫程式碼

| FileName: ListBox.xlsm　　(工作表 1 程式碼) |
| --- |
| **01 Private Sub cmdShow_Click()** |
| 02　　frmAddData.Show |
| 03 End Sub |

| FileName: ListBox.xlsm　　(frmAddData 程式碼) |
| --- |
| **01 Private Sub UserForm_Initialize()** |
| 02　　Dim ws As Worksheet |
| 03　　Set ws = Sheets("資料") |
| 04　　With lstData |
| 05　　　　.List = ws.UsedRange.Value　　'加入清單項目 |
| 06　　　　.ColumnCount = ws.UsedRange.Columns.Count　　　'6 欄 |
| 07　　　　.ColumnWidths = "30,50,30,30,30,30"　　'設定欄寬 |
| 08　　End With |
| 09 End Sub |
| 10 |
| **11 Private Sub cmdAdd_Click()** |
| 12　　Dim ws As Worksheet |
| 13　　Set ws = Sheets(1) |
| 14　　Dim last As Integer |
| 15　　last = ws.UsedRange.Rows.Count + 1　　　'寫入的列數 |
| 16　　Dim sel As Integer |
| 17　　sel = lstData.ListIndex '選擇項目的索引值 |
| 18　　For c = 1 To lstData.ColumnCount　　　'逐格寫入資料 |
| 19　　　　ws.Cells(last, c).Value = lstData.List(sel, c - 1) |
| 20　　Next |
| 21 End Sub |

▶ **隨堂練習**

將上面實作修改成如右下圖可以多選清單項目，多選的項目會自動寫入左下圖工作表中。

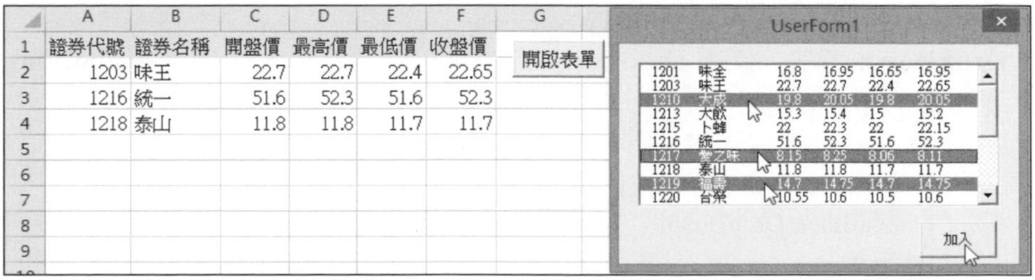

# 12.5 ComboBox 下拉式清單方塊控制項

　　ComboBox 下拉式清單方塊是 ListBox 清單方塊加上收放功能，就像是可以上下捲動的窗簾一樣。在 Excel 中 ComboBox 預設的中文名稱為「下拉式方塊」，因為和 ListBox 清單方塊功能類似，所以本書使用「下拉式清單方塊」。使用 ComboBox 下拉式清單方塊控制項，使用者可以使用 🔽 下拉鈕拉出清單，如此可以減少占用表單版面。下拉式清單方塊控制項只能選擇一個項目，所以沒有 MultiSelect 屬性，另外下拉式清單方塊使用者可以自行輸入項目。下拉式清單方塊其他的成員和清單方塊控制項大致相同，所以不再重複說明。

1. **ListRows 屬性**：使用 ListRows 屬性可以指定清單最多顯示項目的列數，超過時會出現捲軸，預設值為 8。

2. **MatchRequired 屬性**：因為下拉式方塊使用者可以自行輸入項目，如果希望限制只能由清單中選取，就要使用 MatchRequired 屬性，屬性值：① False(不需要相同，預設值)、② True(需要相同)。
   如果 MatchRequired 屬性值為 True，自行輸入項目會出現警告訊息。

3. **MatchFound 屬性**：MatchFound 屬性可以在執行階段得知選取項目是否存在清單中，屬性值：①True(存在)、②False(不存在)。

4. **Text/Value 屬性**：Text 和 Value 屬性為使用者選取項目的文字內容，因為下拉式方塊使用者可以自行輸入項目，Text 和 Value 屬性會等於輸入值。例如：若輸入值不在 cboBook 下拉式方塊的清單中，就將輸入值加入清單項目中：

   ```
   If cboBook.MatchFound = False Then cboBook.AddItem cboBook.Text
   ```

5. **DropDown 方法**：使用 DropDown 方法可以展開清單。例如：在 cboBook 下拉式方塊的 Enter 事件中，執行 DropDown 方法可以展開清單。

   ```
   Private Sub cboBook_Enter()
       cboBook.DropDown
   End Sub
   ```

**實作** FileName：ComboBox.xlsm

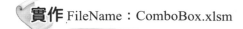

開啟表單時會讀入「資料」工作表內的品名資料，成為下拉式清單方塊的清單項目，使用者選取項目後會顯示對應的價格。輸入數量後按 輸入 鈕，會將所選的品名、價格、數量和總價，依序寫入「工作表1」工作表。

▶ **輸出要求**

| | A | B | C | D | E |
|---|---|---|---|---|---|
| 1 | 品名 | 價格 | 數量 | 總價 | 開啟表單 |
| 2 | 雙面泡棉膠帶12mm*5M | 19 | 1 | 19 | |
| 3 | 美工刀TZ-804 | 8 | 1 | 8 | |
| 4 | 大型釘書機240F | 290 | 1 | 290 | |
| 5 | | | | | |
| 6 | | | | | |

UserForm1
品名：高級剪刀DL65
價格：16
數量：1　　　輸入

▶ **解題技巧**

Step 1 建立輸出入介面

1. 新增活頁簿並以「ComboBox」為新活頁簿名稱。

2. 在工作表1中建立下面表格，和命令按鈕控制項並命名為 cmdShow。

| | A | B | C | D | E |
|---|---|---|---|---|---|
| 1 | 品名 | 價格 | 數量 | 總價 | 開啟表單 |
| 2 | | | | | |

3. 新增一個工作表並命名為「資料」，將貨品的資料複製到其中。(貨品資料在範例 ComboBox 資料.xlsx 中)。

| | A | B | C |
|---|---|---|---|
| 1 | 品名 | 價格 | |
| 2 | 雙面泡棉膠帶12mm*5M | 19 | |
| 3 | 雙面棉紙膠帶6mm*15Y | 24 | |

工作表1　資料　⊕

4. 在自訂表單中建立標籤、下拉式清單方塊、文字方塊和命令按鈕控制項。

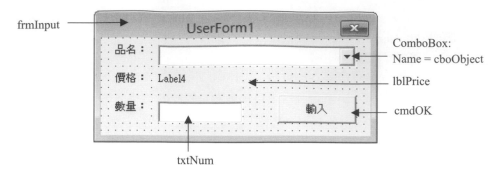

frmInput

ComboBox:
Name = cboObject

lblPrice

cmdOK

txtNum

Step **2** 問題分析

1. 在表單的 Initialize 事件中,設定下拉式清單方塊的初值。

① 因為清單項目不會增刪,所以設 RowSource 屬性值為資料工作表的 A2:A15 儲存格範圍,來加入清單項目。

② 設 ListIndex 屬性值為 0 預設選第一個項目,此時會觸動 cboObject 的 Change 事件。

2. 在 cboObject 下拉式清單方塊的 Change 事件中,使用 ListIndex 屬性值來得知選項的索引值,然後到「資料」工作表中讀取對應的價格。用 SetFocus 方法將停駐焦點移到 txtNum 等待輸入數量,並設預設值為 1。

3. 在 cmdOK 命令按鈕的 Click 事件中,如果使用者有輸入品名和數量時,就逐一將品名、價格、數量和總價寫入「工作表 1」工作表最後一行的下一行儲存格中。

Step **3** 編寫程式碼

| FileName: ComboBox.xlsm　(工作表 1 程式碼) |
|---|
| **01 Private Sub cmdShow_Click()** |
| 02　　frmInput.Show |
| 03 End Sub |

| FileName: ComboBox.xlsm　　(frmInput 程式碼) |  |
|---|---|
| **01 Private Sub UserForm_Initialize()** | |
| 02　　cboObject.RowSource = "資料!A2:A15" | '設定項目來源 |
| 03　　cboObject.ListIndex = 0 | '預設選第一個項目 |
| 04 End Sub | |
| 05 | |

| 06 **Private Sub cboObject_Change()** | |
|---|---|
| 07 | Dim r As Integer | '對應資料的列數 |
| 08 | r = cboObject.ListIndex + 2 | '選取項目的索引值+2 |
| 09 | lblPrice.Caption = Sheets("資料").Cells(r, 2)　　'顯示價格 |
| 10 | txtNum.SetFocus | '數量文字方塊取得焦點 |
| 11 | txtNum.Text = "1" | '預設數量為 1 |
| 12 End Sub | |
| 13 | |
| 14 **Private Sub cmdOK_Click()** | |
| 15 | Dim num As Integer, price As Integer |
| 16 | num = Val(txtNum.Text) | '數量 |
| 17 | price = Val(lblPrice.Caption) | '價格 |
| 18 | If num > 0 And price > 0 Then | '若數量和價格>0 |
| 19 | Dim r As Integer | '寫入資料在第幾列 |
| 20 | With Sheets("工作表 1") |
| 21 | r = .UsedRange.Rows.Count | '使用範圍的列數 |
| 22 | .Cells(r + 1, 1) = cboObject.Text | '寫入品名 |
| 23 | .Cells(r + 1, 2) = price | '寫入價格 |
| 24 | .Cells(r + 1, 3) = num | '寫入數量 |
| 25 | .Cells(r + 1, 4) = price * num | '寫入總價 |
| 26 | End With |
| 27 | Else |
| 28 | MsgBox "請先選擇品名和輸入數量！" |
| 29 | End If |
| 30 End Sub | |

▶ **隨堂練習**

將上面實作修改成資料是寫入表單的清單方塊控制項中，而不是寫入工作表中。

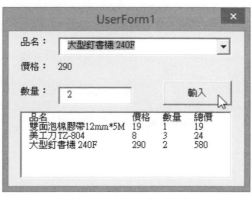

# 12.6 自訂表單的其他操作

## 12.6.1 新增非標準控制項

工具箱中提供多個標準的控制項工具，但是 Excel 還提供了許多控制項工具可以引用。要新增非標準控制項先在工具箱上按右鍵，執行【新增控制項】指令。在「新增控制項」對話方塊中點選控制項，按下 [ 確定 ] 鈕工具箱就會增加一個工具。

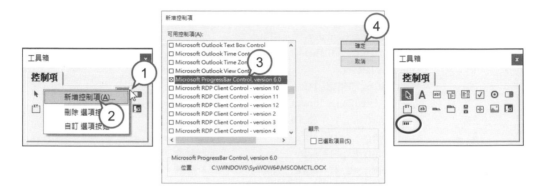

上面是點選「Microsoft ProgressBar Control 6.0」項目，會新增 ProgressBar 進度列控制項工具。例如 For 迴圈執行時，由進度列和標籤控制項中顯示進度：

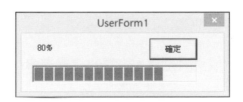

```
ProgressBar1.Min = 1          ' 設定進度列的最小值
ProgressBar1.Max = 1000       ' 設定進度列的最大值
For i = 1 To 1000
    ProgressBar1.Value = i    ' 設定進度列的值
    lblPer.Caption = Int(i / 10) & "%"
    DoEvents          ' 讓作業系統能處理其他事件
Next
```

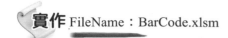

實作 FileName：BarCode.xlsm

設計一個條碼產生程式，使用者可以輸入地區碼(三個數字)和貨物編號(九個數字)，按 產生條碼 鈕就會產生指定的條碼。

▶ 輸出要求

▶ 解題技巧

Step 1 建立輸出入介面

1. 新增活頁簿並以「BarCode」為新活頁簿名稱。

2. 在工作表 1 中建立一個命令按鈕控制項並命名為 cmdShow。

3. 根據上面新增非標準控制項的步驟，新增 Mircrosoft BarCode Control 控制項工具。BarCode 控制項是 Access 的元件，所以要有 Access 的 Office 版本才能安裝。

4. 在自訂表單中建立標籤、文字方塊、命令按鈕和 BarCode 條碼控制項。

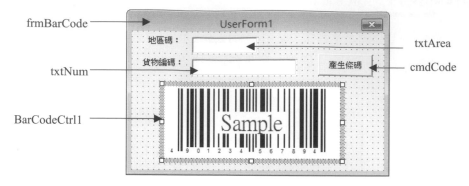

Step ② 問題分析

1. 在表單的 Initialize 事件中，設定文字方塊的最大字數和預設文字。

2. 在文字方塊的 KeyPress 事件中，限制只能輸入 0 ~ 9 的數字。在 Exit 事件中，檢查字數如果不符合就顯示提示訊息。

3. 在 cmdCode 命令按鈕的 Click 事件中，將 BarCodeCtrl1 的 Value 屬性值指定為兩個文字方塊的字串相加。

Step ③ 編寫程式碼

| FileName: BarCode.xlsm (工作表 1 程式碼) |
|---|
| **01 Private Sub cmdShow_Click()** |
| 02     frmBarCode.Show |
| 03 End Sub |

| FileName: ComboBox.xlsm (frmInput 程式碼) |
|---|
| **01 Private Sub UserForm_Initialize()** |
| 02     txtArea.MaxLength = 3 |
| 03     txtArea.Text = "471" |
| 04     txtNum.MaxLength = 9 |
| 05     txtNum.Text = "123456789" |
| 06 End Sub |
| 07 |
| **08 Private Sub txtArea_KeyPress(ByVal KeyAscii As MSForms.ReturnInteger)** |
| 09     If KeyAscii < 48 Or KeyAscii > 57 Then KeyAscii = 0 |
| 10 End Sub |
| 11 |

```
12 Private Sub txtArea_Exit(ByVal Cancel As MSForms.ReturnBoolean)
13     If Len(txtArea.Text) <> 3 Then
14         MsgBox "地區碼必須為 3 碼！"
15         Cancel = True
16     End If
17 End Sub
18
19 Private Sub txtNum_KeyPress(ByVal KeyAscii As MSForms.ReturnInteger)
20     If KeyAscii < 48 Or KeyAscii > 57 Then KeyAscii = 0
21 End Sub
22
23 Private Sub txtNum_Exit(ByVal Cancel As MSForms.ReturnBoolean)
24     If Len(txtNum.Text) <> 9 Then
25         MsgBox "貨物編碼必須為 9 碼！"
26         Cancel = True
27     End If
28 End Sub
29
30 Private Sub cmdCode_Click()
31     BarCodeCtrl1.Value = txtArea.Text + txtNum.Text
32 End Sub
```

▶ 隨堂練習

將上面實作的地區碼文字方塊修改成下拉式清單方塊，項目有 471、489、690、450。

## 12.6.2 匯出和匯入表單

製作完成的自訂表單可以匯出,然後可以供其他 Excel 檔案匯入使用,甚至 Word 等 Office 應用程式都可以使用。在左下圖專案總管中的表單上按右鍵,執行快顯功能表的【匯出檔案】指令,就可以匯出以表單名稱為主檔名,附檔名分別為.frm 和.frx 的兩個檔案。

在右下圖專案總管中的活頁簿上按右鍵,執行快顯功能表的【匯入檔案】指令,在「匯入檔案」對話方塊中點選.frm 檔案(.frx 檔也要在同一個資料夾位置),就可以將表單甚至程式碼都一併匯入。

# 工作表與
# ActiveX 控制項

**學習目標**

- 在工作表中建立 ActiveX 控制項
- 設定 ActiveX 控制項格式、控制項屬性
- 標籤、命令按鈕和文字方塊控制項的應用
- 核取方塊、切換按鈕和選項按鈕控制項的應用
- 微調按鈕、捲軸和圖像控制項的應用
- 清單方塊和下拉式清單方塊控制項的應用
- 執行階段在工作表與自訂表單中新增 ActiveX 控制項物件

## 13.1 在工作表中建立 ActiveX 控制項

在前面章節中介紹如何在自訂表單中建立 ActiveX 控制項，其實 ActiveX 控制項也可以安置在 Excel 工作表中，而且可以使得工作表更加好操作。Excel 工作表本身已經具備強大的功能，如果再配合 ActiveX 控制項，以及能在事件程序內自行編寫的程式碼，將會是如虎添翼。另外，如果只是簡單的功能，可以直接在工作表中建立控制項，不用特別再建立自訂表單。

### 13.1.1 建立 ActiveX 控制項

在功能區上點選「開發人員」索引標籤頁，在其中點 插入 插入控制項圖示鈕會顯示表單控制項和 Active 控制項清單，在清單中選擇要建立的 ActiveX 控制項工具。

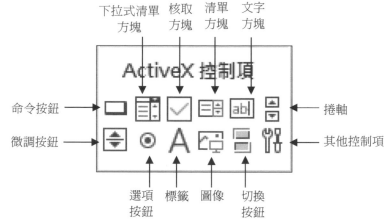

點選需要的 ActiveX 控制項工具後,在工作表中適當位置拖曳滑鼠,就會建立一個指定大小的控制項物件。ActiveX 控制項在工作表上建立後,會自動開啟設計模式 (圖示鈕呈凹陷)。如果要執行程式就再按一下設計模式圖示鈕即可。

## 13.1.2 設定 ActiveX 控制項格式

在設計模式下,在控制項物件上按右鍵,執行【控制項格式】指令後會開啟「控制項格式」視窗。在「控制項格式」視窗中有「大小」、「保護」、「摘要資訊」、「替代文字」等四個標籤頁,可以來設定控制項在工作表中的狀況。

1. 大小:在「大小」標籤頁中可以直接設定控制項的高度和寬度,或是使用比例來縮放。

2. **保護**：在「保護」標籤頁中可以勾選是否要保護資料，不被使用者修改。

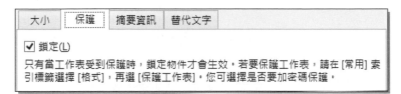

3. **摘要資訊**：在「摘要資訊」標籤頁中，可以選擇控制項和儲存格的關係。

① 如果選「大小位置隨儲存格而變」時儲存格若調整大小控制項會同時調整，若插入儲存格控制項會隨之移動。

② 如果選「大小固定，位置隨儲存格而變」時(預設值)儲存格若調整大小控制項大小不動，但若插入儲存格控制項會隨之移動。

③ 如果選「大小位置不隨儲存格改變」時控制項大小位置固定不動。

④ 若勾選「列印物件」(預設值)，列印工作表時控制項也會印出；若不勾選「列印物件」，則列印時控制項會隱藏。

### 13.1.3 設定 ActiveX 控制項屬性

在設計模式中 ![設計模式] 設計模式圖示鈕是呈凹陷，在控制項物件上按右鍵，由出現的快顯功能表中執行【內容】指令後會開啟屬性視窗，可以在屬性視窗中來設定控制項的各種屬性值。工作表中的 ActiveX 控制項的屬性和表單中的 ActiveX 控制項大致相同，所以相同的部分將不再贅述，只介紹差異處。下列介紹工作表中的 ActiveX 控制項的常用共通屬性：

1.  **Locked 屬性**：可以設定是否要保護控制項的資料不被使用者修改，屬性值有 True (保護，預設值)、False (可編輯)。Locked 屬性必須在設定保護工作表時，才會發揮其功能。

2.  **Placement 屬性**：可以設定控制項和儲存格之間的關係，屬性值有：
    ① 1 (控制項大小和位置會隨儲存格而變)。
    ② 2 (控制項大小固定但位置會隨儲存格而變，預設值)。
    ③ 3 (控制項大小和位置都不隨儲存格改變)。

3.  **PrintObject 屬性** 可以設定列印工作表時控制項是否被列印，屬性值：
    ① True(列印，預設值)、② False(隱藏)。

4.  **Visible 屬性**：可以取得或設定控制項是否可見，屬性值：
    ① True(可見，預設值)、② False(隱藏)。

5.  **Shadow 屬性**：可以取得或設定控制項是否加上陰影，屬性值：
    ① False (沒有，預設值)、② True (加陰影)。

6.  **Zorder 屬性**：在程式執行階段，可以取得控制項物件的層次順序。如果屬性值為 1，表該控制項在最底層。如果想將控制項移到最上層，可以使用 BringToFront 方法；使用 SendToBack 方法則可以將控制項移到最底層。

7.  **TopLeftCell / BottomRightCell 屬性**：在程式執行階段使用 TopLeftCell 和 BottomRightCell 屬性，分別可以取得控制項物件位置的左上和右下儲存格。例如：顯示 lblTest 標籤控制項的所在範圍：

    ```
    MsgBox lblTest.TopLeftCell.Address & ":" & lblTest.BottomRightCell.Address
    ```

### 13.1.4 表單控制項

在「開發人員」索引標籤頁，點選  插入控制項圖示鈕除了顯示 ActiveX 控制項外，在其上方還有表單控制項的工具圖示鈕。表單控制項是與舊版 Excel 5.0 以後版本相容的控制項，只能安置在工作表當中，不能用於自訂表單。如果只是要連結儲存格資料做簡單的互動，只要連結巨集不需要事件程序，此時可以使用表單控制項比較簡易好用。表單控制項可以連結到巨集程序，使用者只要按一下表單控制項，就會執行指定的巨集。因為 ActiveX 控制項的功能比表單控制項強大，支援各種事件程序，而且可以在表單和工作表中使用，所以本書只介紹 ActiveX 控制項。另外，如果一定要支援 Excel 95 以前的版本，那也必須使用下圖的表單控制項。

**便利貼**

ActiveX 和表單控制項的外觀類似，但只要在控制項物件上按右鍵，快顯功能表中有【指定巨集】指令，就是表單控制項；有【檢視程式碼】指令，則是 ActiveX 控制項。

## 13.2 工作表 ActiveX 控制項的應用(一)

### 13.2.1 Label 標籤控制項

Label 標籤控制項可以提供提示訊息或輸出結果，但是因為可以直接在儲存格上面顯示文字，所以通常無需在工作表再製作一個標籤控制項來顯示結果。

### 13.2.2 CommandButton 命令按鈕控制項

CommandButton 命令按鈕控制項在工作表中主要的用途是用來執行特定的功能，透過命令按鈕控制項的 Click 事件來執行指定的程式碼。命令按鈕是工作表中常用的控制項之一，其常用屬性已介紹過。

### 13.2.3 TextBox 文字方塊控制項

使用文字方塊 TextBox 控制項，可以在工作表上提供使用者輸入或修改文字資料，下面介紹文字方塊控制項的常用成員：

1. **LinkedCell 屬性**：LinkedCell 屬性可以設定控制項的值所連結的儲存格，這是工作表中控制項常用的屬性。例如：指定 TextBox 控制項的 LinkedCell 屬性值為 "A1"，當使用者輸入的資料時，會同步顯示在 A1 儲存格當中。

2. **Activate 方法**：因為工作表中的 ActiveX 控制項物件沒有 SetFocus 方法，所以要使用 Activate 方法讓控制項物件取得停駐焦點。

3. **GotFocus 事件**：當控制項得到駐停焦點時，會觸動控制項的 GotFocus 事件，相當於表單中控制項的 Enter 事件。例如：在 txtSex 文字方塊控制項的 GotFocus 事件中預設 Text 屬性值為"女"，寫法為：

```
Private Sub txtSex_GotFocus()
    txtSex.Text = "女"
End Sub
```

4. **LostFocus 事件**：控制項原擁有駐停焦點當焦點離開時，會觸動控制項的 LostFocus 事件，相當於表單中控制項的 Exit 事件。例如：txtAge 文字方塊控制項的輸入值應是 0～150，可以在 LostFocus 事件中檢查，寫法為：

```
Private Sub txtAge_LostFocus()
    If Val(txtAge.Text) < 0 Or Val(txtAge.Text) > 150 Then
        MsgBox "值必須介於 0～150"
        txtAge.Activate
    End If
End Sub
```

 便利貼

如果要編寫工作表 ActiveX 控制項的事件程序碼，只要在控制項物件按右鍵，執行快顯功能表中【檢視程式碼】指令，就會開啟工作表的程式碼視窗，系統並會先建立該控制項預設事件的空白程序。

**實作** FileName：TextBox.xlsm

設計一個猜數字遊戲，按下工作表的 開啟表單 鈕會產生一個 1~100 的亂數，使用者輸入數值後按下 關閉 鈕，會顯示是否猜對和大小的提示。如果使用者輸入超出 1~100 的數值時，會顯示提示訊息。

## ▶ 輸出要求

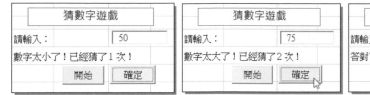

## ▶ 解題技巧

**Step 1** 建立輸出入介面

1. 新增活頁簿並以「TextBox」為新活頁簿名稱。

2. 在工作表 1 中建立 ActiveX 標籤、文字方塊和命令按鈕控制項，並在 A1 儲存格中輸入文字。

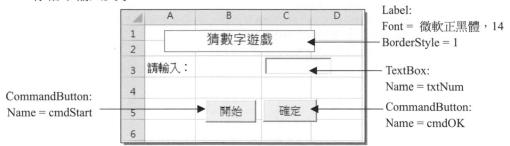

**Step 2** 問題分析

1. 在活頁簿的 Open 事件中設定各種初值。雖然也可以在工作表的 Activate 事件中設定初值，但只有在切換工作表時才會觸動 Activate 事件。

2. 宣告 ans 和 guess 為工作表整數成員變數，分別記錄答案和猜的次數，來供所有程序使用。

3. 在 cmdStart 命令按鈕的 Click 事件中,使用 Rnd 函數取得 1~100 的亂數存放在 ans 變數中。設定 guess 變數初值為 0 (即預設猜的次數為 0)。因為工作表中的 ActiveX 控制項物件沒有 SetFocus 方法,所以使用 Activate 方法讓 txtNum 取得停駐焦點。

4. 在 txtNum 文字方塊的 LostFocus 事件中,當使用者輸入完畢後檢查輸入值是否為 1 ~ 100 的數值。

5. 在 cmdOK 命令按鈕的 Click 事件中,將 guess 猜的次數加 1,並用 If 結構檢查使用者輸入的數值是否等於答案,然後在 A4 儲存格顯示提示訊息。

**Step 3** 編寫程式碼

| FileName: TextBox.xlsm (ThisWorkbook 程式碼) |
| --- |
| **01 Private Sub Workbook_Open()** |
| 02     Sheets(1).txtNum.Text = "" |
| 03     Sheets(1).Range("A4").Value = "按 開始 鈕遊戲開始!" |
| 04 End Sub |

| FileName: TextBox.xlsm (工作表 1 程式碼) |
| --- |
| 01 Dim ans As Integer, guess As Integer       '分別記錄答案和猜的次數 |
| 02 |
| **03 Private Sub cmdStart_Click()** |
| 04     ans = Fix((100 - 1 + 1) * Math.rnd()) + 1     '取 1~100 的亂數 |
| 05     guess = 0    '預設猜的次數為 0 |
| 06     Range("A4").Value = "請輸入 1 到 100 的數字" |
| 07     txtNum.Activate    'txtNum 取得焦點 |
| 08 End Sub |
| 09 |
| **10 Private Sub txtNum_LostFocus()** |
| 11     If Val(txtNum.Text) < 1 Or Val(txtNum.Text) > 100 Then |
| 12         MsgBox "值必須介於 1 ~ 100" |
| 13         txtNum.Activate |
| 14     End If |
| 15 End Sub |
| 16 |
| **17 Private Sub cmdOK_Click()** |
| 18     guess = guess + 1    '猜的次數加 1 |
| 19     Dim num As Integer |
| 20     num = Val(txtNum.Text)   '取得使用者猜的數值 |
| 21     If num = ans Then    '如果等於答案 |

| 22 |      Range("A4").Value = "答對了！共猜了 " & guess & " 次！" |
| --- | --- |
| 23 | ElseIf num < ans Then    '如果小於答案 |
| 24 |      Range("A4").Value = "數字太小了！已經猜了 " & guess & " 次！" |
| 25 | Else |
| 26 |      Range("A4").Value = "數字太大了！已經猜了 " & guess & " 次！" |
| 27 | End If |
| 28 | End Sub |

▶ **隨堂練習**

將上面實作增加如下的設定：

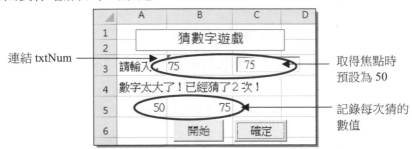

13.3 工作表 ActiveX 控制項的應用(二)
=====

### 13.3.1 CheckBox 核取方塊控制項

使用核取方塊 CheckBox 控制項可以在表單上提供選項讓使用者勾選。其常用成員介紹如下：

1. **LinkedCell 屬性**：LinkedCell 屬性可以設定控制項的值所連結的儲存格。

2. **Value 屬性**：使用 Value 屬性可以取得和設定核取方塊控制項的核取狀態，屬性值：① False(未核取，預設值)、②True(核取)。

3. **Click 事件**：當在核取方塊控制項上按一下就會觸動 Click 事件為預設事件，可根據 Value 屬性值來編寫相關程式碼。因為在核取方塊上按一下時 Value 屬性值也會改變，所以也可以寫在 Change 事件中。例如：在 chkOff 核取方塊控制項的 Click 事件程序中，根據勾選狀態來設定 A1 儲存格的值為 0.9 或 1，寫法為：

```
Private Sub chkOff_Click()
    If chkOff.Value = True Then
        Range("A1").Value = 0.9
    Else
        Range("A1").Value = 1
    End If
End Sub
```

## 13.3.2 ToggleButton 切換按鈕控制項

使用 ToggleButton 切換按鈕控制項，可以在表單上提供選項按鈕，讓使用者點按。在該鈕上按一下，若 Value 屬性原為 True，會變成 False；反之變成 True。

1. **Click 事件**：當在切換按鈕控制項上按一下會觸動 Click 事件，屬於預設事件。可以依程式需求，將 Value 屬性值改變須處理的相關程式碼寫在 Click 事件或 Change 事件中。例如：在 tgbSex 切換按鈕控制項的 Click 事件程序中，根據點按狀態來設定 A1 儲存格的值為 "女" 或 "男"，寫法為：

```
Private Sub tgbSex_Click()
    If tgbSex.Value = True Then
        Range("A1").Value = "女"
    Else
        Range("A1").Value = "男"
    End Sub
```

## 13.3.3 OptionButton 選項按鈕控制項

當有多個選項只能選擇其一的時候，就可以使用 OptionButton 選項按鈕控制項。選項按鈕的各個按鈕是彼此互斥的，也就是說一組選項按鈕中只允許一個選項按鈕被選取，如果同組另一個選項按鈕被選取時，其他的選項按鈕自動設為未選取。若選取多個選項按鈕後按右鍵，由快顯功能表中執行【群組/組成群組】指令，可以組成一個群組以方便編輯。

① 框住三個選項按鈕

② 由快顯功能表選取「組成群組」

③ 變成群組

1. **Value 屬性**：使用 Value 屬性可以取得和設定選項按鈕控制項的被選取或未選取的狀態。

2. **GroupName 屬性**：因為工作表 ActiveX 控制項預設沒有框架控制項，如果有多組選項按鈕的時候，可以用 GroupName 屬性來設定選項按鈕所屬的群組，就可以互相區隔。

3. **Click 事件**：是選項按鈕的預設事件，當在選項按鈕控制項上按一下，不管該按鈕是否被選取都會觸動 Click 事件。若在未被選取的按鈕按一下，該按鈕會變成選取，同組其他按鈕變成未被選取；若再已被選取的按鈕上按一下，該按鈕仍維持被選取。

4. **Change 事件**：當選項按鈕控制項的選取狀態有改變就會觸動 Change 事件。若在已被選取的選項按鈕按一下，由於 Value 屬性值未改變，是不會觸動此事件。

**實作** FileName：CheckBox.xlsm

> 設計一個牛排館的點餐程式，主餐三選一點選後名稱寫入 B3 儲存格，價格 (230、260、290 元) 在 C3 儲存格。附湯二選一點選後名稱寫入 B4 儲存格。附餐可多選有兩種勾選後價格 (20、30 元) 分別寫在 C5 ~ C6 儲存格。勾選黃金會員不用服務費，非會員服務費 10%。C8 儲存格會統計出點餐的合計總金額。

▶ **輸出要求**

▶ **解題技巧**

Step 1　建立輸出入介面

1. 新增活頁簿並以「CheckBox」為新活頁簿名稱。

2. 在工作表 1 中建立如下表格，並輸入如下的公式：

3. 在工作表 1 中建立如下選項按鈕和核取方塊控制項。

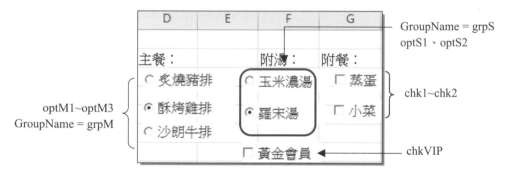

Step 2 問題分析

1. 在活頁簿的 Open 事件中設定各種初值。

2. 在選項按鈕和核取方塊控制項的 Click 事件中，指定對應儲存格的值以便 C7(服務費)、C8 合計總金額正確計算。

Step 3 編寫程式碼

| FileName: CheckBox.xlsm   (ThisWorkbook 程式碼) |
| --- |
| 01 Private Sub Workbook_Open() |
| 02    With Sheets(1) |
| 03        .optM1.Value = True: .optS1.Value = True        '預設選取第一個項目 |
| 04        .chk1.Value = True: .chk2.Value = True        '預設為勾選 |
| 05        .chkVIP.Value = True        '預設為勾選 |
| 06    End With |
| 07 End Sub |

**FileName: CheckBox.xlsm** （工作表 1 程式碼）

```
01 Private Sub optM1_Click()
02      Range("B3").Value = optM1.Caption     '設儲存格等於選項按鈕的標題
03      Range("C3").Value = 230 '設定價格為 230
04 End Sub
05

06 Private Sub optM2_Click()
07      Range("B3").Value = optM2.Caption
08      Range("C3").Value = 260
09 End Sub
10

11 Private Sub optM3_Click()
12      Range("B3").Value = optM3.Caption
13      Range("C3").Value = 290
14 End Sub
15

16 Private Sub optS1_Click()
17      Range("B4").Value = optS1.Caption
18 End Sub
19

20 Private Sub optS2_Click()
21      Range("B4").Value = optS2.Caption
22 End Sub
23

24 Private Sub chk1_Click()
25      If chk1.Value = True Then Range("C5").Value = 20 Else Range("C5").Value = 0
26 End Sub
27

28 Private Sub chk2_Click()
29      If chk2.Value = True Then Range("C6").Value = 30 Else Range("C6").Value = 0
30 End Sub
31

32 Private Sub chkVIP_Click()
33      If chkVIP.Value = True Then Range("B8").Value = 0 Else Range("B8").Value = 0.1
34 End Sub
```

▶ 隨堂練習

將上面實作的核取方塊全部改用切換按鈕控制項來設計。另外附湯的選項
按鈕也改成切換按鈕控制項，點按時顯示「玉米濃湯」；不點按時顯示「羅
宋湯」。

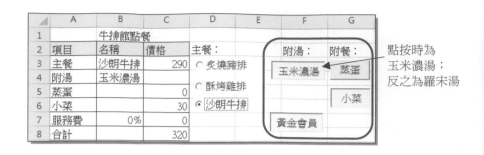

# 13.4 工作表 ActiveX 控制項的應用(三)

### 13.4.1 SpinButton 微調按鈕控制項

　　SpinButton 微調按鈕控制項可以按加減鈕輸入整數數值，以避免輸入超出範圍的數值。因為微調按鈕無法顯示數值，可以在 LinkedCell 屬性指定連結的儲存格，來顯示微調按鈕的 Value 屬性值。

1. **Value 屬性**：使用 Value 屬性可以取得和設定微調按鈕控制項的整數值。

2. **Max/Min 屬性**：使用 Max 和 Min 屬性分別可以取得和設定控制項最大和最小整數值，Max 和 Min 的預設屬性值分別為 100 和 0。

3. **SmallChange 屬性**：使用 SmallChange 屬性可以取得和設定按 ◀▶ 鈕每次增減的整數值，預設值為 1。

4. **Change 事件**：為微調按鈕控制項的預設事件。當微調按鈕控制項的 Value 屬性改變時，就會觸動此事件。

### 13.4.2 ScrollBar 捲軸控制項

　　使用捲軸 ScrollBar 控制項可以用按鈕或拖曳捲動鈕來輸入整數數值，以避免輸入超出範圍的數值。其常用成員如下：

1. **Value 屬性**：使用 Value 屬性可以取得和設定捲軸控制項的整數值。

2. **Max/Min 屬性**：使用 Max 和 Min 屬性分別可以取得和設定控制項最大和最小整數值，Max 和 Min 的預設屬性值分別為 32767 和 0。

3. **SmallChange/LargeChange 屬性**：使用 SmallChange 屬性可以取得和設定按微動鈕每次增減的整數值，LargeChange 屬性則是按快動區每次增減的整數值，兩者預設值都為 1。

4. **Change/Scroll 事件**：按微動鈕、快動區或拖曳捲動鈕改變捲軸的 Value 屬性時，會觸動 Change 事件(預設事件)。若希望拖曳捲動鈕時同步顯示 Value 屬性值就可以使用 Scroll 事件。

### 13.4.3 Image 圖像控制項

使用 Image 圖像控制項可以用來顯示圖片，允許載入的圖檔格式有：bmp、jpg、gif、wmf ...等。其常用屬性如下：

1. **Picture 屬性**：使用 Picture 屬性可以設定圖像控制項的圖檔來源，在設計階段按屬性值的 ... 鈕載入圖檔；執行階段可以用 LoadPicture 函數載入。

2. **PictureSizeMode 屬性**：PictureSizeMode 屬性可以設定圖片的大小，屬性值有：① 0(不變，預設值)、② 1(和控制項相同大小)、③ 3(等比例放大)。

**實作** FileName：Image.xlsm

設計一個電影院各廳電影名稱查詢程式，按「廳別」的微調按鈕會切換龍廳、鳳廳、金廳和銀廳四個廳別，並顯示對應的片名、片長、票價、海報。按「場次」的微調按鈕，會切換各廳別的放映場次時間，各廳都有八個場次但是時間各不相同。

▶ **輸出要求**

## ▶ 解題技巧

**Step 1** 建立輸出入介面

1. 新增活頁簿並以「Image」為新活頁簿名稱。

2. 在「電影」工作表中建立如下表格，和微調按鈕、圖像控制項。

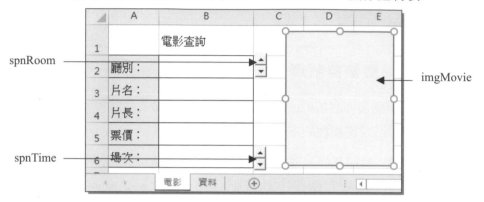

3. 在「資料」工作表中建立如下表格，資料本書範例「Image 資料.xlsx」中。

4. yi、boy、start 和 sos 的 jpg 檔案在本書範例檔裡，請複製到 Image.xlsm 所在的資料夾中。

**Step 2** 問題分析

1. 在活頁簿的 Open 事件中設定各種初值。

2. 因為廳別在多個程序都會使用，所以宣告成工作表 1 的整數成員變數 room。

3. 在 spnRoom 微調按鈕的 Click 事件中，指定變數 room 為 spnRoom 的 Value 屬性值。根據 room 值到「資料」工作表中對應儲存格讀取值，到「電影」工作表的儲存格中顯示。

Cells(1, room + 1)

Cells(5, room + 1)

room = 1          room = 4

| | A | B | C | D | E |
|---|---|---|---|---|---|
| 1 | | 龍廳 | 鳳廳 | 金廳 | 銀廳 |
| 2 | 圖檔 | yi.jpg | boy.jpg | start.jpg | sos.jpg |
| 3 | 片名 | 葉門 | 我的少男時代 | START WARS | 掘地救援 |
| 4 | 片長 | 121 | 134 | 136 | 144 |
| 5 | 票價 | 280 | 260 | 320 | 320 |
| 6 | 場次 | 09:50 | 09:30 | 09:10 | 09:00 |

4. 在 spnTime 微調按鈕的 Click 事件中，指定變數 t 為 spnTime 的 Value 屬性值。根據 t 值到「資料」工作表中對應儲存格讀取值，到「電影」工作表的儲存格中顯示。

5. 資料和操作介面分別在兩個不同的工作表，不但可以避免使用者誤改資料，而且異動資料時只要修改資料工作表即可。如果要更完整可以設定保護工作表，甚至將「資料」工作表隱藏。

**Step 3** 編寫程式碼

| FileName: Image.xlsm    (ThisWorkbook 程式碼) |
|---|
| **01 Private Sub Workbook_Open()** |
| 02      With Sheets("電影") |
| 03          .spnRoom.Max = 4: .spnRoom.Min = 1    '設最大最小值 |
| 04          .spnRoom.Value = 1    '預設值為 1 |
| 05          .spnTime.Max = 6: .spnTime.Min = 1    '設最大最小值 |
| 06          .imgMovie.PictureSizeMode = 1    '圖片縮放 |
| 07      End With |
| 08 End Sub |

| FileName: Image.xlsm    (工作表 1 程式碼) |
|---|
| 01 Dim room As Integer '記錄廳別 |
| 02 |
| **03 Private Sub spnRoom_Change()** |
| 04      room = spnRoom.Value    '設 room 為 spnRoom 的值 |
| 05      '根據 room 值讀取對應值到儲存格中顯示 |
| 06      Range("B2").Value = Sheets("資料").Cells(1, room + 1).Value |
| 07      Range("B3").Value = Sheets("資料").Cells(3, room + 1).Value |
| 08      Range("B4").Value = Sheets("資料").Cells(4, room + 1).Value & "分鐘" |
| 09      Range("B5").Value = Sheets("資料").Cells(5, room + 1).Value & "元" |

| 10 | spnTime.Value = 1    '設 spnTime 的值為 1 |
|---|---|
| 11 | spnTime_Change  '執行 spnTime 的 Change 事件程序，來更新場次 |
| 12 | '根據 room 值載入對應的圖檔 |
| 13 | imgMovie.Picture = LoadPicture(ThisWorkbook.Path & "\" & _ <br> Sheets("資料").Cells(2, room + 1).Value) |
| 14 End Sub | |
| 15 | |
| **16 Private Sub spnTime_Change()** | |
| 17 | Dim t As Integer |
| 18 | t = spnTime.Value     '設 t 為 spnTime 的值 |
| 19 | Range("B6").Value = Sheets("資料").Cells(5 + t, room + 1).Value '根據 t 值讀取場次時間 |
| 20 End Sub | |

▶ **隨堂練習**

繼續將上面的電影查詢程式實作，增加可以輸入全票、優待票(票價減 20 元)和會員票(票價減 50 元)的張數，然後顯示合計金額。

# 13.5 工作表 ActiveX 控制項的應用(四)

## 13.5.1 ListBox 清單方塊控制項

ListBox 清單方塊控制項允許在程式設計或程式執行階段，來存取清單中的項目。可單選或多選清單中的項目。

1. **ListFillRange 屬性**：可以指定工作表的儲存格範圍，成為清單方塊控制項的清單來源，取代自訂表單中清單方塊 ActiveX 控制項的 RowSource 屬性。

2. **LinkedCell 屬性**：可以設定清單方塊控制項被選取的選項，在工作表的哪個儲存格顯示。

3. **List 屬性**：List 屬性是清單方塊控制項內所有項目的集合，可以在程式執行階段設定和讀取項目值，索引值由 0 開始。要特別注意的是使用 ListFillRange 屬性指定清單方塊的清單來源時，List 屬性只能讀取不能編輯項目。

4. **Text/Value 屬性**：可以在執行階段取得選取項目的文字內容。

5. **ListIndex 屬性**：可以在執行階段取得選取項目的索引值，如果屬性值為 0 表示選取清單中第一個項目，若為 -1 表沒有選取項目。

## 13.5.2 ComboBox 下拉式清單方塊控制項

下拉式清單方塊 ComboBox 控制項，可以用 下拉鈕拉出清單，使用者只能選擇一個項目，但可以自行輸入項目。下拉式清單方塊控制項的成員大都和清單方塊控制項相同，所以就不再重複說明。

**實作** FileName：ListBox.xlsm

設計一個公司的報價單程式，在品名的儲存格範圍內按滑鼠右鍵，會在其右邊出現品名的清單。點選清單項目後，會填入產品編號、品名、規格、單位和單價等資料，然後隱藏清單並選取數量儲存格等候輸入。輸入數量後，會計算出金額和數量、金額的合計。

▶ **輸出要求**

| | A | B | C | D | E | F | G |
|---|---|---|---|---|---|---|---|
| 1 | Excel科技股份有限公司 | | | 地址：台北市大安區大安路168號 | | | |
| 2 | | | 報價單 | | | | |
| 3 | 客戶： | | | | 報價單號： | | |
| 4 | 電話： | (00)00000000 | | | 報價日期： | | |
| 5 | 傳真： | (00)00000000 | | | 報價人： | | |
| 6 | 產品編號 | 品名 | 規格 | 單位 | 單價 | 數量 | 金額 |
| 7 | S0002 | 固態硬碟 Pro 2500-B | 240GB | 台 | 2200 | 1 | 2200 |
| 8 | | | 固態硬碟 Pro 2500-A | | | | |
| 9 | | | 固態硬碟 Pro 2500-B | | | | |
| 10 | | | 固態硬碟 Pro 2500-C | | | | |
| 11 | | | 處理器 Intel Core i7 | | | | |
| 12 | | | 處理器 Intel Core i5 | | | | |
| 13 | | | 處理器 Intel Core i3 | | | | |
| 14 | | | 處理器 Intel Pentium | | | | |
| 15 | | | 筆電 DELL XPS13D | | | | |
| 16 | | | 筆電 ASUS X554 | | | | |
| 17 | | | 筆電 ASUS X450 | | | | |
| 18 | | | 顯示器 HP E4U30AA | | | | |
| 19 | | | 顯示器 BENQ VZ2350HM | | | | |
| 20 | | | 顯示器 ASUS VP229DA | | | | |
| | | | | | 合計： | 1 | 2200 |

### ▶ 解題技巧

**Step 1** 建立輸出入介面

1. 新增活頁簿並以「ListBox」為新活頁簿名稱。

2. 在「報價單」工作表中建立如下表格,並輸入如下的公式。

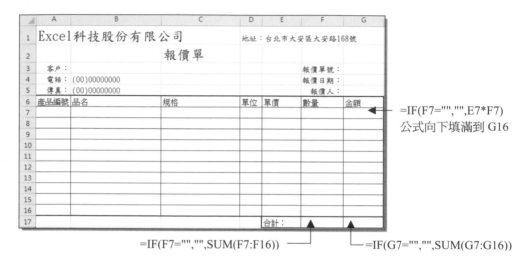

=IF(F7="","",E7*F7)
公式向下填滿到 G16

=IF(F7="","",SUM(F7:F16)) ——

—— =IF(G7="","",SUM(G7:G16))

3. 在「報價單」工作表中建立一個清單方塊控制項。

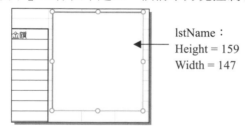

lstName:
Height = 159
Width = 147

4. 新增一個「資料」工作表,在其中建立如下表格。「報價單」和「資料」
工作表在範例 ch13/資料夾 ListBox 資料.xlsx 檔案中,可以直接複製套用。

| | A | B | C | D | E |
|---|---|---|---|---|---|
| 1 | 品名 | 產品編號 | 規格 | 單位 | 單價 |
| 2 | 固態硬碟 Pro 2500-A | S0001 | 360GB | 台 | 2400 |
| 3 | 固態硬碟 Pro 2500-B | S0002 | 240GB | 台 | 2200 |
| 4 | 固態硬碟 Pro 2500-C | S0003 | 180GB | 台 | 2000 |
| 5 | 處理器 Intel Core i7 | P0001 | 4核心 | 顆 | 8000 |
| 6 | 處理器 Intel Core i5 | P0002 | 4核心 | 顆 | 7000 |
| 7 | 處理器 Intel Core i3 | P0003 | 2核心 | 顆 | 6000 |
| 8 | 處理器 Intel Pentium | P0004 | 2核心 | 顆 | 4000 |
| 9 | 筆電 DELL XPS13D | N0001 | 銀/i5/4G/128GB/Win10 | 台 | 25000 |
| 10 | 筆電 ASUS X554 | N0002 | 黑/4G/500G/Win10 | 台 | 28000 |
| 11 | 筆電 ASUS X450 | N0003 | 灰/i7/4GB/1TB/Win10 | 台 | 30000 |
| 12 | 顯示器 HP E4U30AA | M0001 | 19吋 銀色 | 台 | 5000 |
| 13 | 顯示器 BENQ VZ2350HM | M0002 | 23吋 黑色 | 台 | 7000 |
| 14 | 顯示器 ASUS VP229DA | M0003 | 21.5吋 黑色 | 台 | 6000 |

Step 2　問題分析

1. 在活頁簿的 Open 事件中設定 lstName 的各種初值，設 Visible = False 來隱藏清單方塊；設 ListFillRange = "資料!A2:E14"，將產品全部讀到清單方塊當中。雖然讀入多欄的資料，但是因為 ColumnCount 屬性值為 1，所以只會顯示第一欄的品名，其他欄位資料可以供程式來查詢。

2. 在儲存格上按右鍵時會觸動工作表的 BeforeRightClick 事件，在程序中利用 Target 參數可以得知哪個儲存格被按右鍵，用 Cancel 參數可以指定是否停止按右鍵的事件。

3. 使用 Application 的 Intersect 方法，可以得知 Target 儲存格是否在指定的範圍內。如果在範圍內就設 Cancel = True，來停止按右鍵的事件，並設清單方塊的 Top 和 Left 屬性值，使其貼在 Target 儲存格的右邊，最後顯示清單方塊。

4. 在清單方塊控制項點選項目會觸動 Click 事件，在程序中將清單方塊 List 屬性值中的資料，寫到對應的儲存格當中。利用 Offset 方法可以移動到指定儲存格，例如-1 是向左移一格。

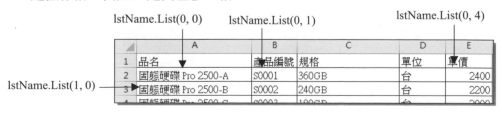

13-21

Step ③ 編寫程式碼

**FileName: ListBox.xlsm　(ThisWorkbook 程式碼)**

**01 Private Sub Workbook_Open()**

02　　Sheets("報價單").lstName.Visible = False　　'隱藏清單方塊

03　　'指定清單方塊的項目來源為 資料工作表的 A2:E14 儲存格範圍

04　　Sheets("報價單").lstName.ListFillRange = "資料!A2:E14"

05 End Sub

**FileName: ListBox.xlsm　(工作表 1 程式碼)**

01 Dim t As Range　'宣告 t 為成員變數

02

**03 Private Sub Worksheet_BeforeRightClick(ByVal Target As Range, Cancel As Boolean)**

04　　Set t = Target　'指定 t 為被按右鍵的儲存格

05　　'如果 t 在 B7:B16 儲存格範圍內

06　　If Not Application.Intersect(t, Range("B7:B16")) Is Nothing Then

07　　　　Cancel = True　　'停止按右鍵的事件

08　　　　lstName.Top = t.Top '指定清單方塊的 Top 位置等於 t 的 Top

09　　　　'指定清單方塊的 Left 位置等於 t 的 Left+Width(寬)

10　　　　lstName.Left = t.Left + t.Width

11　　　　lstName.Visible = True　'指定清單方塊可見

12　　End If

13 End Sub

14

**15 Private Sub lstName_Click()**

16　　Dim s As Integer

17　　s = lstName.ListIndex　　'指定 s 為清單方塊選項的索引值

18　　't.Value = lstName.Value '寫入品名

19　　lstName.Visible = False　'指定清單方塊隱藏

20　　t.Offset(0, -1) = lstName.List(s, 1)　　'寫入產品編號

21　　t.Offset(0, 1) = lstName.List(s, 2)　　'寫入規格

22　　t.Offset(0, 2) = lstName.List(s, 3)　　'寫入單位

23　　t.Offset(0, 3) = lstName.List(s, 4)　　'寫入單價

24　　t.Offset(0, 4).Select　'選取數量儲存格等候輸入

25 End Sub

▶ **隨堂練習**

將上面實作增加公司員工名單，在報價人
G15 儲存格上按右鍵，可以從清單中選取
姓名後填入。

# 13.6 執行階段操作 ActiveX 控制項

前面都是介紹在設計階段建立 ActiveX 控制項，本節將說明如何新在程式執行階段增、刪除和設定 ActiveX 控制項。在執行階段建立控制項，會使程式更加具有彈性，例如控制項可以隨需要而增加數量。

## 13.6.1 ActiveX 控制項物件

ActiveX 控制項在工作表中是屬於 OLEObject 物件，在表單中則是 Control 物件。在 VBA 中用識別字(ProgID)來指定物件類別，識別字如下：

| 控 制 項 | 識 別 字 | 控 制 項 | 識 別 字 |
|---------|---------|---------|---------|
| 標籤 | Forms.Label.1 | 圖像 | Forms.Image.1 |
| 命令按鈕 | Forms.CommandButton.1 | 微調按鈕 | Forms.SpinButton.1 |
| 文字方塊 | Forms.TcxtBox.1 | 捲軸 | Forms.ScrollBar.1 |
| 切換按鈕 | Forms.ToggleButton.1 | 多重頁面 | Forms.MultiPage.1 |
| 核取方塊 | Forms.CheckBox.1 | 索引標籤區域 | Forms.TabStrip.1 |
| 選項按鈕 | Forms.OptionButton.1 | 清單方塊 | Forms.ListBox.1 |
| 框架 | Forms.Frame.1 | 下拉式清單方塊 | Forms.ComboBox.1 |

## 13.6.2 工作表中新增 ActiveX 控制項物件

程式執行階段在工作表建立 ActiveX 控制項，可以使用 OLEObject 物件的 Add 方法，其常用的語法如下：

> 語法：
>
> 工作表.OLEObjects.Add( *ClassType*:=控制項識別字, *Left*:=X 座標, _
> *Top*:=Y 座標, *Width*:=寬度, *Height*:=高度)

例如：在工作表 1 上建立一個標籤控制項，大小：寬 x 高 = 100 x 20 ，左上角座標：(Top，Left) = (20,10) ，其寫法為：

```
Worksheets("工作表 1").OLEObjects.Add ClassType:="Forms.Label.1", Left:=10, _
                           Top:=20, Width:=100, Height:=20
```

例如：在第一個工作表的 A1 儲存格位置，建立一個名稱為 chkAdd 的核取方塊控制項，且核取方塊的大小和 A1 儲存格大小相同：

```
Dim chkAdd As OLEObject
Set chkAdd = Worksheets(1).OLEObjects.Add(ClassType:="Forms.CheckBox.1", _
         Left:=Range("A1").Left, Top:=Range("A1").Top, Width:=Range("A1").Width, _
         Height:=Range("A1").Height)
```

在工作表建立 ActiveX 控制項後，會存放在 OLEObjects 集合中。如果要指定控制項物件可以使用物件名稱，或是使用索引值來指定。例如：要指定工作表上名稱為 cmdAdd 的控制項，可以用 OLEObjects("cmdAdd")。若要指定工作表上第一個控制項，可以用 OLEObjects(0)。下面介紹 OLEObjects 常用的成員：

1. **Name 屬性**：使用 Name 屬性可以為控制項命名，例如：在工作表 1，建立一個名稱為 lblAdd 的標籤控制項，並設標題文字為「新增」，寫法為：

```
Worksheets("工作表 1").OLEObjects.Add(ClassType:="Forms.Label.1").Name="lblAdd"
OLEObjects("lblAdd").Object.Caption = "新增"
```

2. **Object 屬性**：有些控制項的屬性值不能直接指定，必須透過 Object 屬性才可以設定。

3. **progID 屬性**：使用 progID 屬性可以取得控制項的識別字，例如：將工作表中所有的核取方塊的屬性值設為 True，勾選全部的項目，寫法為：

```
For Each obj In Worksheets(1).OLEObjects
    If obj.progID = "Forms.CheckBox.1" Then
        obj.Object.Value = True
    End If
Next
```

4. **Delete 方法**：使用 OLEObject 物件的 Delete 方法可以在執行階段，刪除指定的控制項。例如：刪除第一個工作表上名稱為 optAdd 的選項按鈕控制項：

```
Worksheets(1).OLEObjects("optAdd").Delete
```

### 13.6.3 自訂表單中新增 ActiveX 控制項物件

在程式執行階段要在自訂表單上要建立 ActiveX 控制項，可以使用 Controls 物件的 Add 方法，其常用的語法如下：

---

語法：

Dim 控制項名稱 As Control
Set 控制項名稱 = 物件.Controls.Add(*bstrProgID* [, *Name*] [, *Visible*])

---

1. 例如：在目前自訂表單上，建立一個 cmdAdd 命令按鈕控制項寫法為：

```
Dim cmdAdd As Control    '宣告 cmdAdd 為控制項物件
Set cmdAdd = Me.Controls.Add("Forms.CommandButton.1")        '設為命令按鈕
cmdAdd.Name = "cmdAdd": cmdAdd.Left = 120: cmdAdd.Top = 10 '指定屬性值
```

2. 例如：在 UserForm2 表單上，建立一個 txtAdd 文字方塊控制項寫法為：

```
UserForm2.Controls.Add "Forms.TextBox.1", "txtAdd"
UserForm2.Controls.Add bstrprogid:="Forms.TextBox.1", Name:="txtAdd", _
                          Visible:=True      '完整寫法
UserForm2.Controls("txtAdd").Text = "新增"
```

3. 例如：在目前表單的 Frame1 框架中，建立一個 tgbAdd 切換按鈕控制項：

```
Me.Frame1.Controls.Add "Forms.ToggleButto.1", "tgbAdd"
```

在表單建立 ActiveX 控制項後，會存放在 Controls 集合中。如果要指定控制項物件可以使用物件名稱，或是使用索引值來指定。例如要指定表單上名稱為 cmdAdd 的控制項，可以用 Controls("cmdAdd")。要指定表單上第一個控制項，可以用 Controls(0)。下面介紹 Controls 常用的成員：

1. **Count 屬性**：使用 Count 屬性可以取得 Controls 集合中控制項的數量。

2. **Remove 方法**：使用 Controls 物件的 Remove 方法可以在執行階段，刪除指定的控制項。例如：刪除表單上一個名稱為 cmdAdd 的命令按鈕控制項，寫法為：

```
Me.Controls.Remove "cmdAdd"
```

在程式執行階段中，可以利用 TypeName 函數來檢查控制項的類別，例如：將目前表單中所有的核取方塊的屬性值設為 True，寫法為：

```
For Each c In Me.Controls
    If TypeName(c) = "CheckBox" Then
        c.Value = True
    End If
Next
```

 **實作** FileName：OLEObject.xlsm

設計一個基本資料調查程式，按 填寫 鈕後會建立男、女兩個選項按鈕，學歷清單方塊內有高中職、大專、碩博士三個項目(連結到 B4 儲存格)，和運動、閱讀兩個核取方塊。使用者資料填寫完畢後按 確定 鈕後，會將資料寫入資料工作表中對應的欄位中，然後將所有建立的控制項刪除。

▶ **輸出要求**

 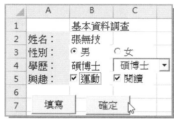 

▶ **解題技巧**

Step **1** 建立輸出入介面

1. 新增活頁簿並以「OLEObject」為新活頁簿名稱。

2. 在「調查表」工作表中建立如下表格，和兩個命令按鈕控制項。

cmdStart ←→ cmdOK

3. 新增一個「資料」工作表，在其
   中建立如右表格。

| | A | B | C | D |
|---|---|---|---|---|
| 1 | 姓名 | 性別 | 學歷 | 興趣 |
| 2 | | | | |

Step 2　問題分析

1. 在 cmdStart 的 Click 事件中，使用 OLEObjects 物件的 Add 方法來新增控制
   項，其中 Name 屬性要設定以便程式可以指定控制項。各控制項的屬性設
   定方法和前面介紹相同，只是有些前面必須加 Object 屬性有些則不要。

2. 在 cmdOK 的 Click 事件中，讀取使用者的輸入值如果完整就寫入「資料」
   工作表中，否則就顯示提示訊息。寫入資料後用 For Each 迴圈逐一檢查
   OLEObjects 物件的 progID 屬性值，若不是 "Forms.CommandButton.1" 就
   用 Delete 方法來刪除控制項。

Step 3　編寫程式碼

| FileName: OLEObject.xlsm　　(工作表 1 程式碼) |
|---|

```
01 Private Sub cmdStart_Click()
02     With Worksheets(1)
03         Dim optSex1 As OLEObject, optSex2 As OLEObject       '宣告兩個選項按鈕
04         Set optSex1 = .OLEObjects.Add(ClassType:="Forms.OptionButton.1", _
05                 Left:=.Range("B3").Left,Top:=.Range("B3").Top, Height:=18, Width:=50)
06         optSex1.name = "optSex1": optSex1.Object.Caption = "男"      '設定名稱和標題文字
07         Set optSex2 = .OLEObjects.Add(ClassType:="Forms.OptionButton.1", _
08                 Left:=.Range("C3").Left, Top:=.Range("C3").Top, Height:=18, Width:=50)
09         optSex2.name = "optSex2": optSex2.Object.Caption = "女"
10         optSex1.Object.Value = True        '預設選取 男 選項按鈕
11         Dim cboEdu As OLEObject            '宣告清單方塊
12         Set cboEdu = .OLEObjects.Add(ClassType:="Forms.ComboBox.1", _
13                 Left:=.Range("C4").Left, Top:=.Range("C4").Top)
14         cboEdu.name = "cboEdu": cboEdu.LinkedCell = "B4"        '連結 B4 儲存格
15         cboEdu.Object.AddItem "高中職"     '新增項目
16         cboEdu.Object.AddItem "大專": cboEdu.Object.AddItem "碩博士"
17         Dim chkHby1 As OLEObject, chkHby2 As OLEObject       '宣告兩個核取方塊
18         Set chkHby1 = .OLEObjects.Add(ClassType:="Forms.CheckBox.1", _
19                 Left:=.Range("B5").Left, Top:=.Range("B5").Top, Height:=18, Width:=50)
20         chkHby1.name = "chkHby1": chkHby1.Object.Caption = "運動"
21         Set chkHby2 = .OLEObjects.Add(ClassType:="Forms.CheckBox.1", _
22                 Left:=.Range("C5").Left, Top:=.Range("C5").Top, Height:=18, Width:=50)
23         chkHby2.name = "chkHby2": chkHby2.Object.Caption = "閱讀"
```

| 24 | .Range("B2").Select　　　'選取 B2 儲存格等候輸入姓名 |
| 25 | End With |
| 26 | End Sub |
| 27 | |
| **28** | **Private Sub cmdOK_Click()** |
| 29 | Dim name As String, sex As String, edu As String, hby As String |
| 30 | name = Range("B2").Value　　'讀取姓名 |
| 31 | sex = IIf(optSex1.Object.Value = True, "男", "女")　'設定性別 |
| 32 | edu = Range("B4").Value '讀取學歷 |
| 33 | If chkHby1.Object.Value = True Then hby = hby & "運動"　　'加入興趣 |
| 34 | If chkHby2.Object.Value = True Then hby = hby & " 閱讀"　'加入興趣 |
| 35 | If name <> "" And sex <> "" And edu <> "" Then　　'如果有輸入姓名、性別和學歷 |
| 36 | With Sheets("資料") '在 資料 工作表中 |
| 37 | Dim r As Integer |
| 38 | r = .UsedRange.Rows.Count + 1　'使用範圍的下一列 |
| 39 | .Cells(r, 1).Value = name　'寫入姓名 |
| 40 | .Cells(r, 2).Value = sex　'寫入性別 |
| 41 | .Cells(r, 3).Value = edu　'寫入學歷 |
| 42 | .Cells(r, 4).Value = hby　'寫入興趣 |
| 43 | End With |
| 44 | For Each obj In Worksheets(1).OLEObjects　　'刪除命令按鈕以外的控制項 |
| 45 | If obj.progID <> "Forms.CommandButton.1" Then obj.Delete |
| 46 | Next |
| 47 | Range("B2") = "": Range("B4") = ""　'儲存格內容清空 |
| 48 | Else |
| 49 | MsgBox "請檢查資料是否都輸入？" |
| 50 | End If |
| 51 | End Sub |

▶ 隨堂練習

將上面實作改為使用 For 迴
圈新增五個興趣核取方塊。

# 圖表 Chart 物件介紹

**學習目標**

- 圖表物件簡介
- 學習內嵌圖表和圖表工作表的差別
- 學習建立圖表物件的步驟
- 學習圖表物件常用的屬性
- 學習圖表物件常用方法

## 14.1 圖表物件簡介

### 14.1.1 圖表物件簡介

圖表是 Excel 非常重要的工具之一，俗語說：「一圖勝於千言萬語」，它可以將數據以圖形方式來呈現數據資料。圖表在 Excel 中有兩種呈現的方式：

1. **內嵌圖表**：圖表是工作表中的一個物件，當希望圖表和數據資料放在同一個工作表中，或是有多個圖表同時顯現時，就可以採用內嵌圖表(或稱嵌入圖表)。每一個內嵌圖表就是一個 Chart 物件，包含在 ChartObject 物件中。ChartObject 物件是 Chart 物件的容器，透過 ChartObject 物件的屬性和方法可以設定內嵌圖表的外觀和大小。每個工作表都有一個 ChartObjects 集合，ChartObject 物件會存在其中。

2. **圖表工作表**：圖表單獨成為一個工作表，當希望圖表以最大尺寸顯示時，就可以採用圖表工作表。Chart 物件本身就是圖表工作表，和內嵌圖表不同，此時並不需要包含在 ChartObject 物件中，所以圖表工作表中圖表的位置是固定，大小是取決於工作表的大小。每個活頁簿都有一個 Charts 集合，集合中包含該活頁簿中的所有圖表工作表，但不會包含內嵌圖表。要特別注意，活頁簿的 Sheets 集合也會包含 Charts 物件。

## 14.1.2 圖表物件的建立

### 1. 內嵌圖表

要建立內嵌圖表時可以使用 ChartObjects 集合的 Add 方法，其語法如下：

> **語法：**
>
> 工作表.ChartObjects.Add(*Left, Top, Width, Height*)

▶ **說明**

① *Left*、*Top* 引數是指定圖表位置，*Width*、*Height* 引數指定圖表尺寸，單位為點（points），1 point = 1/72 英吋。

② 因為內嵌圖表會存在 ChartObjects 集合中，所以可以用索引值來指定內嵌圖表，例如：Worksheets(1).ChartObjects(1) 可以指定第一個內嵌圖表。

③ 建立時系統會自動為圖表命名，預設名稱為圖表 1、圖表 2...依此類推，要注意的是數字前有一個空白字元，當然也可以使用 Name 屬性自行命名。如果是目前作用的圖表，則用 ActiveChart 表示。

④ 例如：在 <工作表 1> 座標值 (50, 100)上，建立寬度 300 點、高度為 200 點的空白內嵌圖表，寫法如下：

```
Dim co As ChartObject   :
Dim ch As Chart
Set co = Worksheets("工作表 1").ChartObjects.Add(50, 100, 300, 200)
Set ch = co.Chart
```

如果要逐一選取 <工作表 1> 中的各個內嵌圖表，寫法為：

```
For Each co In Worksheets("工作表 1").ChartObjects
    co.Select
Next
```

2. 圖表工作表

要建立圖表工作表時，可以使用活頁簿 Charts 集合的 Add 方法，其語法如下：

> 語法：
>
> Charts.Add([*Before* ] [, *After* ] [, *Count* ])

▶ **說明**

① 在 Add 方法中可以用 *Before* 或 *After* 引數來指定在哪個工作表之前或之後，省略時會新增在作用工作表的前面。

② *Count* 引數可以指定新增圖表工作表的數量，預設為一個。圖表工作表會存在 Charts 集合中，所以可以用索引值來指定圖表工作表，例如：ThisWorkbook.Charts(1)是指定第一個圖表工作表。

③ 建立時系統會為圖表工作表命名，預設名稱為 Chart1、Chart2...依此類推。可以用名稱來指定圖表工作表，例如：ThisWorkbook.Charts("Chart1")。如果是目前作用的圖表工作表，則用 ActiveChart 表示。

④ 例如：在目前作用活頁簿的最後一個工作表前面，新增一個空白圖表工作表，寫法如下：

```
Dim ch As Chart
Set ch = ActiveWorkbook.Charts.Add(Before:=Worksheets(Worksheets.Count))
```

⑤ 如果要逐一選取活頁簿中的各個圖表工作表，寫法為：

```
For i = 1 To ActiveWorkbook.Charts.Count
    ActiveWorkbook.Charts(i).Activate
Next
```

## 14.1.3 設定資料來源

用 Add 方法建立空白圖表之後，可以使用 SetSourceData 方法設定圖表的資料來源，其語法為：

> 語法:
>
> 圖表物件.SetSourceData(*Source*, [*PlotBy*])

▶ **說明**

① *Source* 引數是指定資料來源,其資料型別為儲存格範圍。

② *PlotBy* 引數是指定繪製資料的方式,其引數值為:
xlRows(類別軸的項目依水平列,預設值)和 xlColumns(類別軸的項目依垂直欄)。

③ 例如:指定 ch 圖表物件的資料來源為工作表 1 的 A1:E4 儲存格範圍,且資料數列在欄中,寫法為:

> ch.SetSourceData Source:= Worksheets("工作表 1").Range("A1:E4"), PlotBy:=xlRows

## 14.1.4 圖表物件的組成

新增一個圖表後,圖表中主要的組成項目如下:

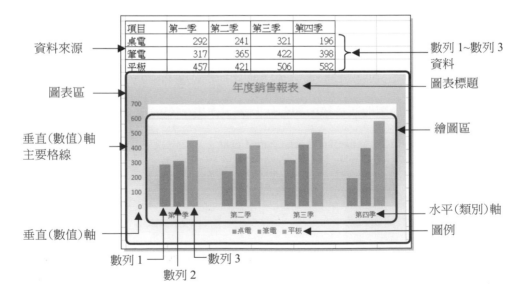

**實作** FileName：AddChart.xlsm

按 內嵌圖表 鈕會將 A1:F5 儲存格範圍的資料建立成一個內嵌圖表。如果原來已經有圖表，就先將圖表刪除。圖表位置接在 A1:F5 儲存格範圍下面，寬度為 300 點、高度為 200 點。

▶ 輸出要求

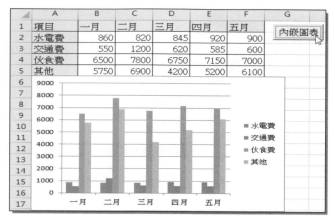

▶ 解題技巧

Step **1** 建立輸出入介面

1. 新增活頁簿並以「AddChart」為新活頁簿名稱。

2. 在 <工作表 1> 中建立如下表格，和一個 ActiveX 命令按鈕控制項：

| | A | B | C | D | E | F | G |
|---|---|---|---|---|---|---|---|
| 1 | 項目 | 一月 | 二月 | 三月 | 四月 | 五月 | |
| 2 | 水電費 | 860 | 820 | 845 | 920 | 900 | 內嵌圖表 ← cmdAdd |
| 3 | 交通費 | 550 | 1200 | 620 | 585 | 600 | |
| 4 | 伙食費 | 6500 | 7800 | 6750 | 7150 | 7000 | |
| 5 | 其他 | 5750 | 6900 | 4200 | 5200 | 6100 | |

Step **2** 問題分析

1. 如果 ChartObjects.Count > 0 表示工作表上已經有圖表，可透過 Delecte 方法將圖表刪除圖件，假設工作表物件為 ws，其寫法為：ws.ChartObjects.Delete。

2. 先使用 Add 方法建立 ChartObject 物件，再設定 SetSourceData 屬性值為 A1:F5 儲存格範圍。

Step ③ 編寫程式碼

| FileName: AddChart.xlsm (工作表 1 程式碼) |
|---|
| **01 Private Sub cmdAdd_Click()** |
| 02 　　Dim ws As Worksheet　　　　　　'宣告 ws 為工作表物件 |
| 03 　　Dim co As ChartObject　　　　　　'宣告 co 為 ChartObject 物件 |
| 04 　　Dim ch As Chart　　　　　　　　'宣告 ch 為圖表物件 |
| 05 　　Set ws = ThisWorkbook.Worksheets("工作表 1") '設 ws 為工作表 1 |
| 06 　　If ws.ChartObjects.Count > 0 Then　　　'如果 ChartObject 物件集合數量>0 |
| 07 　　　　ws.ChartObjects.Delete　　　　　'移除內嵌圖表 |
| 08 　　End If |
| 09 　　'在 A6 儲存格上建立寬 300、高 200 的圖表 |
| 10 　　Set co = ws.ChartObjects.Add(ws.Range("A6").Left, ws.Range("A6").Top, 300, 200) |
| 11 　　Set ch = co.Chart　　'設 ch 為 co 的圖表 |
| 12 　　ch.SetSourceData Source:=ws.Range("A1:F5")　　'設 ch 的資料來源為 A1:F5 儲存格範圍 |
| 13 End Sub |

▶ 隨堂練習

將上面實作改為建立成圖表工作表。

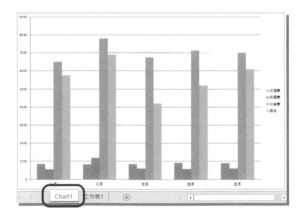

## 14.2 圖表物件常用成員

　　圖表雖然分成內嵌圖表和圖表工作表兩種，但是圖表的成員部分是相同，下面介紹常用的共通成員：

### 14.2.1 圖表類型與標題

1. **ChartType 屬性**：使用 ChartType 屬性可以設定或讀取圖表類型，預設值為 xlColumnClustered(群組直條圖)，其它屬性值請參考附錄 C。例如：設 ch 圖表物件的圖表類型為折線圖，寫法為：

   ```
   ch.ChartType = xlLine
   ```

   例如：當 ch 圖表物件的圖表類型為圓形圖時就顯示提示訊息，寫法為：

   ```
   If ch.ChartType = xlPie Then MsgBox "圖表類型為圓形圖"
   ```

2. **HasTitle/ChartTitle 屬性**：

   ① 使用 HasTitle 屬性可以設定和取得圖表或座標軸是否有標題，屬性值為 True 時表標題可見。當 HasTitle 屬性值為 True 時，才可以使用 ChartTitle 屬性來設定圖表標題的文字內容和樣式。

   ② ChartTitle 屬性是一個物件，可以透過 Text 屬性來設定圖表標題的文字內容；Left 和 Top 屬性來設定圖表標題的位置；Font 屬性來設定圖表標題的字體樣式；Interior 屬性來設定圖表標題的背景樣式。例如：ch 為圖表物件設定該圖表標題文字為「年度報表」，寫法為：

   ```
   ch.HasTitle = True
   ch.ChartTitle.Text = "年度報表"
   ```

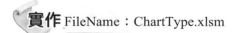

**實作** FileName：ChartType.xlsm

　　使用者可以由下拉式清單方塊中，選取 xlColumnClustered (群組直條圖；預設值)、xl3DbarClustered (立體群組橫條圖)、xl3Dcolumn (立體直條圖)、xlLine (折線圖) 等四種圖表類型。圖表標題預設為「消費統計圖表」，使用者也可自行輸入。然後按 圖表工作表 鈕時，會根據設定值建立圖表工作表。

▶ **輸出要求**

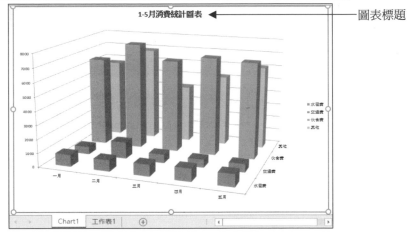

圖表標題

▶ **解題技巧**

**Step 1** 建立輸出入介面

1. 新增活頁簿並以「ChartType」為新活頁簿名稱。

2. 在 <工作表 1> 工作表中建立如下表格，以及 ActiveX 下拉式清單方塊、文字方塊和命令按鈕控制項：

| | A | B | C | D | E | F | G | H | I |
|---|---|---|---|---|---|---|---|---|---|
| 1 | 項目 | 一月 | 二月 | 三月 | 四月 | 五月 | | | |
| 2 | 水電費 | 860 | 820 | 845 | 920 | 900 | | | |
| 3 | 交通費 | 550 | 1200 | 620 | 585 | 600 | | | |
| 4 | 伙食費 | 6500 | 7800 | 6750 | 7150 | 7000 | | | |
| 5 | 其他 | 5750 | 6900 | 4200 | 5200 | 6100 | | | |

cboType

txtTitle

圖表工作表 ← cmdAdd

Step ② 問題分析

1. 在 Workbook_Open 事件程序中設定各控制項的屬性，和各控制項的預設值。

2. 建立一個 Array 物件 aryType，來儲存各圖表類型的參數值。利用 aryType 和下拉式清單方塊的清單索引值，設圖表的 ChartType 屬性值為 aryType (索引值) 就可以指定圖表類型。

3. 設定圖表的 HasTitle 屬性值為 True，顯示圖表標題。設定圖表的 ChartTitle.Text 屬性值為 txtTitle.Text，設圖表標題等於文字方塊的 Text 屬性值。

Step ③ 編寫程式碼

| FileName: ChartType.xlsm　(ThisWorkbook 程式碼) |
| --- |
| **01 Private Sub Workbook_Open()** |
| 02　　Dim aryType As Variant |
| 03　　aryType = Array("xlColumnClustered", "xl3DBarClustered", "xl3DColumn", "xlLine") |
| 04　　With Sheets("工作表 1") |
| 05　　　.cboType.List = aryType 　　'將陣列設為清單項目 |
| 06　　　.cboType.ListIndex = 0 　　'預設選取第一個項目 |
| 07　　　.txtTitle.Text = "消費統計圖表" |
| 08　　End With |
| 09 End Sub |

| FileName: ChartType.xlsm (工作表 1 程式碼) |
| --- |
| **01 Private Sub cmdAdd_Click()** |
| 02　　Dim ws As Worksheet 　　　'宣告 ws 為工作表物件 |
| 03　　Dim ch As Chart 　　　　'宣告 ch 為圖表物件 |
| 04　　Set ws = ThisWorkbook.Worksheets("工作表 1") '設 ws 為工作表 1 |
| 05　　If ActiveWorkbook.Charts.Count > 0 Then 　　'如果 Charts 物件集合數量>0 |
| 06　　　　ActiveWorkbook.Charts.Delete 　　'移除圖表工作表 |
| 07　　End If |
| 08　　Set ch = ActiveWorkbook.Charts.Add |
| 09　　Dim aryType As Variant |
| 10　　aryType = Array(xlColumnClustered, xl3DBarClustered, xl3DColumn, xlLine) |
| 11　　ch.SetSourceData Source:=ws.Range("A1:F5") 　'設 ch 的資料來源為 A1:F5 儲存格範圍 |
| 12　　ch.ChartType = aryType(cboType.ListIndex) 　'設 ChartType 屬性值為清單的索引值 |
| 13　　ch.HasTitle = True 　　　'顯示圖表標題 |
| 14　　ch.ChartTitle.Text = txtTitle.Text 　　　'設圖表標題為文字方塊的 Text 屬性值 |
| 15 End Sub |

▶ **隨堂練習**

將上面實作改為建立內嵌
圖表。

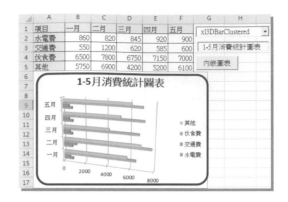

## 14.2.2 設定圖表格式

1. **HasLegend/Legend 屬性**：

① HasLegend 屬性可設定和取得圖表是否有圖例，屬性值為 True 時表有圖例。
當 HasLegend 屬性值為 True 時，才可以用 Legend 屬性來設定圖例的格式。

② Legend 屬性值是物件，可用下列屬性來設定圖例的字型樣式、大小和位置：

❶ Font 屬性可以設定圖例標題的字體樣式。

❷ Interior 屬性可以設定圖例的背景樣式。

❸ Position 屬性可以設定圖例的位置，屬性值有：

- xlLegendPosition Bottom(下方) ／ xlLegendPositionCorner (右上角)

- xlLegendPositionLeft(左邊) ／ xlLegendPositionRight(右邊)

- xlLegend PositionTop (上方)。

❹ Left 和 Top 屬性可以設定圖例的位置。

❺ 使用 Delete 方法可移除圖例。

❻ 例如：設 ch 圖表物件的字體為標楷體、背景為藍色、位置在下方，寫法：

```
ch.HasLegend = True
ch.Legend.Font.Name = "標楷體"
ch.Legend.Interior.ColorIndex = 24
ch.Legend.Position = xlLegendPositionBottom
```

2. **Axes 方法**：使用 Axes 方法可設定和取得圖表上面座標軸的物件，語法如下：

**語法：**

圖表物件.Axes(*Type*, [*AxisGroup*])

▶ **說明**

① 其 *Type* 引數值可以為 xlValue (垂直軸、數值軸)、xlCategory (水平軸、類別軸)、xlSeriesAxis (Z 座標軸僅限立體類型的圖表)。

② *AxisGroup* 引數值可以為 xlPrimary (主座標軸群組)、xlSecondary (副座標軸群組)，省略時預設為 xlPrimary。當座標軸物件的 HasTitle 屬性值為 True 時，才可以進一步設定座標軸樣式。

③ 常用的屬性：

❶ AxisTitle.Text 屬性可以設定座標軸標題。

❷ MinimumScale 屬性可以設定刻度的最小值。

❸ MaximumScale 屬性可以設定刻度的最大值。

❹ HasMajorGridlines 屬性值為 True 時會顯示主要格線。

❺ MajorGridlines 屬性可以設定和取得座標軸主要格線。

❻ HasMinorGridlines 屬性值為 True 時會顯示次要格線。

❼ ReversePlotOrder 屬性可以設定和取得座標軸數值排列方向，屬性值有 True 和 False。

例如：設定 ch 圖表物件的垂直軸格式，寫法為：

```
With ch.Axes(xlValue)
    .HasTitle = True                ' 顯示垂直軸的標題
    .AxisTitle.Text = "數量"          ' 標題文字為「數量」
    .MinimumScale = 100             ' 垂直軸的最小刻度為 100
    .MaximumScale = 1000            ' 垂直軸的最大刻度為 1000
    .HasMajorGridlines = True       ' 顯示垂直軸的主要格線
    .MajorGridlines.Border.Color = RGB(255, 0, 0)   ' 垂直軸主要格線為紅色
    .MajorGridlines.Border.LineStyle = xlDashDot    ' 垂直軸主要格線為點虛線
End With
```

3. **PlotArea 屬性**：使用 PlotArea 屬性可以設定和取得繪圖區的格式，PlotArea 屬性值是一個物件，常用屬性如下：

① Height 和 Width 屬性可以設定繪圖區的大小；

② Interior 屬性可以設定繪圖區的背景樣式；

③ Border 屬性可以設定繪圖區的框線樣式。

例如：設定 ch 圖表物件的繪圖區的格式，寫法為：

```
With ch.PlotArea
    .Height = 200        '繪圖區高度為 200
    .Width = 300         '繪圖區寬度為 300
    .Interior.ColorIndex = 12        '繪圖區背景色為橄欖綠
    .Border.LineStyle = xlDash       '繪圖區邊框線條為虛線
    .Border.Weight = xlMedium        '繪圖區邊框線條寬度為中
    .Border.ColorIndex = 46          '繪圖區邊框線條顏色為 46 號
End With
```

4. **ChartArea 屬性**：使用 ChartArea 屬性可以設定和取得圖表區的格式，ChartArea 屬性值是一個物件，常用成員如下：

① Font 屬性可以設定圖表區的字體樣式；

② Interior 屬性可以設定圖表區的背景樣式；

③ Border 屬性可以設定圖表區的框線樣式；

④ 使用 ClearFormats 方法可以還原成預設格式。

例如：設定 ch 圖表物件的圖表區的格式，寫法為：

```
With ch.ChartArea
    .Font.Name = "新細明體"       '圖表區字體為新細明體
    .Font.Size = 12              '圖表區字體大小為 12
    .Interior.Color = vbCyan     '圖表區背景色為青色
    .Border.LineStyle = xlDot    '圖表區邊框線條為點線
    .Border.Color = vbBlack      '圖表區邊框線條顏色為黑色
End With
```

## 14.2.3 設定數列格式

使用圖表的 SeriesCollection 方法會傳回圖表的單一數列物件 (Series 物件)，或是所有數列物件 (SeriesCollection 集合)。SeriesCollection 是圖表中所有數列的集合，使用索引值可以指定其中的 Series 物件。例如：Charts("Chart1").SeriesCollection(1) 是指定 Chart1 圖表工作表中的第一個數列。下面是 SeriesCollection、Series 常用的屬性和方法：

1. **Count 屬性**：使用 Count 屬性可以設定或取得圖表中數列的數量，例如：要指定 <Chart1> 圖表工作表中的最後一個數列，寫法為：

```
Charts("Chart1").SeriesCollection(Charts("Chart1").SeriesCollection.Count)
```

2. **HasDataLabels 屬性**：使用 HasDataLabels 屬性，可設定或取得指定數列是否顯示資料標籤。例如：顯示 <Chart1> 圖表工作表中第一個數列的資料標籤：

```
Charts("Chart1").SeriesCollection(1).HasDataLabels = True
```

3. **Interior 屬性**：使用 Interior 屬性可以設定或取得指定數列的背景樣式。例如：將 <工作表 1> 中第一個內嵌圖表中的第一個數列的背景色彩設定為綠色：

```
Worksheets("工作表 1").ChartObjects(1).Chart.SeriesCollection(1).Interior.Color = RGB(0, 255, 0)
```

4. **Format.Fill 屬性**：使用 Format.Fill 屬性可以設定數列的樣式，其屬性值為 FillFormat 物件。常用的成員如下：

① ForeColor 屬性設定數列前景色；

② BackColor 屬性設定數列背景色。

③ Solid 方法設定填滿前景色。

④ TwoColorGradient 方法，設定為前景色至背景色的漸層效果。

用 Format.Fill 設定漸層效果的語法如下：

語法：

圖表物件.SeriesCollection(索引).Format.Fill.TwoColorGradient (*Style, Variant*)

▶ **說明**

❶ 第一個引數 *Style* 為漸層樣式列舉型別，常用為：msoGradientHorizontal （水平）、msoGradientVertical （垂直）、msoGradientDiagonalUp (右斜)、msoGradientDiagonalDown (左斜)、msoGradientFromCenter (從中央)、msoGradientFromCorner (從角落)。

❷ 第二個引數 *Variant* 為 1~4 (或 1~2)的整數，代表漸層的變化。

⑤ 使用 UserPicture 方法可以設定數列中填滿圖片，方法的引數為圖檔含路徑的字串。

⑥ 使用 PictureType 屬性可以設定數列內圖片格式，屬性值有 xlStretch (縮放，預設值)、xlStack (堆疊)。

⑦ 例如：設定 ch 圖表物件各個數列的格式，寫法為：

```
With ch
    .SeriesCollection(1).Format.Fill.Solid      '第 1 數列填滿前景色
    .SeriesCollection(1).Format.Fill.ForeColor.RGB = RGB(0, 0, 255)   '第 1 數列前景色為藍色
    .SeriesCollection(2).Format.Fill.TwoColorGradient msoGradientHorizontal, 1 '第 2 數列漸層
    .SeriesCollection(2).Format.Fill.ForeColor.RGB = RGB(0, 255, 0)   '第 2 數列前景色為綠色
    .SeriesCollection(2).Format.Fill.BackColor.RGB = RGB(255, 0, 0)   '第 2 數列背景色為紅色
    ' 設第 3 數列填滿圖片，圖檔為活頁簿位置的 pc.jpg
    .SeriesCollection(3).Format.Fill.UserPicture ThisWorkbook.Path & "/pc.jpg"
    .SeriesCollection(3).PictureType = xlStack    '設圖片格式為堆疊
End With
```

5. **Extend 方法**：使用 Extend 方法可以將指定的儲存格範圍資料加入到數列集合的最後，其語法如下：

> **語法：**
>
> 圖表物件.SeriesCollection.Extend (*Source* [, *Rowcol* ] [, *CategoryLabels* ])

▶ **說明**

① *Source* 引數是數列資料來源，型別為儲存格範圍。

② *Rowcol* 引數可以指定資料方向為水平列或垂直欄，屬性值有 xlRows (列)、xlColumns (欄)，省略時系統會自動判斷，所以通常會省略此引數不寫。

③ *CategoryLabels* 引數可以指定是否顯示水平軸的類別標籤文字，屬性值有 True (顯示)、False (不顯示、預設值)。

④ 例如：將第一張工作表儲存格範圍 E1:E5 中的資料，新增到第一張內嵌圖表中的數列集合中，寫法為：

```
With Worksheets(1)
    .ChartObjects(1).Chart.SeriesCollection.Extend Source:= .Range("E1:E5"), CategoryLabels:=True
End With
```

**實作** FileName：Series.xlsm

按 ┃ 更新 ┃ 鈕會將工作表中的四季的資料以圖表呈現。地區的總計最高數列為紅色並顯示金額，總計最低的數列為綠色，其餘則為藍色。當地區增加時，圖表會貼在表格的下方顯示。

### ▶ 輸出要求

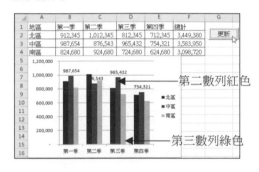

### ▶ 解題技巧

**Step 1** 建立輸出入介面

1. 新增活頁簿並以「Series」為新活頁簿名稱。

2. 在 <工作表 1> 中建立如下表格，和一個 ActiveX 命令按鈕控制項：

| | A | B | C | D | E | F | G |
|---|---|---|---|---|---|---|---|
| 1 | 項目 | 第一季 | 第二季 | 第三季 | 第四季 | 總計 | |
| 2 | 北區 | 912,345 | 1,012,345 | 812,345 | 712,345 | 3,449,380 | 更新 ← cmdUpdate |
| 3 | 中區 | 987,654 | 876,543 | 965,432 | 754,321 | 3,583,950 | |
| 4 | 南區 | 824,680 | 924,680 | 724,680 | 624,680 | 3,098,720 | |

└→ =SUM(B2:E2)

**Step 2** 問題分析

1. 使用 UsedRange.Rows.Count 取得工作表使用範圍的列數，以便動態設定圖表顯示的位置。

2. 使用 Excel 的 Max 和 Min 函數，來取得 F 欄的最大值和最小值。

3. 使用 For 迴圈逐一設定 SeriesCollection 數列的格式，Interior 屬性可以設定顏色，HasDataLabels 屬性可以設定是否顯示數值。

Step 3  編寫程式碼

| FileName: Series.xlsm　(工作表 1 程式碼) |
| --- |
| 01 Private Sub cmdUpdate_Click() |
| 02　　Dim ws As Worksheet　　'宣告 ws 為工作表物件 |
| 03　　Dim co As ChartObject　　'宣告 co 為 ChartObject 物件 |
| 04　　Dim ch As Chart　　　　'宣告 ch 為圖表物件 |
| 05　　Set ws = ThisWorkbook.Worksheets("工作表 1") '設 ws 為工作表 1 |
| 06　　If ws.ChartObjects.Count > 0 Then　　'如果 ChartObject 物件集合數量>0 |
| 07　　　　ws.ChartObjects.Delete　　　　'移除內嵌圖表 |
| 08　　End If |
| 09　　r = Sheets("工作表 1").UsedRange.Rows.Count　'取得使用範圍的列數 |
| 10　　'在 A 欄使用範圍下一列上建立寬 300、高 200 的圖表 |
| 11　　Set co = ws.ChartObjects.Add(ws.Range("A" & r + 1).Left, _ |
| 　　　　　　　　　　　　　　ws.Range("A" & r + 1).Top, 300, 200) |
| 12　　Set ch = co.Chart　　'設 ch 為 co 的圖表 |
| 13　　ch.SetSourceData Source:=ws.Range("A1:E" & r)　'設 ch 的資料來源為 A:E 使用範圍 |
| 14　　m = Application.WorksheetFunction.Max(ws.Range("F2:F" & r))　'F 欄的最大值 |
| 15　　n = Application.WorksheetFunction.Min(ws.Range("F2:F" & r))　'F 欄的最小值 |
| 16　　For i = 1 To ch.SeriesCollection.Count　'逐一設定數列 |
| 17　　　　If ws.Range("F" & i + 1).Value = m Then '如果儲存格的值等於最大值 |
| 18　　　　　　ch.SeriesCollcction(i).Interior.Color = RGB(255, 0, 0)　'數列為紅色 |
| 19　　　　　　ch.SeriesCollection(i).HasDataLabels = True　'顯示數值 |
| 20　　　　ElseIf ws.Range("F" & i + 1).Value = n Then '如果儲存格的值等於最小值 |
| 21　　　　　　ch.SeriesCollection(i).Interior.Color = RGB(0, 255, 0)　'數列為綠色 |
| 22　　　　Else |
| 23　　　　　　ch.SeriesCollection(i).Interior.Color = RGB(0, 0, 255)　'數列為藍色 |
| 24　　　　End If |
| 25　　Next |
| 26 End Sub |

▶ 隨堂練習

將上面實作改為數列總計大於等於總計平均值時，就填入紅、白水平漸層；否則就填入綠、黑垂直漸層。

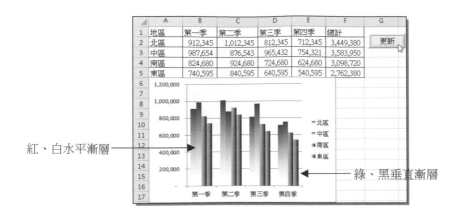

紅、白水平漸層

綠、黑垂直漸層

## 14.2.4 立體圖表的設定

1. **Rotation 屬性**：使用 Chart 物件的 Rotation 屬性，可以設定和取得立體圖表的旋轉角度。屬性值由 0 至 360，但立體橫條圖僅由 0 至 44，屬性預設值為 20。例如：設定目前圖表工作表的圖表的旋轉角度為 60，寫法為：

```
ActiveChart.Rotation = 60
```

2. **Elevation 屬性**：使用 Chart 物件的 Elevation 屬性，可以設定和取得立體圖表的仰角度數。屬性值由 -90 至 90，但立體橫條圖僅由 0 和 44 之間，大多數立體圖表類型屬性預設值為 15。例如：顯示 ch 圖表的仰角度數，寫法為：

```
MsgBox "圖表的仰角為：" & ch.Elevation & "度"
```

3. **Perspective 屬性**：使用 Chart 物件的 Perspective 屬性，可以設定和取得立體圖表的遠近景深，屬性值由 0 到 100，屬性預設值為 30。當 RightAngleAxes 屬性 (座標軸是否為直角) 為 True 時，則 Perspective 屬性無效。例如：顯示目前圖表工作表中圖表的景深後，設定景深為 60 最後恢復原值，寫法為：

```
ActiveChart.RightAngleAxes = False
per = ActiveChart.Perspective
MsgBox "圖表的的景深為：" & per
ActiveChart.Perspective = 60
ActiveChart.Perspective = per
```

4. **Floor 屬性**：使用 Chart 物件的 Floor 屬性，可以設定和取得立體圖表底板的格式，屬性值為 Floor 物件。使用 Interior 屬性可以設定底板的背景樣式；Border 屬性可以設定底板的框線樣式。例如：設 ch 圖表物件的底板顏色，寫法為：

```
ch.Floor.Interior.ColorIndex = 2
```

5. **BackWall/SideWall 屬性**：使用 Chart 物件的 BackWall 和 SideWall 屬性，可以分別設定和取得立體圖表背景牆和側邊牆的格式，屬性值為 Walls 物件。使用 Interior 屬性可以設定背景牆的背景樣式；Border 屬性可以設定背景牆的框線樣式。例如：目前圖表工作表的圖表背景牆邊框為紅色，寫法為：

```
ActiveChart.BackWall.Border.Color = RGB(255, 0, 0)
```

 便利貼

當圖表類型為平面時，如果使用 Elevation、Perspective、Floor、BackWall、SideWall 等屬性，會造成程式執行錯誤要特別注意。

**實作** FileName：Rotation.xlsm

按微調按鈕的增減鈕時，會改變工作表中立體區域圖表的旋轉角度，每次增減值為 10 度。

▶ **輸出要求**

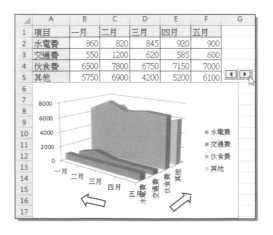

▶ **解題技巧**

Step ① 建立輸出入介面

1. 新增活頁簿並以「Rotation」為新活頁簿名稱。

2. 在工作表 1 中建立如下表格，和一個 ActiveX 微調按鈕控制項：

| ▲ | A | B | C | D | E | F | G |
|---|---|---|---|---|---|---|---|
| 1 | 項目 | 一月 | 二月 | 三月 | 四月 | 五月 | |
| 2 | 水電費 | 860 | 820 | 845 | 920 | 900 | |
| 3 | 交通費 | 550 | 1200 | 620 | 585 | 600 | |
| 4 | 伙食費 | 6500 | 7800 | 6750 | 7150 | 7000 | |
| 5 | 其他 | 5750 | 6900 | 4200 | 5200 | 6100 | ◀ ▶ ── spnRotation |

Step ② 問題分析

1. 在 Workbook_Open 事件程序中新增圖表，並設定為立體區域圖類型。因為圖表的 Rotation 屬性值由 0 至 360，所以要設定微調按鈕 Min 和 Max 屬性值為 0 和 360，來限制數值範圍。另外設微調按鈕 Value 值為圖表的 Rotation 屬性值，來設定屬性值為圖表預設的旋轉角度。

2. 在 spnRotation 的 Change 事件中，設定圖表的 Rotation 屬性值為微調按鈕 Value 值，來改變圖表的旋轉角度。

Step ③ 編寫程式碼

| FileName: Rotation.xlsm　(ThisWorkbook 程式碼) |
|---|
| **01 Private Sub Workbook_Open()** |
| 02　　Dim ws As Worksheet　　'宣告 ws 為工作表物件 |
| 03　　Dim co As ChartObject　　'宣告 co 為 ChartObject 物件 |
| 04　　Dim ch As Chart　　　　'宣告 ch 為圖表物件 |
| 05　　Set ws = ThisWorkbook.Worksheets("工作表 1") '設 ws 為工作表 1 |
| 06　　If ws.ChartObjects.Count > 0 Then　　'如果 ChartObject 物件集合數量>0 |
| 07　　　　ws.ChartObjects.Delete　　　　'移除內嵌圖表 |
| 08　　End If |
| 09　　'在 A6 儲存格上建立寬 300、高 200 的圖表 |
| 10　　Set co = ws.ChartObjects.Add(ws.Range("A6").Left, ws.Range("A6").Top, 300, 200) |
| 11　　Set ch = co.Chart　　'設 ch 為 co 的圖表 |
| 12　　ch.SetSourceData Source:=ws.Range("A1:F5") '設 ch 的資料來源為 A1:F5 儲存格範圍 |
| 13　　ch.ChartType = xl3DArea　　　　　'設 ChartType 屬性值為立體區域圖 |
| 14　　With Worksheets("工作表 1").spnRotation |
| 15　　　　.Min = 0 |

| 16 | .Max = 360 |
| 17 | .SmallChange = 10 |
| 18 | .Value = ch.Rotation '設微調按鈕值為圖表的 Rotation 屬性值 |
| 19 | End With |
| 20 End Sub | |

| **FileName: Rotation.xlsm** (工作表 1 程式碼) | |
| **01 Private Sub spnRotation_Change()** | |
| 02 | With ThisWorkbook.Worksheets("工作表 1").ChartObjects(1).Chart |
| 03 | .Rotation = spnRotation.Value '設圖表的 Rotation 屬性值為微調按鈕值 |
| 04 | End With |
| 05 End Sub | |

▶ **隨堂練習**

將上面實作增加兩個微調按鈕控制
項，分別可以調整仰角和景深。

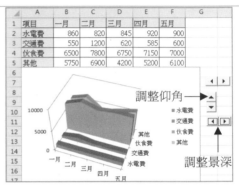

# 14.3 圖表物件常用方法

1. **ChartWizard 方法**：使用 ChartWizard 方法可以快速設定 Chart 物件的格式，不
   用設定所有的屬性。ChartWizard 方法可以修改 Chart 物件指定的屬性，不會更
   動其他的屬性。ChartWizard 方法的語法如下：

> 語法：
>
> 圖表物件. ChartWizard ([*Source*] [,*Gallery* ] [,*Format* ] [,*PlotBy* ] _
>     [,*CategoryLabels* ] [,*SeriesLabels* ] [,*HasLegend* ] [,*Title* ] _
>     [,*CategoryTitle* ] [,*ValueTitle* ] [,*ExtraTitle*])

▶ **説明**

① *Source* 引數是指定圖表資料來源的儲存格範圍，省略時會編輯目前作用圖表。
② *Gallery* 引數可以指定圖表類型，XlChartType 引數值請參考附錄 C。

③ *Format* 引數可以指定自動格式設定的號碼 (1 ~ 10)，省略時 Excel 會自動判斷選用。

④ *PlotBy* 引數是指定數列資料來源是列或欄，引數值為 xlRows 或 xlColumns。

⑤ *CategoryLabels* 引數是指定來源範圍中包含類別標籤的列數或欄數。

⑥ *SeriesLabels* 引數是指定來源範圍中包含數列標籤的列數或欄數。

⑦ *HasLegend* 引數是指定是否有圖例，引數值為 True、False (不包含)。

⑧ *Title* 引數是指定圖表的標題文字。

⑨ *CategoryTitle* 引數是指定類別座標軸標題文字。ValueTitle 引數是指定數值座標軸標題文字。ExtraTitle 引數是指定立體圖表的數列座標軸標題。

⑩ 例如：設定 <Chart1> 圖表工作表的格式，寫法為：

```
Charts("Chart1").ChartWizard Source:=Worksheets("工作表 1").Range("A2:F8"), _
    Gallery:= xlBar, HasLegend:=False, Title:="全年營業額圖表", _
    CategoryTitle:="月份", Valuetitle:=" 營業額"
```

2. **Activate 方法**：使用 Activate 方法可以將指定的圖表成為目前作用圖表。例如：將 ch 圖表成為目前作用圖表然後顯示圖例，寫法為：

```
ch.Activate
ActiveChart.HasLegend = True
```

3. **Select 方法**：使用 Select 方法可以選取指定的圖表工作表。例如：選取 <Chart1> 圖表工作表然後設定標題文字，寫法為：

```
Charts("Chart1").Select
ActiveChart.ChartTitle.Text = "作用圖表"
```

4. **Copy 方法**：使用 Copy 方法可以將指定的圖表複製到剪貼簿。例如：複製 ch 圖表寫法為：

```
ch.Copy
```

複製 <Chart1> 圖表工作表並放在 <工作表 1> 工作表後面，寫法為：

```
Charts("Chart1").Copy After:=Worksheets("工作表 1")
```

5. **Paste** 方法：使用 Paste 方法可以將剪貼簿中的圖表貼入。例如：複製 ch 圖表並放在 <工作表 1> 的 A1 儲存格上，寫法為：

```
ch.Copy
Worksheets("工作表 1").Range("A1").Select      ' 要選擇一個儲存格
Worksheets("工作表 1").Paste                  ' 圖表會貼在該儲存格上
```

例如：在 A1:B2 儲存格範圍插入儲存格，然後將原儲存格向右搬移兩格：

```
Worksheets("工作表 1").Range("B1:B5").Copy
Charts("Chart1").Paste
```

6. **PrintOut** 方法：使用 PrintOut 方法可以印出指定的圖表，如果要預覽列印可以設 Preview 引數值為 True。例如：印出 <工作表 1> 中所有的圖表，寫法為：

```
For Each co In Worksheets("工作表 1").ChartObjects
    co.Chart.PrintOut Preview:=True
Next
```

7. **Export** 方法：使用 Export 方法可以將圖表存成圖檔。

> 語法：
>
> 圖表物件.Export (*FileName* [, *FilterName* ])

▶ **説明**

① *FileName* 引數是指定圖檔的路徑、主檔名和附檔名。

② *FilterName* 引數是指定圖檔的格式，引數值為字串型態可以為 "jpg"、"gif"、"png"、"bmp" 等，省略引數時預設為 "jpg" 圖檔格式。

例如：將工作表的第一個圖表存在目前活頁簿目錄中，指定檔名為 "圖表.gif"，圖檔格式為 "gif" 寫法為：

```
Worksheets(1).ChartObjects(1).Chart.Export  FileName:=ActiveWorkbook.Path & _
          "\圖表.gif", FilterName:="gif"
```

8. **Location** 方法：使用 Location 方法可以將圖表移動到新的位置。

> 語法：
>
> 　圖表物件.Location (*Where* [, *Name*])

## ▶ 說明

① *Where* 引數可以指定圖表移動的目標位置，引數值為 xlLocationAsNewSheet (新圖表工作表)、xlLocationAsObject (內嵌圖表)、xlLocationAutomatic (由 Excel 決定)。

② 當 *Where* 引數值為 xlLocationAsNewSheet 時，會先自動建立新圖表工作表，*Name* 引數是指定新圖表工作表的名稱。

③ 當 *Where* 引數值為 xlLocationAsObject 時，*Name* 引數是指定工作表的名稱，而且不可以省略。

④ 例如：將第一個圖表移動到 <圖表 1> 圖表工作表中，寫法為：

> Worksheets(1).ChartObjects(1).Chart.Location xlLocationAsNewSheet, "圖表 1"

例如：將第一個圖表移動到 <工作表 2> 工作表中，程式寫法為：

> Worksheets(1).ChartObjects(1).Chart.Location xlLocationAsObject, "工作表 2"

9. **Delete 方法**：使用 Delete 方法可以刪除指定的圖表。例如：刪除 ch 圖表寫法為：

> ch.Delete

**實作** FileName：ChartWizard.xlsm

按 `建立圖表` 鈕時，如果沒有圖表會用 ChartWizard 方法建立內嵌圖表；有圖表時會複製第一個圖表。圖表每排三個，類型會由 xlColumnClustered、xl3DBarClustered、xl3DColumn、xlLine、xlBarStacked、xlConeCol、xlConeColStacked 依序設定。按 `刪除圖表` 鈕時，會刪除最後一個圖表。按 `圖表工作表` 鈕時，會將最後一個圖表移動到圖表工作表，工作表名稱會以圖表 1、圖表 2 依序建立。

## ▶ 輸出要求

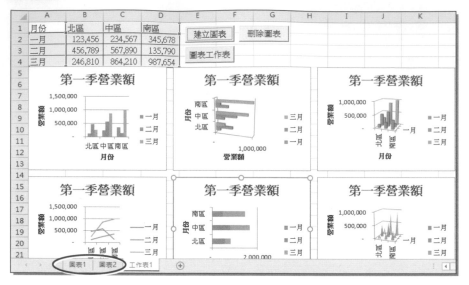

## ▶ 解題技巧

**Step ① 建立輸出入介面**

1. 新增活頁簿並以「ChartWizard」為新活頁簿名稱。

2. 在 <工作表 1> 中建立如下表格,和三個 ActiveX 命令按鈕控制項:

**Step ② 問題分析**

1. 在 Workbook_Open 事件程序中,用 Delete 方法將活頁簿中所有的圖表工作表刪除。

2. 在 cmdCopy 的 Click 事件程序中,檢查 ChartObjects.Count 如果等於 0,表示沒有圖表就新增一個圖表,然後用 ChartWizard 方法設定圖表格式;如果大於 0 就用 Copy 和 Paste 方法,就用 ChartWizard 方法設定圖表類型。

3. 因為圖表每排三個，所以將圖表數量用 Mod 求 3 的餘數，如果餘數為 1 表要排在下一排的第一個位置，其餘則排在前一個圖表的右邊。

4. 在 cmdDelete 的 Click 事件程序中，檢查 ChartObjects.Count 如果大於 0，就用 Delete 方法刪除最後一個圖表。

5. 在 cmdChart 的 Click 事件程序中，檢查 ChartObjects.Count 如果大於 0，就用 Location 方法將最後一個圖表移動到圖表工作表中。

Step 3　編寫程式碼

| FileName: ChartWizard.xlsm　(ThisWorkbook 程式碼) |
| --- |
| 01 Private Sub Workbook_Open() |
| 02　　ThisWorkbook.Charts.Delete　'移除所有圖表工作表 |
| 03 End Sub |

| FileName: ChartWizard.xlsm　(工作表 1 程式碼) |
| --- |
| 01 Private Sub cmdCopy_Click() |
| 02　　Dim ws As Worksheet　　'宣告 ws 為工作表物件 |
| 03　　Set ws = ThisWorkbook.Worksheets("工作表 1") '設 ws 為工作表 1 |
| 04　　aryType = Array(xlColumnClustered, xl3DBarClustered, xl3DColumn, _ |
| 05　　　　xlLine, xlBarStacked, xlConeCol, xlConeColStacked) |
| 06　　Application.ScreenUpdating = False |
| 07　　If ws.ChartObjects.Count = 0 Then |
| 08　　　'在 A5 儲存格上建立寬 200、高 150 的圖表 |
| 09　　　Set co = ws.ChartObjects.Add(ws.Range("A5").Left, ws.Range("A5").Top, 200, 150) |
| 10　　　Set ch = co.Chart　'設 ch 為 co 的圖表 |
| 11　　　ch.ChartWizard Source:=ws.Range("A1:D4"), Gallery:=xlColumnClustered, _ |
| 12　　　HasLegend:=True, Title:="第一季營業額",CategoryTitle:="月份",Valuetitle:="營業額" |
| 13　　Else |
| 14　　　ws.ChartObjects(1).Copy '複製第一個圖表 |
| 15　　　ws.Paste　　'貼上圖表 |
| 16　　　Dim n As Integer |
| 17　　　n = ws.ChartObjects.Count　　'n=圖表的數量 |
| 18　　　With ws.ChartObjects(n) |
| 19　　　　If n Mod 3 = 1 Then '除以 3 的餘數為 1,就跳下一排 |
| 20　　　　　.Top = ws.ChartObjects(n - 3).Top + 160 |
| 21　　　　　.Left = ws.ChartObjects(n - 3).Left |
| 22　　　　Else |
| 23　　　　　.Top = ws.ChartObjects(n - 1).Top |
| 24　　　　　.Left = ws.ChartObjects(n - 1).Left + 210 |
| 25　　　　End If |

| 26 | .Chart.ChartWizard Gallery:=aryType((n - 1) Mod (UBound(aryType) + 1)) |
|---|---|
| 27 | End With |
| 28 | End If |
| 29 | Application.ScreenUpdating = True |
| 30 | End Sub |
| 31 | |
| **32** | **Private Sub cmdDelete_Click()** |
| 33 | Dim ws As Worksheet        '宣告 ws 為工作表物件 |
| 34 | Set ws = ThisWorkbook.Worksheets("工作表 1") '設 ws 為工作表 1 |
| 35 | If ws.ChartObjects.Count > 0 Then |
| 36 | ws.ChartObjects(ws.ChartObjects.Count).Delete |
| 37 | Else |
| 38 | MsgBox "目前沒有圖表！" |
| 39 | End If |
| 40 | End Sub |
| 41 | |
| **42** | **Private Sub cmdChart_Click()** |
| 43 | Dim ws As Worksheet        '宣告 ws 為工作表物件 |
| 44 | Set ws = ThisWorkbook.Worksheets("工作表 1") '設 ws 為工作表 1 |
| 45 | If ws.ChartObjects.Count > 0 Then |
| 46 | ws.ChartObjects(ws.ChartObjects.Count).Chart.Location xlLocationAsNewSheet, _<br>"圖表" & ThisWorkbook.Charts.Count + 1 |
| 47 | Else |
| 48 | MsgBox "目前沒有圖表！" |
| 49 | End If |
| 50 | End Sub |

▶ **隨堂練習**

將上面實作增加「列印圖表」和「存成圖檔」功能，執行時會詢問要對第
幾個圖表作動作，要存成圖檔時會再詢問檔案名稱。

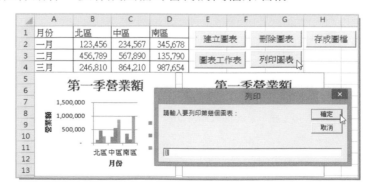

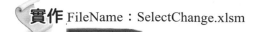

實作 FileName：SelectChange.xlsm

開啟活頁簿時預設圖表顯示全班成績，當點按學生姓名時會顯示該生的成績，如果按 A1 儲存格會顯示預設的全班成績。

▶ **輸出要求**

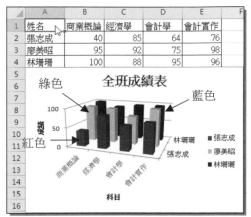

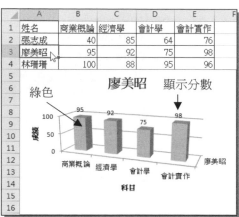

▶ **解題技巧**

**Step 1** 建立輸出入介面

1. 新增活頁簿並以「SelectChange」為新活頁簿名稱。

2. 在 <工作表 1> 中建立如下表格：

| | A | B | C | D | E |
|---|---|---|---|---|---|
| 1 | 姓名 | 商業概論 | 經濟學 | 會計學 | 會計實作 |
| 2 | 張志成 | 40 | 85 | 64 | 76 |
| 3 | 廖美昭 | 95 | 92 | 75 | 98 |
| 4 | 林珊珊 | 100 | 88 | 95 | 96 |

**Step 2** 問題分析

1. 在 Workbook_Open 事件程序中，檢查是否有圖表如果沒有就新增圖表，接著呼叫 SetChart 程序設定圖表的預設格式。

2. 在 Module1 模組中建立一個 SetChart 程序，程序內容為設定圖表的預設格式，供各程式呼叫使用。

3. 在工作表中改變選取的儲存格時，會觸動 SelectionChange 事件。在 Worksheet_SelectionChange 事件程序中，Target 參數代表選取的儲存格，所以使用 Select Case 敘述，分別來設定選取 A1~A4 儲存格時的圖表格式。

Step 3 編寫程式碼

**FileName: SelectChange.xlsm　(ThisWorkbook 程式碼)**

```
01 Private Sub Workbook_Open()
02      Dim ws As Worksheet          '宣告 ws 為工作表物件
03      Set ws = ThisWorkbook.Worksheets("工作表 1")     '設 ws 為工作表 1
04      If ws.ChartObjects.Count = 0 Then
05          Set co = ws.ChartObjects.Add(ws.Range("A5").Left, ws.Range("A5").Top, 300, 200)
06          Set ch = co.Chart     '設 ch 為 co 的圖表
07      End If
08      SetChart        '呼叫 SetChart 程序設定圖表的預設格式
09 End Sub
```

**FileName: SelectChange.xlsm　(工作表 1 程式碼)**

```
01 Public Sub SetChart()
02      Dim ws As Worksheet          '宣告 ws 為工作表物件
03      Set ws = ThisWorkbook.Worksheets("工作表 1") '設 ws 為工作表 1
04      With ws.ChartObjects(1).Chart
05          .SetSourceData Source:=ws.Range("A1:E4") ', PlotBy:=xlRows
06          .ChartType = xl3DColumn
07          .HasLegend = True     '有圖例
08          .HasTitle = True         '有圖表標題
09          .ChartTitle.Text = "全班成績表"
10          .Axes(xlValue).HasTitle = True
11          .Axes(xlValue).AxisTitle.Text = "成績"
12          .Axes(xlCategory).HasTitle = True
13          .Axes(xlCategory).AxisTitle.Text = "科目"
14          .SeriesCollection(1).Interior.Color = RGB(255, 0, 0)
15          .SeriesCollection(1).HasDataLabels = False
16          .SeriesCollection(2).Interior.Color = RGB(0, 255, 0)
17          .SeriesCollection(2).HasDataLabels = False
18          .SeriesCollection(3).Interior.Color = RGB(0, 0, 255)
19          .SeriesCollection(3).HasDataLabels = False
20      End With
21 End Sub
```

**FileName: SelectChange.xlsm** (工作表 1 程式碼)

```
01 Private Sub Worksheet_SelectionChange(ByVal Target As Range)
02     Dim ws As Worksheet        '宣告 ws 為工作表物件
03     Set ws = ThisWorkbook.Worksheets("工作表 1") '設 ws 為工作表 1
04     Dim ch As Chart
05     Set ch = ws.ChartObjects(1).Chart
06     Set t = Target    '指定 t 為被選取的儲存格
07     Select Case t
08         Case Range("A1")
09             SetChart
10         Case Range("A2")
11             With ch
12                 .SetSourceData Source:=ws.Range("A1:E2")
13                 .HasLegend = False            '沒有圖例
14                 .ChartTitle.Text = t.Value        '標題為姓名
15                 .SeriesCollection(1).Interior.Color = RGB(255, 0, 0)
16                 .SeriesCollection(1).HasDataLabels = True    '顯示分數
17             End With
18         Case Range("A3")
19             With ch
20                 .SetSourceData Source:=ws.Range("A1:E1,A3:E3")
21                 .HasLegend = False
22                 .ChartTitle.Text = t.Value
23                 .SeriesCollection(1).Interior.Color = RGB(0, 255, 0)
24                 .SeriesCollection(1).HasDataLabels = True
25             End With
26         Case Range("A4")
27             With ch
28                 .SetSourceData Source:=ws.Range("A1:E1,A4:E4")
29                 .HasLegend = False
30                 .ChartTitle.Text = t.Value
31                 .SeriesCollection(1).Interior.Color = RGB(0, 0, 255)
32                 .SeriesCollection(1).HasDataLabels = True
33             End With
34     End Select
35 End Sub
```

▶ **隨堂練習**

將上面實作增加點按「商業概論」、「經濟學」、「會計學」、「會計實作」等科目時，會顯示該科的全班同學成績。

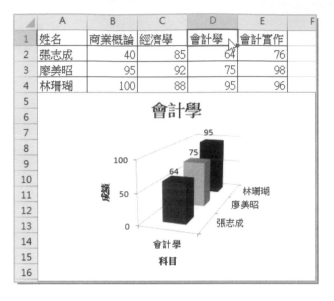

# 15 CHAPTER

# 專題製作

學習目標

- 專題製作簡介
- 專題製作報告格式
- 製作購車貸款試算系統、餐廳訂位系統、條碼列印系統
- 產生 QR 碼圖形

## 15.1 專題製作簡介

「專題製作」可以提升學習者解決問題的能力、蒐集資料的能力、實務應用的能力、團隊合作的能力以及知識整合的能力。本章介紹如何將前面章節已介紹過 Excel VBA 程式設計的各種語法、範例和實作加以整合，便能製作出一個小專題。若能熟悉本章如何製作專題的技巧，對日後在職場上使用 VBA 來撰寫程式會有莫大的助益。

多人參與的專題製作，首先必須經過討論和溝通，確定出合適的專題，再針對選定的專題，經資料的蒐集和編寫出輸入、處理、輸出相關的演算法或流程表，接著將專題分成數個模組，彼此分工編寫相關程式碼，完成程式碼編寫後將模組整合在一起，經除錯、修改和測試無誤後，最後再編寫相關的使用手冊，專題才算完成。製作專題時為達成目標，應該要事先規劃出專題製作的進度表，在分工進行時必須確實督導進度。還有進行專題製作的過程中，如果遇到困難而無法順利推動的時候，可以適當修改專題，以及人員工作的調配。一般使用電腦製作專題的步驟如下：

1. **確定專題範圍**：經由討論、訪查、資料蒐集、資料分類整理、資料研讀等過程，再經過評估時間、財力....等各種實際情況後，初步確定專題的範圍。

2. **資料蒐集和系統分析**：專題範圍確定之後，分工蒐集相關資料，經系統分析完成系統的架構後，確定本專題應具備哪些資料以及完成輸出入介面設計並訂出製作專題的進度流程表。

3. **設計演算法或流程表**：系統架構完成後，就根據輸出入介面編寫相關的演算法或流程表。

4. **按照進度編寫程式碼**：將專題分成數個模組，彼此分工編寫相關程式碼，按照進度流程表完成各模組的除錯和測試工作。

5. **系統整合**：系統整合測試，即將模組整合在一起，經除錯、修改和測試無誤後，才編寫使用者操作手冊。

6. **書寫報告書**：專題製作完成後要撰寫報告書，將專題的動機、製作過程記錄下來，並檢討得失做為大家的經驗分享。有時間也可以上台進行簡報，除了將專題作口頭報告外，還可以達成心得交流的效果。

# 15.2 專題製作報告格式

撰寫專題製作報告時，必須依照單位或學校要求的格式來編寫。例如為科技部撰寫的專題製作報告，就必須依據「科技部專題研究計畫成果報告撰寫格式」的規定，以符合繳交格式。下面以常用的專題製作報告格式，依照順序來做介紹：

## 15.2.1 報告編印的項目和次序

1. **封面/書背**：內容應包含報告名稱、著者及指導者姓名、製作日期。著者若有數名時，可以頓號分隔，並以註腳方式描述著者之學經歷。

2. **書名頁**：內容和封面相同，但是不用編頁碼。

3. **摘要**：簡明扼要說明專題製作的目的、資料來源、研究方法、結果和貢獻。通常以一頁為限，並且摘要內文不分段落，頁碼用羅馬大或小寫數字由 I(i) 編起。

4. **誌謝或序言**：說明專題製作的心得，以及和對協助者的感謝。應該獨立成新頁，頁碼用羅馬數字續編頁碼例如 II(ii)。

5. **目錄/圖目錄/表目錄**：條列專題製作報告章節、圖片、表格所在的頁碼。每個目錄都要獨立成新頁，頁碼用羅馬數字續編頁碼。

6. **符號說明**：對專題製作報告中所使用的符號，做簡單的說明。要獨立成新頁，頁碼用羅馬數字續編頁碼。

7. **本文**：將專題製作由構想、計畫、實施、檢討等的過程，以章節方式詳細說明，是整份報告書的重點。章節的表示方法必須統一且依循規律，若是中文標題可考慮以章、節、項、款、目來呈現標題層次。

8. **參考文獻**：將專題製作報告引用的參考文獻，列出作者姓名、出版年份、出版社、書名、期刊、網址等資料。順序依照參考文獻種類進行分類：分成中文書籍、中文期刊、中文論文、其他中文參考文獻等，接著是英文的文獻也以此類推。

9. **附錄**：專題製作報告中所引用的大量數據、冗長資料、圖表、程式碼 ... 等，都可以納入附錄，如有多篇則以附錄一、附錄二 ... 逐一呈現。

## 15.2.2 報告本文的章節

專題製作報告的本文部分，是整本專題製作報告的重點，必須要依照單位或學校要求的格式來編寫。下面以常用的專題製作報告格式來做介紹：

1. **第一章 緒論**：
   在緒論中說明專題製作的主題，包括製作動機和背景，以及製作的目的與價值。本章通常會再分成製作動機、製作目的、製作設備及軟體等三個小節來作說明。

2. **第二章 理論探討**：
   對於專題報告中使用的原理、公式、理論及方法等相關資料，都在理論探討章節中說明。

3. 第三章 專題設計：

將專題製作的系統架構、功能、軟體設計分析與流程，製作原理等分節詳細說明。對於每個執行的步驟都要具體描述，並可用插圖與表格來說明架構與流程。

4. 第四章 專題成果：

將專題製作實際測試的結果進行分析討論，將實際測試成果確實紀錄下來，可以用圖表的方式呈現，並對專題製作的成果作簡單的評論。對於專題製作測試結果的討論，應該勇敢提出個人的觀點和見解。

5. 第五章 結論與建議：

在最後一個章節中，對專題製作的貢獻作整體的敘述，以及對專題製作的限制和成效進行檢討，例如研究內容與原計畫相符程度、達成預期目標之情況等，並對未來可以改進的地方作詳細的說明。

# 15.3 專題製作(一) 購車貸款試算系統

## 第一章 緒論

### 1-1 製作動機

　　汽車銷售人員常需要對客戶進行各種車款的介紹，並且計算必須繳交的規費和稅金，如果客戶要辦理貸款還要試算出每月還款金額。為了提供優良的服務，汽車銷售人員必須攜帶多種型錄、計算機、貸款試算表格…等，時常會手忙腳亂。如果能夠將以上各種需要的項目，整合到一個購車試算系統當中，將可以徹底解決汽車銷售人員的需求。

### 1-2 製作目的

　　購車試算系統應該包含下列各種功能：

1. 各種車款簡易資料的呈現，和各種角度的照片。
2. 能夠試算出客戶必須繳交的規費，和各種賦稅的金額。
3. 輸入貸款必須的各項條件後，能夠試算出客戶每月應繳的金額。
4. 能夠將試算的結果記錄下來，以便日後進行資料分析。

### 1-3 製作設備及軟體

為了完成購車試算系統的各種功能，應該準備下列設備及軟體有：筆記型電腦、Excel 應用程式(Office 2006 以上版本)、數位相機、Photoshop 繪圖軟體等。

## 第二章 理論探討

### 2-1 研究工具(Excel)

Excel 是微軟(Microsoft)公司開發的軟體，Excel 在 Windows 環境下非常受歡迎的 Office 辦公室整合性套裝軟體之一。Excel 具有下面三大功能：

1. 試算表：具有建立工作表、資料的修改、複製、刪除、使用函數對資料作運算處理、檔案存取和工作表列印等功能。

2. 統計圖表：可以對工作表的資料，依據設定繪製出各種如直線圖、折線圖、圓餅圖 ... 等的統計圖表。另外，也可以使用圖形物件，來美化工作表的內容。

3. 資料庫：可以對指定的欄位進行排序，也可以針對條件進行資料的篩選，以及進行樞鈕分析等資料庫管理的操作。

### 2-2 研究工具(Excel VBA)

Excel 從 1993 年開始支援 VBA，VBA 是 **V**isual **B**asic for **A**pplication 的縮寫，它是附屬於 Office 各應用軟體的巨集程式。VBA 的語法大致上與 Visual Basic 類似，透過程式就可以操控 Office 軟體。雖然 Excel 本身功能已經非常強大，但是如果能再配合 VBA 將會如虎添翼，把 Excel 的功能發揮到極致、有效提升工作效率。本專題採用此工具來撰寫相關程式碼。

## 第三章 專題設計

### 3-1 構思及設計

根據專題稅額試算、貸款試算和紀錄儲存的需求，決定採用 Excel 來作系統環境，因為 Excel 具備下列優點：

1. Excel 是普遍使用的應用程式，大多數的電腦都有安裝該軟體。

2. Excel 大多數的人都具有基本操作的能力，使用者操作系統門檻極低。而且記錄儲存在 Excel 工作表當中，後續的資料處理使用 Excel 的功能就能輕鬆完成，而且彈性大。

3. Excel 具有 VBA 程式的支援，可以大力輔助 Excel 內建功能的不足。

## 3-2 製作流程

### 3-2-1 資料蒐集

1. 蒐集各種車款、車型、規格和售價等的各種資料，如表 1 所示。

| 車款 | 車型 | 售價 | 規格 | 車款 | 車型 | 售價 | 規格 |
|---|---|---|---|---|---|---|---|
| Excel | 旗艦 | 1,420,000 | 2494cc | Basic | 尊爵 | 759,000 | 1798cc |
|  | 尊爵 | 1,310,000 | 柴油 |  | 豪華 | 729,000 | 汽油 |
|  | 豪華 | 1,180,000 |  |  | 經典 | 689,000 |  |
|  | 經典 | 1,130,000 |  |  | 雅致 | 646,000 |  |
| Visual | 尊爵 | 989,000 | 1998cc | Speed | 豪華 | 619,000 | 1497cc |
|  | 豪華 | 929,000 | 汽油 |  | 經典 | 579,000 | 汽油 |
|  | 經典 | 899,000 |  |  | 雅致 | 555,000 |  |

表 1 各種車款、車型、規格和售價資料表

2. 蒐集領牌時需要繳交的各項費用，以及計算方式。調查後了解需要繳交規費、牌照稅和燃料稅三項，其中規費固定為 1250 元。牌照稅根據汽車的排汽量和自用/營業用，公路總局訂有不同的收費金額如表 2 所示。

| 小客車使用牌照稅稅額表 | | |
|---|---|---|
| 汽缸總排汽量(立方公分) | 稅額(每車乘人座位九人以下者) | |
| | 自用(全年) | 營業(全年) |
| 500以下 | 1,620 | 900 |
| 501-600 | 2,160 | 1,260 |
| 601-1200 | 4,320 | 2,160 |
| 1201-1800 | 7,120 | 3,060 |
| 1801-2400 | 11,230 | 6,480 |
| 2401-3000 | 15,210 | 9,900 |
| 3001-4200 | 28,220 | 16,380 |
| 4201-5400 | 46,170 | 24,300 |
| 5401-6600 | 69,690 | 33,660 |
| 6601-7800 | 117,000 | 44,460 |
| 7801以上 | 151,200 | 56,700 |

表 2　小客車使用牌照稅稅額表

燃料稅根據汽車的排汽量、車種、自用/營業用、和汽油/柴油,交通部公路總局訂有不同的收費金額如表 3 所示,詳如附錄。

| 各型汽車每季(年)徵收汽車燃料使用費費額表 | | | | | | | | | | | | |
|---|---|---|---|---|---|---|---|---|---|---|---|---|
| 車輛分類、費額及汽缸排汽量 | 大 客 車 | | | | 小 客 車 | | | | 貨車(含拖車及三輪貨車) | | | | 機器腳踏車(每年) |
| | 遊覽及出租(每季) | | 自用(每年) | | 營業用(每季) | | 自用(每年) | | 營業用(每季) | | 自用(每年) | | |
| | 汽油 | 柴油 | 汽油 | 柴油 | 汽油 | 柴油 | 汽油 | 柴油 | 汽油 | 柴油 | 汽油 | 柴油 | |
| 50 以下 | - | - | - | - | - | - | - | - | - | - | - | - | 300 |
| 601-1200 | - | - | - | - | 2160 | 1296 | 4320 | 2592 | 1575 | 945 | 4320 | 2592 | 1800 |
| 1201-1800 | - | - | - | - | 2400 | 1440 | 4800 | 2880 | 2100 | 1260 | 4800 | 2880 | 2010 |
| 1801-2400 | - | - | - | - | 3083 | 1850 | 6180 | 3708 | 2700 | 1620 | 7710 | 4626 | - |
| 2401-3000 | 4725 | 2835 | 8400 | 5040 | 3600 | 2160 | 7200 | 4320 | 3150 | 1890 | 9900 | 5940 | - |
| 3001-3600 | 5670 | 3402 | 10080 | 6048 | - | - | 8640 | 5184 | 3780 | 2268 | 11880 | 7128 | - |

表 3　各型汽車每季(年)徵收汽車燃料費用費額表

牌照稅和燃料稅繳交時,會根據領牌當天距離年底所剩天數,佔當年度的百分比來繳費。

3. 蒐集消費型貸款相關規定，以及每月應繳金額計算公式。以臺灣銀行消費者貸款適用利率為準，如表 4 所示。

| 貸款項目 | 經權最高額度 | 最長期限 | 作業成本 | 適用利率 | 各項相關費用 | 總費用年百分率 |
|---|---|---|---|---|---|---|
| 汽車購置貸款(憑購車發票最高七成撥貸) | 80 萬元 | 3 年 | 4.156% | 5.413% | 5300 元 | 5.86% |

表 4 臺灣銀行消費者貸款適用利率一覽表

每月應繳金額計算可以使用 Excel 的內建 PMT 函數，其公式為：

> 每月應還金額 ＝ PMT(年利率 / 12, 貸款月數, 貸款金額)

### 3-2-2 資料分析

資料蒐集完整後，對資料進行資料分析整理成各種資料表，以方便進行查詢和儲存。本專題須建立下列三個工作表：

1. 「車輛資料」工作表

車輛相關資料中和稅金相關的資料是排汽量大小，以及汽車用油是汽油或柴油的種類。和貸款相關的資料是售價，而售價會依據車款和車型而定。目前有 Excel、Visual、Basic 和 Speed 四種車款，每一種車款有三到四種車型。因為車型數量不一，所以欄位排在後面以便彈性伸縮。將售價接在各車型的後面，以便程式執行時讀取對應的資料。將資料建立在「車輛資料」工作表中如圖 1 所示：

| | A | B | C | D | E | F | G | H | I | J | K |
|---|---|---|---|---|---|---|---|---|---|---|---|
| 1 | 車款 | 排汽量 | 用油 | 車型1 | 售價1 | 車型2 | 售價2 | 車型3 | 售價3 | 車型4 | 售價4 |
| 2 | Excel | 2494 | 柴油 | 旗艦 | 1420000 | 尊爵 | 1310000 | 豪華 | 1180000 | 經典 | 1130000 |
| 3 | Visual | 1998 | 汽油 | 尊爵 | 989000 | 豪華 | 929000 | 經典 | 899000 | | |
| 4 | Basic | 1798 | 汽油 | 尊爵 | 759000 | 豪華 | 729000 | 經典 | 689000 | 雅致 | 646000 |
| 5 | Speed | 1497 | 汽油 | 豪華 | 619000 | 經典 | 579000 | 雅致 | 555000 | | |
| 6 | | | | | | | | | | | |

試算　車輛資料　賦稅資料　紀錄　(+)

圖 1 「車輛資料」工作表

2. 「賦稅資料」工作表

牌照稅和燃料稅的稅額主要根據是車輛的排汽量,所以將兩個資料整合成一個資料表,以方便資料的查詢,以及日後稅額調整時資料的修改。將自用車輛的牌照稅、汽油燃料稅和柴油燃料稅三個欄位集中在前面,營業用車輛的欄位集中放在後面,可以方便程式執行時的讀取。另外,排汽量高於 3600cc 部分的資料,因為沒有對應的車款所以刪除。將資料建立在「賦稅資料」工作表中如圖 2 所示:

| | A | B | C | D | E | F | G | H |
|---|---|---|---|---|---|---|---|---|
| 1 | 排氣量 | 自用牌照稅 | 自用汽油燃料稅 | 自用柴油燃料稅 | 營業用牌照稅 | 營業用汽油燃料稅 | 營業用柴油燃料稅 | |
| 2 | 1-500 | 1620 | 2160 | 1296 | 900 | 0 | 0 | |
| 3 | 501-600 | 2160 | 2880 | 1728 | 1260 | 1440 | 864 | |
| 4 | 601-1200 | 4320 | 4320 | 2592 | 2160 | 2160 | 1296 | |
| 5 | 1201-1800 | 7120 | 4800 | 2880 | 3060 | 2400 | 1440 | |
| 6 | 1801-2400 | 11230 | 6180 | 3708 | 6480 | 3083 | 1850 | |
| 7 | 2401-3000 | 15210 | 7200 | 4320 | 9900 | 3600 | 2160 | |
| 8 | 3001-3600 | 28,220 | 8640 | 5184 | 16380 | 5670 | 3402 | |
| 9 | | | | | | | | |

試算　車輛資料　賦稅資料　紀錄　＋

圖 2 「賦稅資料」工作表

3. 「記錄」工作表

客戶試算後記錄各項資料以便日後統計分析,相關的資料儲存在「記錄」工作表中,相關的欄位如圖 3 所示:

| | A | B | C | D | E | F | G | H | I | J | K | L |
|---|---|---|---|---|---|---|---|---|---|---|---|---|
| 1 | 車款 | 車型 | 用途 | 領牌日期 | 自費選牌 | 稅金 | 頭款金額 | 貸款金額 | 貸款利息 | 分期月數 | 月付金額 | 日期 |
| 2 | | | | | | | | | | | | |
| 3 | | | | | | | | | | | | |
| 4 | | | | | | | | | | | | |
| 5 | | | | | | | | | | | | |
| 6 | | | | | | | | | | | | |

試算　車輛資料　賦稅資料　紀錄　＋

圖 3 「記錄」工作表

### 3-2-3 照片拍攝和處理

拍攝車款四個角度的照片,圖檔分別以車款的名稱加上 1~4 來命名,例如 Excel 車款的第一張照片命名為 Excel1.jpg。另外,使用 PhotoShop 軟體將每張圖檔都裁切成寬度 400 點、高度 260 點。譬如:下面是 Excel1.jpg~Excel4.jpg 圖片:

圖 4　Excel1.jpg ~ Excel4.jpg 圖片

### 3-2-4 程式撰寫

　　相關資料準備完畢後，開始進行程式碼撰寫的工作。程式碼盡量模組化設計，以便分工合作和整合測試。根據分析將程式分成「車款選擇」、「外觀瀏覽」、「稅金試算」、「貸款試算」、「紀錄資料」五個部分。

### 3-3 製作內容

### 3-3-1 程式架構

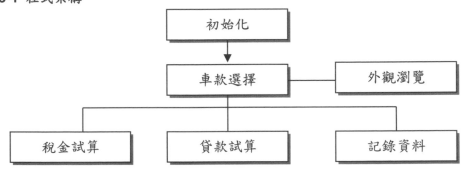

圖 5　程式架構圖

### 3-3-2 介面設計

1. 系統整體介面

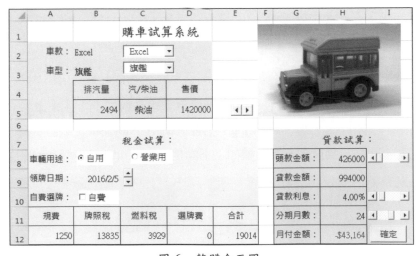

圖 6　整體介面圖

2. 車款選擇相關介面

圖 7　車款選擇介面圖

3. 外觀瀏覽相關介面

圖 8　外觀瀏覽介面圖

4. 稅金試算相關介面

圖 9　稅金試算介面圖

5. 貸款試算相關介面

圖 10　貸款試算介面圖

### 3-3-3 編寫程式

1. 初始化相關程式碼

| FileName: 購車試算.xlsm　　(ThisWorkbook 程式碼) |
|---|
| **01 Private Sub Workbook_Open()** |
| 02　　　With Sheets("試算") |
| 03　　　　　.cboCar.ListFillRange = "車輛資料!A2:C5" '項目來源含車款、排氣量、用油欄位 |
| 04　　　　　.cboCar.ListIndex = 0　　　'預設選第一個項目 |
| 05　　　　　.optUse1.Value = True　　　'預設選自用 |
| 06　　　　　.chkSelect.Value = False　　　'預設不自費選牌 |
| 07　　　　　.Range("B9").Value = Now　'預設領牌日期為當天 |
| 08　　　　　.scbRate.Value = 400　　　'預設年利率 4% |
| 09　　　　　.scbMonth.Value = 24　　　'預設分期月數為 24 |
| 10　　　End With |
| 11 End Sub |

2. 車款選擇相關程式碼

| FileName: 購車試算.xlsm　　(工作表 1 程式碼) |
|---|
| 01 '************** 車款選擇 ************* |
| 02'改變車款時 |
| **03 Private Sub cboCar_Change()** |
| 04　　　Dim wsC As Worksheet |
| 05　　　 Set wsC = Sheets("車輛資料") |
| 06　　　With Sheets("試算") |
| 07　　　　　Dim sel As Integer |
| 08　　　　　sel = cboCar.ListIndex　　'取得選取項目的索引值 |
| 09　　　　　.Range("B5").Value = .cboCar.List(sel, 1)　　　'第二欄位資料為排汽量 |
| 10　　　　　.Range("C5").Value = .cboCar.List(sel, 2)　　　'第三欄位資料為用 |
| 11　　　　　.cboType.Clear　　　'清除全部的車型項目 |
| 12　　　　　For i = 0 To 3　'最多為四種車型 |
| 13　　　　　　　If wsC.Cells(sel + 2, i * 2 + 4) <> "" Then '如果不是空 |
| 14　　　　　　　　　.cboType.AddItem wsC.Cells(sel + 2, i * 2 + 4)　　'新增車型項目 |
| 15　　　　　　　　　.cboType.List(i, 1) = wsC.Cells(sel + 2, i * 2 + 5) '第二欄位為售價 |
| 16　　　　　　　End If |
| 17　　　　　Next |
| 18　　　　　.spnView.Value = 1　'預設第 1 張圖 |
| 19　　　　　.imgCar.Picture = LoadPicture(ThisWorkbook.Path & "/" & .Range("B2") & "1.jpg") |
| 20　　　　　.cboType.ListIndex = 0　'預設選第一個車型 |
| 21　　　End With |
| 22 End Sub |
| 23'改變車型時 |

| 24 | **Private Sub cboType_Change()** |
|---|---|
| 25 | On Error Resume Next　　　'產生錯誤時就跳下行 |
| 26 | 　Dim sel As Integer |
| 27 | sel = cboType.ListIndex '取得選項的索引值 |
| 28 | Sheets("試算").Range("D5").Value = cboType.List(cboType.ListIndex, 1) |
| 29 | Sheets("試算").scbFirst.Max = Sheets("試算").Range("D5").Value　'設頭期款的最大值 |
| 30 | Sheets("試算").scbFirst.Min = Sheets("試算").Range("D5").Value * 0.3 '設頭期款的最小值 |
| 31 | Sheets("試算").scbFirst.Value = Sheets("試算").scbFirst.Min '預設頭期款的值 |
| 32 | On Error GoTo 0　　　'恢復錯誤處理 |
| 33 | End Sub |

## 3. 外觀瀏覽相關程式碼

| **FileName: 購車試算.xlsm (工作表 1 程式碼)** |
|---|
| '*************** 外觀瀏覽 ************* |
| 01 '按 spnView 鈕時 |
| **02 Private Sub spnView_Change()** |
| 03　'根據 spnView 值讀取不同的圖檔 |
| 04　Sheets("試算").imgCar.Picture = LoadPicture(ThisWorkbook.Path & "/" & _ <br>　　　　Sheets("試算").Range("B2") & Sheets("試算").spnView.Value & ".jpg") |
| 05 End Sub |

## 4. 稅金試算相關程式碼

| **FileName: Find.xlsm　　(工作表 1 程式碼)** |
|---|
| 01'*************** 稅金試算 ************* |
| 02'改變車輛用途時 |
| **03 Private Sub optUse1_Change()** |
| 04　　tax '呼叫計算牌照、燃料稅程序 |
| 05 End Sub |
| 06'按領牌日期減鈕時 |
| **07 Private Sub spnDate_SpinDown()** |
| 08　'如果天數等於今天天數就離開 |
| 09　If Day(Sheets("試算").Range("B9").Value) = Day(Now) Then Exit Sub |
| 10　Sheets("試算").Range("B9").Value = Sheets("試算").Range("B9").Value - 1 '日期減一天 |
| 11　　tax '呼叫計算牌照、燃料稅程序 |
| 12 End Sub |
| 13'按領牌日期增鈕時 |
| **14 Private Sub spnDate_SpinUp()** |
| 15　Sheets("試算").Range("B9").Value = Sheets("試算").Range("B9").Value + 1 '日期加一天 |
| 16　　tax '呼叫計算牌照、燃料稅程序 |
| 17 End Sub |
| 18'改變自費選牌時 |

```
19 Private Sub chkSelect_Click()
20      If chkSelect.Value = True Then    '如果勾選
21          Sheets("試算").Range("D12").Value = 2000      '設 D12 選牌費為 2000 元
22      Else
23          Sheets("試算").Range("D12").Value = 0         '設 D12 選牌費為 0 元
24      End If
25 End Sub
26 '計算牌照稅和燃料稅程序
27 Sub tax()
28      Dim p_tax As Integer, f_tax As Integer
29      Dim wsS As Worksheet, wsT As Worksheet
30      Set wsS = Sheets("試算")
31      Set wsT = Sheets("賦稅資料")
32      Dim u As Integer
33      If optUse1.Value = True Then u = 0 Else u = 3     '如果選自用位移值為 0；則為 3
34      Dim o As Integer
35      If wsS.Range("C5").Value = "汽油" Then o = 0 Else o = 1   '如果是汽油位移值為 0；則為 1
36      Select Case wsS.Range("B5")      '根據排汽量設定牌照稅和燃料稅
37          Case 1201 To 1800
38              p_tax = wsT.Cells(5, 2 + u).Value          '讀取全年牌照稅
39              f_tax = wsT.Cells(5, 3 + u + o).Value      '讀取全年燃料稅
40          Case 1801 To 2400
41              p_tax = wsT.Cells(6, 2 + u).Value
42              f_tax = wsT.Cells(6, 3 + u + o).Value
43          Case 2401 To 3000
44              p_tax = wsT.Cells(7, 2 + u).Value
45              f_tax = wsT.Cells(7, 3 + u + o).Value
46      End Select
47      Dim d As Integer     '1 月 1 日到當天的天數
48      d = DateDiff("d", Year(wsS.Range("B9")) & "/1/1", wsS.Range("B9"))
49      p_tax = p_tax * (365 - Day(wsS.Range("B9")) + 1) / 365      '根據天數計算應繳牌照稅
50      f_tax = f_tax * (365 - Day(wsS.Range("B9")) + 1) / 365      '根據天數計算應繳燃料稅
51      wsS.Range("B12").Value = p_tax      'B12 儲存格值為應繳牌照稅
52      wsS.Range("C12").Value = f_tax      'C12 儲存格值為應繳燃料稅
53 End Sub
```

## 5. 貸款試算相關程式碼

**FileName: 購車試算.xlsm　(工作表 1 程式碼)**

```
01 '************** 貸款試算 *************
02 '改變年利率時
03 Private Sub scbRate_Change()
04      Sheets("試算").Range("H10").Value = Sheets("試算").scbRate.Value / 10000
```

| 05 | '利率值=scbRate.Value / 10000 |
|---|---|
| 06 End Sub | |

## 6. 記錄資料相關程式碼

**FileName: 購車試算.xlsm　　(工作表 1 程式碼)**

```vb
01'************* 記錄資料 *************
02'按 確定 鈕時
03 Private Sub cmdOK_Click()
04     Dim wsS As Worksheet, wsR As Worksheet
05     Set wsS = Sheets("試算")
06     Set wsR = Sheets("紀錄")
07     Dim r As Integer
08     r = wsR.UsedRange.Rows.Count
09     With wsR
10         .Cells(r + 1, 1).Value = wsS.Range("B2").Value      '車款
11         .Cells(r + 1, 2).Value = wsS.Range("B3").Value      '車型
12         If optUse1.Value = True Then
13             .Cells(r + 1, 3).Value = "自用"                  '用途
14         Else
15             .Cells(r + 1, 3).Value = "營業用"
16         End If
17         .Cells(r + 1, 4).Value = Format(wsS.Range("B9").Value, "yyyy/mm/dd") '領牌日期
18         If chkSelect.Value = True Then
19             .Cells(r + 1, 5).Value = "自費"                  '自費選牌
20         Else
21             .Cells(r + 1, 5).Value = "無"
22         End If
23         .Cells(r + 1, 6).Value = wsS.Range("E12").Value      '稅金
24         .Cells(r + 1, 7).Value = wsS.Range("H8").Value       '頭款金額
25         .Cells(r + 1, 8).Value = wsS.Range("H9").Value       '貸款金額
26         .Cells(r + 1, 9).Value = wsS.Range("H10").Value      '貸款利息
27         .Cells(r + 1, 10).Value = wsS.Range("H11").Value     '分期月數
28         .Cells(r + 1, 11).Value = wsS.Range("H12").Value     '月付金額
29         .Cells(r + 1, 12).Value = Now                        '日期
30     End With
31 End Sub
```

## 3-3-4 測試

　　「車款選擇」、「外觀瀏覽」、「稅金試算」、「貸款試算」、「紀錄資料」五個部分程式碼完成後，進行整合測試確定程式能完整執行，以及試算結果能正確無誤。將各部份的預設值，整合到「初始化」中集合設定。

## 第四章 專題成果

### 4-1 成果展示

1. 「車款」和「車型」使用下拉式清單方式設計。改變「車款」選取的項目時,「車型」的清單項目也隨之改變,預設選取第一個項目。當「車型」選取的項目改變時,「排汽量」、「汽/柴油」、「售價」對應儲存格的值也會隨之改變。

圖 11　車款選擇執行結果

2. 按微調按鈕會切換顯示車款照片,達成瀏覽車體外觀的效果。

圖 12　外觀瀏覽執行結果

3. 「車輛用途」使用選項按鈕設計。「領牌日期」最小為當天,使用微調按鈕可以增減一天。「自費選牌」使用核取按鈕設計,勾選時選牌費為 2000 元。調整條件後,「牌照稅」、「燃料稅」和「選牌費」儲存格值會隨之改變。

規費值固定 →

圖 13　稅金試算執行結果

4. 「頭款金額」、「貸款利息」和「分期月數」使用捲軸設計。「頭款金額」的最大值為汽車售價，最小值為售價的三成(因為最高貸款金額為七成)。「貸款金額」等於汽車售價減頭款金額。「貸款利息」可以調整利息範圍為 0.01~30.00%，預設為 4.00%。「分期月數」可以調整範圍為 1~36(因為最長三年)，預設為 24。

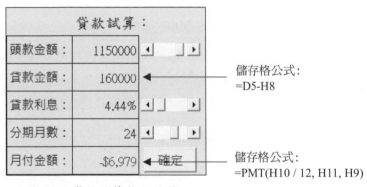

圖 14　貸款試算執行結果

5. 按下貸款試算介面中的 <確定> 鈕後，會將需要的資料儲存在「記錄」工作表。

| | A | B | C | D | E | F | G | H | I | J | K | L |
|---|---|---|---|---|---|---|---|---|---|---|---|---|
| 1 | 車款 | 車型 | 用途 | 領牌日期 | 自費選牌 | 稅金 | 頭款金額 | 貸款金額 | 貸款利息 | 分期月數 | 月付金額 | 日期 |
| 2 | Excel | 旗艦 | 自用 | 2016/2/5 | 無 | 19014 | 426000 | 994000 | 0.04 | 24 | -$43,164.37 | 2016/2/5 10:43 |
| 3 | Visual | 旗艦 | 營業用 | 2016/2/5 | 自費 | 11922 | 278700 | 650300 | 0.041 | 24 | -$28,268.18 | 2016/2/5 10:43 |
| 4 | Basic | 旗艦 | 自用 | 2016/3/2 | 自費 | 13211 | 193800 | 452200 | 0.041 | 36 | -$13,370.87 | 2016/2/5 10:44 |

圖 15　「記錄」工作表儲存資料的情形

## 4-2 問題與討論

1. 因為無法找到配合的廠商，所以改採虛擬的方式處理，自編「Excel」、「Visual」、「Basic」和「Speed」四種車款。

2. 也因為無法找到配合廠商的問題，各種車款的照片使用模型汽車來拍攝。

# 第五章 結論與建議

## 5-1 製作發現

　　專題製作完成後，發現購車試算系統是確實可行。可以將汽車銷售人員需要的車款介紹、稅金試算和貸款試算等工作項目，整合到購車試算系統當中，增加便利性加快速度並且提高正確性。

## 5-2 製作限制

　　系統採用 Excel 設計，雖然可以用保護功能表甚至加上密碼等方式保護，但仍然容易被異動造成執行結果錯誤。另外因為無法找到配合的廠商，專題製作改用虛擬的方式呈現，雖然系統功能完整但是缺乏真實感。

## 5-3 製作建議及未來製作方向

　　本次專題製作採用工作表控制項來設計，雖然可以方便達成系統的功能，但是介面不夠美觀和專業。建議改採自訂表單，使用多重頁面來設計，可以使畫面加大並提高質感。另外，本專題以四個角度拍攝照片，如果能增加為八個角度，再增加「車色」選項，會提高瀏覽外觀的效果。如果能增加記錄資料的統計分析，為銷售提供建議的方向提高績效，那系統就會更加完整。

## 5-4 製作檢討與心得

　　透過本次專題製作，將以前零星學習的知識做一次整合運用，並順利完成專題製作，提升對自己能力的信心。在製作過程中經過組員大量的討論、分工合作、動手等的過程，提升大家擬定和執行計畫、收集資料、溝通協調、表達等的能力。

# 參考文獻

1. 交通部公路總局小客車使用牌照稅稅額表，交通部網站：
   http://www.thb.gov.tw/page?node=f311f876-3953-4055-8568-c63635603bfb

2. 交通部公路總局各型汽車每季(年)徵收汽車燃料使用費費額表，交通部網站：
   http://www.thb.gov.tw/page?node=b58eb9aa-3160-429b-af08-645d5ae19f4c

3. 臺灣銀行消費者貸款適用利率一覽表，
   http://www.bot.com.tw/Business/Loans/ConsumerLoan/consumer_rate.htm

# 附錄

交通部公路總局各型汽車每季(年)徵收汽車燃料使用費費額表：

各型汽車每季(年)徵收汽車燃料使用費費額表

| 車種分類、費額及汽缸排汽量 | 大客車 | | | | 小客車 | | | | 貨車(含拖車及三輪貨車) | | | | 機器腳踏車(每年) |
|---|---|---|---|---|---|---|---|---|---|---|---|---|---|
| | 遊覽及出租(每季) | | 自用(每年) | | 營業用(每季) | | 自用(每年) | | 營業用(每季) | | 自用(每年) | | |
| | 汽油 | 柴油 | 汽油 | 柴油 | 汽油 | 柴油 | 汽油 | 柴油 | 汽油 | 柴油 | 汽油 | 柴油 | |
| 50以下 | - | - | - | - | - | - | - | - | - | - | - | - | 300 |
| 51-125 | - | - | - | - | - | - | - | - | - | - | - | - | 450 |
| 126-250 | - | - | - | - | - | - | - | - | - | - | - | - | 600 |
| 251-500 | - | - | - | - | - | - | 2160 | 1296 | 788 | 473 | 2160 | 1296 | 900 |
| 501-600 | - | - | - | - | 1440 | 864 | 2880 | 1728 | 1050 | 630 | 2880 | 1728 | 1200 |
| 601-1200 | - | - | - | - | 2160 | 1296 | 4320 | 2592 | 1575 | 945 | 4320 | 2592 | 1800 |
| 1201-1800 | - | - | - | - | 2400 | 1440 | 4800 | 2880 | 2100 | 1260 | 4800 | 2880 | 2010 |
| 1801-2400 | - | - | - | - | 3083 | 1850 | 6180 | 3708 | 2700 | 1620 | 7710 | 4626 | - |
| 2401-3000 | 4725 | 2835 | 8400 | 5040 | 3600 | 2160 | 7200 | 4320 | 3150 | 1890 | 9900 | 5940 | - |
| 3001-3600 | 5670 | 3402 | 10080 | 6048 | - | - | 8640 | 5184 | 3780 | 2268 | 11880 | 7128 | - |
| 3601-4200 | 6443 | 3866 | 11460 | 6876 | - | - | 9810 | 5886 | 4298 | 2579 | 13500 | 8100 | - |
| 4201-4800 | 7365 | 4419 | 13080 | 7848 | - | - | 11220 | 6732 | 4913 | 2948 | 15420 | 9252 | - |
| 4801-5400 | 7988 | 4793 | 14190 | 8514 | - | - | 12180 | 7308 | 5325 | 3195 | 16740 | 10044 | - |
| 5401-6000 | 8588 | 5153 | 15270 | 9162 | - | - | 13080 | 7848 | 6683 | 4010 | 18000 | 10800 | - |
| 6001-6600 | 10163 | 6098 | 16260 | 9756 | - | - | 13950 | 8370 | 7110 | 4266 | 19170 | 11502 | - |
| 6601-7200 | 10860 | 6516 | 17370 | 10422 | - | - | 14910 | 8946 | 7605 | 4563 | 20490 | 12294 | - |
| 7201-8000 | 11453 | 6872 | 18330 | 10998 | - | - | 15720 | 9432 | 9165 | 5499 | 25530 | 15318 | - |
| 8001-9000 | 13328 | 7997 | 19380 | 11628 | - | - | - | - | 10298 | 6179 | 27000 | 16200 | - |
| 9001-10000 | 14145 | 8487 | 20580 | 12348 | - | - | - | - | 11573 | 6944 | 28650 | 17190 | - |
| 10001-11000 | 15068 | 9041 | 21900 | 13140 | - | - | - | - | 12323 | 7394 | 32880 | 19728 | - |
| 11001-12000 | 15750 | 9450 | 22920 | 13752 | - | - | - | - | 14318 | 8591 | 36810 | 22086 | - |
| 12001-13000 | 16500 | 9900 | 24000 | 14400 | - | - | - | - | 15000 | 9000 | 43710 | 26226 | - |
| 13001-14000 | 17325 | 10395 | 25200 | 15120 | - | - | - | - | 18900 | 11340 | 54000 | 32400 | - |
| 14001以上 | 17325 | 10395 | 25200 | 15120 | - | - | - | - | 18900 | 11340 | 54000 | 32400 | - |

# 15.4 專題製作(二) 餐廳訂位系統

前面我們介紹專題製作的流程，和專題製作報告書的格式。並利用一個專題製作做為實例，來呈現專題製作的實際過程。下面將再介紹餐廳訂位系統的專題製作，是使用自訂表單設計的系統，為減少篇幅所以用本書實作的格式呈現。

 **實作** FileName：餐廳訂位系統.xlsm

設計一個餐廳訂位系統程式，開啟活頁簿時或按 `開啟表單` 鈕後會開啟「訂位系統」表單。在「訂位」頁面中可以設定訂位日期和場次後，按 `檢查訂位狀況` 鈕會在「選擇桌號」框架中顯示可以勾選的桌號，和設定最多可訂位人數。輸入姓名、電話、人數後按 `確定訂位` 鈕，會儲存訂位資料。輸入姓名或電話後按 `查詢訂位` 鈕，可以查詢訂位資料。輸入姓名或電話後按 `取消訂位` 鈕，可以刪除訂位資料。按「今天」標籤頁面會顯示當天中午或晚上訂位情形。

▶ **輸出要求**

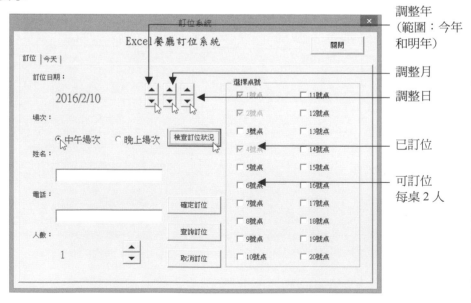

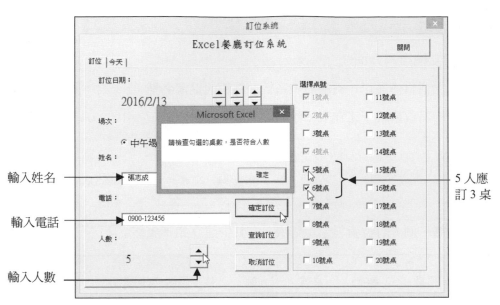

輸入姓名

輸入電話

輸入人數

5人應
訂3桌

根據姓名
查詢訂位

根據電話
取消訂位

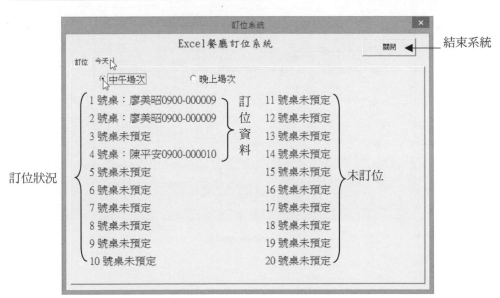

結束系統

訂位狀況

未訂位

## ▶ 解題技巧

Step 1 建立輸出入介面

1. 新增活頁簿並以「餐廳訂位系統」為新活頁簿名稱。

2. 在「訂位系統」工作表中建立一個命令按鈕控制項。

3. 新增一個「訂位資料」工作表,在其中建立如下表格

|  | A | B | C | D | E | F | G |
|---|---|---|---|---|---|---|---|
| 1 | 日期 | 場次 | 桌號 | 人數 | 客戶姓名 | 客戶電話 |  |
| 2 |  |  |  |  |  |  |  |

4. 新增一個 frmOrder 表單,在其中建立 mtpBook 多重頁面控制項,在第一個頁面 pgeOrder 中建立如下的控制項:

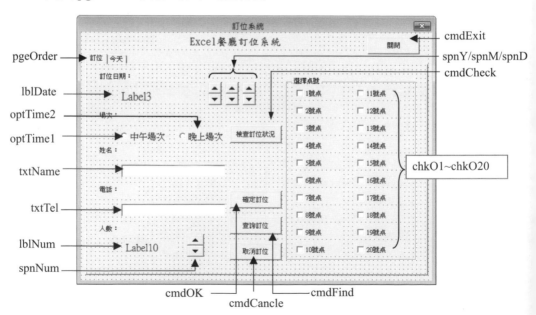

5. 在第一個頁面 pgeToday 中建立如下的控制項：

Step 2 問題分析

1. 在 frmOrder 表單的 UserForm_Initialize 事件中，設定變數的初值和各種控制項的屬性值。因為必須先檢查訂位狀況後，才能正確顯示各桌號的訂位情形，所以宣告 checkTable 為成員 Boolean 變數，值為 True 時表已經檢查過訂位狀況。設 lblDate 的 Caption 屬性值為 Format(Now, "yyyy/m/d")，預設為當天日期。

2. 使用者切換 mtpBook 頁面時會觸動 Change 事件，根據 Value 屬性值執行不同的程式碼。屬性值為 1 表顯示「今天」頁面，預設為中午場次並呼叫 optAM_Change 程序。

3. 當 optAM 的 Value 屬性值改變時會觸動 optAM_Change 程序，在程序中宣告 table(20, 3)陣列，可記錄 20 個桌號的訂位狀況(布林值)、姓名(字串)、電話(字串)資料，如果 table(1, 1)陣列元素值為 True，表 1 號桌有訂位。如果 optAM 的 Value 屬性值為 True 表選擇中午場次，就呼叫 Order 程序傳入引數值為今天日期、1(中午場次)和 table 陣列，該程序會檢查訂位情況。然後用 For 迴圈逐一讀取 table 陣列元素值，如果有訂位就設對應標籤的標題為桌號加姓名和電話；未訂位就顯示該桌號未預訂。使用標籤控制項的 Name 屬性值("lblT1_" & i)，由 frmOrder.Controls 集合中來指定對應，所以控制項命名時要特別注意。

4. 在 Order 程序根據傳入的日期和場次，到「訂位資料」工作表中讀取符合條件的訂位資料到陣列中。因為會使用自動篩選和複製資料，為加快執行速度可以先設 Application.ScreenUpdating = False 關閉螢幕更新。

   使用 AutoFilter 篩選出指定日期和場次的資料，因為資料可能不是連續的範圍，所以先複製到「訂位系統」工作表中，然後再將儲存格值指定給陣列 a，最後不要忘記將複製的資料刪除。

   a 陣列是二維陣列，a(r, 3)陣列元素值為桌號，a(r, 4)元素值為人數，a(r, 5)元素值為客戶姓名，a(r, 6)元素值為客戶電話。因為每張餐桌可坐兩人，客戶人數多時可能會訂多張餐桌，例如訂 1 號、2 號和 3 號桌時，a(r, 3)陣列元素值為"1,2,3"，桌號間用","字元來區隔。

   利用 Split 函數可以將用","字元分隔的桌號資料分割，並指定給陣列，例如"1,2,3"會分割成 1、2、3 等三個陣列元素，也就是該客戶訂 1 號、2 號和 3 號桌。將這些桌號資料寫入陣列，就可以透過陣列將訂位資料傳回。

5. 在 cmdCheck 的 Click 事件中，設 checkTable 為 True 表已檢查訂位狀況。先宣告 table 陣列，呼叫 Order 程序檢查操作者輸入的日期、場次的訂位狀況。然後用 For 迴圈逐一讀取 table 陣列元素值，如果有訂位就勾選對應核取方塊並設為不能使用；未訂位就不勾選對應核取方塊和設為可使用，並將空位值加 1。根據空位值來設定人數 spnNum 控制項的 Max 屬性值，以避免輸入過多人數。

6. 在 cmdOK 的 Click 事件中，先檢查 checkTable 是否為 True，以及訂位日期是否小於當天，如果不符合就離開程序。如果有輸入姓名和電話，就逐一讀取核取方塊控制項，如果 Enabled 和 Value 屬性值都為 True，就將桌號加入用 "," 字元區隔的字串中，並計算訂位桌數。

   檢查訂位人數和訂位桌數是否合理，例如人數為 5 時桌數應為 3，如果合理就將訂位資料逐一寫入「訂位資料」工作表對應的儲存格中。

   最後呼叫 cmdCheck_Click 事件程序檢查訂位狀況，來更新新增的訂位況狀。

7. 在 cmdFind 的 Click 事件中，呼叫 CancleOrder 程序引數為 False 表只是查詢訂位情況。在 cmdCancle 的 Click 事件中，呼叫 CancleOrder 程序引數為

True 表查詢到訂位後會詢問是否刪除訂位資料。因為兩個事件程序的程式碼類似，所以獨立成為一個程序。

8. 在 CancleOrder 程序中，可以根據輸入的姓名或電話，來查詢或刪除訂位資料。如果有輸入的姓名，就使用 Find 方法搜尋是否有該姓名的訂位資料，如果有訂位資料就逐一用 MsgBox 顯示訂位資料。如果 d 參數值為 True，就再用 MsgBox 詢問是否刪除該筆訂位資料，若按「是」鈕就用 Delete 方法刪除該列。電話的查詢和刪除，和上面敘述的方法相同。

9. 在 cmdExit 的事件中，先將「訂位資料」的資料依照日期和場次做遞增排序，以方便日後資料查詢，然後關閉表單。

Step ③ 編寫程式碼

| FileName: 餐廳訂位系統.xlsm　　(ThisWorkbook 程式碼) |
| --- |
| 01 '開啟活頁簿時 |
| **02 Private Sub Workbook_Open()** |
| 03　　frmOrder.Show　'開啟 frmOrder 表單 |
| 04 End Sub |

| FileName: 餐廳訂位系統.xlsm　　(工作表 1 程式碼) |
| --- |
| **01 Private Sub cmdOpen_Click()** |
| 02　　frmOrder.Show　'開啟 frmOrder 表單 |
| 03 End Sub |

| FileName: 餐廳訂位系統.xlsm　　(frmOrder 程式碼) |
| --- |
| 01 Dim checkTable As Boolean　　'紀錄操作者是否檢查過訂位狀況 |
| 02 |
| 03 '開啟表單時設定各種初始值 |
| **04 Private Sub UserForm_Initialize()** |
| 05　　lblDate.Caption = Format(Now, "yyyy/m/d") |
| 06　　spnY.Max = Year(Now) + 1　　'最大為目前的年份+1 |
| 07　　spnY.Min = Year(Now)　　'最小為目前的年份 |
| 08　　spnY.Value = spnY.Min　　'預設為目前的年份 |
| 09　　spnM.Max = 12　　'最大為 12 月 |
| 10　　spnM.Min = 1　　'最小為 1 月 |
| 11　　spnM.Value = Month(Now)　　'預設為目前的月份 |
| 12　　spnD.Max = Day(DateSerial(spnY.Value, spnM.Value + 1, 0))　　'最大為下一月的前一天 |
| 13　　spnD.Min = 1　　'最小為 1 日 |
| 14　　spnD.Value = Day(Now)　'預設為目前的日期 |
| 15　　optTime1.Value = True　　'預設為上午場次 |

```
16      spnNum.Max = 40  '最多訂位 40 人
17      spnNum.Min = 1    '最少訂位 1 人
18      spnNum.Value = 1  '預設為 1 人
19      optAM.Value = True          '預設為上午場次
20      checkTable = False          '預設沒有檢查訂位狀況
21  End Sub
22
23  '切換頁面時
24  Private Sub mtpBook_Change()
25      Select Case mtpBook.Value
26          Case 0   '第一個頁面-訂位
27              lblDate.Caption = Format(Now, "yyyy/m/d")     '預設為今天
28              spnY.Value = spnY.Min       '預設為目前的年份
29              spnM.Value = Month(Now)     '預設為目前的月份
30              spnD.Value = Day(Now)       '預設為目前的日期
31              optTime1.Value = True       '預設為上午場次
32          Case 1   '第二個頁面-今天
33              optAM.Value = True   '預設為上午場次
34              optAM_Change         '執行 optAM_Change 程序
35      End Select
36  End Sub
37
38  '今天標籤頁面的上午場次的選擇狀態改變時
39  Private Sub optAM_Change()
40      Dim table(20, 3) As Variant '宣告 table 陣列，可記錄 20 個桌號的訂位狀況、姓名、電話
41      If optAM.Value = True Then    '如果選擇中午場次
42          '執行 Order 程序，傳入今天日期、1(中午場次)、table 陣列
43          Call Order(DateValue(Format(Now, "yyyy/m/d")), 1, table())
44      Else
45          '執行 Order 程序，傳入今天日期、2(晚上場次)、table 陣列
46          Call Order(DateValue(Format(Now, "yyyy/m/d")), 2, table())
47      End If
48      For i = 1 To 20 '逐一設定
49          If table(i, 1) = True Then    '如果 table(i, 1) = True 表 i 號桌有訂位
50              '設定標籤的標題為桌號 & 姓名 & 電話
51              frmOrder.Controls("lblT1_" & i).Caption = i & " 號桌：" & table(i, 2) & table(i, 3)
52          Else
53              '設定標籤的標題為桌號 & 未預定
54              frmOrder.Controls("lblT1_" & i).Caption = i & " 號桌未預定"
55          End If
56      Next
57  End Sub
```

```vb
58
59  'Order 程序可以傳回指定日期和場次的訂位況狀
60  Public Sub Order(ByVal d As Date, ByVal t As Integer, ByRef o() As Variant)
61      Erase o '將 o 陣列元素值清除
62      Application.ScreenUpdating = False    '關閉螢幕更新，來加快執行速度
63      With Sheets("訂位資料")
64          Set Rng = .UsedRange        '所有資料範圍
65          Rng.AutoFilter Field:=1, Criteria1:="=" & d '篩選出指定日期
66          Rng.AutoFilter Field:=2, Criteria1:="=" & t '篩選出指定場次
67          '將篩選出來的資料複製到訂位系統工作表的 A1 儲存格
68          Rng.SpecialCells(xlCellTypeVisible).Copy Sheets("訂位系統").Range("A1")
69          With Sheets("訂位系統")
70              Set Rng = .UsedRange        '使用資料範圍
71              If Rng.Rows.Count > 1 Then    '如果使用資料範圍的列數>2,表有訂位資料
72                  Dim a As Variant
73                  '將訂位資料指定給 a,成為二維陣列
74                  a = Rng.Resize(Rng.Rows.Count - 1, Rng.Columns.Count).Offset(1, 0).Value
75                  For r = 1 To UBound(a, 1)
76                      Dim cs() As String    'cs 為字串陣列
77                      cs = Split(a(r, 3), ",")      '將用,分隔的桌號資料分割,指定給 cs 陣列
78                      For Each c In cs      '逐一指定 cs 陣列值對應的 o 陣列元素值
79                          o(c, 1) = True        '設值為 True 表有訂位
80                          o(c, 2) = a(r, 5)    '姓名
81                          o(c, 3) = a(r, 6)    '電話
82                      Next
83                  Next
84              End If
85              .UsedRange.Clear        '將複製過來的訂位資料清除
86          End With
87          .UsedRange.AutoFilter    '取消自動篩選
88      End With
89      Application.ScreenUpdating = True '恢復螢幕更新
90  End Sub
91
92  'spnY 值(年)改變時,重設 lblDate 的值
93  Private Sub spnY_Change()
94      lblDate.Caption = spnY & "/" & Format(spnM, "0") & "/" & Format(spnD, "0")
95  End Sub
96
97  'spnM 值(月)改變時,重設 spyD 的最大值和 lblDate 的值
98  Private Sub spnM_Change()
99      Dim m As Integer
```

```vba
100    m = Day(DateSerial(spnY.Value, spnM.Value + 1, 0))    '取得該月份的天數
101    If spnD.Value > m Then spnD.Value = m    '若 spnD 值大於天數，就設等於天數
102    spnD.Max = m    '設 spnD 的最大值為天數
103    lblDate.Caption = spnY & "/" & Format(spnM, "0") & "/" & Format(spnD, "0")
104 End Sub
105
106 'spnD 值(日)改變時，重設 lblDate 的值
107 Private Sub spnD_Change()
108    lblDate.Caption = spnY & "/" & Format(spnM, "0") & "/" & Format(spnD, "0")
109 End Sub
110
111 'spnNum 值(人數)改變時，重設 lblNum 的值
112 Private Sub spnNum_Change()
113    lblNum.Caption = spnNum.Value
114 End Sub
115
116 '按 <檢查訂位狀況> 鈕檢查訂位狀況
117 Private Sub cmdCheck_Click()
118    checkTable = True    '設為已檢查訂位狀況
119    Dim table(20, 3) As Variant '宣告 table 陣列，可記錄 20 個桌號的訂位狀況、姓名、電話
120    '呼叫 Order 程序傳入 日期、場次(1-中午、2-晚上)、table 陣列
121    Call Order(DateValue(lblDate.Caption), IIf(optTime1.Value = True, 1, 2), table())
122    Dim blank As Integer    '空位
123    For i = 1 To 20 '逐一檢查 table 陣列
124        If table(i, 1) = True Then    '若(i, 1) = True 表有訂位
125            frmOrder.Controls("chkO" & i).Value = True    '設對應的核取方塊值為 True
126            frmOrder.Controls("chkO" & i).Enabled = False    '設對應的核取方塊不能使用
127        Else
128            frmOrder.Controls("chkO" & i).Value = False    '設對應的核取方塊值為 False
129            frmOrder.Controls("chkO" & i).Enabled = True    '設對應的核取方塊不能使
130            blank = blank + 1    '空位加 1
131        End If
132    Next
133    spnNum.Max = blank * 2 '設空位*2 為最多訂位人數
134 End Sub
135
136 '按 <確定訂位> 鈕
137 Private Sub cmdOK_Click()
138    If checkTable = False Then    '如果沒有先檢查訂位狀況
139        MsgBox "請先按 檢查訂位狀況 鈕檢查訂位狀況！"
140        Exit Sub        '離開程序
141    End If
```

| 142 | If DateValue(lblDate.Caption) < Date Then '如果訂位日期小於今天 |
|---|---|
| 143 | MsgBox "訂位日期小於今天！" |
| 144 | Exit Sub　'離開程序 |
| 145 | End If |
| 146 | '如果有輸入姓名和電話 |
| 147 | If txtName.Text <> "" And txtTel.Text <> "" Then |
| 148 | Dim orderT As String　'訂位桌號 |
| 149 | Dim orderN As Integer　'訂位桌數 |
| 150 | For i = 1 To 20 '逐一讀取核取方塊的值 |
| 151 | If frmOrder.Controls("chkO" & i).Enabled = True Then　'如果可以使用 |
| 152 | If frmOrder.Controls("chkO" & i).Value = True Then　'如果有勾選 |
| 153 | orderN = orderN + 1 '桌數加 1 |
| 154 | If orderT = "" Then '如果訂位桌號字串為空白 |
| 155 | orderT = i　'訂位桌號字串=i |
| 156 | Else |
| 157 | orderT = orderT & "," & i '",i" 加入訂位桌號字串 |
| 158 | End If |
| 159 | End If |
| 160 | End If |
| 161 | Next |
| 162 | Dim n As Integer　'訂位人數 |
| 163 | n = Val(lblNum.Caption) |
| 164 | If n Mod 2 = 1 Then '如果訂位人數為奇數 |
| 165 | t = n \ 2 + 1　'桌數=n 除以 2 的整數值+1 |
| 166 | Else |
| 167 | t = n / 2　'桌數=n 除以 2 |
| 168 | End If |
| 169 | If t = orderN Then　'桌數=訂位桌數 |
| 170 | Dim r As Integer |
| 171 | With Sheets("訂位資料") |
| 172 | r = .UsedRange.Rows.Count　'r=訂位資料工作表使用範圍的列數 |
| 173 | .Cells(r + 1, 1) = lblDate.Caption　'寫入日期 |
| 174 | .Cells(r + 1, 2) = IIf(optTime1.Value = True, 1, 2) '寫入場次 |
| 175 | .Cells(r + 1, 3) = orderT　'寫入訂位桌號字串 |
| 176 | .Cells(r + 1, 4) = Val(lblNum.Caption)　'寫入人數 |
| 177 | .Cells(r + 1, 5) = txtName.Text '寫入姓名 |
| 178 | .Cells(r + 1, 6) = txtTel.Text　'寫入電話 |
| 179 | End With |
| 180 | cmdCheck_Click　'執行 cmdCheck_Click 程序 |
| 181 | checkTable = False　'設為未檢查訂位狀況 |
| 182 | Application.Speech.Speak ("完成訂位")　'語音提醒訂位完成 |
| 183 | Else |

| 184 | MsgBox "請檢查勾選的桌數，是否符合人數" '錯誤訊息 |
|---|---|
| 185 | End If |
| 186 | Else |
| 187 | MsgBox "請輸入姓名、電話和人數"　　　'錯誤訊息 |
| 188 | End If |
| 189 | End Sub |
| 190 | |
| 191 | |
| 192 | '按 <查詢訂位> 鈕查詢訂位狀況 |
| **193** | **Private Sub cmdFind_Click()** |
| 194 | Call CancleOrder(False)　'呼叫 CancleOrder 程序引數為 False 表只查詢 |
| 195 | End Sub |
| 196 | |
| 197 | '按 <取消訂位> 鈕取消訂位 |
| **198** | **Private Sub cmdCancle_Click()** |
| 199 | Call CancleOrder(True)　'呼叫 CancleOrder 程序引數為 True 表可刪除 |
| 200 | End Sub |
| 201 | |
| 202 | 'CancleOrder 程序可以根據姓名或電話，來查詢或刪除訂位 |
| **203** | **Private Sub CancleOrder(ByVal d As Boolean)** |
| 204 | With Sheets("訂位資料") |
| 205 | If txtName.Text <> "" Then　'如果有輸入姓名 |
| 206 | Set c = .UsedRange.Find(LTrim(txtName.Text), LookAt:=xlWhole) |
| 207 | If Not c Is Nothing Then　'找到儲存格時 |
| 208 | fa = c.Address　　　'紀錄第一個儲存格的位址 |
| 209 | Do |
| 210 | MsgBox c.Text & c.Offset(0, -4).Text & IIf(c.Offset(0, -3).Text = 1, _<br>"中午", "晚上") & "訂位桌號:" & c.Offset(0, -2).Text & "人數：" & _<br>c.Offset(0, -1).Text |
| 211 | If d = True Then　　'如果參數值 d 為 True |
| 212 | r = MsgBox("是否刪除該筆訂位？", vbYesNo) |
| 213 | If r = vbYes Then　'如果按 是 鈕 |
| 214 | c.EntireRow.Delete shift:=xlUp　'刪除該列下方儲存格上移 |
| 215 | Exit Sub　'離開程序 |
| 216 | End If |
| 217 | End If |
| 218 | Set c = .UsedRange.FindNext(c) '用 FindNext 方法從 c 起繼續找下一筆 |
| 219 | Loop While Not c Is Nothing And c.Address <> fa '找到且位址不等於 fa |
| 220 | Else |
| 221 | MsgBox "沒有" & txtName.Text & "的訂位資料" |
| 222 | End If |
| 223 | ElseIf txtTel.Text <> "" Then　'如果有輸入電話 |

| 224 | Set c = .UsedRange.Find(LTrim(txtTel.Text), LookAt:=xlWhole) |
|---|---|
| 225 | If Not c Is Nothing Then　'找到儲存格時 |
| 226 | 　　fa = c.Address　　　'紀錄第一個儲存格的位址 |
| 227 | 　　Do |
| 228 | 　　　　MsgBox c.Text & c.Offset(0, -1).Text & c.Offset(0, -5).Text & _<br>　　　　IIf(c.Offset(0, -4).Text = 1, "中午", "晚上") & "訂位桌號:" & _<br>　　　　c.Offset(0, -3).Text & "人數：" & c.Offset(0, -2).Text |
| 229 | 　　　　If d = True Then　　　'如果參數值 d 為 True |
| 230 | 　　　　　　r = MsgBox("是否刪除該筆訂位？", vbYesNo) |
| 231 | 　　　　　　If r = vbYes Then　　'如果按 是 鈕 |
| 232 | 　　　　　　　　c.EntireRow.Delete shift:=xlUp　　'刪除該列下方儲存格上移 |
| 233 | 　　　　　　　　Exit Sub　　　'離開程序 |
| 234 | 　　　　　　End If |
| 235 | 　　　　End If |
| 236 | 　　　　Set c = .UsedRange.FindNext(c) '用 FindNext 方法從 c 起繼續找下一筆 |
| 237 | 　　Loop While Not c Is Nothing And c.Address <> fa '找到且位址不等於 fa |
| 238 | 　　Else |
| 239 | 　　　　MsgBox "沒有" & txtTel.Text & "的訂位資料" |
| 240 | 　　End If |
| 241 | 　Else |
| 242 | 　　MsgBox "請先輸入姓名或電話後查詢訂位資料" |
| 243 | 　End If |
| 244 | End With |
| 245 | End Sub |
| 246 | |
| 247 | '按 <離開> 鈕 |
| **248** | **Private Sub cmdExit_Click()** |
| 249 | Application.Goto Sheets("訂位資料").Range("A1") '選取訂位資料工作表的 A1 儲存格 |
| 250 | '依照 A(日期)和 B(場次)欄做遞增排序 |
| 251 | Sheets("訂位資料").UsedRange.Sort Key1:=Columns("A"), Order1:=xlAscending, _ |
| 252 | 　　　　　　Key2:=Columns("B"), Order2:=xlAscending, Header:=xlYes |
| 253 | Unload Me　　'關閉表單 |
| 254 | End Sub |

## 15.5　專題製作(三)　條碼列印系統

　　下面專題製作可以在自訂表單中設計條碼，然後在工作表上動態產生指定個數的條碼並列印出來。

實作 FileName：條碼列印.xlsm

設計一個條碼列印系統程式，按  鈕後會開啟「條碼列印」表單。在表單中按微調按鈕，可以瀏覽所儲存的條碼資料。按切換按鈕可以切換 瀏覽 、 新增 模式。條碼類型下拉式清單方塊中有「JAN-13」、「JAN-8」、「Code-39」、「Code-128」、「QR Code」等項目，選取項目後會根據條碼類型限定輸入條件。例如「JAN-13」只能輸入地區碼(三個數字)，和貨物編碼(九個數字)。地區碼下拉式清單方塊中有「471」、「489」、「690」、「450」等項目。設定好條碼資料後按 產生條碼 鈕，會顯示條碼的樣式。按 儲存條碼 鈕，會將目前條碼的設定儲存在「資料」工作表中。設定好條碼的個數後按 列印條碼 鈕，會將目前預覽的條碼複製到「列印」工作表中，並列印出來。按 關閉程式 鈕，會關閉「條碼列印」表單。

▶ **輸出要求**

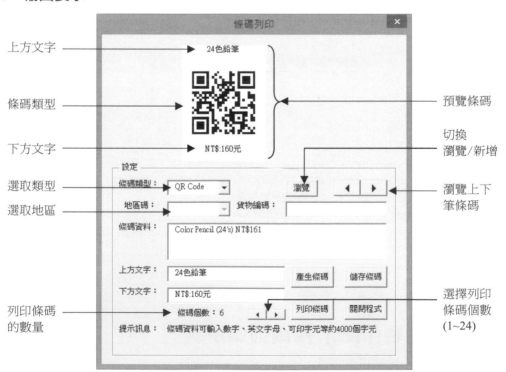

▶ **解題技巧**

Step 1 建立輸出入介面

1. 新增活頁簿並以「條碼列印」為新活頁簿名稱。

2. 在「條碼」工作表中建立一個命令按鈕控制項。

cmdShow

3. 新增一個「資料」工作表,在其中建立如下表格,用來存放條碼的資料。

| | A | B | C | D | E | F |
|---|---|---|---|---|---|---|
| 1 | 條碼類型 | 地區碼 | 貨物編號 | 條碼資料 | 上方文字 | 下方文字 |
| 2 | | | | | | |

4. 新增一個「列印」工作表,設 A~D 欄的欄寬為 20.88(172 像素),1~6 列的列高為 129(172 像素)。因為條碼要貼在儲存格中,所以要設定儲存格的大小。條碼控制項的寬度為 4.5 公分,欄寬約為 4.5 * 72 / (2.56 * 6)。條碼加上兩個標籤控制項的總高度為 4.5 公分,列高約為 4.5 * 72 / (2.56)。

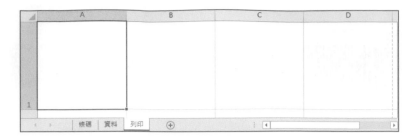

5. 新增一個 frmBarCode 表單，在其中建立如下的控制項：

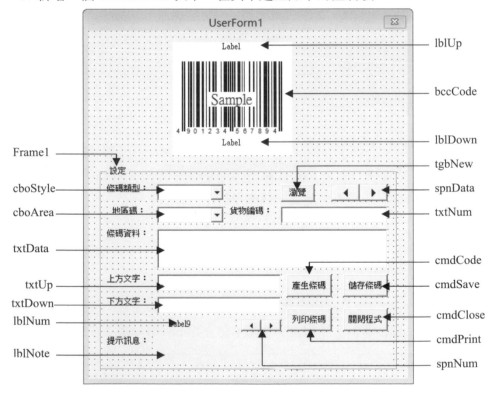

**Step 2** 問題分析

1. 在 frmBarCode 表單的 UserForm_Initialize 事件中，設定變數的初值和各種控制項的屬性值。檢查「資料」工作表中是否有資料，若有就設為可以瀏覽並載入最後一筆資料。

2. 當使用者按 spnData 微調按鈕時會觸動 Change 事件，在事件中由「資料」工作表中讀取條碼資料，然後呼叫 cmdCode_Click 來顯示條碼樣式。

3. 在條碼類型 cboStyle 的 Change 事件程序中，根據選取的條碼類型項目設定相關控制項的屬性值。

4. 「JAN-13」和「JAN-8」條碼又稱為「EAN-13」和「EAN-8」條碼，是用於商業產品的條碼系統。「JAN-13」條碼由 13 個數字所組成，前 3 位數字是地區碼（台灣為 471、香港 489...），4~12 為貨物編碼，最後一位為檢核碼。「JAN-8」條碼則由 8 個數字所組成，前 3 位數字是地區碼，4~7 位為貨物編碼，最後一位為檢核碼。

5. 「Code-39」、「Code-128」條碼可用於工業產品、商業資料...等用途廣泛，最大優點是長度沒有強制限制，但是不可以超過條碼機能閱讀的範圍。「Code-39」條碼可以使用 0~9 的數字字元、A~Z 的大寫英文字母和+-*/.$%和空白字元，本實作限制長度為 13 個字元(可更長)。「Code-128」可以使用 ASCII 編碼 32~126 的字元，本實作限制長度為 20 個字元(可更長)。

6. 「QR Code」條碼為二維條碼可以包含更多的資料，用於產品追蹤、貨品識別、文件管理、營銷...等各方面，特別是手機盛行後 QR Code 運用更加廣泛。「QR Code」條碼如果只使用英數字元，字數可以達 4 千字以上，本實作限制長度為 200 個字元(可更長)。「QR Code」條碼可用的字元更多，可以使用中文字元，但是 Microsoft BarCode Control 16.0 並不支援中文。

7. 在貨物編號 txtNum 的 KeyPress 事件中，限制只能輸入 0~9 的數字字元。在 txtNum 的 Exit 事件中，檢查輸入字數是否符合規定。

8. 在條碼資料 txtData 的 KeyPress 事件中，因為可用來輸入的字元比較多，可以將可用的字元組成字串，然後用 InStr 函數檢查輸入的字元，如果傳回值為 0 (找不到) 就是不合條件。

```
s = "1234567890ABCDEFGHIGKLMNOPQRSTUVWXYZ$+-*/ %."
If InStr(s, Chr(KeyAscii)) = 0 Then KeyAscii = 0      '不屬於可用字元
```

9. 在產生條碼 cmdCode 的 Click 事件中，將使用者設定的條碼樣式指定到預覽的條碼物件上，並檢查使用者輸入值是否正確。

10. 在儲存條碼 cmdSave 的 Click 事件中，將使用者設定的條碼樣式寫入「資料」工作表指定的欄位中。

11. 在 cmdPrint 的 Click 事件中，先將「列印」工作表中所有的控制項刪除。接著新增條碼和標籤控制項，並設定其屬性值和預覽條碼相同，將控制項複製指定數量，然後用 PrintOut 方法印出。

12. 用 OLEObjects 的 Delete 方法刪除控制項，和用 Add 方法在程式執行時新增條碼和標籤控制項的程式碼如下：

```
Worksheets("列印").OLEObjects.Delete        '刪除工作表中所有的控制項
Worksheets("列印").OLEObjects.Add(ClassType:="BARCODE.BarCodeCtrl.1", _
        Left:=0, Top:=25).Name = "bcc"     '新增一個 bcc 條碼控制項，位置在(0, 25)
Worksheets("列印").OLEObjects.Add(ClassType:="Forms.Label.1", _
        Height:=18).Name = "lblU"          '新增一個 lblU 標籤控制項，高度為 18
```

13. 使用 Cut 方法將控制項物件剪下到剪貼簿中，此時可利用 Array 函數將三個控制項結合在一起同時處理。

```
Worksheets("列印").OLEObjects(Array("lblU", "bcc", "lblD")).Cut
```

14. 使用工作表的 Paste 方法，可以將剪貼簿中的物件貼到目前作用中儲存格上，所以要先用 Application.Goto 方法選取儲存格。因為條碼需要複製成多個，所以用 For 巢狀迴圈來逐格貼上物件，若次數等於指定個數時就離開迴圈。

15. 如果只要列印一個條碼，可以直接列印表單上的條碼，程式碼會比較簡單：

```
c = Me.BackColor            '取得表單背景色
Me.BackColor = vbWhite      '設表單背景為白色
Frame1.Visible = False      '框架設為不可見，其中的控制項也會不可見
Me.PrintForm                '列印表單
Me.BackColor = c            '恢復表單背景色
Frame1.Visible = True       '重設框架為可見
```

16. 如果要檢查所產生的條碼是否正確時，可以利用手機的條碼掃描 APP 來作檢視。

## Step ③ 編寫程式碼

| FileName: 條碼列印.xlsm　　(工作表 1 程式碼) |
| --- |

**01 Private Sub cmdShow_Click()**

```
02      frmBarCode.Show
03 End Sub
```

| FileName: 條碼列印.xlsm　　(frmBarCode 程式碼) |
| --- |

```
01'初始化
```

**02 Private Sub UserForm_Initialize()**

```
03      '設定條碼類型的清單項目
04      cboStyle.List = Array("JAN-13", "JAN-8", "Code-39", "Code-128", "QR Code")
05      cboStyle.ListIndex = 0: cboStyle.MatchRequired = True '預設為第一個項目，不能自行輸入
06      cboArea.List = Array("471", "489", "690", "450")      '設定地區碼的清單項目
07      cboArea.ListIndex = 0    '預設為第一個項目
08      txtUp.Text = "24 色鉛筆"        '預設上方文字內容
09      txtDown.Text = "NT$:160 元"     '預設下方文字內容
10      spnData.Min = 1          '設微調按鈕的最小值為 1
11      If Worksheets("資料").UsedRange.Rows.Count > 1 Then '如果資料工作表中有資料
12          spnData.Max = Worksheets("資料").UsedRange.Rows.Count - 1 '最大值為最後列數-1
13          spnData.Value = spnData.Max        '預設值為最大值
14      Else
15          spnData.Enabled = False '微調按鈕不能使用
16      End If
17      spnNum.Min = 1           '條碼個數最小值為 1
18      spnNum.Max = 24          '條碼個數最大值為 24
19      spnNum.Value = 6         '條碼個數預設值為 6
20 End Sub
21
```

**22 Private Sub spnData_Change() ' <微調> 按鈕值改變時**

```
23      Dim r As Integer        '資料所在列數
24      r = spnData.Value + 1    '資料所在列數為微調按鈕值+1
25      With Worksheets("資料") 逐一讀取資料值到對應的控制項中
26          cboStyle.Text = .Cells(r, 1)         '條碼類型
27          cboArea.Text = .Cells(r, 2)          '地區碼
28          txtNum.Text = .Cells(r, 3)           '貨物編碼
29          txtData.Text = .Cells(r, 4)          '條碼資料
30          txtUp.Text = .Cells(r, 5)            '上方文字
31          txtDown.Text = .Cells(r, 6)          '下方文字
32      End With
33      cmdCode_Click     '呼叫 cmdCode_Click 顯示條碼
34 End Sub
```

```
35
36 Private Sub tgbNew_Click()    '<瀏覽/新增> 切換按鈕
37     If tgbNew.Value = False Then
38         spnData.Enabled = True '微調按鈕可以使用
39         tgbNew.Caption = "瀏覽"
40     Else
41         spnData.Enabled = False '微調按鈕不能使用
42         tgbNew.Caption = "新增"
43     End If
44 End Sub
45
46 Private Sub cboStyle_Change()     '條碼類型項目改變時
47     Select Case cboStyle.Text
48         Case "JAN-13"
49             txtNum.Enabled = True        '貨物編碼可以輸入
50             txtNum.MaxLength = 9         '貨物編碼長度為 9
51             cboArea.Enabled = True        '地區碼清單可以使用
52             txtData.Enabled = False'條碼資料不可以使用
53             txtData.Text = ""            '清空條碼資料
54             lblNote.Caption = _
               "地區碼可以由清單選取項目或自行輸入 3 碼(數字)，貨物編碼為 9 碼(數字)"
55             If tgbNew.Value = True Then
56                 cboArea.ListIndex = 0    '預設第一個項目
57                 txtNum.Text = "": txtNum.SetFocus      '清空並將插入點移入貨物編碼
58             End If
59         Case "JAN-8"
60             txtNum.Enabled = True: txtNum.MaxLength = 4 '貨物編碼長度為 4
61             cboArea.Enabled = True: txtData.Enabled = False
62             txtData.Text = ""           '清空條碼資料
63             lblNote.Caption = _
               "地區碼可選取清單項目或自行輸入 3 碼(數字)，貨物編碼為 4 碼(數字)"
64             If tgbNew.Value = True Then
65                 cboArea.ListIndex = 0: txtNum.Text = "": txtNum.SetFocus
66             End If
67         Case "Code-39"
68             txtNum.Enabled = False        '貨物編碼不能輸入
69             cboArea.Enabled = False        '地區碼清單不能使用
70             txtData.Enabled = True         '條碼資料可以輸入
71             txtData.MaxLength = 13         '條碼資料長度最多為 13
72             lblNote.Caption = "條碼資料可輸入數字、大寫英文字母...等字元"
73             If tgbNew.Value = True Then
74                 txtData.Text = "": txtData.SetFocus        '清空並將插入點移入條碼資料
```

```
75              End If
76          Case "Code-128"
77              txtNum.Enabled = False: cboArea.Enabled = False
78              txtData.Enabled = True: txtData.MaxLength = 20
79              lblNote.Caption = "條碼資料可輸入數字、英文字母...等字元"
80              If tgbNew.Value = True Then
81                  txtData.Text = "": txtData.SetFocus        '清空並將插入點移入條碼資料
82              End If
83          Case "QR Code"
84              txtNum.Enabled = False: cboArea.Enabled = False
85              txtData.Enabled = True: txtData.MaxLength = 200
86              lblNote.Caption = "條碼資料可輸入數字、英文字母...等字元"
87              If tgbNew.Value = True Then
88                  txtData.Text = "": txtData.SetFocus        '清空並將插入點移入條碼資料
89              End If
90      End Select
91 End Sub
92
93 Private Sub txtNum_KeyPress(ByVal KeyAscii As MSForms.ReturnInteger)
94      If KeyAscii < 48 Or KeyAscii > 57 Then KeyAscii = 0 '只能輸入數字
95 End Sub
96
97 Private Sub txtNum_Exit(ByVal Cancel As MSForms.ReturnBoolean)
98      If Len(txtNum.Text) <> txtNum.MaxLength Then        '如果沒有輸入指定長度的數字
99          MsgBox "貨物編碼必須為" & txtNum.MaxLength & "碼！"
100         Cancel = True        '不離開文字方塊
101     End If
102 End Sub
103
104 Private Sub txtData_KeyPress(ByVal KeyAscii As MSForms.ReturnInteger)
105     Dim s As String '可以使用的字元組成的字串
106     Select Case cboStyle.Text
107         Case "Code-39"
108             s = "1234567890ABCDEFGHIGKLMNOPQRSTUVWXYZ$+-*/ %."
109             If InStr(s, Chr(KeyAscii)) = 0 Then KeyAscii = 0 '不屬於可用字元
110         Case Else     'Code-128 和 QR Code
111             If KeyAscii < 32 Or KeyAscii > 126 Then KeyAscii = 0
112     End Select
113 End Sub
114
115 Private Sub txtData_Exit(ByVal Cancel As MSForms.ReturnBoolean)
116     If Len(txtData.Text) = 0 Then        '最少要輸入一個字元
```

```
117        MsgBox "必須輸入條碼資料！"
118        Cancel = True      '不離開文字方塊
119     End If
120 End Sub
121
122 Private Sub cmdCode_Click() '按 <產生條碼> 鈕
123     lblUp.Caption = txtUp.Text          '指定上方文字
124     lblDown.Caption = txtDown.Text          '指定下方文字
125     Select Case cboStyle.Text          '根據條碼類型項目
126        Case "JAN-13"
127           If cboArea.Text = "" Or Len(cboArea.Text) <> 3 Then
128              MsgBox "區域碼不能空白，且必須 3 碼"
129              Exit Sub      '離開程序
130           End If
131           bccCode.style = 2      '指定條碼控制項的 Style 屬性值為 2
132           '指定條碼控制項的 Value 屬性值為地區碼+貨物編碼
133           bccCode.Value = cboArea.Text + txtNum.Text
134        Case "JAN-8"
135           If cboArea.Text = "" Or Len(cboArea.Text) <> 3 Then
136              MsgBox "區域碼不能空白，且必須 3 碼"
137              Exit Sub
138           End If
139           bccCode.style = 3
140           bccCode.Value = cboArea.Text + txtNum.Text
141        Case "Code-39"
142           bccCode.style = 6
143           '指定條碼控制項的 Value 屬性值為條碼資料
144           bccCode.Value = txtData.Text
145        Case "Code-128"
146           bccCode.style = 7
147           bccCode.Value = txtData.Text
148        Case "QR Code"
149           bccCode.style = 11
150           bccCode.Value = txtData.Text
151     End Select
152     lblUp.Width = bccCode.Width          '設上方文字的長度和條碼控制項相同
153     lblDown.Width = bccCode.Width          '設下方文字的長度和條碼控制項相同
154     lblDown.Top = bccCode.Top + bccCode.Height   '設下方文字貼在條碼控制項下面
155 End Sub
156
157 Private Sub cmdSave_Click() '按 <儲存條碼> 鈕
158     Dim r As Integer
```

| 159 | With Worksheets("資料") |
|---|---|
| 160 | r = .UsedRange.Rows.Count + 1　　'空白列號 |
| 161 | .Cells(r, 1) = cboStyle.Text　　'寫入條碼類型 |
| 162 | .Cells(r, 2) = IIf(cboArea.Enabled = True, Str(cboArea.Text), "")　　'寫入地區碼 |
| 163 | .Cells(r, 3) = IIf(txtNum.Enabled = True, Str(txtNum.Text), "")　　'寫入貨物編號 |
| 164 | .Cells(r, 4) = IIf(txtData.Enabled = True, txtData.Text, "")　　'寫入條碼資料 |
| 165 | .Cells(r, 5) = txtUp.Text　　'寫入上方文字 |
| 166 | .Cells(r, 6) = txtDown.Text '寫入下方文字 |
| 167 | End With |
| 168 | spnData.Max = Worksheets("資料").UsedRange.Rows.Count - 1　　'重設微調按鈕最大值 |
| 169 | End Sub |
| 170 | |
| **171** | **Private Sub spnNum_Change()** |
| 172 | lblNum.Caption = "條碼個數：　" & spnNum.Value |
| 173 | End Sub |
| 174 | |
| **175** | **Private Sub cmdPrint_Click()**　　'按 <列印條碼> 鈕 |
| 176 | Worksheets("列印").OLEObjects.Delete　　'刪除工作表中所有的控制項 |
| 177 | Application.ScreenUpdating = False　'關閉畫面更新來加快速度 |
| 178 | With Worksheets("列印") |
| 179 | '新增一個 bcc 條碼控制項，位置在(0, 25) |
| 180 | .OLEObjects.Add(ClassType:="BARCODE.BarCodeCtrl.1", Left:=0, Top:=25).Name = "bcc" |
| 181 | .OLEObjects("bcc").Object.style = bccCode.style '設 bcc 的 Style 和 bccCode 相同 |
| 182 | .OLEObjects("bcc").Object.Value = bccCode.Value '設 bcc 的 Value 和 bccCode 相同 |
| 183 | '新增一個 lblU 標籤控制項，高度為 18 |
| 184 | .OLEObjects.Add(ClassType:="Forms.Label.1", Height:=18).Name = "lblU" |
| 185 | .OLEObjects("lblU").Left = .OLEObjects("bcc").Left　'設 lblU 的 X 座標和 bcc 相同 |
| 186 | .OLEObjects("lblU").Top = .OLEObjects("bcc").Top - 18 '設 lblU 的 Y 座標為 bcc+18 |
| 187 | .OLEObjects("lblU").Width = .OLEObjects("bcc").Width　'設 lblU 的寬度和 bcc 相同 |
| 188 | .OLEObjects("lblU").Object.Font.Size = 9　　'設 lblU 的字型大小為 9 |
| 189 | .OLEObjects("lblU").Object.TextAlign = 2　　'設 lblU 的文字置中 |
| 190 | .OLEObjects("lblU").Object.Caption = lblUp.Caption　'設 lblU 的文字和 lblUp 相同 |
| 191 | '新增一個 lblD 標籤控制項，高度為 18 |
| 192 | .OLEObjects.Add(ClassType:="Forms.Label.1", Height:=18).Name = "lblD" |
| 193 | .OLEObjects("lblD").Left = .OLEObjects("bcc").Left |
| 194 | '設 lblU 的 Y 座標是貼在 bcc 的下方 |
| 195 | .OLEObjects("lblD").Top = .OLEObjects("bcc").Top + .OLEObjects("bcc").Height |
| 196 | .OLEObjects("lblD").Width = .OLEObjects("bcc").Width |
| 197 | .OLEObjects("lblD").Object.Font.Size = 9 |
| 198 | .OLEObjects("lblD").Object.TextAlign = 2 |
| 199 | .OLEObjects("lblD").Object.Caption = lblDown.Caption |
| 200 | '將 lblU、bcc、lblD 三個控制項物件剪下到剪貼簿中 |

| | |
|---|---|
| 201 | .OLEObjects(Array("lblU", "bcc", "lblD")).Cut |
| 202 | Dim n As Integer |
| 203 | n = 0     '預設條碼個數為 0 |
| 204 | For r = 1 To 6 |
| 205 |     For c = 1 To 4 |
| 206 |         Application.Goto Worksheets("列印").Cells(r, c) '選取 A1、B1..儲存格 |
| 207 |         .Paste   '貼上 lblU、bcc、lblD 三個控制項物件到選取的儲存格 |
| 208 |         n = n + 1     '條碼個數+1 |
| 209 |         If n = spnNum.Value Then Exit For     '如果 n=條碼個數就離開迴圈 |
| 210 |     Next |
| 211 |     If n = spnNum.Value Then Exit For     '如果 n=條碼個數就離開迴圈 |
| 212 | Next |
| 213 | .PrintOut     '列印工作表 |
| 214 | End With |
| 215 | Application.ScreenUpdating = True     '開啟畫面更新 |
| 216 | End Sub |
| 217 | |
| **218** | **Private Sub cmdClose_Click()** |
| 219 | Unload Me     '關閉表單 |
| 220 | End Sub |

# 15.6 產生 QR 碼圖形

　　上面介紹使用 BarCode 控制項設計條碼列印系統，但是 Office 家用版並沒有提供 BarCode 控制項，而且該控制項的「QR Code」條碼部分也無法支援中文。如果是「Code-39」和「Code-128」條碼，最簡便的解決方法是使用「條碼字型」。可以由網路下載免費的條碼字型安裝後，就能用簡便的方法產生條碼。例如在內容前後加「*」起始碼和結束碼，就可以產生「Code-39」條碼。

　　「QR Code」條碼無法使用「條碼字型」來產生，所幸 Google 提供線上 QR 碼產生器的服務，可以協助解決問題。只要我們上傳 QR 碼的相關資料內容，就會傳回 QR 碼的圖形，而且是免費的服務，但是必須連網才能使用。呼叫 Google 線上 QR 碼產生器服務的常用語法如下：

> 語法：
>
> "https://chart.googleapis.com/chart?chs= $w$ x $h$ &cht=qr&chl= 字串"

▶ 說明

① "chs=" 後面的 w 和 h 引數，分別代表 QR 碼圖形寬度和高度的像素值。

② "chl=" 後面的字串引數，是 QR 碼圖形的內容。

例如：建立寬度和高度都是 150，內容為「環保愛地球」的 QR 碼圖形：

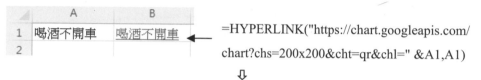

"https://chart.googleapis.com/chart?chs= 150 x 150 &cht=qr&chl= 環保愛地球"

例如：在 B1 儲存格利用 HYPERLINK 函數，會根據 A1 儲存格輸入值產生超連結，點按超連結後會開啟瀏覽器並顯示 QR 碼圖形(大小 200 x 200)。

|  | A | B |
|---|---|---|
| 1 | 喝酒不開車 | 喝酒不開車 |
| 2 |  |  |

=HYPERLINK("https://chart.googleapis.com/chart?chs=200x200&cht=qr&chl=" &A1,A1)

⇩

實作 FileName：QRCode.xlsm

設計一個 qrCode 程序，傳入來源儲存格、目標儲存格和圖形大小，就可以根據來源儲存格的值，在目標儲存格產生指定大小的 QR 碼圖形。

▶ 輸出要求

|  | A | B | C | D |
|---|---|---|---|---|
| 1 | 內容 | QR Code | 產生QR Code |  |
| 2 | 24色鉛筆,160元 |  |  |  |

▶ **解題技巧**

Step ① 建立輸出入介面

1. 新增活頁簿並以「QRCode」為新活頁簿名稱。

2. 工作表中建立如下的表格資料，以及一個 ActiveX 命令按鈕控制項。

| | A | B | C | D |
|---|---|---|---|---|
| 1 | 內容 | QR Code | 產生QR Code | |
| 2 | | | | |

Step ② 問題分析

1. 建立一個名稱為 qrCode 的 Sub 程序，參數值有 r1 (來源儲存格)、r2 (目標儲存格) 和 x (圖形大小)。

2. 宣告一個 qr 物件，可以來存放 QR 碼圖形。

3. 連結 Google 線上 QR 碼產生器所傳回的圖形，用 ActiveSheet.Pictures.Insert 方法傳給 qr 物件。

4. 設定 qr 物件的 Left 和 Top 屬性值，等於 r2 目標儲存格的左上角座標，使 QR 碼圖形會顯示在目標儲存格上。

5. 因為列高的單位不是像素，設定時是用像素值 X 0.75 來設定目標儲存格的列高，使和 QR 碼圖形同高。

6. 因為欄寬的單位不是像素，設定時是用像素值 X 0.124 來設定目標儲存格的欄寬，使和 QR 碼圖形同寬。

7. 呼叫 qrCode 程序時傳入 A2 儲存格 (來源儲存格)、B2 儲存格 (目標儲存格) 和 120 (圖形大小)，就可以根據 A2 儲存格輸入值，在 B2 儲存格產生大小為 120 像素的 QR 碼圖形。

8. 本實作只示範產生一個 QR 碼圖形，因為本程式是採用呼叫 Sub 程序設計，所以可以很輕鬆就能修改成逐列批次產生 QR 碼圖形的程式。

Step 3 編寫程式碼

| FileName: QRCode.xlsm （工作表 1 程式碼） |
|---|
| **01 Public Sub qrCode(r1 As Range, r2 As Range, x As Integer)** |
| 02　　Dim qr As Object　'宣告 QRCode 圖形物件 |
| 03　　'連結 Google QRCode 產生器網址的字串 |
| 04　　qrLink = "https://chart.googleapis.com/chart?chs=" & x & "x" & x & "&cht=qr&chl= " |
| 05　　qrText = r1.Value　'取得來源儲存格的內容 |
| 06　　Set qr = ActiveSheet.Pictures.Insert(qrLink & qrText)　　'取得 QRCode 圖形 |
| 07　　With qr |
| 08　　　　.Left = r2.Left　　　'設 QRCode 圖形的 X 座標 |
| 09　　　　.Top = r2.Top　　　'設 QRCode 圖形的 y 座標 |
| 10　　End With |
| 11　　Set qr = Nothing　'清除 QRCode 圖形物件 |
| 12　　r2.EntireRow.RowHeight = x * 0.75　　　　'設目標儲存格高度 |
| 13　　r2.EntireColumn.ColumnWidth = x * 0.124　　'設目標儲存格寬度 |
| **14 End Sub** |
| 15 |
| **16 Private Sub cmdQR_Click()** |
| 17　　Call qrCode(Range("A2"), Range("B2"), 120) |
| **18 End Sub** |

# 樞紐分析表物件

**學習目標**

- 建立樞紐分析表、分析圖的操作步驟
- PivotTables、PivotTable 物件常用屬性和方法
- PivotFields、PivotField 物件常用屬性和方法
- PivotItems、PivotItem 物件常用屬性和方法
- 運用 VBA 操作樞紐分析表
- 使用 PivotTableWizard 方法建立樞紐分析表
- 使用 PivotCache 物件建立樞紐分析表

## 16.1 樞紐分析表、圖簡介

### 16.1.1 樞紐分析表、圖簡介

　　樞紐分析表是 Excel 非常強大的功能，可以將大量的記錄資料，依照指定的資料樣式重新分類整合。只要確定了新分類的表格樣式，透過拖曳欄位就可以輕鬆地產生新的報表。雖然樞紐分析表的功能已經非常完整，但是如果能夠配合 VBA 程式碼的操作，將可以擴大樞紐分析表的功能，以及縮短操作時間。本書預設讀者已經熟悉樞紐分析表的操作方法，主要在介紹 VBA 程式碼的配合運用，如果對樞紐分析表的操作仍不熟悉，請先自行參考其他書籍。

樞紐分析表

| | A | B | C | D | E | F | G | H | I | J | K | L | M |
|---|---|---|---|---|---|---|---|---|---|---|---|---|---|
| 1 | 產品類別 | 產品名稱 | 進價 | 售價 | 數量 | 日期 | 公司 | 員工姓名 | 交易額 | 毛利 | | | |
| 2 | 桌機 | acer TC220 | 12900 | 13900 | 2 | 2016/12/1 | 豐富公司 | 張志成 | 27800 | 2000 | | 列標籤 ▼ | 加總 - 交易額 |
| 3 | 桌機 | acer TC705 | 15900 | 19900 | 6 | 2016/11/24 | 機鋒企業 | 廖美昭 | 119400 | 24000 | | 王志銘 | 85740 |
| 4 | 桌機 | ASUS K31CD | 19900 | 24900 | 1 | 2016/10/5 | 和平商號 | 廖美昭 | 24900 | 5000 | | 林珊珊 | 678120 |
| 5 | 桌機 | ASUS M32BC | 17900 | 21900 | 5 | 2016/9/17 | 日日好公司 | 林珊珊 | 109500 | 20000 | | 張志成 | 383350 |
| 6 | 桌機 | acer TC220 | 12900 | 13900 | 3 | 2016/8/21 | 機鋒企業 | 廖美昭 | 41700 | 3000 | | 廖美昭 | 994280 |
| 7 | 桌機 | acer TC705 | 15900 | 19900 | 4 | 2016/7/14 | 遠東企業 | 林珊珊 | 79600 | 16000 | | 總計 | 2141490 |
| 8 | 筆電 | acer E5-575G-56VD | 25000 | 27000 | 12 | 2016/10/25 | 和平商號 | 廖美昭 | 334800 | 24000 | | | |

　　樞紐分析圖也是 Excel 的功能，可以將大量的記錄資料，依照指定的資料樣式重新分類整合，然後用圖表的形式呈現資料。呆板的表格資料如果改用圖表的形式呈現，可以更了解資料間的關係。

| ▲ | A | B | C | D | E | F | G | H | I | J | K | L | M |
|---|---|---|---|---|---|---|---|---|---|---|---|---|---|
| 1 | 產品類別 | 產品名稱 | 進價 | 售價 | 數量 | 日期 | 公司 | 員工姓名 | 交易額 | 毛利 | | | |
| 2 | 桌機 | acer TC220 | 12900 | 13900 | 2 | 2016/12/1 | 豐富公司 | 張志成 | 27800 | 2000 | | | |
| 3 | 桌機 | acer TC705 | 15900 | 19900 | 6 | 2016/11/24 | 機鋒企業 | 廖美昭 | 119400 | 24000 | | | |
| 4 | 桌機 | ASUS K31CD | 19900 | 24900 | 1 | 2016/10/5 | 和平商號 | 廖美昭 | 24900 | 5000 | | | |
| 5 | 桌機 | ASUS M32BC | 17900 | 21900 | 5 | 2016/9/17 | 日日好公司 | 林珊珊 | 109500 | 20000 | | | |
| 6 | 桌機 | acer TC220 | 12900 | 13900 | 3 | 2016/8/21 | 機鋒企業 | 廖美昭 | 41700 | 3000 | | | |
| 7 | 桌機 | acer TC705 | 15900 | 19900 | 4 | 2016/7/14 | 遠東企業 | 林珊珊 | 79600 | 16000 | | | |
| 8 | 筆電 | acer E5-575G-56VD | 25900 | 27900 | 12 | 2016/10/25 | 和平商號 | 廖美昭 | 334800 | 24000 | | | |

樞紐分析圖

　　建立樞紐分析表的操作步驟，首先建立好原始資料工作表作為資料來源，然後依照需求建立樞紐分析表。樞紐分析表建立完成後，可以進一步建立樞紐分析圖，使資料呈現更加清楚。

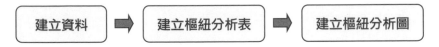

## 16.1.2 建立樞紐分析表資料

　　樞紐分析表的資料來源可以是 Excel 工作表的儲存格範圍、合併彙算資料範圍、分析藍本、外部資料來源(如 Access、MySQL、Azure SQL … 等資料庫)…等，本書僅介紹最常用的 Excel 工作表資料來源的操作。建立樞紐分析表時系統會先對資料作快取(Cache，或稱為快照)，然後利用資料快取進行處理，原始的資料不會作任何變更。

　　Excel 工作表是樞紐分析表最佳的資料來源，因為當在工作表中新增資料後，只要重新整理樞紐分析表，Excel 會自動將新增的資料納入分析表中。而且「樞紐分析表欄位」清單中，也會自動包含新增的欄位。另外，也可以用手動方式更新資料來源範圍。在工作表中建立樞紐分析表資料來源時，要注意下列事項：

1. 在工作表中建立資料時，表格資料中間不可以含空白列或空白欄。

2. 每一欄中的資料型別應該相同，例如同一欄中不可以同時有文字、日期資料。

空白欄

資料型別不同　　　　　　　　　　　　　空白列

### 16.1.3 建立建議的樞紐分析表

　　如果不熟悉樞紐分析表的建立方法，或是不確定要從何開始，可以使用 Excel 提供的「建議的樞紐分析表」功能。使用此功能時 Excel 會根據工作表中欄位資料，自動建議樞紐分析表的版面配置。但要注意「建議的樞紐分析表」是 Excel 2013 才新增的功能，如果是 Excel 2013 以前的舊版本則沒有提供，必須採手動方式來建立樞紐分析表。下面介紹採「建議的樞紐分析表」的操作方式如下：

1. 先選取資料來源工作表中有資料的任一儲存格，Excel 會自動判斷出有資料的儲存格範圍。

2. 在功能區上點選「插入」索引標籤頁，然後按 ![] 「建議的樞紐分析表」鈕，此時會出現「建議的樞紐分析表」的對話方塊。

3. 拖曳清單捲軸可以查看 Excel 建議的各種配置，點選後在右邊可以預覽結果。

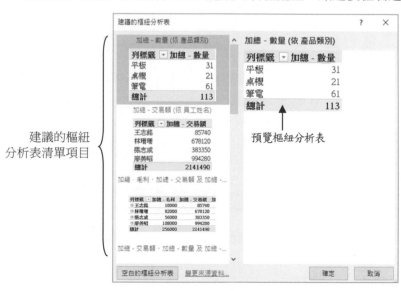

建議的樞紐
分析表清單項目

預覽樞紐分析表

4. 選好樞紐分析表的配置後，按 ［ 確定 ］ 鈕就會新增一個工作表，並在其中建立好樞紐分析表。

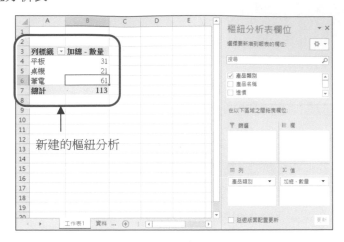

　　↑ 新建的樞紐分析

5. 建立的樞紐分析表，仍然可以用手動的方式再做調整。

## 16.1.4 手動建立樞紐分析表

如果已熟悉樞紐分析表的建立方法，或需要調整建議的樞紐分析表時，可以使用手動方式來建立和調整。下面透過一個實作，來說明手動建立樞紐分析表的步驟。

 實作　FileName：電腦銷售樞紐分析.xlsx

利用「電腦銷售資料.xlsx」檔案的資料，在新工作表中建立一個樞紐分析表。該樞紐分析表會顯示出每位公司員工在每種電腦產品的交易額，並且可以篩選出要顯示的產品類別。

　　↑ 電腦銷售資料.xlsx

► **輸出要求**

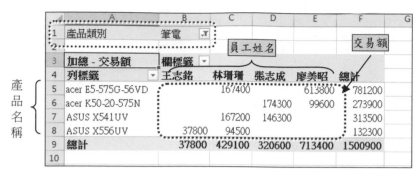

► **解題技巧**

**Step 1** 建立樞紐分析表

1. 開啟本書範例的「電腦銷售資料.xlsx」檔案，然後另存新檔為「電腦銷售樞紐分析.xlsx」。

2. 先選取「資料」工作表中有資料的其中一個儲存格，Excel 會自動判斷出資料範圍。

3. 在功能區上點選「插入」索引標籤頁，然後按 📊「樞紐分析表」鈕，此時會出現「建立樞紐分析表」的對話方塊。

4. 在「選擇您要分析的資料」中預設是「選取表格或範圍」，而且會列出有資料的範圍(資料!$A$1:$J$25)，有需要時可以自行設定。

5. 在左下圖的「選擇您要放置樞紐分析表的位置」中預設是「新工作表」，會新增一個工作表並在其中建立樞紐分析表。如果要自行指定工作表和儲存格位置，則可以選擇「已經存在的工作表」，然後在「位置」中設定工作表和樞紐分析表的左上角儲存格位置。

   本實作使用預設值，按 確定 鈕就會新增一個「工作表 1」工作表，並在 A3 儲存格位置新增一個空白樞紐分析表，接下來就是要在「樞紐分析表欄位」清單窗格中，自行設定樞紐分析表的欄位配置。

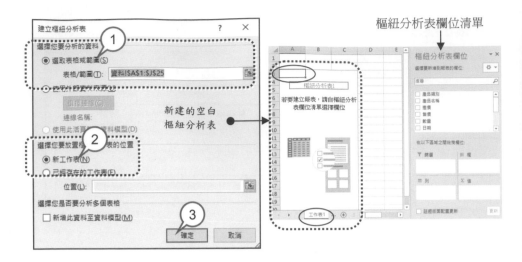

樞紐分析表欄位清單

6. 在欄位清單中會列出資料來源的所有欄位名稱，只要將需要的欄位項目拖曳到下方的 ▼ 篩選 (Page Area)、▥ 欄 (Column Area)、▤ 列 (Row Area) 或 Σ 值 (Data Area)區域中即可。根據實作的要求，先將「產品名稱」欄位項目拖曳到 ▤ 列 的區域內，「產品名稱」欄位馬上成為列標籤，使得樞紐分析表的水平列方向顯示所有產品的名稱。

7. 將「員工姓名」欄位項目拖曳到 ▥ 欄 區域內，「員工姓名」欄位會成為垂直欄標籤，使得樞紐分析表垂直欄的方向顯示所有員工的姓名。

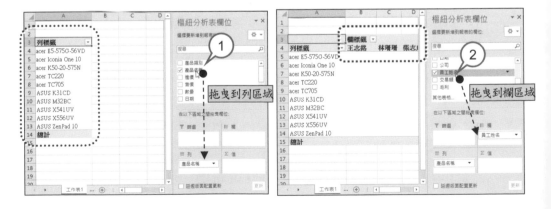

8. 將「交易額」欄位項目拖曳到 Σ 值 區域內，使得樞紐分析表顯示所有員工在各產品的交易額。

9. 將「產品分類」欄位項目拖曳到 ▼ 篩選 區域內，使得樞紐分析表可以選擇顯示產品的類別，例如只顯示「筆電」產品。

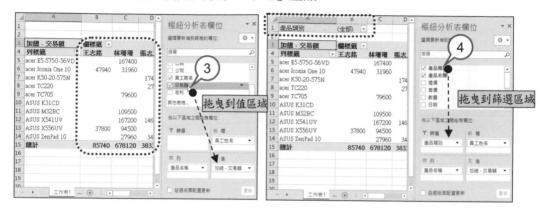

10. 如此就完成樞紐分析表的建立，產品類別預設會顯示全部的類別，可以按 ▼ 下拉鈕改變顯示的產品類別。

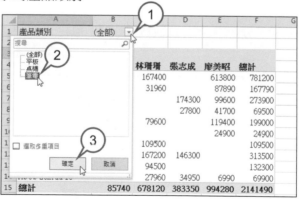

## ▶ 隨堂練習

將上面實作在新工作表中建立一個樞紐分析表。該樞紐分析表會顯示出每
公司在每種電腦產品的毛利,並且可以篩選顯示的產品類別。

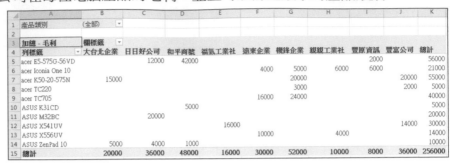

| | A | B | C | D | E | F | G | H | I | J | K |
|---|---|---|---|---|---|---|---|---|---|---|---|
| 1 | 產品類別 | (全部) | | | | | | | | | |
| 2 | | | | | | | | | | | |
| 3 | 加總 - 毛利 | 欄標籤 | | | | | | | | | |
| 4 | 列標籤 | 大台北企業 | 日日好公司 | 和平商號 | 福氣工業社 | 遠東企業 | 機鋒企業 | 觀觀工業社 | 豐原資訊 | 豐富公司 | 總計 |
| 5 | acer E5-575G-56VD | | 12000 | 42000 | | | | | 2000 | | 56000 |
| 6 | acer Iconia One 10 | | | | | 4000 | 5000 | 6000 | 6000 | | 21000 |
| 7 | acer K50-20-575N | 15000 | | | | | 20000 | | | 20000 | 55000 |
| 8 | acer TC220 | | | | | | 3000 | | | 2000 | 5000 |
| 9 | acer TC705 | | | | | 16000 | 24000 | | | | 40000 |
| 10 | ASUS K31CD | | | 5000 | | | | | | | 5000 |
| 11 | ASUS M32BC | | 20000 | | | | | | | | 20000 |
| 12 | ASUS X541UV | | | | 16000 | | | | | 14000 | 30000 |
| 13 | ASUS X556UV | | | | | 10000 | | 4000 | | | 14000 |
| 14 | ASUS ZenPad 10 | 5000 | 4000 | 1000 | | | | | | | 10000 |
| 15 | 總計 | 20000 | 36000 | 48000 | 16000 | 30000 | 52000 | 10000 | 8000 | 36000 | 256000 |

## 16.1.5 建立樞紐分析圖

建立好樞紐分析表後,再建立樞紐分析圖就非常簡單。

1. 先選取樞紐分析表中任一儲存格,此時功能區上會新增「樞紐分析表分析」
索引標籤頁。

2. 在「樞紐分析表分析」索引標籤頁按 樞紐分析圖鈕,此時會出現「插
入圖表」對話方塊。

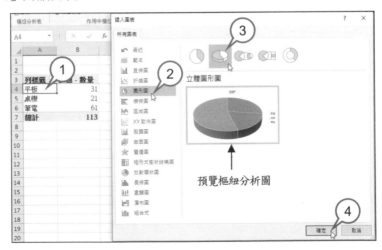

3. 在「插入圖表」對話方塊中,選擇好適合的圖表類型後按「確定」鈕,就建
立好樞紐分析圖,接著拖曳到適當的位置和調整大小即可。

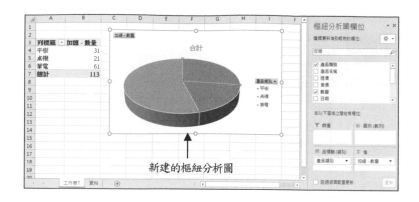

新建的樞紐分析圖

▶ 隨堂練習

將上面隨堂練習的實作，建立一個如下圖的樞紐分析圖。

# 16.2 PivotTable 物件

前一節介紹樞紐分析表建立的方法，感受到樞紐分析表的威力。樞紐分析表如果能夠再結合 VBA 程式碼，可以減少重複的操作和錯誤。本節介紹利用已經建立的樞紐分析表，使用 VBA 程式碼來操作樞紐分析表，這是最簡單易行的方式。

## 16.2.1 PivotTable 物件簡介

在工作表建立好樞紐分析表，Excel 就會在該工作表建立一個 PivotTable 物件，該物件就是樞紐分析表。一個工作表中可以含有多個 PivotTable 物件，這些物件會包含在 PivotTables 集合中。而 PivotTable 物件下又包含有多種物件，其關係圖如下：

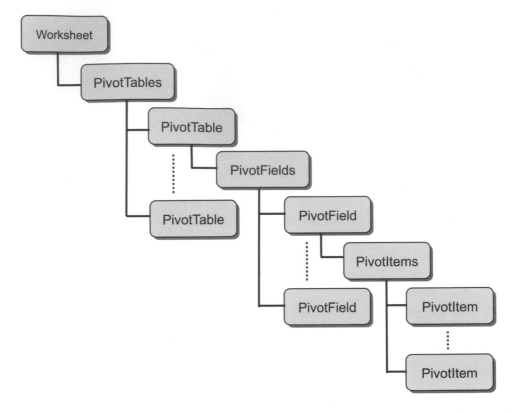

PivotFileld 物件就是樞紐分析表的資料來源中的欄位，這些物件會組合成 PivotFilelds 集合。PivotItem 物件就是樞紐分析表欄位中的項目，這些物件會組合成 PivotItems 集合。下圖用實際的樞紐分析表，和這些物件作說明：

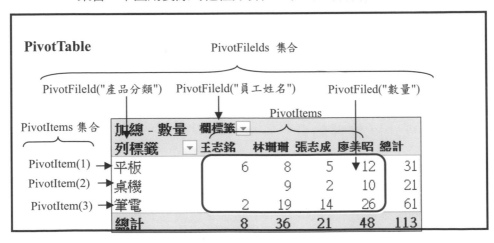

### 16.2.2 如何指定 PivotTable 物件

認識了 PivotTable 物件後，先介紹在程式碼中如何指定這些物件：

1. **指定 PivotTable 物件**

PivotTable 物件包含在工作表的 PivotTables 集合物件中，可以使用樞紐分析表的索引值或名稱來指定，常用語法為：

> **語法：**
>
> 工作表物件.PivotTables(*索引值|名稱*)

索引值是由 1 開始記數，例如指定目前工作表中的第一個樞紐分析表寫法為：

```
ActiveSheet.PivotTables(1)          ' 指定目前工作表中的第一個樞紐分析表
```

樞紐分析表的名稱可以在「樞紐分析表分析」索引標籤頁中，查詢或重新設定。例如指定「工作表 1」工作表的「樞紐分析表 1」樞紐分析表的寫法為：

```
Worksheets("工作表 1").PivotTables("樞紐分析表 1")          ' 用名稱指定樞紐分析表
```

另外，也可以使用儲存格或儲存格範圍的 PivotTable 屬性，來取得包含指定範圍左上角儲存格的樞紐分析表。例如指定「工作表 1」工作表 A3 儲存格所在的樞紐分析表，為名為 pvtTable 的 PivotTable 物件，寫法為：

```
Dim pvtTable As PivotTable          '宣告 pvtTable 為 PivotTable 物件
Set pvtTable = Worksheets("工作表 1").Range("A3").PivotTable
```

2. **指定 PivotField 物件**

每一個 PivotField 物件就代表一個欄位，包含在樞紐分析表的 PivotFields 集合物件中，可以使用欄位的索引值或名稱來指定，常用語法為：

> **語法：**
>
> 工作表物件.PivotTable 物件.PivotFields( *索引值│名稱* )

索引值是由 1 開始記數，例如：指定目前工作表中第一個樞紐分析表的第一個
欄位寫法為：

```
ActiveSheet.PivotTables(1).PivotFields(1)                    ' 指定第一個欄位
```

例如：指定「工作表 1」工作表中「樞紐分析表 1」樞紐分析表的「產品」欄位：

```
Sheets("工作表 1").PivotTables("樞紐分析表 1").PivotFields("產品")   '指定「產品」欄位
```

另外，也可以使用儲存格的 PivotField 屬性，來取得包含該儲存格的 PivotField
物件。例如：指定「工作表 1」工作表 A3 儲存格所在的樞紐分析表欄位，為名
為 pvtField 的 PivotField 物件，寫法為：

```
Dim pvtField As PivotField          '宣告 pvtField 為 PivotField 物件
Set pvtField = Worksheets("工作表 1").Range("A3").PivotField
```

## 3. 指定 PivotItem 物件

PivotItem 物件就代表欄位的一個項目，包含在樞紐分析表的 PivotItems 集合物
件中，可以使用項目的索引值來指定，常用語法為：

> **語法：**
>
> 工作表物件.PivotTable 物件.PivotField 物件.PivotItems( *索引值* )

索引值是由 1 開始記數，例如：指定第 1 個工作表中第 2 個樞紐分析表的第 3
個欄位的第四個項目寫法為：

```
Worksheets(1).PivotTables(2).PivotFields(3).PivotItems(4)            ' 指定第四個項目
```

如果要讀取項目的內容，可以使用 PivotItem 物件的 Value 屬性。例如要逐一讀
取目前工作表中第一個樞紐分析表的「產品」欄位的項目，寫法為：

```
For Each item In ActiveSheet.PivotTables(1).PivotFields("產品").PivotItems
    MsgBox item.Value
Next
```

### 16.2.3 PivotTables 物件常用屬性和方法

1. **Count 屬性**：使用 Count 屬性可以取得工作表中樞紐分析表的數量，也就是 PivotTables 集合物件中 PivotTable 物件的個數。例如：顯示目前工作表中樞紐分析表的數量，寫法為：

```
MsgBox ActiveSheet.PivotTables.Count
```

2. **Item 方法**：使用 Item 方法可以取得 PivotTables 物件集合中指定的 PivotTable 物件，指定時可以使用索引值或樞紐分析表名稱。例如：指定目前工作表中的第 1 個樞紐分析表，或指定樞紐分析表名稱為「樞紐分析表 1」的寫法為：

```
ActiveSheet.PivotTables.Item(1)            '使用索引值指定
ActiveSheet.PivotTables.Item("樞紐分析表 1")    '使用名稱指定
```

 便利貼

可以使用工作表的 EnablePivotTable 屬性來判斷工作表被保護時，是否啟用樞紐分析表物件，屬性值為 True 表啟用樞紐分析表物件和操作；屬性值為 False 表關閉。

### 16.2.4 PivotTable 物件常用屬性

1. **Name 屬性**：使用 Name 屬性可以取得和設定樞紐分析表的名稱。例如：將目前工作表的第一個樞紐分析表名稱設定為「Total」，寫法為：

```
ActiveSheet.PivotTables(1).Name = "Total"
```

2. **TableRange1 屬性**：使用 TableRange1 屬性可以取得樞紐分析表的儲存格範圍，屬性值為 Range 物件，其範圍不包含篩選欄位。例如：選取 A3 儲存格所在樞紐分析表，除篩選欄位外的資料，寫法為：

```
Range("A3").PivotTable.TableRange1.Select
```

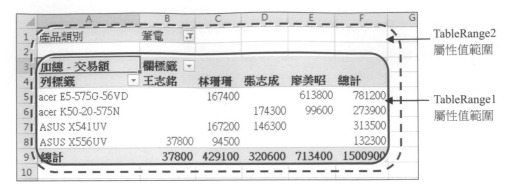

3. **TableRange2 屬性**：使用 TableRange2 屬性可以取得所有樞紐分析表的儲存格
   範圍，屬性值為 Range 物件。例如：使用 TableRange2 屬性的 Clear 方法，可
   以將樞紐分析表刪除，寫法為：

```
Worksheets("工作表 1").PivotTables("樞紐分析表 1").TableRange2.Clear
```

例如：清除目前工作表內所有的樞紐分析表，寫法為：

```
For Each pvtTable In ActiveSheet.PivotTables
      pvtTable.TableRange2.Clear
Next
```

4. **ColumnGrand 屬性**：使用 ColumnGrand 屬性可以取得或設定是否顯示欄總
   計，屬性值有 True 表顯示；False 表不顯示欄總計。例如：設定工作表 1 的第 1
   個樞紐分析表不顯示欄總計，寫法為：

```
Worksheets("工作表 1").PivotTables(1).ColumnGrand = False
```

5. **RowGrand 屬性**：使用 RowGrand 屬性可以取得或設定是否顯示列總計，屬性
   值有 True 表顯示；False 表不顯示列總計。例如：設定要顯示列總計，寫法為：

```
Worksheets("工作表 1").PivotTables("樞紐分析表 1").RowGrand = True
```

6. **NullString 屬性**：使用 NullString 屬性可以讀取或設定樞紐分析表中儲存格值
   若為 null 時，其中所顯示的字串，預設值為空字串 ("")。要設定該屬性值時，
   DisplayNullString 屬性值必須為 True。例如：設樞紐分析表中儲存格為空值全
   改顯示為"0"，寫法為：

```
With ActiveSheet.PivotTables(1)
    .DisplayNullString = True
    .NullString = "0"
End With
```

7. **ManualUpdate 屬性**：使用 ManualUpdate 屬性可以設定樞紐分析表是否為手動重算，屬性值有 False (自動)、True (手動)。通常在建立樞紐分析表時，會先將 ManualUpdate 屬性屬性值設為 True，暫停自動重算來加快程式執行速度，建立完成後再設為 False 來重新計算樞紐分析表。

8. **TableStyle2 屬性**：使用 TableStyle2 屬性可以讀取或設定樞紐分析表的樞紐分析表樣式，屬性值為 PivotStyleLight1~28 (淺色樣式)、PivotStyleMedium1~28 (中間色樣式)、 PivotStyleDark1~28 (深色樣式)。例如：設定樞紐分析表套用 PivotStyleLight5 樞紐分析表樣式，寫法為：

```
ActiveSheet.PivotTables(1).TableStyle2 = "PivotStyleLight5"
```

9. **SourceData 屬性**：使用 SourceData 屬性可以讀取或設定樞紐分析表的資料來源，如果資料來源是 Excel 的資料庫，以文字型別傳回儲存格參照。例如：資料來源為「資料」工作表的 A1:J25 儲存格範圍，傳回值為"資料!R1C1:R25C10"。

## 16.2.5 PivotTable 物件常用方法

1. **ClearTable 方法**：使用 ClearTable 方法可以清除樞紐分析表欄位，此方法會將表中的所有欄位移除，只留下空白的樞紐分析表。例如：清除目前工作表中樞紐分析表的所有欄位，寫法為：

```
ActiveSheet.PivotTables(1).ClearTable
```

2. **AddFields 方法**：使用 AddFields 方法可以在樞紐分析表中設定欄、列及篩選(頁面)欄位。語法為：

語法：

PivotTable 物件.AddFields([*RowFields*,] [*ColumnFields*,] [*PageFields*,] [*AddToTable*])

前三個引數值分別是指定欄位新增的區域，AddToTable 引數設定新增的欄位是覆蓋還是插入，引數值為 False (覆蓋，預設值)、True (插入)。例如：將「產品」、「售價」欄位加到欄區域，其他區域清除，寫法為：

```
ActiveSheet.PivotTables(1).AddFields ColumnFields:= Array("產品", "售價")
```

例如：設定「產品」為列區域、「員工」為欄區域以及 「類別」為篩選(頁面)欄位，寫法為：

```
ActiveSheet.PivotTables(1).AddFields ColumnFields:= "員工", RowFields:= "產品", _
                    PageFields:= "類別"
```

3. **ColumnFields** 方法：使用 ColumnFields 方法可以取得樞紐分析表欄區域欄位的集合，例如：逐一顯示樞紐分析表欄區域欄位的名稱，寫法為：

```
For Each pvtField In  ActiveSheet.PivotTable(1).ColumnFields
    MsgBox pvtField.Name
Next pvtField
```

4. **RowFields** 方法：使用 RowFields 方法可以取得樞紐分析表列區域欄位的集合。

5. **DataFields** 方法：使用 DataFields 方法可以取得樞紐分析表值(資料)區域欄位的集合。

6. **PageFields** 方法：使用 PageFields 方法可以取得樞紐分析表篩選(頁面)區域欄位的集合

7. **RefreshTable** 方法：使用 RefreshTable 方法可以根據資料來源更新樞紐分析表，如果更新成功傳回值為 True；否則為 False。例如：更新樞紐分析表的資料，並顯示是否更新成功，寫法為：

```
MsgBox ActiveSheet.PivotTables(1).RefreshTable
```

8. **ShowPages** 方法：使用 ShowPages 方法可以將篩選區域中指定欄位的每一個項目，在新工作表建立一個樞紐分析表，新工作表會以項目的名稱命名。語法為：

> **語法：**
>
> PivotTable 物件.ShowPages(*PageField*)

PageField 引數是指定篩選區域的欄位，例如將「產品類別」欄位中的每一個項目，在新的工作表中建立一個樞紐分析表，寫法為：

> ActiveSheet.PivotTables(1).ShowPages "產品類別"

9. **GetData 方法**：使用 GetData 方法可以取得樞紐分析表中值(資料)欄位的值，例如：顯示樞紐分析表「數量」欄位的值，寫法為：

> MsgBox ActiveSheet.PivotTables(1).GetData("數量")

**實作** FileName：CopyPivotTableData.xlsm

利用電腦銷售資料.xlsx 檔案，撰寫一個 VBA 程式碼，可以將使用者建立的樞紐分析表內儲存格為空白資料補零。複製樞紐分析表資料的值到新工作表，並做簡單的表格格式設定。

▶ **輸出要求**

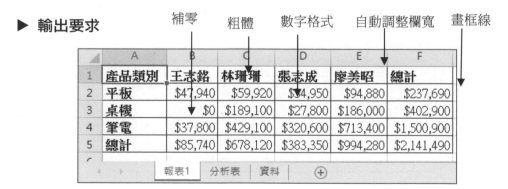

▶ **解題技巧**

Step 1 建立輸出入介面

1. 將「電腦銷售資料.xlsx」檔案另存新檔為 CopyPivotTableData.xlsm。

2. 建立樞紐分析表欄區域為「員工姓名」欄位，列區域為「產品類別」欄位，值區域為「交易額」欄位。

3. 將樞紐分析表所在的工作表的名稱修改為「分析表」。

4. 在「分析表」工作表上建立一個 ActiveX 命令按鈕控制項物件，然後在該控制項的 Click 事件中撰寫程式碼。

| ▲ | A | B | C | D | E | F | G |
|---|---|---|---|---|---|---|---|
| 1 | | | | | | | |
| 2 | | | | | | | |
| 3 | 加總 - 交易額 | 欄標籤 ▼ | | | | | 複製 |
| 4 | 列標籤 ▼ | 王志銘 | 林珊珊 | 張志成 | 廖美昭 | 總計 | |
| 5 | 平板 | 47940 | 59920 | 34950 | 94880 | 237690 | |
| 6 | 桌機 | | 189100 | 27800 | 186000 | 402900 | |
| 7 | 筆電 | 37800 | 429100 | 320600 | 713400 | 1500900 | |
| 8 | 總計 | 85740 | 678120 | 383350 | 994280 | 2141490 | |

→ cmdCopy

Step 2 問題分析

1. 樞紐分析表雖然好用，但會包含報表中不要顯示的部分，所以可以讀取其中含值部分的儲存格範圍，然後以選擇性方式以值貼上。

2. 將樞紐分析表的 DisplayNullString 屬性值設為 True，以及 NullString 屬性值設為"0"，使樞紐分析表的空白資料補 0。

3. 要取得樞紐分析表中值儲存格的範圍，可以使用 TableRange1 屬性。但是因為會包含值的標籤，所以用 Offset 方法下移一列來避開。

TableRange1 儲存格範圍

Offset(1, 0)後 儲存格範圍

4. 要為報表的工作表命名時，為了避免使用者刪除工作表造成同名的錯誤，所以使用 On Error 的錯誤處理。

5. A1 儲存格的值原為「列標籤」，改為列區域第一個欄位的 Name 屬性值，而列區域的第一個欄位可以使用 RowFields(1)來指定。

Step 3 編寫程式碼

| FileName: CopyPivotTableData.xlsm (工作表 1 程式碼) |
|---|
| 01 **Private Sub cmdCopy_Click()** |
| 02 　　　Dim actPT As PivotTable 　　'宣告 actPT 為 PivotTable 物件 |
| 03 　　　Set actPT = Sheets("分析表").PivotTables(1) 　'指定 actPT 值 |

| 04 | actPT.DisplayNullString = True |
|---|---|
| 05 | actPT.NullString = "0"　　　　　　　'空白資料補 0 |
| 06 | actPT.TableRange1.Offset(1, 0).Copy '複製樞紐分析表值的儲存格範圍(第一列除外) |
| 07 | Worksheets.Add before:=Worksheets(1)　　　　'在最前面新增一個工作表 |
| 08 | Dim actWS As Worksheet　　　　'宣告 actWS 為 Worksheet 物件 |
| 09 | Set actWS = Worksheets(1)　　　　'指定 actWS 值 |
| 10 | On Error Resume Next　　　　'產生錯誤時跳過，以避免同名的錯誤 |
| 11 | actWS.Name = "報表" & ActiveWorkbook.Worksheets.Count - 2　　　'指定工作表的名稱 |
| 12 | On Error GoTo 0 |
| 13 | With actWS |
| 14 | .Range("A1").PasteSpecial Paste:=xlPasteValues '複製的資料以值貼上 |
| 15 | .Range("A1").Value = actPT.RowFields(1).Name '將列欄位的名稱指定給 A1 儲存格 |
| 16 | Dim urng As Range　　　　'宣告 urng 為儲存格物件 |
| 17 | Set urng = .UsedRange　　　　'設 urng 為使用的儲存格範圍 |
| 18 | urng.Borders.LineStyle = XlLineStyle.xlContinuous '繪表格 |
| 19 | urng.NumberFormat = "$#,##0"　　　'設數值格式 |
| 20 | .Range(.Cells(1, 1), .Cells(urng.Rows.Count, 1)).Font.Bold = True '列標題設為粗體 |
| 21 | .Range(.Cells(1, 1), .Cells(1, urng.Columns.Count)).Font.Bold = True '欄標題設為粗體 |
| 22 | urng.Columns.AutoFit　　　　'自動調整大小 |
| 23 | .Range("A1").Select |
| 24 | End With |
| 25 | End Sub |

## ▶ 隨堂練習

將上面實作修改成可以產生如下的報表：

| | A | B | C | D | E | F | G | H | I | J | K |
|---|---|---|---|---|---|---|---|---|---|---|---|
| 1 | | 各公司購買產品毛利統計表 | | | | | | | | | |
| 2 | 產品名稱 | 大台北企業 | 日日好公司 | 和平商號 | 福氣工業社 | 遠東企業 | 樓鐘企業 | 親親工業社 | 豐原資訊 | 豐富公司 | 總計 |
| 3 | acer E5-575G-56VD | | $12,000 | $42,000 | | | | | $2,000 | | $56,000 |
| 4 | acer Iconia One 10 | | | | | $4,000 | $5,000 | $6,000 | $6,000 | | $21,000 |
| 5 | acer K50-20-575N | $15,000 | | | | | $20,000 | | | $20,000 | $55,000 |
| 6 | acer TC220 | | | | | | $3,000 | | | $2,000 | $5,000 |
| 7 | acer TC705 | | | | | $16,000 | $24,000 | | | | $40,000 |
| 8 | ASUS K31CD | | | $5,000 | | | | | | | $5,000 |
| 9 | ASUS M32BC | | $20,000 | | | | | | | | $20,000 |
| 10 | ASUS X541UV | | | | $16,000 | | | | | $14,000 | $30,000 |
| 11 | ASUS X556UV | | | | | $10,000 | | $4,000 | | | $14,000 |
| 12 | ASUS ZenPad 10 | $5,000 | $4,000 | $1,000 | | | | | | | $10,000 |
| 13 | 總計 | $20,000 | $36,000 | $48,000 | $16,000 | $30,000 | $52,000 | $10,000 | $8,000 | $36,000 | $256,000 |

# 16.3 PivotField 與 PivotItem 物件

## 16.3.1 PivotFields 物件常用屬性

PivotFilelds 物件就是樞紐分析表資料來源中所有欄位的集合，包含隱藏的欄位 (即未使用的欄位)。若是只針對樞紐分析表中使用的欄位，則可用 RowFields (列)、ColumnFields (欄)、DataFields (值)、PageFields (篩選)等欄位子集合會比較精確。

1. **Count 屬性**：使用 Count 屬性可以讀取樞紐分析表資料來源欄位的數量，例如：逐一顯示樞紐分析表資料來源欄位的名稱，寫法為：

```
For i = 1 To ActiveSheet.PivotTables(1).PivotFields.Count
    MsgBox "第 " & i & " 個欄位的名稱： " & Selection.PivotTable.PivotFields(i).Name
Next i
```

2. **CurrentPage 屬性**：使用 CurrentPage 屬性可以設定篩選欄位 (分頁或稱頁面欄位) 的選取項目，此時樞紐分析表只會顯示該項目的資料。例如：設定篩選欄位的選取項目為「筆電」，寫法為：

```
ActiveSheet.PivotTables(1).PivotFields("產品類別").CurrentPage = "筆電"
```

## 16.3.2 PivotField 物件常用屬性和方法

1. **Orientation 屬性**：使用 Orientation 屬性可以設定 PivotField 物件(即欄位)在樞紐分析表的區域，屬性值共有 xlColumnField (欄)、xlRowField (列)、xlDataField (值)、xlPageField (篩選)、xlHidden (隱藏)等五種，分別指定欄位資料放到樞紐分析表的區域。屬性指定為 xlHidden 時，該欄位不會在樞紐分析表中顯示。例如：將「產品名稱」欄位放在列區域寫法為：

```
ActiveSheet.PivotTables(1).PivotFields("產品名稱").Orientation = xlRowField
```

2. **Function 屬性**：使用 Function 屬性可以設定樞紐分析表值欄位所使用的函數，屬性值可以為 xlSum (加總)、xlCount (計數或項目個數)、xlAverage (平均值)、xlMax (最大或最大值)、xlMin (最小或最小值)、xlStdDev (標準差)...等。例如：設「加總 – 交易額」欄位使用平均值函數，寫法為：

```
ActiveSheet.PivotTables(1).PivotFields("加總 – 交易額").Function = xlAverage
```

要注意樞紐分析表中「總計」欄位的名稱並不是「總計」，而且名稱會隨設定的函數而改變，名稱為「函數 - 值欄位名稱」，注意「-」前後各有一空白字元。例如值區域的欄位為「數量」，Function 屬性值設為 xlSum，則欄位名稱預設為「加總 - 數量」。如果在值欄位上按右鍵執行「值欄位設定...」指令，會開啟「值欄位設定...」對話方塊，在「自訂名稱」欄位中可以查看到預設的名稱，也可以自行設定新名稱。

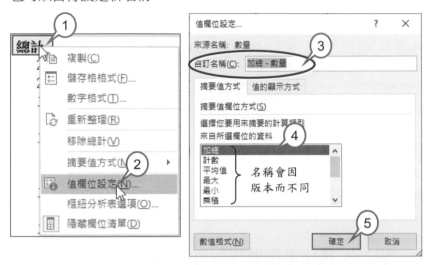

3. **Position 屬性**：使用 Position 屬性可以讀取或設定欄位，在欄、列、篩選或值區域中的位置。例如：將第一個列欄位移到第三個位置，寫法為：

```
ActiveSheet.PivotTables(1).RowFields(1).Position = 3
```

4. **NumberFormat 屬性**：使用 NumberFormat 屬性可以讀取或設定(資料)欄位的數值格式字串值，例如：將目前工作表的第 1 個樞紐分析表的值區域「毛利」欄位的數值格式設為"#,##0"，寫法為：

```
ActiveSheet.PivotTables(1).DataFields("毛利").NumberFormat = "#,##0"
```

5. **DataRange 屬性**：使用 DataRange 屬性可以取得指定欄位的儲存格範圍，傳回值為 Range 物件。指定的欄位如果是在欄、列和篩選區域，會傳回該欄位所屬項目的儲存格範圍；若是值區域欄位則會傳回含值的儲存格範圍。例如：選取列區域第一個欄位的項目所在儲存格範圍，寫法為：

```
ActiveSheet.PivotTables(1).RowFields(1).DataRange.Select
```

6. **DataType 屬性**：使用 DataType 屬性可以取得指定欄位的資料型別，傳回值為 xlText (文字)、xlNumber (數值)、xlDate (日期)三種。例如：取得樞紐分析表第一個欄位的資料型別，寫法為：

```
ActiveSheet.PivotTables(1).PivotFields(1).DataType
```

7. **AutoSort 方法**：使用 AutoSort 方法可以將指定欄位內的資料，依照另一欄位的值以指定方式排序。其語法為：

語法：

```
PivotField 物件.AutoSort(Order, Field)
```

Order 的引數值可以為 xlDescending (由大到小) 或 xlAscending (由小到大)，Field 的引數值為指定排序的欄位。例如將目前工作表的第 1 個樞紐分析表指定「產品」欄位內的資料，根據「數量」欄位總計值由大到小排序，寫法為：

```
ActiveSheet.PivotTables(1).PivotFields("產品名稱").AutoSort xlDescending, "總計 - 數量"
```

## 16.3.3 PivotItems 物件常用屬性和方法

1. **Count 屬性**：使用 Count 屬性可以讀取欄位的項目集合中項目的數量，例如：逐一顯示第一個欄標籤的項目名稱，寫法為：

```
For i = 1 To ActiveSheet.PivotTables(1).ColumnFields(1).PivotItems.Count
    MsgBox ActiveSheet.PivotTables(1).ColumnFields(1).PivotItems(i).Name
Next i
```

2. **Item 方法**：使用 Item 方法可以使用名稱或索引值，來指定項目集合中的單一項目物件。例如隱藏第一個列標籤 (或稱列區域欄位)的第一個項目，寫法為：

```
ActiveSheet.PivotTables(1).RowFields(1).PivotItems.Item(1).Visible = False
```

## 16.3.4 PivotItem 物件常用屬性

1. **Value 屬性**：使用 Value 屬性可以讀取或設定項目的內容，例如：逐一顯示第一個列標籤的項目內容，寫法為：

```
For i = 1 To ActiveSheet.PivotTables(1).RowFields(1).PivotItems.Count
    MsgBox ActiveSheet.PivotTables(1).RowFields(1).PivotItems.Item(i).Value
Next i
```

2. **Visible 屬性**：使用 Visible 屬性可以讀取或設定項目是否顯示，屬性值為 True (顯示)、False (隱藏)，例如顯示目前工作表的第 1 個樞紐分析表的第 1 個欄標籤的第 1 個項目，寫法為：

```
ActiveSheet.PivotTables(1).ColumnFields(1).PivotItems(1).Visible = True
```

3. **Position 屬性**：使用 Position 屬性可以讀取或設定欄位，在列、欄、篩選或值區域中的位置。例如：將目前工作表的第 1 個樞紐分析表的第 1 個項目移到第 3 個位置，寫法：

```
ActiveSheet.PivotTables(1).PivotFields(1).PivotItems(1).Position = 3
```

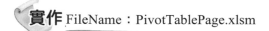 **實作** FileName：PivotTablePage.xlsm

利用電腦銷售資料.xlsx 檔案，建立樞紐分析表。再建立兩個命令按鈕，分別執行更新樞紐分析表資料、將樞紐分析表中空白的項目移除，以及篩選欄位中各項目在新工作表建立樞紐分析表，以及樞紐分析圖。

▶ **輸出要求**

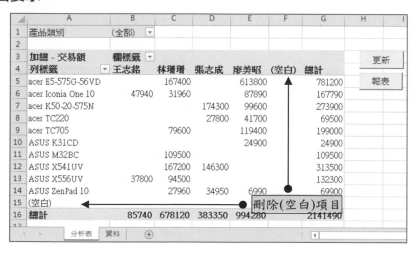

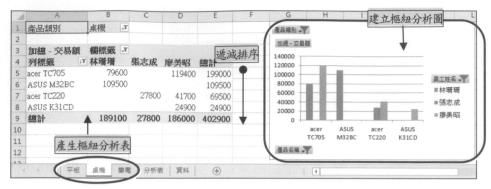

## ▶ 解題技巧

**Step 1** 建立輸出入介面

1. 將「電腦銷售資料.xlsx」檔案另存新檔為 PivotTablePage.xlsm。

2. 建立樞紐分析表欄區域為「員工姓名」欄位，列區域為「產品名稱」欄位，值區域為「交易額」欄位，篩選區域為「產品類別」欄位。

3. 將樞紐分析表所在的工作表的名稱修改為「分析表」。

4. 在「分析表」工作表上建立 cmdRefresh、cmdPage 兩個 ActiveX 命令按鈕控制項物件，然後在各控制項的 Click 事件中撰寫程式碼。

**Step 2** 問題分析

1. 因為希望「資料」工作表中的資料修改或記錄增刪時，能反應在樞紐分析表上，所以在建立樞紐分析表時，要將「表格/範圍」改為「資料!$A:$J」，即資料來源範圍設為 A 到 J 欄。

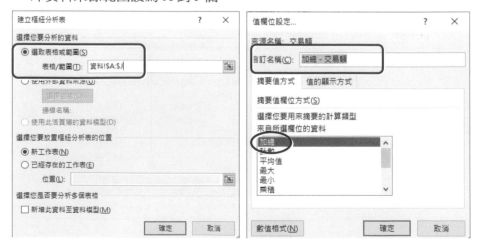

2. 當將資料來源設為 A 到 J 欄時，值總計的公式會改為「項目個數」。如果有需要可以在值儲存格上按右鍵，執行「值欄位設定...」功能來修改。

3. 在 cmdRefresh_Click 事件中使用 RefreshTable 方法，就可以將資料來源更新到樞紐分析表中。再使用 AutoSort 方法，使列欄位的項目可以依照交易額的總計作由大到小的排序。

4. 在 cmdPage_Click 事件中完成下列事項：

① 用 For 迴圈逐一刪除以篩選欄位的項目為名的工作表，PivotItems.Count 表項目的個數。

② 當將資料來源設為 A 到 J 欄時，各區域欄位會增加一個「(空白)」的項目。可以將 PivotItems("(blank)") 的 Visible 屬性值設為 False，來隱藏空白項目。要注意雖然表上是顯示「(空白)」，但是在指定時必須使用「(blank)」才可以。

③ 使用 ShowPages 方法可以逐一將篩選欄位的每一個項目，各在新工作表上建立篩選後的樞紐分析表。

④ 使用 For 迴圈，逐一在新建篩選欄位項目的工作表中建立樞紐分析圖。要注意項目個數因為會多含一個空白項目，所以次數要減 1。

⑤ 指定圖表資料來源時，可以使用樞紐分析表的 TableRange1 屬性，來取得含值的儲存格範圍。但其中會含總計的資料，可以用 Resize 方法來移除。至於圖表建立的詳細辦法，請自行參閱第 14 章的說明。

Step 3　編寫程式碼

| FileName: Application 屬性 1.xlsm (工作表 1 程式碼) |
|---|
| 01 **Private Sub cmdRefresh_Click()** |
| 02　　ActiveSheet.PivotTables(1).RefreshTable　　'使用 RefreshTable 方法更新 |
| 03　　ActiveSheet.PivotTables(1).RowFields(1).AutoSort xlDescending, "加總 - 交易額" |
| 04 End Sub |
| 05 |
| 06 **Private Sub cmdPage_Click()** |
| 07　　With ActiveSheet.PivotTables(1) |
| 08　　　Application.DisplayAlerts = False　　'關閉警示訊息 |
| 09　　　On Error Resume Next |
| 10　　　For i = 1 To .PageFields(1).PivotItems.Count　　'1 到篩選欄位的項目個數 |
| 11　　　　ActiveWorkbook.Worksheets(.PageFields(1).PivotItems(i).Name).Delete |
| 12　　　Next i |

| 13 | On Error GoTo 0 |
|---|---|
| 14 | Application.DisplayAlerts = True　　　'開啟警示訊息 |
| 15 | .ColumnFields(1).PivotItems("(blank)").Visible = False '去 欄區域 的空白項目 |
| 16 | .RowFields(1).PivotItems("(blank)").Visible = False　'去 列區域 的空白項目 |
| 17 | .PageFields(1).PivotItems("(blank)").Visible = False　'去 篩選區域 的空白項目 |
| 18 | .ShowPages ActiveSheet.PivotTables(1).PageFields(1)　'使用 ShowPages 方法 |
| 19 | End With |
| 20 | Dim co As ChartObject　　'宣告 co 為 ChartObject 物件 |
| 21 | Dim ch As Chart　　　　'宣告 ch 為圖表物件 |
| 22 | Dim rng As Range　　　　'宣告 rng 為儲存格物件 |
| 23 | Dim urng As Range　　　'宣告 urng 為儲存格物件 |
| 24 | For i = 1 To Worksheets("分析表").PivotTables(1).PageFields(1).PivotItems.Count - 1 |
| 25 | With Worksheets(Worksheets("分析表").PivotTables(1).PageFields(1).PivotItems(i).Name) |
| 26 | Set urng = .PivotTables(1).TableRange1 |
| 27 | Set rng = .Cells(1, urng.Columns.Count + 2) '設 rng 為使用範圍的右邊第二個儲存格 |
| 28 | Set co = .ChartObjects.Add(rng.Left, rng.Top, 300, 200) '在 rng 上建 300x200 的圖表 |
| 29 | Set ch = co.Chart　　　　'設 ch 為 co 的圖表 |
| 30 | '設 ch 的資料來源為使用範圍寬高各減 1，即不含總計資料 |
| 31 | ch.SetSourceData Source:=urng.Resize(urng.Rows.Count-1, urng.Columns.Count-1) |
| 32 | End With |
| 33 | Next |
| 34 End Sub | |

## ▶ 隨堂練習

將上面實作修改成可以產生如下的報表：

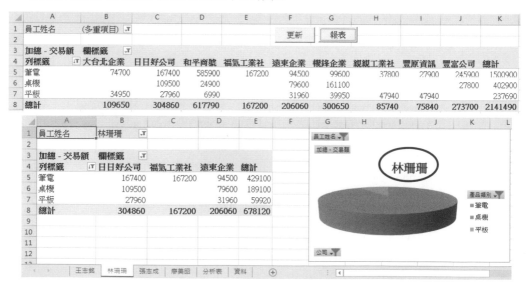

# 16.4 建立樞紐分析表

前面介紹透過拖曳建立欄位樞紐分析表後，再說明利用 VBA 程式來操作樞紐分析表的方法。其實直接使用 VBA 程式也可以建立樞紐分析表，可以使建立的方式更加靈活，但是程式碼會比較為繁瑣。

## 16.4.1 使用 PivotTableWizard 方法建立樞紐分析表

使用工作表的 PivotTableWizard 方法可以建立 PivotTable 物件，建立後再設定樞紐分析各區域的欄位和屬性。使用 PivotTableWizard 方法時，要在資料來源所在的工作表執行 PivotTableWizard 方法，執行後會新增一個工作表，並在其中建立一個 PivotTable 物件，但是不會顯示「樞紐分析表欄位」清單窗格。

例如：以「資料」工作表為樞紐分析表的資料來源，在欄區域為「員工姓名」欄位，列區域為「產品名稱」欄位，值區域為「交易額」欄位，篩選區域為「產品類別」欄位。程式的寫法如下：

```
Dim pvtTable As PivotTable          '宣告 pvtTable 為 PivotTable 物件
Set pvtTable = Worksheets("資料").PivotTableWizard  '使用 PivotTableWizard 方法
With pvtTable
    .PivotFields("員工姓名").Orientation = xlColumnField  '設定欄區域欄位
    .PivotFields("產品名稱").Orientation = xlRowField     '設定列區域欄位
    .PivotFields("交易額").Orientation = xlDataField      '設定值區域欄位
    .PivotFields("產品類別").Orientation = xlPageField    '設定篩選區域欄位
End With
```

| | A | B | C | D | E | F |
|---|---|---|---|---|---|---|
| 1 | 產品類別 | (全部) | | | | |
| 2 | | | | | | |
| 3 | 加總 - 交易額 | 員工姓名 | | | | |
| 4 | 產品名稱 | 王志銘 | 林珊珊 | 張志成 | 廖美昭 | 總計 |
| 5 | acer E5-575G-56VD | | 167400 | | 613800 | 781200 |
| 6 | acer Iconia One 10 | 47940 | 23970 | | 87890 | 159800 |
| 7 | acer K50-20-575N | | | 174300 | 99600 | 273900 |
| 8 | acer TC220 | | | 27800 | 41700 | 69500 |
| 9 | acer TC705 | | 79600 | | 119400 | 199000 |
| 10 | ASUS K31CD | | | | 24900 | 24900 |
| 11 | ASUS M32BC | | 109500 | | | 109500 |
| 12 | ASUS X541UV | | 167200 | 146300 | | 313500 |
| 13 | ASUS X556UV | 37800 | 94500 | | | 132300 |
| 14 | ASUS ZenPad 10 | | 27960 | 34950 | 6990 | 69900 |
| 15 | 總計 | 85740 | 670130 | 383350 | 994280 | 2133500 |

## 16.4.2 使用 PivotCache 物件建立樞紐分析表

建立樞紐分析表時系統會先對資料作快取(Cache)，建立一個 PivotCatche 物件。一個樞紐分析表會有一個 PivotCatche 物件，這些 PivotCatche 物件會組合成 PivotCatches 物件集合，而 PivotCatches 物件集合是隸屬於活頁簿 Workbook 物件。這些物件的關係如下圖：

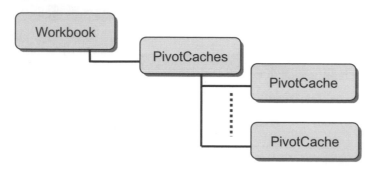

利用 VBA 程式使用活頁簿的 PivotCaches 物件，來建立樞紐分析表的步驟如下：

1. 宣告 PivotCache 物件。

2. 使用活頁簿的 PivotCaches.Add 方法將指定的資料，建立成樞紐分析表的快取。

3. 使用 PivotCache 物件的 CreatePivotTable 方法，可以將 PivotCache 所指定的資料來源，在指定的位置建立樞紐分析表。

4. 在建立的樞紐分析表中，設定各區域的欄位和屬性值。

**一、使用 PivotCaches.Add 方法建立樞紐分析表快取**

使用活頁簿的 PivotCaches.Add 方法可以將指定的資料，建立成樞紐分析表的快取，以用來作為建立 PivotTable 物件的資料來源。其常用的語法如下：

---

語法：

PivotCaches 物件.Add(*SourceType, SourceData*)

---

▶ 說明

1. *SourceType 引數*

可以指定資料來源的型態，最常用的引數值為 xlDatabase (Excel 的清單或工作
表資料)，是必要指定的引數。

2. *SourceData 引數*

指定新 PivotCache 快取的資料來源，引數值通常為儲存格範圍，是必要指定
的引數。例如：將「資料」工作表中有資料的儲存格範圍，建立成樞紐分析表
快取 ptCache，寫法為：

```
Dim ptCache As PivotCache      '宣告 ptCache 為 PivotCache 物件
Set ptCache = ActiveWorkbook.PivotCaches.Add(SourceType:=xlDatabase, _
                          SourceData:=Worksheets("資料").UsedRange)
```

## 二、使用 PivotCache 物件的 CreatePivotTable 方法建立樞紐分析表

建立了 PivotCache 物件後，使用 PivotCache 物件的 CreatePivotTable 方法，可
以將 PivotCache 所指定的資料來源，在指定的位置建立樞紐分析表。其常用的語法：

語法：

PivotCache 物件.CreatePivotTable (*TableDestination* [, *TableName*])

▶ 說明

1. *TableDestination 引數*

指定所建立樞紐分析表報表的左上角儲存格位置，是必要指定的引數。

2. *TableName 引數*

可以指定新建立樞紐分析表的名稱，雖然是選用引數但為方便程式指定樞紐分
析表，建議應自行命名。例如：將 ptCache 樞紐分析表快照，在「分析表」工
作表的 A3 儲存格起，建立名為 PivotTable1 的樞紐分析表，寫法為：

```
Dim pvtTable As PivotTable    '宣告 pvtTable 為 PivotTable 物件
Dim ws As Worksheet           '宣告 ws 為 Worksheet 物件
```

```
Set ws = ActiveWorkbook.Worksheets("分析表")   '指定 ws 為"分析表"工作表
Dim ptCache As PivotCache   '宣告 ptCache 為 PivotCache 物件
Set ptCache = ActiveWorkbook.PivotCaches.Add(SourceType:=xlDatabase, _
                    SourceData:=Worksheets("資料").UsedRange)
Set pvtTable = ptCache.CreatePivotTable(TableDestination:=ws.Range("A3"), _
                    TableName:="PivotTable1")
```

**實作** FileName：CreatePivotTable.xlsm

利用電腦銷售資料.xlsx 檔案，按 建立 鈕會在「分析表」工作表中建立樞紐分析表。

▶ **輸出要求**

| | A | B | C | D | E | F | G | H | I | J | K | L |
|---|---|---|---|---|---|---|---|---|---|---|---|---|
| 1 | 產品類別 | 產品名稱 | 進價 | 售價 | 數量 | 日期 | 公司 | 員工姓名 | 交易額 | 毛利 | | |
| 2 | 平板 | ASUS ZenPad 10 | 5990 | 6990 | 5 | 2016/7/7 | 大台北企業 | 張志成 | 34950 | 5000 | | 建立 |
| 3 | 桌機 | acer TC705 | 15900 | 19900 | 4 | 2016/7/14 | 遠東企業 | 林珊珊 | 79600 | 16000 | | |
| 4 | 筆電 | ASUS X556UV | 16900 | 18900 | 5 | 2016/7/17 | 遠東企業 | 林珊珊 | 94500 | 10000 | | |
| 5 | 筆電 | acer K50 20 575N | 19900 | 24900 | 4 | 2016/7/24 | 機絡企業 | 廖美昭 | 99600 | 20000 | | |

| | A | B | C | D | E | F |
|---|---|---|---|---|---|---|
| 1 | | | | | | |
| 2 | | | | | | |
| 3 | 加總 - 毛利 | 員工姓名 ▼ | | | | |
| 4 | 產品類別 ▼ | 王志銘 | 林珊珊 | 張志成 | 廖美昭 | 總計 |
| 5 | 平板 | 6,000 | 8,000 | 5,000 | 12,000 | 31,000 |
| 6 | 桌機 | | 36,000 | 2,000 | 32,000 | 70,000 |
| 7 | 筆電 | 4,000 | 38,000 | 49,000 | 64,000 | 155,000 |
| 8 | 總計 | 10,000 | 82,000 | 56,000 | 108,000 | 256,000 |

▶ **解題技巧**

Step 1 建立輸出入介面

1. 將電腦銷售資料.xlsx 檔案另存新檔為 CreatePivotTable.xlsm。

2. 新增一個工作表並將名稱修改為「分析表」，以便放置樞紐分析表。

3. 在「資料」工作表上建立 ActiveX 命令按鈕控制項物件，名稱設為 cmdCreate，然後在 Click 事件中撰寫程式碼。

Step ② 問題分析

1. 使用 For Each 迴圈逐一刪除「分析表」工作表中的樞紐分析表。

2. 宣告 ptCache 為 PivotCache 物件。

3. 使用 PivotCaches 物件的 Add 方法建立樞紐分析表快照，其中 SourceData 引數設為 Worksheets("資料").UsedRange。

4. 使用 PivotCache 物件的 CreatePivotTable 方法，將 ptCache 所指定的資料來源，在「分析表」工作表中的 A3 儲存格建立樞紐分析表。

5. 設定樞紐分析表欄位前，將 ManualUpdate 屬性值設為 True，開啟手動更新使程式執行速度加快。記得設定完成後，要關閉手動更新才能更新樞紐分析表。

6. 使用 AddFields 方法，在樞紐分析表的欄和列區域增加欄位。接著設定值的欄位，以及屬性值。

7. 設定樞紐分析表的 TableStyle2 的屬性值，來套用樞紐分析表樣式。

Step ③ 編寫程式碼

| FileName: CreatePivotTable.xlsm (工作表 1 程式碼) |
|---|

```
01 Private Sub cmdCreate_Click()
02      Dim pvtTable As PivotTable          '宣告 pvtTable 為 PivotTable 物件
03      Dim ws As Worksheet                 '宣告 ws 為 Worksheet 物件
04      Set ws = ActiveWorkbook.Worksheets("分析表")  '指定 ws 為"分析表"工作表
05      For Each pvtTable In ws.PivotTables    '刪除所有的樞紐分析表
06          pvtTable.TableRange2.Clear
07      Next
08      Dim ptCache As PivotCache       '宣告 ptCache 為 PivotCache 物件
09      Set ptCache = ActiveWorkbook.PivotCaches.Add(SourceType:=xlDatabase, _
                      SourceData:=Worksheets("資料").UsedRange)
10      Set pvtTable = ptCache.CreatePivotTable(TableDestination:=ws.Range("A3"), _
                      TableName:="PivotTable1")
11      pvtTable.ManualUpdate = True        '開啟手動更新
12      '設定欄和列的欄位
13      pvtTable.AddFields RowFields:="產品類別", ColumnFields:="員工姓名"
14      '設定值欄位
15      With pvtTable.PivotFields("毛利")
16          .Orientation = xlDataField
```

| 17 | .Function = xlSum |
| --- | --- |
| 18 | .NumberFormat = "#,##0" |
| 19 | End With |
| 20 | pvtTable.TableStyle2 = "PivotStyleLight15"　'套用樞紐分析表樣式 |
| 21 | pvtTable.ManualUpdate = False　'自動更新 |
| 22 | pvtTable.ManualUpdate = True　'開啟手動更新 |
| 23 End Sub | |

▶ 隨堂練習

將上面實作修改成可以建立如下的樞紐分析表。(套用 PivotStyleDark15 樞紐分析表樣式)

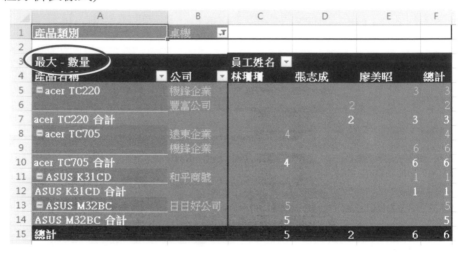

 便利貼

樞紐分析表的功能強大，本章主旨在引導讀者入門，以及認識樞紐分析表的架構。所以僅介紹比較常用的物件及其屬性和方法，如要更深入瞭解則可以參閱微軟公司 PivotTable 物件的網頁：

https://msdn.microsoft.com/zh-tw/library/office/ff837611.aspx

# ASCII 碼、KeyCode 碼

## ASCII 碼

| DEC | HEX | Symbol | DEC | HEX | Symbol | DEC | HEX | Symbol | DEC | HEX | Symbol |
|-----|-----|--------|-----|-----|--------|-----|-----|--------|-----|-----|--------|
| 0 | 0 | (NULL) | 32 | 20 |  | 64 | 40 | @ | 96 | 60 | ` |
| 1 | 1 | ☺ | 33 | 21 | ! | 65 | 41 | A | 97 | 61 | a |
| 2 | 2 | ☻ | 34 | 22 | " | 66 | 42 | B | 98 | 62 | b |
| 3 | 3 | ♥ | 35 | 23 | # | 67 | 43 | C | 99 | 63 | c |
| 4 | 4 | ♦ | 36 | 24 | $ | 68 | 44 | D | 100 | 64 | d |
| 5 | 5 | ♣ | 37 | 25 | % | 69 | 45 | E | 101 | 65 | e |
| 6 | 6 | ♠ | 38 | 26 | & | 70 | 46 | F | 102 | 66 | f |
| 7 | 7 | • | 39 | 27 | ' | 71 | 47 | G | 103 | 67 | g |
| 8 | 8 | ◘ | 40 | 28 | ( | 72 | 48 | H | 104 | 68 | h |
| 9 | 9 |  | 41 | 29 | ) | 73 | 49 | I | 105 | 69 | i |
| 10 | A | ○ | 42 | 2A | * | 74 | 4A | J | 106 | 6A | j |
| 11 | B | ♂ | 43 | 2B | + | 75 | 4B | K | 107 | 6B | k |
| 12 | C | ♀ | 44 | 2C | , | 76 | 4C | L | 108 | 6C | l |
| 13 | D | ♪ | 45 | 2D | - | 77 | 4D | M | 109 | 6D | m |
| 14 | E | ♫ | 46 | 2E | . | 78 | 4E | N | 110 | 6E | n |
| 15 | F | ☼ | 47 | 2F | / | 79 | 4F | O | 111 | 6F | o |
| 16 | 10 | ► | 48 | 30 | 0 | 80 | 50 | P | 112 | 70 | p |
| 17 | 11 | ◄ | 49 | 31 | 1 | 81 | 51 | Q | 113 | 71 | q |
| 18 | 12 | ↕ | 50 | 32 | 2 | 82 | 52 | R | 114 | 72 | r |
| 19 | 13 | ‼ | 51 | 33 | 3 | 83 | 53 | S | 115 | 73 | s |
| 20 | 14 | ¶ | 52 | 34 | 4 | 84 | 54 | T | 116 | 74 | t |
| 21 | 15 | § | 53 | 35 | 5 | 85 | 55 | V | 117 | 75 | u |
| 22 | 16 | ▬ | 54 | 36 | 6 | 86 | 56 | U | 118 | 76 | v |
| 23 | 17 | ↨ | 55 | 37 | 7 | 87 | 57 | W | 119 | 77 | w |
| 24 | 18 | ↑ | 56 | 38 | 8 | 88 | 58 | X | 120 | 78 | x |
| 25 | 19 | ↓ | 57 | 39 | 9 | 89 | 59 | Y | 121 | 79 | y |
| 26 | 1A | → | 58 | 3A | : | 90 | 5A | Z | 122 | 7A | z |
| 27 | 1B | ← | 59 | 3B | ; | 91 | 5B | [ | 123 | 7B | { |
| 28 | 1C | ∟ | 60 | 3C | < | 92 | 5C | \ | 124 | 7C | | |
| 29 | 1D | ↔ | 61 | 3D | = | 93 | 5D | ] | 125 | 7D | } |
| 30 | 1E | ▲ | 62 | 3E | > | 94 | 5E | ^ | 126 | 7E | ~ |
| 31 | 1F | ▼ | 63 | 3F | ? | 95 | 5F | _ | 127 | 7F | △ |

# KeyCode 碼

## 字母鍵

| 按鍵 | KeyCode | 按鍵 | KeyCode | 按鍵 | KeyCode | 按鍵 | KeyCode | 按鍵 | KeyCode | 按鍵 | KeyCode |
|---|---|---|---|---|---|---|---|---|---|---|---|
| A | 65 | B | 66 | C | 67 | D | 68 | E | 69 | F | 70 |
| G | 71 | H | 72 | I | 73 | J | 74 | K | 75 | L | 76 |
| M | 77 | N | 78 | O | 79 | P | 80 | Q | 81 | R | 82 |
| S | 83 | T | 84 | U | 85 | V | 86 | W | 87 | X | 88 |
| Y | 89 | Z | 90 | | | | | | | | | | |

## 數字鍵

| 按鍵 | KeyCode | 按鍵 | KeyCode | 按鍵 | KeyCode | 按鍵 | KeyCode | 按鍵 | KeyCode |
|---|---|---|---|---|---|---|---|---|---|
| 0 | 48 | 1 | 49 | 2 | 50 | 3 | 51 | 4 | 52 |
| 5 | 53 | 6 | 54 | 7 | 55 | 8 | 56 | 9 | 57 |

## 右邊數字鍵盤

| 按鍵 | KeyCode | 按鍵 | KeyCode | 按鍵 | KeyCode | 按鍵 | KeyCode | 按鍵 | KeyCode | 按鍵 | KeyCode |
|---|---|---|---|---|---|---|---|---|---|---|---|
| 0 | 96 | 1 | 97 | 2 | 98 | 3 | 99 | 4 | 100 | 5 | 101 |
| 6 | 102 | 7 | 103 | 8 | 104 | 9 | 105 | * | 106 | + | 107 |
| Enter | 108 | - | 109 | . | 110 | / | 111 | | | | |

## 功能鍵

| 按鍵 | KeyCode | 按鍵 | KeyCode | 按鍵 | KeyCode | 按鍵 | KeyCode | 按鍵 | KeyCode | 按鍵 | KeyCode |
|---|---|---|---|---|---|---|---|---|---|---|---|
| F1 | 112 | F2 | 113 | F3 | 114 | F4 | 115 | F5 | 116 | F6 | 117 |
| F7 | 118 | F8 | 119 | F9 | 120 | F10 | 121 | F11 | 122 | F12 | 123 |

## 控制鍵和其他

| 按鍵 | KeyCode | 按鍵 | KeyCode | 按鍵 | KeyCode | 按鍵 | KeyCode | 按鍵 | KeyCode | 按鍵 | KeyCode |
|---|---|---|---|---|---|---|---|---|---|---|---|
| BackSpace | 8 | Tab | 9 | Clear | 12 | Enter | 13 | Shift | 16 | Control | 17 |
| Alt | 18 | CapeLock | 20 | Esc | 27 | Spacebar | 32 | PageUp | 33 | PageDown | 34 |
| End | 35 | Home | 36 | 向左鍵 | 37 | 向上鍵 | 38 | 向右鍵 | 39 | 向下鍵 | 40 |
| Insert | 45 | Delete | 46 | NumLock | 144 | ; : | 186 | = + | 187 | , < | 188 |
| - _ | 189 | . > | 190 | / ? | 191 | ` ~ | 192 | [ { | 219 | \ \| | 220 |
| ] } | 221 | ' " | 222 | | | | | | | | | | |

# 最新 Excel VBA 基礎必修課：程式設計、專題與數據應用的最佳訓練教材(適用 Excel 2021~2013)

作　　者：蔡文龍 / 張志成 編著　吳明哲 編校
企劃編輯：江佳慧
文字編輯：江雅鈴
設計裝幀：張寶莉
發 行 人：廖文良

發 行 所：碁峰資訊股份有限公司
地　　址：台北市南港區三重路 66 號 7 樓之 6
電　　話：(02)2788-2408
傳　　真：(02)8192-4433
網　　站：www.gotop.com.tw
書　　號：AEI007300
版　　次：2022 年 03 月初版
　　　　　2023 年 09 月初版三刷
建議售價：NT$520

國家圖書館出版品預行編目資料

最新 Excel VBA 基礎必修課：程式設計、專題與數據應用的最佳訓練教材(適用 Excel 2021~2013) / 蔡文龍, 張志成編著. -- 初版. -- 臺北市：碁峰資訊, 2022.03
　　面；　公分
　　ISBN 978-626-324-103-9(平裝)
　　1.CST：EXCEL(電腦程式)
312.49E9　　　　　　　　　　　　　　111001395

讀者服務

- 感謝您購買碁峰圖書，如果您對本書的內容或表達上有不清楚的地方或其他建議，請至碁峰網站：「聯絡我們」\「圖書問題」留下您所購買之書籍及問題。(請註明購買書籍之書號及書名，以及問題頁數，以便能儘快為您處理)

http://www.gotop.com.tw

- 售後服務僅限書籍本身內容，若是軟、硬體問題，請您直接與軟體廠商聯絡。

- 若於購買書籍後發現有破損、缺頁、裝訂錯誤之問題，請直接將書寄回更換，並註明您的姓名、連絡電話及地址，將有專人與您連絡補寄商品。